主编 曹笑皇 茹广欣

竹苗木丛书

林绿化苗木培育与养护

第二版

化学工业出版社
·北京·

内容简介

本书内容分为上下两篇，共十章。上篇总论部分包括园林苗木产业现状、苗木分类、苗圃地建园、苗木繁殖技术、树苗整形修剪技术、苗木施肥及水土管理技术、苗木病虫害及杂草防治技术、园林苗木的栽植技术等，重点详细介绍了大树移植工程的工作要领。下篇各论部分内容包括我国寒冷地区、暖温带地区和南方地区重要、新应用的园林苗木特点和栽植养护，书中详细介绍了乔木、灌木、藤本等58种苗木的形态特征、生长习性、分布范围、栽培养护、整形修剪和病虫害防治。

本书核心内容是园林绿化苗木栽培的苗圃地的建立、苗木的繁殖、修剪、水肥管理，苗木的种植、病虫害防治等。同时，涵盖苗木建园的设计和苗木嫁接繁殖技术。书中配有大量实景照片，详细介绍了各地区的代表性园林树种及其综合栽培技术，可供生产一线的园林工作者和园林苗圃场、育苗专业户自学，以及园林、园艺等专业的技术人员和园林工程等专业的师生参考阅读。

图书在版编目（CIP）数据

园林绿化苗木栽培与养护 / 曹笑皇，茹广欣主编
. 一2版. 一北京：化学工业出版社，2023.7
（园林苗木繁育丛书）
ISBN 978-7-122-43299-5

Ⅰ.①园… Ⅱ.①曹… ②茹… Ⅲ.①苗木-栽培技术
②苗木-保养 Ⅳ.①S723

中国国家版本馆CIP数据核字（2023）第068860号

责任编辑：李 丽　　　　文字编辑：李 雪　李娇娇
责任校对：刘 一　　　　装帧设计：刘丽华

出版发行：化学工业出版社
（北京市东城区青年湖南街13号　邮政编码100011）
印　　装：河北鑫兆源印刷有限公司
850mm×1168mm　1/32　印张13¼　字数360千字
2025年6月北京第2版第1次印刷

购书咨询：010-64518888
售后服务：010-64518899
网　　址：http://www.cip.com.cn
凡购买本书，如有缺损质量问题，本社销售中心负责调换。

定　　价：49.80元　　　　　　　　　　版权所有　违者必究

编写人员名单

主　编：曹笑皇　茹广欣

副主编：姚晓改　杨三丽

参　编：黄广荣　韩聪颖　张铭强

　　　　　吕丹丹　徐恩凯　崔培雪

前言

近年来，在国家重大生态环境建设工程以及城市化进程的拉动下，全国各地快速推进城乡绿化、美化工程建设，积极创建山水园林城市和森林城市，由此带动了园林苗木生产的迅猛发展。园林苗木已成为不少地方调整农业产业结构的重要手段，园林工程注册公司如雨后春笋大量出现，迎来了发展的"黄金时代"。

园林苗木是城市园林绿化不可缺少的基础材料，园林苗木质量的优劣关系到园林建设的成败，优良的园林苗木是园林绿化效果的基础，对生态环境及城市园林化建设起着至关重要的作用。另外，掌握园林绿化栽培技术非常重要，因为绿化苗木的成活率关系着园林绿化公司的经济效益，苗木的生长状态也关系到园林绿化的效果。

为解决当前社会对园林苗木大量需求与园林苗木栽培技术跟不上实际要求的矛盾，我们吸收了国内外育苗经验的精华和近几年的最新研究成果，结合作者多年来的科研成果和生产经营经验，将传统育苗技术与高新育苗技术相结合，对 2015 年出版的《园林绿化苗木栽培与养护》进行了精心修订。第二版彩色印刷，图文并茂、通俗易懂、易学易用，可操作性强，在概述园林苗圃建立与管理基本知识的基础上，结合园林绿化工作实际，分寒冷地区、暖温带地区和南方热带亚热带地区详细介绍了各区代表性园林树木的综合栽培技术。

本书第二版在第一版内容基础上特别增加了 6 种树种常见病害及 23 类常见虫害防控，尤其是对虫害部分做了详细介绍。同时补充了园林苗木杂草及防治技术、园林给排水技术和土壤改良技术，使得内容更加全面。另外增加了 9 种具有市场需求的树种，特别增加了紫藤和凌霄等藤木树种。

本书由曹笑皇主编，茹广欣、姚晓改、杨三丽、徐恩凯参加了编写工作。本书在编写过程中得到了许多一线专家学者的大力帮助，编者在此一并表示感谢。由于编者自身水平有限，书中不足之处在所难免，恳请广大读者批评指正并提出宝贵意见。

编者

2024 年 5 月

第一版前言

近年来，在国家重大生态环境建设工程以及城市化进程的拉动下，全国各地快速推进城乡绿化美化工程建设，积极创建山水园林城市和森林城市，由此带动了园林苗木生产的迅猛发展。园林苗木已成为不少地方调整农业产业结构的重要手段，园林工程注册公司如雨后春笋大量出现，迎来了发展的"黄金时代"。

园林苗木是城市园林绿化不可缺少的基础材料，园林苗木质量的优劣关系到园林建设的成败，优良的园林苗木是园林绿化效果的基础，对生态环境及城市园林化建设起着至关重要的作用。另外，掌握园林绿化栽培技术非常重要，因为绿化苗木的成活率关系着园林绿化公司的经济效益，苗木的生长状态也关系到园林绿化的效果。

为解决当前社会对园林苗木大量需求与园林苗木栽培技术跟不上实际要求的矛盾，我们吸收了国内外育苗经验的精华和近几年的最新研究成果，结合笔者多年来的科研成果和生产经营经验，将传统育苗技术与高新育苗技术相结合，精心编著了本书。本书图文并茂，通俗易懂，实际实用性、可操作性强，在概述园林苗圃建立与管理基本知识的基础上，结合园林绿化工作实际，分寒冷地区，暖温带地区和南方热带亚热带地区详细介绍了各区代表性园林树木的综合栽培技术。可供生产一线的园林工作者，园林苗圃场、育苗专业户自学，以及园林、园艺等专业的技术人员和园林工程等专业的师生参考阅读。在植物界，有些树木的适应性广泛，横跨两个区，甚至三个区，在文中放在了某一个区，请读者理解。

由于编者水平有限，书中不足之处在所难免，恳请广大读者批评指正并提出宝贵意见。本书部分图片来自中国自然植物标本馆，谨在此表示衷心的感谢！

编者
2015 年 3 月

目录

上篇　总论

第五章　园林苗木施肥及水土管理技术

第六章　园林苗木病虫害及杂草防治技术

第七章　园林苗木的栽植

下篇　各论

第八章　我国寒冷地区常见绿化苗木栽培技术

第九章　我国暖温带地区常见园林苗木栽培技术

第十章　我国南方地区常见园林苗木栽培技术

参考文献

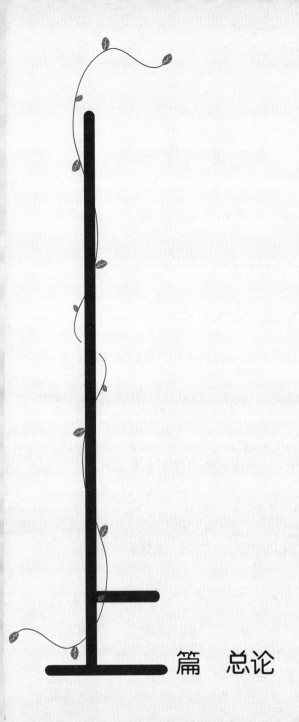

上篇　总论

绪论

园林苗木包括乔木、灌木、藤本，具有绿化、美化环境，防风固土、涵养水源，净化空气的作用。目前，各地大力提倡绿色城市，对苗木的需求非常大。但是我国地域广阔，各地的气候环境差异很大，本书大致将树种分为南方苗木和北方苗木。

第一节 园林苗木产业发展现状

一、城市园林建设加快，拉动园林苗木生产迅速膨胀

园林苗木是城市绿化发展的物质基础，种苗生产是园林绿化的首要工作。近些年来，我国城市生态与环境建设的超常规发展，刺激、拉动了园林苗圃产业的迅速膨胀。苗木产业之所以发展快，首先得益于国家重视园林生态和城市环境建设。国家投入城市园林建设的资金多，园林规划企业发展快，苗木需求量大；种苗价格看好，苗木生产、经营者收益高，调动了老百姓育苗的巨大积极性。

新品种、优良品种、速生苗木的诱导作用大。苗木新品种层出不穷，优良品种推广日趋加快，先进栽培管理技术不断提高，促进了苗木产量、生产效率的提高，也使园林苗木更具有观赏性、公益性，苗木生产更具有时效性、诱惑性。

农业生产不景气，粮、棉、油价格走势过低，也变相促使了苗木业的大发展。

二、个体户苗木生产发展迅速，已成为苗木产业的主力

几十年来，国有苗圃一直独领风骚，在苗木行业唱主角。但近几年，非公有制苗圃发展迅速，除了转向苗木生产经营的农户增多之外，其

他行业、非农业人士加入种苗行列,从事苗木生产的已不计其数。江苏、山东、河北、河南已成为花木生产的主要基地,产品包含乔木、花灌木、彩叶植物、绿篱植物等。

三、经营的树种、品种越来越多

经过近年来多渠道引进树种,科研部门育种、推广,还有乡土、稀有树种广泛应用,使种苗生产者经营的树种、品种越来越多。栽培树种、品种的增多,给广大育苗经营者带来更多选择和调剂苗木的机会。跨地区、省际的种苗采购、调剂日趋增多。

四、区域化、集约化生产经营,呈现良好的发展态势

不少地区区域化生产、集约性经营,逐步走向正规,趋于科学、合理。在区域化生产方面,经济发达的东部大中城市周围地区,花卉产业已初具规模,并出现一些花卉品种相对集中的产区,如广东的顺德已成为全国最大的观叶植物生产及供应中心,浙江的萧山已成为浙江花木生产的重地。产业布局的另一个特点是有些省份已形成多样化、区域化趋势的花卉产地,如山东省的曹州主产牡丹,莱州主产月季,平阴主产玫瑰,德州主产菊花,泰安生产盆景;而江西、辽宁的杜鹃,天津的仙客来,四川的兰花,福建漳州的水仙,海南的观叶植物,贵州的高山杜鹃,江西大余的金边瑞香,山东菏泽及河南的牡丹在全国享有盛名;盆景的产地主要集中在江苏、河北、安徽、河南、新疆、宁夏、广东、上海等地。

五、种苗信息传播加快,苗木经营者理念日趋成熟

随着全国林木种苗交易会、信息交流会的逐年增多,人们的信息、市场观念增强,经营理念日趋成熟。近年来,国家有关部门、各省市举办各种名目的种苗交易会、信息博览会,大大促进了种苗生产、经营者的信息交流和技术合作。加上报刊、电视、广播等媒体的宣传、报道,使人们获得的信息量增多,在新品种的引进、种苗购置、苗木交易等方面都逐渐理智、成熟。

第二节　园林苗木生产前景分析

一、现代化程度较高的苗圃将跟上园林事业新形势的发展

随着经济现代化的发展以及各级政府对园林事业的关注度越来越高，以后苗圃所经营的品种必须紧跟各地实际情况发展，不能像以前一样盲目地、一哄而上地追求一个极端。各地的个体苗木经营者必须掌握最新的当地园林动态，因地制宜地发展所需的品种，同时还要关注周边相近地区及近省的园林发展趋势。这就要求苗木经营者具有较高的专业水平和一定的预见性，能够把握当地苗木品种的总体质量和水平，适时发展，实地发展，这样才能跟上政府的发展要求和人们生活水平提高的要求。

二、苗木统一标准的逐渐完善将大大增加区域间的苗木营销范围

虽然现在苗木的生产标准还没有出台，使得经营有所障碍，但近几年来苗木经营者相互合作的增加在一定程度上对标准的产生起到了促进作用。网络的发展使经营者的联系更加方便，当相互合作的机会越来越多的时候，他们之间的小标准就会产生；进而，与之联系的其他经营者也在不断地加入，久而久之区域性的标准就会产生；依次推之，统一的生产标准将会在不久产生。如果有统一的标准作为依据，那么跨省的、大规模的苗木营销将变得简约而有效率，无论是在人力、物力方面，还是在财力方面都将起到举足轻重的作用。相信在各级政府、专业技术人员以及广大的苗木经营者的共同努力下，苗木统一标准的产生指日可待。

三、园林苗木的功能随着社会经济的发展不断受到重视

随着我国经济的发展、各地城市建设的加快，人们的思想随着社会的发展在不断进步，特别是最近几年雾霾的治理受到国家的重视，以此为契机，也为城市绿化提供了资金和发展的机会。苗木经营者的经营思路也在不停地更新，为了增加收入，经营者在保持原有经营品种的前提下，逐渐放弃以前的旧思想，不时地寻求发展的新思路。园林苗木发展的现阶段要着眼于对当前苗木种植结构的调整。使苗木生产经营区域化、集约化、现代化。结合城乡绿化需要，加快培育高质量、大规格的苗木，特别应注重合格苗木的生产，压缩常规小苗木的生产，增加信息交流，引导苗木生产走向良性循环的道路。

——第一章　园林苗木树种分类——

在园林建设中，园林苗木分类如下。

一、以树木的生长习性分类

1. 乔木

树体高大，具明显主干，侧枝明显，6m 以上，可分为伟乔、大乔、中乔及小乔四类，如银杏、雪松、云杉、桂花、龙眼等。

伟乔　＞30m
大乔　21~30m
中乔　11~20m
小乔　6~10m

2. 灌木

树高在 6m 以下，无明显主干，常分为大灌、中灌和小灌，如榆叶梅、丁香、锦鸡儿、接骨木、金银木、牡丹、锦带等。

大灌　＞2m
中灌　1~2m
小灌　＜1m

3. 藤木类

茎干柔软不能自行独立直立向高处生长，需攀附或顺延别的物体方可向高处生长的植物，也称藤本植物。如紫藤、金银花、凌霄、五叶地锦、葡萄、常春藤、炮仗藤等。

4. 竹木、棕榈类

竹子属于我国常用园林绿化树，如佛肚竹、凤尾竹、早园竹、紫竹、淡竹等。

棕榈类园林树木多分布在热带、亚热带地区，多为常绿植物，如棕榈、棕竹、蒲葵、针葵。

二、以树木对环境因子的适应能力分类

1. 以气候因子分类

可分为热带树种、亚热带树种、温带树种、寒带树种、广温树种。

2. 以水分因子分类

可分为湿生树种、旱生树种、中生树种。

3. 以光照因子分类

可分为阳性树种（喜光树种）、耐阴树种、中性树种。

4. 以空气因子分类

可分为抗风树种、抗污染树种、防尘树种。

5. 以土壤因子分类

可分为喜酸性土树种、耐碱性树种、耐瘠薄树种、喜肥树种、耐盐碱树种。

三、以树木的观赏特性分类

1. 观形树种

以树形为观赏对象的树种，如雪松、新疆杨、馒头柳等。

2. 观叶树种

以叶形、叶色为观赏对象的植物，如相思树、观音竹、鸡爪槭、鹅掌楸、银杏等。

3. 观果树种

以果实为主要观赏对象的植物，如罗汉松、红豆杉、木瓜、佛手、八角、枇杷等。

4. 观枝干树种

植物枝、干颜色新奇秀丽，或有栓皮等附属物可供观赏者，如金镶玉、白皮松、山桃、卫矛、红瑞木等。

5. 观花树种

多数为花灌木，如樱花、玉兰、月季、牡丹、连翘等。

6. 观根树种

多数具有气生根的树种，如榕树、酒瓶兰、龟甲龙、榕树、红花檵木等。

四、以园林树木的用途分类

1. 独赏树

其株形、叶、花、枝、果的任何部分具有观赏价值，专以审美为目的而繁殖培育栽培的植物。如树蕨类、贝壳杉、金钱松、黄山松、东北红豆杉、欧洲红豆杉等。

2. 庭荫树

指可供栽植在庭院里、广场上或其他建筑物附近，用于遮蔽阳光的一类树木。如梧桐、银杏、槐树、白蜡等。

3. 行道树

行道树是指种在道路两旁及分车带，给车辆和行人遮阳并构成街景的树种。如悬铃木、国槐、鹅掌楸、七叶树、银杏、椴树等。

4. 防护树

防护树多用来防风固沙，防治水土流失，如柳树、杨树、火炬树、紫穗槐等。

5. 花灌类

指主要用来观赏用的灌木，以赏花为主，如榆叶梅、梅花、山茶、牡丹、猬实等。

6. 藤木类

包括紫藤、凌霄、蔷薇、地锦等。

7. 植篱类

主要是一些微小灌木类，耐修剪，枝叶细密，色彩多样等，包括大叶黄杨、红叶石楠、紫叶小檗、金叶榆等。

8. 地被类

株形低矮，枝叶茂盛能严密覆盖地面，可保持水土，防止扬尘，改善气候，并具有一定观赏价值的植物种类。如沙地柏、地被月季、扶芳藤等。

9. 盆栽及造型类

适宜造型、制作盆景的树种，多数叶片枝叶细小，耐修剪。如小叶榕、五针松、石榴等。

五、以园林树木的经济性分类

（1）果树类　如山楂、海棠、柿子等。

（2）淀粉树类（木本粮食植物类）。

（3）油料树类（木本油料植物类）　如油用牡丹、文冠果、元宝枫等。

（4）木本蔬菜类　如香椿、榆树等。

（5）木本药用植物类　如牡丹、枸杞、银杏等。

（6）香料树类（木本香料植物类）　如花椒、八角、丁香、桂树等。

（7）纤维树类　如构树。

（8）乳胶树类　如橡胶树、杜仲等。

（9）饲料树类　如桑树、构树、榆树等。

（10）薪柴类　如柳树等。

第二章　园林苗木苗圃地的选择与建园

一、苗圃的合理布局

一个城市，特别是大、中型城市，要对城市的园林苗圃进行合理规划与布局。规划应注意有利于苗木培育、有利于绿化、有利于职工生活的原则。《城市园林育苗技术规程》规定，园林苗圃距市中心不超过 20km。园林苗圃应分布在城市的周围，可就近供应苗木，缩短运输距离，降低成本，减轻因运输距离过长给苗木带来的不利影响。大城市通常在市郊设立多个苗圃，中、小城市主要考虑在城市重点发展的方位设立园林苗圃。园林苗圃根据面积大小一般可分为大型苗圃（面积大于 20hm^2）、中型苗圃（面积 3~20hm^2）及小型（面积小于 3hm^2）苗圃。

二、苗圃地的选择依据

1. 园林苗圃的经营条件

园林苗圃的经营条件直接关系着苗圃的生存和发展。园林苗圃首先应选择交通方便，靠近公路、铁路或水路的地方，以便于苗木出圃和材料物资的运入。其次，应将苗圃选择在靠近村镇的地方，以便于解决劳力、畜力、电力等问题，尤其在早春苗圃工作繁忙时，便于补充临时劳力。另外，有条件时尽量把苗圃设在相关的科研单位、大专院校等附近，有利于先进科学技术的指导、采用和科技咨询及机械化的实现。建立苗圃时还应注意环境污染问题，尽量远离污染源。

2. 苗圃的自然条件

（1）地形、地势 园林苗圃应尽量选择背风向阳、排水良好、地势较高、地形平坦的开阔地带。坡度一般以 1°~3° 为宜，坡度过大，易造成水土流失，降低土壤肥力，不便于机械化作业；坡度过小，不利于排除雨水，容易造成渍害。具体坡度因地区、土质不同而异，一般在南方多雨地区坡度可适当增加到 3°~5°，以便于排水；而北方少雨地区，坡度则可小一些；在较熟重的土壤上，坡度适当大些；在沙性土壤上，坡度宜小些。在坡度较大的山地育苗，应修筑梯田。尤其注意，积水洼地、重度盐碱地、峡谷风口等地，不宜选作苗圃地。

（2）土壤条件 土壤条件是苗圃选址重点考虑的因素，土壤的结构和质地对土壤水分、养分和空气状况的影响很大，通常团粒结构好的土壤，通气性和透水性良好，温度条件适中，有利于土壤微生物的活动和有机质的分解。多数苗木适宜生长在含有一定砂质的壤土或轻壤土中，黏重土壤改造后也可以应用，砂性土壤虽然也可以改良，但常绿树出圃时，很难掘带土坨，应慎重考虑。盐碱涝洼地虽有排水设施，但盐渍化容易造成对多种园林苗木的伤害，应尽量避免。重盐碱地及过分酸性土壤，也不宜选作苗圃。一般树种以中性、微酸或微碱性土壤为好，一般针叶树种为 pH 5.0~6.5，阔叶树种为 pH 6.0~8.0。

（3）水源及地下水位 水源是园林苗圃选址的另一重要条件。园林苗圃最好选择在江、河、湖、塘、水库等天然水源附近，以利于引水灌溉；同时也有利于使用喷灌、滴灌等现代化灌溉技术；且这些天然水源水质好，有利于苗木生长。若无天然水源或水源不足，则应选择地下水源充足，可打井提水灌溉的地方，并应注意两个问题：首先是地下水位情况，地下水位过高，土壤的通透性差，苗木根系生长不良，地上部分易发生贪青徒长，秋季易受冻害，且在多雨时易造成涝灾，干旱时易发生盐渍化；地下水位过低时，土壤易干旱，需增加灌溉次数及灌水量，提高了育苗成本。实践证明，在一般情况下，适宜的地下水位是：砂壤为 1.5~2m，壤土为 2.5~4m。再次为水质问题，苗圃灌溉用水的水质要求为淡水，水中含盐量（质量分数）不要超过 0.1%，最高不得超过 0.15%。

（4）病虫害 在育苗过程中，往往因病虫害造成很大损失。因此，在苗圃选址时，要做专门的病虫害调查，尤其要调查地老虎等主要地下害虫和立枯病、根瘤病等菌类感染程度。病虫害过于严重的地块，附近树木病虫为害严重的地方，应在建立苗圃前，采取有效措施加以根除，以防病虫继续扩展和蔓延，否则不宜选作苗圃地。

第二节 园林苗圃的面积计算

园林苗圃的建设一经确定，总面积就已固定。总面积包括生产用地和辅助用地两大部分。

一、生产用地面积计算

生产用地是指直接用来生产苗木的土地，通常包括播种区、营养繁殖区、移植区、大苗区、母树区、苗木展示区、试验区以及轮作休闲地等。

计算生产用地面积，主要依据计划培育苗木的种类、数量、规格、要求，结合出圃年限、育苗方式以及轮作等因素来确定。如果确定了单位面积产量，即可按下面公式进行计算：

$$P = \frac{NA}{n} \times \frac{B}{c}$$

式中 P——某树种所需的育苗面积；

N——该树种的计划年产量；

A——该树种的培育年限；

B——轮作区的区数；

c——该树种每年育苗所占轮作的区数；

n——该树种的单位面积产苗量。

例如，某苗木每年出圃 2 年生海棠苗 50000 株，用 3 区轮作，每年 1/3 土地闲置，2/3 土地育苗，单位面积产苗量为 150000 株/hm^2，则：

$$P = （50000 \times 2/150000）\times （3/2）= 1 （hm^2）$$

在计算面积时要留有余地，故每年的计划产苗量应当适当增加，一般增加 3% ~5%。

某树种在各育苗区所占面积之和，即为该树种所需的用地面积。各树种所需用地面积的总和再加上引种实验区面积、示范区面积、温室面积、母树区面积就是全苗圃生产用地的总面积。

二、辅助用地面积计算

辅助用地包括道路、排灌系统、防风林以及管理区建筑等的用地。苗圃辅助用地面积不能超过苗圃总面积的 20%～25%，一般大型苗圃的辅助用地面积占总面积的 15%～20%，中小型苗圃占 18%～25%。

第三节　园林苗圃规划设计与建立

一、生产用地规划设计的原则

1. 苗圃生产基本单位
耕作区是苗圃中进行生产的基本单位。

2. 耕作区的长度、宽度
耕作区的长度依机械化程度而异。使用中小型机具为主的，小区长 200m；使用大型机具为主的，小区长 500m。以手工和小型机具为主的小型苗圃，生产小区的划分较为灵活，长度一般 50~100m。

作业区的宽度依圃地的土壤质地和地形是否有利于排水而定，一般以 40~100m 为宜。

3. 耕作区的方向
应根据圃地地形、地势、坡向、主风方向和圃地形状等因素综合考虑。坡度较大时，耕作区长边应与等高线平行。一般情况下，耕作区长边最好采用南北向，可使苗木受光均匀，利于苗木生长。

二、各育苗区的配置

生产区用地面积不得少于苗圃总面积的 75%，一般可以分为以下几个小区。

1. 播种区
本区是培育播种苗的区域，播种繁殖是整个育苗工作的基础和关键。实生幼苗对不良环境的抵抗力弱，对土壤质地、肥力和水分条件要求高，管理要求精细。所以，播种区应选全圃自然条件和经营条件最好的地段，并优先满足其对人力、物力的需求。该区应设在地势较高而平坦、坡度小于 2°，接近水源、排灌方便，土质最优良、土层深厚、土壤肥沃，背风向阳、便于防霜冻，管理方便的区域，最好靠近管理区。如果是坡地，要选择最好的坡段、坡向。

2. 营养繁殖区

该区是培育扦插苗、压条苗、分株苗和嫁接苗的区域。在选择这一作业区时，与播种区的条件要求基本相同，应设在土层深厚、地下水位较高、灌排方便的地方。具体的要求还要依营养繁殖的种类、育苗设施的不同而有所差异。嫁接苗要与播种区相同；扦插苗要着重考虑灌溉和遮阳条件；压条、分株法采用较少，育苗量少，可利用零星地块育苗。

繁殖区包括播种区、营养繁殖区、保护地栽培区，其面积占育苗面积的 8%。

3. 小苗移植区

该区是培育各种移植苗的作业区，占育苗面积的 10%～15%。由播种区和营养繁殖区繁殖出来的苗木，需要进一步培养成较大的苗木时，便移入移植区进行培育。由于移植区占地面积较大，一般设在土壤条件中等、地块大而整齐的地方，依苗木的不同生态习性，进行合理安排。

4. 大苗养护区

该区是培育体形和苗龄均较大，并经过整形的各类大规格苗木的作业区，占育苗面积的 75%。在本育苗区继续培育的苗木，通常在移植区内进行过一次或多次移植，在大苗区培育的苗木出圃前不再进行移植，且培育年限较长。大苗区的特点是株行距大，占地面积大，培育出的苗木大、规格高，根系发育完全，可以直接用于园林绿化，满足绿化建设的特殊需要。如树冠高大的高标准大苗，利于加速城市绿化效果和保证重点绿化工程的提早完成。目前，为达到迅速绿化的效果，城市绿化对大规格苗木需求不断增加。大苗区一般选在土层较厚、地下水位较低、地块整齐、运输方便的区域。

5. 试验区

试验区主要是为苗圃新、优品种，包括从国内外引进、驯化、筛选的苗木品种进行先期开发以及为其他新技术措施进行实验的场所，占育苗面积的 2%~3%。另外，试验区还研究、引进育苗生产、繁殖养护新技术工艺，为育苗生产进行品种贮备和技术贮备。该区在现代园林苗圃建设中占有重要位置，应给予重视。试验区对土壤、水源等条件要求较严，要配备一定数量的科技人员和技术工人，还应配备比较完善的科研及生产设施。试验区根据课题的需要，应建立一定规模的温室及塑料棚等保护设施。

6. 母树区

为了获得优良的种子、插条、接穗等繁殖材料，园林苗圃需设立采种、采条的母树区。占地面积小，占育苗面积的 2%，可利用零散地块，但要求土壤深厚、肥沃，地下水位较低，栽培条件、管理水平等要求较高。

7. 苗木展示示范区

园林苗木新、优品种展示示范相当重要。公园绿地种植的不少花色品种，对社会有一定的示范作用。一些新品种在社会尚未认识的情况下，苗圃必须对其优良的观赏性能及其他各种用途进行展示，让园林设计师、客户对其了解、欣赏并给予推广应用。示范区可单独划出场地，也可结合办公管理区、圃路等绿化设计一起进行，如各类藤本月季、丰花月季、地被月季品种的展示。苗圃最新推出的新、优品种都应建立示范区，让顾客认识了解。

三、辅助用地的设计

苗圃的辅助用地主要包括道路系统排灌系统、防护林带及管理区建筑用地等，属于非生产用地。它包括防风林、圃路、排灌水渠道、管理区等，占总面积的 25%左右。

1. 道路系统的设置

苗圃中的道路是连接各作业区之间及各作业区与管理区之间的纽

带。道路系统的设置及宽度，应以保证车辆、机具和设备的正常通行，便于生产和运输为原则，并与排灌系统和防护林带相结合。道路系统分为主干环路、支路、作业道。主干环路和支路应能通行大卡车及拖拉机、吊车等大型机械，用于吊装大苗、进出调运作业，因此，应坚实耐轧。

主干环路一般应铺装，支路和作业道可不铺装。主干环路宽度应不少于7m，标高至少要高出育苗区20cm。支路是联络主路和各育苗区的通道，宽度为3~4m，标高应高出育苗区10cm左右。作业道是区间作业小路，宽度在2m左右，要保证日常的生产作业及苗圃工作等的通行。苗圃中道路占地面积不应超过苗圃总面积的7%~10%。

2. 灌溉系统的设置

园林苗圃必须有完善的灌溉系统，以保证苗木水分的充分供应。

（1）水源　分为地上水源（即河水、湖塘水）和地下水源（即井水）。

地上水源水温及水中可溶性养分有利于树木生长，有条件时尽量用地上水源。地下水就近供水方便，是苗圃普遍应用的水源。

（2）灌溉方式　分为漫灌、喷灌、滴灌。

漫灌是指水源通过灌渠、支渠、垄沟进入育苗地。要求溜渠、垄沟与育苗地之间要有0.1%~0.3%的落差，渠道边坡与地面一般成45°。漫灌方式比较原始，但成本低，建造容易。其不足是浪费土地面积，漏水，漏肥，尤其是沙质土壤的苗圃浪费更为严重。

喷灌、滴灌是指由水管连接水源和育苗地，育苗地设计喷头或滴管。这两种方法基本上不产生深层渗漏和地表径流，一般可省水20%~40%；少占耕地，能提高土壤利用率；保持水土，且土壤不板结；可结合施肥、喷药、防治病虫等抚育措施，节省劳力；同时可调节小气候，增加空气湿度，有利于苗木的生长和增产。但喷灌、滴灌均投资较大，喷灌还常受风的影响，应加以注意。管道灌溉近年来在国内外均发展较快，今后建圃在有条件的情况下，应尽量采用管道灌溉方式。

3. 排水系统的设置

园林苗圃苗木品种较多，有很多怕涝品种，应建立科学、有效的排水体系，保障苗木存活。首先应考虑苗圃总排水要和周围排水体系沟通，标定苗圃总体排水高程和苗圃总体排水方向，以此为依据规划

苗圃内排水体系。排水体系设有主排水渠、支排水渠、作业区排水作业道。育苗地至圃地总排水出口坡降为 0.1%~0.3%，路、灌渠和排水渠相交处应设涵洞。排水渠宽度应根据本地区降雨量的经验数据确定，大、中型苗圃主排水渠一般宽为 2m，支渠为 1m，深 0.5~1m，耕作区内小排水沟宽 0.3~0.5m，深 0.3~0.4m。每年雨季到来之前进行修整，清理排水沟。

4. 防护林带的设置

为了避免苗木遭受风沙危害，降低风速，减少地面蒸发和苗木蒸腾，创造良好的小气候条件和适宜的生态环境，苗圃应设置防护林带。防护林带的设置规格，应由苗圃面积的大小、风害的严重程度决定。一般小型苗圃设一条与主风方向垂直的防护林带；中型苗圃在四周设防护林带；大型苗圃不仅在四周设防护林带，而且在圃内结合道路、沟渠，设置与主风方向垂直的辅助林带，如有偏角，不应超过 30°。一般防护林的防护范围为树高的 15~20 倍。

林带结构以乔木、灌木混交的疏透式为宜，既可减低风速，又不因过分紧密而形成回流。

林带宽度和密度依苗圃面积、气候条件、土壤和树种特性而定，一般主林带宽 8~10m，株距 1.0~1.5m，行距 1.5~2.0m；辅助林带由 2~4 行乔木组成，株行距根据树木品种而定。林带的树种选择，应尽量就地取材，应选用当地适应性强、生长迅速、树冠高大、寿命较长的乡土树种，同时注意速生与侵生、常绿与落叶、乔木与灌木、寿命长与寿命短的树种相结合，亦可结合采种、采穗母树和有一定经济价值的树种，如建材、筐材、蜜源、油料、绿肥等，以增加收益，便利生产。注意不要选用苗木害虫寄生的树种和病虫害严重的树种。为了加强圃地的防护，可在林带外围种植带刺的或萌芽力强的灌木，减少对苗木的为害。苗圃中林带的占地面积一般为苗圃总面积的 5%~10%。

近年来，已有用塑料制成的防风网防风，在国外为了节省用地和劳力而使用，但投资多，在我国少有采用。

5. 管理用地的设置

管理区占地面积一般为苗圃总面积的 5%~10%。

（1）办公及生活用房建筑　管理办公区负责行政、生产、对外经营、职工生活等项职能，区划应相对集中，处于苗圃适中位置，又要对外进出方便。占地面积控制在总面积的 1%~2% 为宜。

（2）后勤及库房、料场　后勤是生产的保障部门，负责生产工具的保管、维修、发放，生产材料（如肥料、包装材料等）的保管、发放，应根据生产规模划出相应面积的场地。

（3）农机区　农机区负责各种苗圃机械，如拖拉机、农机具，包括大型运输车辆、起重吊车、工程机械、铲车、打药车及喷灌系统各种配件器材等的保管、维修工作，具体设施有农机库、车库、配件库、修理车间、油库等。大型园林苗圃应备有常用的农机设施，保障育苗生产及苗木经营的正常开展。

四、苗圃地设计图的绘制及说明书的编写

1. 制图前的准备

在绘制设计图前，必须确定苗圃的具体位置、圃界、面积，育苗任务、育苗种类、育苗数量及出圃规格，苗圃的生产和灌溉方式，必要的建筑和设施设备，以及苗圃工作人员的编制，认真研究有关自然条件、经营条件以及气象方面的资料和其他有关资料，准备各种有关的图纸材料，如地形图、平面图、土壤图、植被图等。

2. 绘制设计图

根据建圃任务书的要求，对具体条件全面综合，确定大的区划设计方案，在地形图上绘出主要建筑物的位置、形状、大小以及主要路、渠、沟、林带等的位置；再依其自然条件和机械化条件，确定最适宜的耕作区长宽和方向，然后根据各育苗区的要求和占地面积，安排出适当的育苗场地，绘出苗圃设计草图。最后经多方征求意见，进行修改，确定正式设计方案，即可绘制正式图。正式设计图应依地形图的比例尺将建筑物、场地、路、沟、渠、林带、耕作区、育苗区等按比例绘制，排灌方向要用箭头表示；使用喷灌的用喷头表示；应有图例、比例尺、指北方向等；各建筑物应加编号或以文字注明。

3. 设计说明书的编写

苗圃设计说明书是规划设计的文字材料，它与设计图是苗圃设计的两个基本组成部分。

图纸上表达不出的内容，都必须在说明书中加以阐述。说明书包括总论部分和设计部分。

（1）总论部分 主要叙述该地区的经营条件和自然条件，分析其对育苗工作的有利因素和不利因素以及相应的改造措施。经营条件应说明苗圃所处的位置，当地居民的经济、生产、劳动力情况及对苗圃生产经营的影响；苗圃的交通条件；电力和机械化条件；苗圃成品苗木供给的区域范围及发展展望。自然条件主要说明气候条件、土壤条件、地形特点、水源情况、病虫草害及植被情况等。

（2）设计部分 包括苗圃的面积计算、苗圃的区划说明、育苗技术设计、建圃的投资和苗木成本回收及利润计算等。

苗圃的面积计算应说明苗圃面积的计算依据、计算方法和实际数据等。

苗圃的区划说明包括耕作区的大小、各育苗区的配置、道路系统的设计、排灌系统的设计、防护林带及防护系统设计、建筑区建筑物的设计、保护地设施的设计等。

育苗技术设计说明主要说明采取的育苗方法、各时期苗木的相互衔接和土地利用、设施利用方式等。

建圃投资和苗木成本回收及利润计算包括建圃投资、运行成本、生产与销售额预测、销售价格等，对年利润及回收期做出概算。

五、园林苗圃的建立

设计方案通过后，要根据设计图纸进行园林苗圃的建设施工。建设项目包括房屋、道路、沟渠、管道、水源站、变电站、通信网络、温室、大棚、土地平整、防护林建设等。

1. 道路网络建设

道路建设是苗圃建设的第一步。根据设计图纸，先将道路在圃地放样画线，确定位置，然后将主干道与外部公路接通，为其他项目建设做准备。在集中建设阶段路基、路面可简单一些，能够方便车辆行驶即可。待到建设后期，可重修主路，达到一定的等级标准。

2. 房屋建设

首先建设苗圃建立和生产急用的房屋设施，如变电站及电路系统、办公用房、水源站（引水系统、自来水或自备井），逐步再建设其他必备的锅炉房、仓库、温室、大棚等设施。

3. 灌排水系统建设

灌溉系统有两种类型，即渠道与管道。如果是渠道，应结合道路系统的施工一同建设。

根据设计要求，一级和二级渠道一般要用水泥做防渗处理，渠底要平整，坡降要符合设计要求。如果是管道引水，应根据设计要求进行施工。注意埋管深度要在耕作层以下，最好在冻土层以下，防止冬季管道积水冻裂管道。

排水系统也有两种形式：明渠排水和地下管道排水。大多数苗圃用明渠排水，离城市水管网近的苗圃可建设地下管道，进入市政排水系统。

4. 防护林建设

根据设计要求，在规定的位置营造防护林。为了尽快发挥作用，防护林苗木应选用大苗。栽植后要及时进行各项抚育管理，保证成活。一年内需要支撑，防止倒斜。

5. 土地平整

平整时要根据耕作方向和地形，确定灌溉方向（渠灌更应注意）、排水方向，然后由高到低进行平整，因此此项工作量大，应提前进行。

6. 土壤改良

对于理化性状差的土壤，如重茬土、砂土、盐碱土，不宜马上种植苗木，要进行土壤改良。重茬土要采取混沙、多施有机肥、种植绿肥、深耕等措施进行改良。砂土则要掺入黏土和多施有机肥进行改良。盐碱土视盐碱含量可采取多种综合措施进行改良，方法是隔一定距离挖排盐沟，有条件时在地下一定深度按一定密度埋排盐管，利用雨水或灌溉淡水洗盐，将盐碱排走；此外，还可通过多施有机肥、种植绿肥等生物方法进行改良。轻度盐碱可采用耕作措施进行改良，如加深耕晒土、灌溉后及时松土等，也可以采用以上措施进行综合改良。

第三章 园林苗木繁殖技术

第一节 播种繁殖技术

多数植物繁殖的主要方式是种子繁殖。

一、播种期

适时播种是培育壮苗的重要环节之一，应根据苗木的生物学特性和各地的气候条件、土壤条件来选择适宜的播种期。我国南方大部分地区气候温暖，雨量充沛，一年四季均可播种；北方地区，多数树种以春播为主。

按播种季节分春播、夏播、秋播和冬播。

1. 春播

春季是生产上育苗最重要的季节，我国大多数地区、大多数树种都适宜春播。具体时间应掌握在幼苗出土后，不受晚霜等低温危害的前提下，越早越好，一般在地表以下5cm处平均地温稳定在10℃时最为适宜，我国中原地区一般在惊蛰到清明（3月上旬至4月上旬）这段时间进行春播。

适时早播，幼苗出土早而齐，生长健壮，提高了苗木的抗旱和抗病能力，同时也延长了苗木的生长期。北方地区主要应用塑料薄膜覆盖、温室育苗等方法，使播种期大大提前。

2. 夏播

适用于夏季成熟而又不易贮藏的树种（如杨、柳、榆、桑、桦等），可随熟随采随播，以延长苗木生长期，提高苗木质量，使其安全越冬，幼苗期要注意避免日灼。

3. 秋播

秋播免去了种子贮藏和催芽的环节，主要适用于休眠期长的种子

（如红松、水曲柳、椴树等）、种皮坚硬或大粒的种子（如核桃楸、文冠果、山桃、山杏、榆叶梅等）。秋播不宜太早，以当年种子不发芽为前提，一般休眠期长的种子可适当早播，而被迫休眠的种子应在土壤冻结前越晚越好。

4. 冬播

主要适宜我国南方两广、海南等热带地区。

二、育苗方式

传统的园林育苗方式分为苗床育苗和大田育苗两种，近些年出现了容器育苗和保护地育苗等多种育苗方式。

（一）苗床育苗

在播种前1~2周，区划好苗床，选准基线，在基线上按1.5m长定点确定每个苗床的位置。

一般苗床的规格为：苗床长度视具体情况而定，以方便管理为宜，床面宽80~100cm，步道底宽30cm左右。苗床走向一般以南北向为好；坡地苗床的长边与等高线平行即可。

苗床育苗分为高畦育苗、低床育苗两种。

1. 高畦育苗

床面高出步道15~25cm。从步道起土覆于床面，床缘斜向里呈45°斜坡（图3-1）。利于侧方灌溉及排水，能提高土壤温度，床面不易板结，但管理成本相对较高。适用于降水多、低洼积水、土质黏重的地区。

图3-1 高畦

2. 低床育苗

床面低于步道15~25cm。先将表土拢于中央，用底土做埂（即步道），再将表土摊平（图3-2）。优点：便于灌溉，利于保墒，但易积水引起病虫害。适用于气候干旱、水源不足的地区。

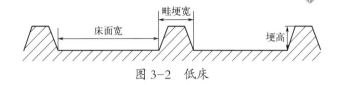

图 3-2 低床

（二）大田育苗

大田育苗便于机械化生产，工作效率高，苗木生长健壮，质量好。适于播种大粒种子，培育管理较为粗放的苗木。

大田育苗分垄作育苗和平作育苗两种。

1. 垄作育苗

整地后，按一定的距离、一定规格推土成南北向垄，垄底宽50~60cm，垄面宽 30~40cm，垄高 15~20cm（图 3-3）。

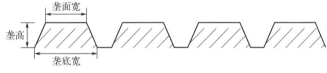

图 3-3 垄作

2. 平作育苗

整地后直接育苗的方式，适用于多行式条播，便于机械化育苗。

三、播种量

播种量是指单位面积或单位长度播种行上所播种子的重量。在确定合理密度的基础上，计划播种量，避免造成不必要的浪费。

播种量，一是可根据生产实践实验数据确定；二是通过一定的方法进行计算，其公式如下：

$$X = (CAW) / (PG \times 1000^2)$$

式中　X——单位长度（或面积）实际所需的播种量，kg；

　　A——单位长度（或面积）的产苗量，株；

　　W——种子千粒重，g；

　　P——种子净度（小数）；

　　G——种子发芽势（小数）；

　　C——种苗损耗系数；

　　1000^2——常数。

　　C 值因树种、圃地条件、育苗技术水平等而异，一般变化范围如下：

　　用于大粒种子（千粒重在 700g 以上），$1 < C < 1.5$；

　　用于中、小粒种子（千粒重在 3~700g），$1.5 \leqslant C < 5$，如马尾松、杉木、雪松、杜英等；

　　用于极小粒种子（千粒重在 3g 以下），$C > 5$，甚至 10~20。

　　播种量按苗床净面积（有效面积）计算，苗床净面积按国家标准（GB 6001—85），每公顷为 $6000m^2$。

四、播种前种子预处理

　　播种前进行种子处理是为了提高种子发芽率，使种子出苗整齐，促进苗木生长，缩短育苗期限，提高苗木的产量和质量。播种前种子的处理包括种子消毒和种子催芽。

　　1. 种子消毒

　　播种前要对种子进行消毒，因为种子表面存在多种病菌，在催芽前对种子进行消毒可起到消毒和防护双重作用。常见的消毒方法有以下几种。

　　（1）福尔马林（甲醛）浸种　一般用于针叶树及阔叶树种子消毒。在播种前 1~2h，用 0.15% 甲醛溶液浸种 15~30min，取出后密闭 2h，再将种子摊开阴干即可催芽或播种。

　　（2）硫酸铜溶液消毒　用 0.1%~0.3% 硫酸铜溶液浸种 4~6h，取出阴干备用。生产实践证明，用硫酸铜对部分树种（如落叶松）种子消毒，不仅能起到消毒作用，而且还有催芽作用，能提高种子发芽率。

　　（3）高锰酸钾溶液消毒　用 0.5% 溶液浸种 2h，或用 3% 溶液浸种 30min。取出后密封 0.5h，再用清水冲洗数次，阴干后备用。但对催过芽的种子以及胚根已突破种皮的种子，不能用高锰酸钾消毒。该法除了灭菌作用外，对种皮也有一定的刺激作用，可促进种子发芽。

　　（4）福美甲胂浸种　将 80% 的福美甲胂稀释 800 倍，浸种 15min捞出后阴干。

（5）石灰水浸种　用1%～2%石灰水浸种24~36min，对于杀死落叶松种子病菌有较好效果。

（6）敌磺钠拌种　用敌磺钠粉剂（90%）拌种，药量为种子重量的0.2%～0.5%。具体做法是用10~15倍的细土配成药土，再拌种消毒，这种方法对立枯病预防效果良好。

2. 种子休眠

种子休眠是指由于内在因素或外界条件的限制，一时不能发芽或发芽困难的现象。种子休眠的类别有生理休眠和强迫休眠两种。生理休眠是指种子收获以后，在给予适宜的发芽条件下，也不能萌发的自然现象。如红松、水曲柳、银杏、白蜡、海棠、橡树等。强迫休眠是指由于种子得不到发芽所需要的条件（如温度、水分、氧气等），暂时不能发芽而处于休眠状态，而一旦满足了发芽条件就可发芽的现象。如油松、侧柏、杨、柳等。休眠状态的种子如果不经过处理，播种后不能在短期内出苗，或出苗很少，即使出苗也出土不整齐，直接影响苗木的质量。因此，要弄清休眠原因，采取有效措施解除休眠，以保证种子正常发芽出苗。

由于树木种类繁多，种子内部的构造及外部形态有很大差异，种子强迫休眠的原因是得不到发芽所必需的条件，只要条件满足即可发芽，而生理休眠的原因较为复杂，主要受以下几方面因素的影响。

（1）种皮（果皮）的机械障碍　种皮坚硬致密以及具有蜡质、油脂层，不易透水、透气，因而种子不能发芽，如刺槐、皂角、架树、花椒。有些种子种皮虽能吸水，但通气性较差。特别是含水量高的种子，气体更难通过，种胚因得不到氧气而不能萌发。还有些种子的种皮或果皮均能透气透水，但由于种皮过于坚硬，胚伸长时难以通过，也影响种子的萌芽，如核桃楸、山桃、山杏等。

（2）种胚发育不完全　种子或种实的外部形态虽然已表现出形态成熟的特征，但种胚并未发育成熟，胚还要发育一段时间才能达到生理成熟。如银杏、红松、水曲柳、根树、红豆杉等。东北的水曲柳种子需要在适宜的层积条件下才能逐渐完成胚的分化，研究证明，水曲柳带果皮的种子经过4~5个月的暖温（20℃）和4~5个月的低温（5℃）的变温层积，才能完成胚的分化从而解除休眠。银杏采收后，在种实脱落后，种胚还很小，长度仅为胚腔长度的 1/2；在贮藏过程中，胚不断地发育生长，经 4~5 个月后，种胚才发育完全，完成后熟之后，再给予适宜的环境条件才能发芽。

（3）含有抑制物质　引起种子休眠的另一个主要原因是种子内部存在着大量的抑制剂，如脱落酸、脱水醋酸、有机酸、氢氰酸、酚类、醛类等。这些物质存在于果皮、果肉、种胚、胚乳等不同部位，但不论在哪个部位，都能抑制胚的代谢作用，使种胚处于休眠状态。如桃、杏种子含有苦杏仁苷，在潮湿条件下不断放出氢氰酸，抑制种子萌发；红松中含有脱落酸，红枫类中含有酚类物质等。只有当这些抑制物质在外界环境条件的作用下，通过自身的生理、生化变化，解除抑制作用，种胚才能解除休眠而发芽。

（4）综合因素的影响　对于某一树种来讲，种子休眠可能由单一因素引起，也可能由多种因素引起。如红松、紫椴、山楂等种子休眠，是因种皮厚、致密、坚硬、具有蜡层而形成不易透水透气的特点，同时又由于种皮中含有单宁和其他各部位含有抑制物质等综合因素所造成的。

3. 种子催芽

种子休眠的原因不同，解除休眠的方法也不同。通过人为方法解除种子的休眠，促进种子发芽的措施称为种子催芽。通过对种子采取一系列人为措施促进酶的活动，以满足种子内部所进行的一系列生理生化反应，增强呼吸作用，转化营养物质，促进种胚的营养生长，达到种子尽快萌发的目的。通过催芽处理可提高种子的发芽率，减少播种量，节约种子，缩短发芽时间，且出苗整齐，便于管理。因此，种子催芽是园林苗圃在育苗生产实践中一项重要的技术措施。

种子催芽的方法很多，常用的催芽方法有以下几种。

（1）水浸催芽　水浸催芽主要是软化种皮，种子吸水膨胀，使酶的活性增加，促进贮藏物质的转化，以保证种胚生长发育的需要。同时在浸种、洗种时还可排除一些抑制物质，有利于打破种子休眠。

除了一些过于细小的种子外，大多数木本植物的种子基本上都可用水浸处理。水浸的做法是在播种前把种子浸泡在一定温度的水中，经过一定的时间后捞出。种子与水的体积比一般为 1 : 3，浸种过程中，每天换 1~2 次水。技术关键是掌握浸种的水温和浸种时间的长短。

浸种的水温和时间因树种特性而异，其对催芽效果有明显影响。

① 浸种水温。粒小皮薄的种子可采用冷水或 30℃左右的温水浸种，如杨、柳、榆、泡桐等。种皮较厚的可用 40~50℃的温水浸种，如油松、落叶松、侧柏等树种。种皮坚硬、致密、透水性很差的种子，用 70℃以上温水浸种，如刺槐、皂荚、合欢、黑枣、紫穗槐、相思树等种子。用高温浸种必须注意把热水倒入种子中的同时，要上下充分搅拌数分钟，使种子受热均匀，高水温浸种以后，如继续用水浸种时，每天要换水 1~2 次，水温约 40℃。对于拥有硬粒的豆科树种，如刺槐种子，用逐次加温浸种的方法效果较好。即开始用 70℃的温水浸种一昼夜，把膨胀的种子挑出，温水冲洗后进行催芽；对未膨胀的种子，再用 80℃的水浸种一昼夜。浸种时要注意搅拌，再次漂洗出膨胀的种子，重复进行，直至全部吸胀为止。

② 浸种时间。浸种时间一般为 1~2 昼夜。种皮薄的小粒种子缩短为几个小时；种皮厚的、坚硬的如核桃为 5~7 天。种子吸胀以后便可进行催芽。种子数量少时可将种子放在通气透水良好的筐、篓、筛子、湿麻袋上，大量种子可直接将其堆放在温暖干净的土地或砖地上面，种堆不宜太高，一般为 30~50cm。盖上湿布或草帘，放在温暖处继续催芽。每天用温水淘洗种子 1~2 次或用洁净温水淋洗 2~3 次，并控制环境温度在 25℃左右，待 30%种子"咧嘴露白"时即可播种。

（2）机械损伤催芽　对于种皮致密坚硬的种子，可擦伤种皮，改变其透性，增加种子的透水透气能力，从而促进发芽。常将种子与粗沙、碎石等混合搅拌（大粒种子可用搅拌机进行），以磨伤种皮。或用 3~4 倍的沙子与种子混合后轻捣轻碾，划破种皮。如油橄榄、山楂、厚朴、紫穗槐等的种子可用砂纸打擦、石磙碾压等方法。种子数量多时，最好用机械破种。

（3）药物处理催芽　用化学药剂或激素处理种子，可以改善种皮的透性，促进种子内部生理变化，增强各种酶的活性，从而促进种子发芽。常用的化学药剂有硫酸、小苏打、溴化钾、对苯二酚等。这些药剂对一些种皮含有油脂、蜡质的种子或种皮厚而坚硬的种子，可以软化及腐蚀种皮后促进种子发芽。如用浓硫酸浸红松种子 5min，清水冲洗后泡 40min，出苗率明显提高。

该方法操作方便，可广泛用于生产。但要严格把握好浓度和处理时间，最好通过试验后，选择适宜的参数进行处理。此外，种子处理后，应及时用清水冲洗，以免产生药害。

用赤霉素、萘乙酸、吲哚乙酸、吲哚丁酸、2,4-D 等处理种子，也具有良好的催芽作用。

（4）层积催芽　把种子与湿润物（湿沙、蛭石等）混合并分层放置于一定温度、湿度的通气环境中，促使其达到发芽程度的方法，称为层积催芽（图 3-4）。这种方法催芽效果良好，在生产上被广泛使用，但所需时间较长。层积催芽能解除种子休眠，促进种子内含物质的变化，帮助种子完成后熟过程。

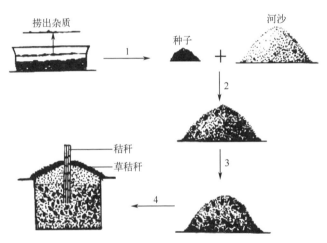

图 3-4　层积催芽

根据层积催芽的温度不同，主要分低温层积催芽、变温层积催芽、高温层积催芽等。

① 低温层积催芽。因其催芽温度控制在 0~5℃范围内的低温环境，故称为低温层积催芽，也叫层积沙藏，主要条件是低温、湿润、通气。低温有利于破除种子休眠，种子呼吸强度减弱，养分消耗少。地点选择及层积方法可参照前述的种子露天埋藏法。将种子水选消毒后，用水浸泡 3~5 天，种子用 3 倍的湿沙混合（分层放置），放入事先挖好

的坑内或在室内堆藏。也可装于木箱、花盆中，埋入地下。坑中插入一束草把，以便通气。

在进行低温层积催芽时要注意以下几点。

第一，要定期检查种沙混合物的温度和湿度，如果发现有不符合要求的情况，要及时设法调节。必须控制好催芽所要求的温度，温度高了，不仅会降低催芽效果，且会使种子腐烂。

第二，裂嘴和露胚根的总数达30%即可播种，人工播种催芽强度可加大，机械化播种催芽强度宜小。

第三，到春季要经常观察温度和种子催芽的程度，首先是防止催芽过度，如果已达到要求的程度，要立即播种或使种子处于低温条件，使胚根不再继续生长。若播种前种子的催芽程度不够，可提前1~2周取出种子，转移到温暖（一般15~25℃）处再催芽，至种子达到催芽要求时为止。

第四，催芽的种子要播在湿润的土壤上，如果播种于干燥土壤，会使种子回芽，而造成严重损失。

② 变温层积催芽。变温层积催芽法是用高温与低温交替进行的催芽方法，即先高温（15~25℃）后低温（0~5℃），必要时再高温。一般高温时间短，低温时间长。催芽前应对种子进行消毒、浸种，在变温层积催芽过程中要加强水分管理。有些种子用低温层积催芽所需的时间很长，而用变温层积催芽可大大缩短催芽时间。变温层积催芽在室内和室外均可进行。方法与低温层积方法和湿藏种子方法大致相同。不同的是，在东北挖的种子贮藏坑需要深一些，要留有通气设备，要经常检查湿度。

变温之所以能加快种子发芽速度，是因为变温比恒温更适于林木种子长期经历的自然条件，可使种皮伸缩受伤，刺激酶的活性，呼吸作用加强。因而对种子发芽起到了促进作用。变温层积催芽的效果虽然好，但操作比较麻烦，故一般用低温层积催芽能取得良好效果的种子就不要用变温催芽。在生产中由于各种原因，如种子来得较晚，来不及低温层积催芽，往往采用变温层积催芽。

变温层积催芽的开始时间，对催芽效果有很大影响。开始过早，高温期过长种子容易腐烂；开始时间过晚，高温期短或因温度低未满足种子对高温期的要求，也会降低催芽效果。低温期不够对催芽效果影响更大，为了给种子创造适宜的高温条件，东北地区宜在播种前一年的8~9月开始催芽。先是2~3个月高温期，后是3~4个月低温期。

五、播种技术

1.整地

整地可以有效改善土壤的水、肥、气、热状况，调节土壤的理化性质，促进土壤团粒结构的形成及恢复，提高土壤肥力。

一般要先清理圃地杂物，起高填低，使耕作区基本平整。然后翻耕土壤，同时施入有机肥。耕地的深度根据圃地条件和育苗要求而定，一般为20~25cm。播种区稍浅，营养繁殖区和移植区稍深；沙土地稍浅，土壤瘠薄黏重地、盐碱地稍深；北方秋耕稍深，春耕稍浅。一般在耕地后立即进行耙地，其作用是疏松表土，耙碎土块，平整土地。

整地的要求是细致平坦、上松下实，给种子萌发创造良好的土壤环境。在春季或夏季播种，土壤表面过于干燥时，应在播前灌水或在播后进行喷水。

2.播种

播种是育苗工作的重要环节，播种工作做得好不好直接影响种子的发芽率、出苗的速度和整齐程度，对苗木的产量和质量也有直接影响。

常用的播种方法有条播、撒播及点播，根据种子的大小及特性、育苗地的条件等，选择适宜的播种方法。播前要根据种子数量和苗床面积，等量分配种子。另外，还要做到均匀播种和计划用种。

（1）条播 按一定的行距在播种地上开沟，将种子均匀撒在沟内的方法，称为条播。

此法在生产上应用最为广泛，适用于中、小粒种子。一般行距为20~25cm，沟宽为10~15cm，沟深据土壤性质和种子大小决定（一般深度为种子直径的2~3倍）。

大田育苗时，为便于机械化作业，可采用带状条播，即若干播种行组成一个带，用加大带间距、缩小行间距的方法，行距一般为10~20cm，带距为30~50cm。

（2）撒播 将种子均匀撒在苗床或苗垄上的方法，称为撒播。适

用于小粒、极小粒的种子。

（3）点播 在苗床或大田上，按一定的株行距挖穴播种，或按行距开沟，再按株距播种的方法，称为点播。主要适用于大粒种子。一般行距为30~80cm，株距为10~15cm。

播种分人工播种和机械播种两种，使用机械播种，工作效率高，下种均匀，覆土厚度一致；开沟、播种、覆土镇压一次完成，节省了人力，也可做到幼苗出土整齐一致，是今后园林苗圃育苗的发展趋势。目前采用最多的是人工播种。人工播种技术要求画线要直，使播种行通直，便于抚育和起苗，开沟深浅要一致，沟底要平，沟的深度要根据种粒的大小来确定，粒大的种子要深些，粒极小的种子可不开沟，混沙直接播种。为保证种子与播种沟湿润，要做到边开沟，边播种，边覆土，一般覆土厚度应为种子直径（较短一头）的2~3倍。要做到下种均匀、覆土厚度适宜。

覆土可用原床土，也可以用细沙土混些原床土，或用草炭、细沙、粪土混合组成覆土材料。覆土后，为使种子和土壤紧密结合，要进行镇压。如果土壤太湿或过于黏重，要等表土稍干后再镇压。

六、出苗期管理技术

1. 出苗前播种地的管理

（1）覆盖保墒 播种后用稻草、塑料薄膜等进行覆盖，保持土壤水分，防止板结，利于种子发芽整齐。尤其在北方地区，播小粒种子时（如杨、柳、榆等），除灌足底水外，均应进行覆盖。采用塑料薄膜覆盖时，要注意经常检查薄膜内的温度，当苗床温度达28℃以上时，应及时打开薄膜两端，通风降温，或在塑料薄膜上遮以苇帘、遮阳网等降温，待气温回落时重新盖上薄膜。

播种后也可喷施土面增温剂，使地面上形成一层薄膜，既可提高地温，又可减少水分蒸发，减少喷水次数，使种子提前3~5天发芽出土。

（2）浇水 播种后受天气条件的影响，若出苗时间较长，苗床干燥，就应适当进行喷水补充土壤表层水分。垄播灌水时，水量不要过大，水流不要过急。水面不要浸过垄背，使垄背土壤吸湿而又不板结，保持土壤疏松，以便于幼苗出上。

（3）松土除草　林木种子出苗期相对较长，在种子发芽前会滋生许多杂草，应掌握"除早、除小、除了"的原则，及时除草松土；北方干旱地区，秋冬季节播种地的土壤常常很坚硬，应在早春土壤刚化冻、种子还没突破种皮时进行松土；灌溉后也应及时松土。出苗期除草松土均不宜过深。

2. 苗期管理

（1）不同苗期管理技术措施

① 出苗期。此期主要是满足种子发芽所需的水，为种子发芽和幼苗出土创造良好的环境条件。因此，要选择适宜的播种期，采取有效的种子催芽措施，仔细整地，提高播种技术，掌握好覆土厚度，加强播种后的管理。

② 幼苗期。此期的主要任务是保证幼苗成活，并进行蹲苗，促进根系生长。具体的措施是合理灌溉，及时除草松土，适时间苗、定苗，适量追肥，并在必要时进行适度遮阳及病虫害防治等，为苗木进入快速生长打下基础。

③ 速生期。此期是苗木生物量增长最大的时期，也是水肥量需要最多的时期，要加强土肥水管理，在速生期前期满足苗木生长所需的水肥条件，促进苗木迅速生长，后期应停止追肥和灌水，适量追施磷、钾肥，防止苗木徒长，影响苗木封顶及充分木质化。

④ 木质化期。此期的育苗任务是促进苗木充分成熟，提高苗木的越冬性，因此应停止一切促进苗木生长的技术措施。留床苗越冬需要防寒的树种要采取防寒措施，如在过冬前灌封冻水、搭风障等。

（2）一般管理技术措施

① 撤覆盖物。当幼苗大量出土（出苗率达50%~70%）时，应根据树种特性分2~3次或一次性撤除覆盖物，以防止幼苗徒长或黄化弯曲。条播或点播的，可先将覆盖物移至行间，以减少土壤水分蒸发，防止杂草滋生，待幼苗生长发育健壮时，再行撤除。用细碎材料（如谷壳、松针、锯屑等）作覆盖物，对幼苗出土和生长影响不大，可不必撤除。撤除覆盖物时，最好在傍晚或阴天进行。

② 遮阳。苗木在幼苗期组织幼嫩，对地表高温、炎热干旱等不良环境条件的抵抗能力很弱，为避免幼苗被灼伤，必要时应采取遮阳措施。

一般在覆盖物撤除后进行，可采用苇帘、竹帘或遮阳网等。在苗床上方水平搭设 40~50cm 高的活动遮阳网，其透光率以 50%~80% 为宜，一般在每天上午 9~10 时至下午 5 时遮阳；也可在苗床四周插树枝遮阳。

遮阳时间的长短，因树种和气候条件而异。耐阴树种和中性偏阴树种，一般从幼苗期就开始遮阳，停止时间各地有所差异，夏季播种育苗，待苗木基部木质化后或高温干旱情况改善时，即可撤除遮阳物。

③ 间苗。目的是将苗木密度调整到合理范围。遵循"早间苗，迟定苗"的原则，既能使苗木有充足的营养空间，又能确保不会因不良因素影响而造成苗木数量不足的后果。

间苗的具体时间要根据树种的生物学特性、幼苗密度和苗木的生长情况确定。大部分阔叶树，如榆树、槐树、臭椿等，幼苗生长快，抵抗力强，可在幼苗出齐后，长出两片真叶时一次间完。大部分针叶树种，如落叶松、水杉等，幼苗生长慢，可结合除草分 2~3 次间苗。第一次间苗宜早，等幼苗出齐后长到 5cm 时进行，之后的 10~20 天进行第 2 次间苗，最后一次间苗称定苗，一般在幼苗期的后期或速生期的初期进行，定苗量比计划产苗量高 5%~10%。

间苗最好在雨后或灌溉后、土壤较湿润时进行，拔除受病虫害的、机械损伤的、生长不良的、过分密集的幼苗，注意不要损伤保留苗，间苗后及时灌溉，以淤塞间苗留下的苗根空隙。

④ 补苗。可结合间苗在阴雨天或傍晚进行补苗，补后及时灌水，必要时遮阳。

⑤ 中耕除草。灌溉或雨后 1~2 天，土壤板结，天气干旱，水源不足时，均应进行松土。一般苗木生长前半期每 10~15 天进行一次，深度 2~4cm；后半期每 15~30 天一次，深度 8~10cm。松土除草可结合进行，可采用人工除草、机械除草、化学除草。对于撒播苗不便除草和松土，可将苗间杂草拔掉，再在苗床上撒一层细土，防止露根透风。

⑥ 灌溉。合理灌溉，即选定最佳灌溉期和灌溉量。具体应根据当地气候条件、土壤条件、树种的生物学特性和苗木各个生长发育阶段的特点而定。

播前灌足底水后，一般播后出苗前可不进行灌溉。如果是播小粒种子或发芽前土壤过于干燥，均应采取喷灌的方式以保持圃地湿润、提高地温。随种子的发芽、幼苗的生长，出苗期、幼苗期、苗木速生期对干旱敏感，灌溉次数要多，灌溉量要小；寒冷地区越冬苗要浇上冻水。灌溉时间一般以早晨或傍晚为宜，此时的水温与地温相近，利于苗木生长。

⑦ 施肥。施肥主要采用基肥结合追肥的方式进行。基肥主要于播种前结合整地进行，一般施用量为全年的60%，另外40%可根据苗木生长发育要求进行追肥。苗期追肥应本着"根找肥，肥不见根"的原则。施肥的方法有土壤追肥和根外追肥两种。

a. 土壤追肥。苗圃中常见的速效肥有草木灰、硫酸铵、尿素和过磷酸钙等。一般苗木生长期间可追肥2~6次。第1次宜在幼苗出土后1个月左右进行，以后每隔10天左右追肥1次，最后1次追肥在苗木停止生长前1个月进行。对于针叶树种，苗木封顶前30天左右停止追施氮肥。追肥要做到"由稀到浓，少量多次，适时适量，分期巧施"。

土壤追肥方法有浇施、沟施和撒施3种。浇施是将肥料溶于水后浇入苗床，或随水灌入苗床。沟施是在播种行间开沟施肥后封沟，浇透水。撒施是把肥料均匀地撒于苗床，灌水使其溶化渗入苗床。

b. 根外追肥。又称叶面追肥，是在苗木生长期间，为快速补充养分，而将速效性肥料的溶液喷在苗木枝叶上的方法。喷施时应注意以下几点：Ⅰ.浓度要小，以防造成"伤苗"，如尿素0.3%~0.5%，过磷酸钙、硫酸铵和硫酸钾0.5%~1.0%，磷酸二氢钾0.3%~0.7%，磷酸锌和硫酸铜0.1%~0.5%，硫酸铜和铝酸钠0.05%~0.1%，硼酸0.01%~0.5%；Ⅱ.喷雾量要少，叶片上不能形成水珠，否则干后易灼伤苗木；Ⅲ.增大吸收面积，根据苗木叶片的质地，喷于叶片的两面，尽可能增大吸收面积；Ⅳ.喷施次数，连续施用2~3次，每次间隔约1周；Ⅴ.天气情况，一般要求喷施后至少1天不下雨。

⑧ 病虫害防治。苗木立枯病、根腐病等可喷敌磺钠、波尔多液或甲基硫菌灵等药物防治；食叶、食芽害虫可喷洒敌百虫等药剂；防治地下害虫金龟子、蝼蛄、蟋蟀等可用敌百虫、乐果等喷洒，也可用辛硫磷稀释后灌根防治。

第二节　扦插繁殖技术

　　园林苗木种类繁多，习性各异。在植物扦插繁殖中，要根据不同植物的生长特性，在不同的时期选择相应的扦插方式进行繁殖。

　　扦插繁殖按照插穗器官分为枝插、根插、芽插和叶插等；枝插按照插穗的木质化程度与扦插季节分为硬枝扦插（又称休眠期扦插）、嫩枝扦插（又称绿枝扦插、当年生枝扦插），叶插包括全叶插和片叶插。在园林苗木的培育中，最常用的是枝插，其次是根插和叶插。现主要介绍枝插和根插。

一、枝插

　　枝插即用树木的枝条作插穗进行扦插，使其产生新根，形成一个新的植株。分为嫩枝扦插、硬枝扦插。

1. 嫩枝扦插

　　嫩枝扦插又称绿枝扦插、半木质化扦插、软枝扦插，是在生长季节用生长旺盛的幼嫩的、半木质化或未木质化的枝条进行扦插育苗的方法。其特点是光合作用、蒸腾作用及各种代谢活跃；内源生长素含量相对较高，容易生根。对于一些休眠期扦插不易生根的植物如银杏、松、紫玉兰、蜡梅、茶花、卫矛、海桐、杜鹃等，用嫩枝扦插则能取得较好的效果。嫩枝扦插的不利条件是在夏季高温条件下扦插时，枝条幼嫩，且常带有一定量的叶片，蒸腾强度大，插穗极易失水，对扦插环境湿度要求较高。此期为真菌、细菌繁衍活动旺盛期，插穗极易染病，影响离体（生根之前）保存率，对基质及环境必须认真消毒。嫩枝扦插在夏季进行，扦插设施常采用全日照自动间歇喷雾设施或遮阳棚、塑料小拱棚保护地设施，也可采用大盆密插、暗瓶水插等方法，以保证适宜的空气湿度。

　　插穗长度依植物种类、节间长度及组织软硬而异，通常为5~15cm，组织以老熟适中为宜，过于柔嫩易腐烂，过硬则生根缓慢。软材扦插必须保留一部分叶片，若去掉全部叶片则难以生根。对叶片较大的种类，为避免水分蒸腾过多，可把叶片的一部分剪掉。一般保留3~4个芽，插穗下切口为平口或斜口，剪口应位于叶或腋芽之下。

阔叶树一般保留 2~3 个叶片，针叶树脱去底部 3~5cm 的叶子，下部插入基质中。在制插穗过程中要注意保湿，随时注意用湿润物覆盖或浸入水中。多汁液种类应使切口干燥半日至数天后扦插，以防腐烂。

嫩枝扦插因插穗枝条柔嫩，扦插用地需整理得更加精细、疏松，常制作专门插床。插穗一般垂直插入基质中，扦插深度应根据树种和插穗长度而定，一般为插穗全长的 1/3~1/2。如能人工控制环境条件，扦插深度越浅越好，可为 0.5cm 左右，不倒即可。扦插密度以两插穗之间相接、互不遮盖为宜。

2.硬枝扦插

用已经完全木质化的枝条作插穗进行扦插育苗的方法称为硬枝扦插，适用于扦插容易成活的植物，如杨树、柳树、悬铃木、月季、花柏、女贞、连翘、紫藤、忍冬、绣线菊、无花果、桑、葡萄、石榴、侧柏、桧柏、云杉等。

硬枝扦插可在春、秋两季进行，最适宜的时期为春季，在腋芽萌动前进行扦插，北方春季当土壤解冻后立即扦插。秋季扦插在尚未落叶、生长停止前 1 个月进行，以保证插穗形成愈伤组织和不定根，为安全越冬打下基础。北方寒冷地区秋插容易产生冻害，干旱地区秋插时第一芽容易干枯，故一般不宜在秋季扦插。南方常绿树种常在冬季扦插，可直接在苗圃地内进行，经过冬、春生长成苗，而北方较少冬季扦插，但可在保护地或温室内进行。

扦插时直插、斜插均可，但倾斜角不能太大，扦插深度为插穗全长的 1/2~2/3。干旱地区、沙质土壤可适当深些。注意不要碰伤芽眼，插入土壤时不要左右晃动，并用手将周围土壤压实。春季大田扦插时可做成垄和畦。在垄背上扦插为垄插，插穗插在畦中为畦插。多数情况下垄插优于畦插，因为垄插时表土层比较深，根系附近土壤疏松透气，且土壤吸收阳光的面积大，地温升高快，有利于插穗生根。另外，垄插灌水在垄之间，不会因灌水而影响土壤透气性和降低土壤温度。但是，在沙性土壤扦插，特别是在气候非常干旱的地区由于保水困难不宜垄插。

硬枝扦插按照插穗的长短通常分为长穗插和单芽插两种。长穗插是用两个以上的芽进行扦插，单芽插是用一个芽的枝段进行扦插，由于枝条较短，故又称为短穗插。

（1）长穗插 通常有普通插、踵形插、槌形插等。

① 普通插。普通插是本本植物扦插繁殖中应用最多的一种，大多数树种都可采用这种方法，既可采用插床扦插，也可大田扦插，如平作或垄作。一般插穗长度为 10~20cm，插穗上保留 2~3 个芽，剪切口时上切口距顶芽 1cm 左右向芽的反方向斜剪，下切口的位置依植物种类而异，一般在节附近薄壁细胞多，细胞分裂快，营养丰富，易于形成愈伤组织和生根，故插穗下切口宜紧靠节下。下切口有平切、斜切、双面切、踵状切等几种切法（图 3-5）。

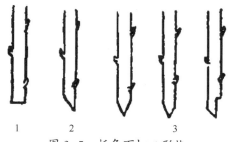

图 3-5 插条下切口形状

1—平切；2—斜切；3—双面切

易生根的植物和嫩枝插穗多采取平切，愈合速度快，生根均匀，呈环状分布，伤口小，可以减少切口腐烂。生根较困难的植物采用斜切和双斜面切，由于切口与基质接触面大，利于吸收水分和养分，但易形成偏根，根系集中于切面末端，且此法剪制费工，不便机械化截穗。当插穗剪好后，将插穗插入土中或基质中，插入深度为插穗长度的 1/2~2/3。凡插穗较短的宜直插，既避免斜插造成偏根，又便于起苗。

② 踵形插。插穗基部带有一部分 2 年生枝条，形同踵足。这种插穗下部养分集中，容易发根。但浪费枝条，即每个枝条只能取一个插穗，适用于松类、柏类、桂花等难成活的树种（图 3-6）。

③ 槌形插。槌形插是踵形插的一种，基部所带的老枝条部分较踵形插多，一般长 2~4cm。两端斜削，成为槌状（图 3-6）。

除以上三种按材料形态分出的扦插方法外，为了提高生根成活率，在普通插的基础上采取各种措施形成的几种插法如下。

图 3-6　插条的剪取与硬枝扦插

1—踵形插；2，3—槌形插

① 割插：插穗下部自中间劈开，夹以石子等。利用人为创伤的办法刺激伤口愈合组织产生，扩大插穗生根面积。此法多用于生根困难，且以愈伤组织生根的树种，如桂花、茶花、梅花等。

② 土球插：将插穗基部裹在较黏重的土球中，再将插穗连带土球一同插入土中，利用土球保持较高的水分。此法多用于常绿树和针叶树，如雪松、竹、柏等。

③ 肉瘤插：此法是在枝条末从母树上剪下之前的生长季中以割伤、环剥、绞缢等办法造成插穗基部形成以愈伤组织突起的肉瘤状物，增大营养贮藏，然后切取进行扦插。此法程序较多，且浪费枝条，但利于生根困难的树种繁殖，因此多用于珍贵树种繁殖。

④ 长干插：即用长枝扦插，一般以 50cm 长，也可长达 1.2m 的 1 至多年生枝干作为插穗，多用于易生根的树种。用这种方法可在短期内得到有主干的大苗，或直接插于欲栽处，减少移植次数。

⑤ 水插法：此法利用水作为扦插基质，即将插条插于水中，生根后及时取出栽植。水插的根较脆，过长易断。

（2）单芽插（短穗插）　插穗仅有一芽附一片叶，长度为 5~10cm，芽下部带有盾形茎部一片，或一小段茎，适于一些珍贵树种或材料来源少的树种扦插繁殖苗木，可节省插穗，适于密植，单位面积产苗量高，苗木成本低；叶插不易产生不定芽的种类，也可采用此法，如橡皮树、山茶花、桂花、八仙花等。但对插穗要求严格，扦插技术要求较高。一般先在保护地内采用营养体扦插，待生根长梢具有 4~6 片叶后再移植大田。若于大田直接扦插，扦插后覆盖稻草，并经常向上喷水，防止插穗风干，待生根、萌芽后撤去覆盖物。

二、根插

对于枝插繁殖困难的树种，可用根插方法进行繁殖。用根来培养成一个新植株，关键是根部能够形成不定芽。可用根插繁殖的植物大多具有粗壮的根系，粗度不应小于 2mm。同种植物，根较粗较长者含营养物质多，也易成活。一般凡是在自然生长条件下，树的周围能够萌发出根蘖苗的树种，都可以用根插来繁殖。

晚秋或早春均可进行根插，也可在秋季掘起母株，贮藏根系过冬，至来年春季扦插。冬季也可在温室或温床内进行扦插。

因树种不同选取的根穗粗度有所差别，原则是插条长些好、粗壮些好，一般根穗长度为 15~20cm，大头粗度为 0.5~2cm。如刺槐采用粗度为 0.3~1.2cm 的嫩根，切成 6~12cm 长的插条。从生产、成本、产量考虑应控制在以上范围，粗壮根可短些，细弱的根应长些。插条应按粗细进行分级、打捆，分清上、下切口，用油漆在上切口涂标记，也可将上切口剪成平口，下切门剪成斜口，以避免扦插时颠倒方向。根部插条容易失水，要认真假植好，以备春季扦插。

可进行根插的植物有牡丹、枣树、文冠果，可在温室或温床中进行。把根剪成 3~5cm 长，撒播于浅箱、花盆的沙面上（或播种用土），覆土（沙）约 1cm，保持湿润，待产生不定芽之后进行移植。还有一些植物，根部粗大或带肉质，如泡桐、臭椿、千头椿、洋槐、香椿等，可剪成 3~8cm 的根段，垂直插入土中，末端稍露出土面，待生出不定芽后进行移植。

三、扦插后的管理

扦插育苗是在植物缺根的情况下培育，其生根时间都需要几天、十几天甚至几十天，有的树种适宜冬春扦插，而有的树种需要在梅雨季节扦插，插穗对水、气、光、温等条件要求严格。插床补水时可采用喷雾器补水或用细孔喷头浇水，以保持插床介质的疏松透气，促使插穗愈伤组织形成。增加插床介质温度，并注意对空气湿度的调节，促进生根；生根初期对插床适当遮阳，并逐渐增强散射光，既保持插穗光合作用所需的光照，又避免蒸腾作用过旺失水。扦插生根后要减少空气湿度，增大光照强度，延长光照时数，使之适应全光照下的生存生长。

扞插于土壤的，插后要做好保墒及松土，及时清除杂草。对插穗应经常进行检查，发现有腐烂死亡的插穗要拔出弃之。对未生根前地上部展叶的则应摘除叶片，减少营养消耗和水分散失。当苗高长到15~25cm 时应选留一个健壮直立的芽，其余除去。适时进行根外追肥，促进扞插苗生长健壮。

第三节　嫁接繁殖技术

嫁接繁殖技术是园林苗木繁殖的主要繁殖方式之一，目前广泛应用于龙爪槐、月季、金叶榆、榕树等各类观赏花木中，一些难以扞插繁殖的树木也要用嫁接繁殖来保持原种的优良种性。

一、砧木的选择与培育

由于砧木与嫁接成活及嫁接苗的生长发育、树体大小、开花早晚、果实产量与质量、观赏价值等都有密切的关系，所以砧木的选择与培育是嫁接育苗的重要技术环节之一。

1.砧本的选择
主要依据以下条件选择砧木。

（1）与接穗亲和力强　与接穗的亲和力强是嫁接成活的首要条件。

（2）适应性、抗逆性强　能够适应当地的气候条件与土壤条件，本身要生长健壮、根系发达，具有较强的抗寒、抗旱、抗涝、抗风、抗污染、抗病虫害等能力。

（3）对接穗生长发育无不良影响　砧木必须对接穗的生长、开花、结果、寿命等有很好的作用，嫁接植株能反映接穗原有的优良特性。

（4）繁殖方法简便　繁殖材料要来源丰富，易于大量繁殖，易于成活，生长良好。一般选用1~2年生的健壮实生苗。

（5）符合园林绿化的需要　培育特殊树形的苗木，可以选择具有特殊性状的砧木。

2.砧木的培育

砧木苗可通过播种、扦插、压条等方法繁殖，其中以种子播种的实生苗应用最多，这是因为播种苗具有根系发达、抗逆性强、寿命长等优点，而且便于大量繁殖。对于种子来源少或不易进行种子繁殖的树种也可采用无性繁殖方法。实生苗培育一般是在早春进行播种，而且时间宜早不宜晚，土壤解冻后即可播种。为提高地温，促进苗木生长，可以加盖小拱棚。定苗时，宜保持规则的株行距，以便嫁接操作。砧木苗的管理一方面要适时灌溉、施肥、中耕除草，保持其旺盛的生长势；另一方面还要通过摘心等措施控制苗木的高度，促进其茎部加粗，并将苗木嫁接部位和枝叶及早摘除。芽接季节，如因天气干旱，树液流动缓慢，皮层与木质部分离困难时，可于嫁接前1周进行洒水，以便提早嫁接，提高嫁接成活率。

砧木苗的大小、粗细、年龄等与嫁接成活和接后的生长有密切关系，应根据树种及嫁接方法要求具体掌握。一般花木和果树所用的砧木，粗度以1~3cm为宜；生长快而枝条粗壮的核桃等，砧木宜粗；嫁接龙爪槐、龙爪榆、龙爪柳、红花刺槐等用于高接换头且对苗干高度有一定要求的，粗度通常为2.2cm以上；小灌木及生长慢的山茶、桂花等，砧木可稍细。砧木的苗龄以1~2年生为佳，生长慢的树种也可用3年以上的苗木作砧木，甚至可以用大树进行高接换头。

二、接穗的选择与贮藏

1. 接穗的选择

选择接穗，必须从栽培目的出发，选择品质优良纯正、观赏价值或经济价值高，生长健壮，无病虫害的壮年期的优良植株为采穗母树。采穗量大的也可建立专门的采穗圃。采集接穗时，最好选母树外围中上部、光照充足、发育充实的1~2年生枝条作为接穗，以节间短、生长健壮、芽体饱满、无病虫害、粗细均匀的1年生枝为最好。而有的树种如无花果、油橄榄等，只要枝条组织健全、健壮，采用2年生或树龄更大的枝条也能取得较高的嫁接成活率，甚至比1年生枝条效果更好。针叶常绿树的接穗则应带一段2年生的老枝，这种枝条嫁接成活率高，且生长较快。

2. 接穗的采集与贮藏

嫁接繁殖量小时，接穗最好随接随采，如果春季枝接量大，一般在休眠期结合冬剪将接穗采回进行贮藏。每 100 根捆成一捆，附上标签，标明树种、品种、采条日期、数量等，在适宜的低温下贮藏。接穗一般贮藏于假植沟或地窖内，贮藏期间经常检查，注意保持适当的低温和适宜的湿度，以保持接穗新鲜，防止失水、发霉。特别是在早春气温回升时，要采取遮阳等措施保持较低温度，防止接穗芽体膨大，造成接穗与砧木萌发期不一致而影响嫁接成活。春季嫁接时，接穗随取随用。

采用蜡封法贮藏接穗，效果更好，尤其对于有伤流现象和树胶、单宁含量高的核桃、板栗、柿树等接穗效果更为突出。方法是：将秋季落叶后采回的接穗，在 60~80℃的溶解石蜡中速蘸，使接穗表面全部蒙上一层薄薄的蜡膜，中间无气泡，然后将一定数量的接穗于塑料袋中密封好，放在 −5~0℃的低温条件下贮藏备用。翌年随时可取出接穗嫁接，一般存放半年以上的接穗仍具有生命力。这种方法不仅有利于接穗的贮藏和运输，而且也可有效地延长嫁接时间，在生产上已得到了广泛的应用。

多肉植物、草本植物及一些生长季嫁接的植物接穗应随采随接。木本植物芽接，必须对接穗进行短期贮藏的，一次采回的接穗数量也不宜过多。接穗采取后为了防止水分散失，把叶片全部剪去，只保留长 0.5cm 的叶柄，并用湿布包裹。接穗运回后，将其下部及时浸于水中，置阴凉处，每天换水 1~2 次。也可将接穗插于湿沙中，上盖湿布，每天喷水 2~3 次。一般短期贮藏的时间为 4~5 天。

接穗如需长途运输，应先让接穗充分吸水，用浸湿的麻袋包裹后装入塑料袋运输，途中要经常检查，及时补充水分，防止接穗失水。

经过贮藏的接穗，嫁接前还要检查生活力。以当年新梢作接穗的，应查其枝梢皮层有无皱缩、变色现象。芽接的还要检查是否有不离皮现象。这些现象均说明接穗已失去生活力。对贮藏越冬的接穗，进行抽样削面，插入湿度、温度适宜的沙土中，10 天内能形成愈伤组织的即可用来嫁接。经低温贮藏的接穗，嫁接前 1~2 天应放在 0~5℃的湿润环境中进行活化，嫁接前再用水浸 12~24h，可提高嫁接成活率。

三、嫁接方法

嫁接时，要根据嫁接植物的种类、砧木大小、接穗与砧木的情况、育苗的目的与季节等，选择合适的嫁接方法。生产中常用的嫁接方法，根据接穗的种类分为枝接和芽接两种，根据砧木上嫁接的位置不同分为茎接、根接、芽苗接等。枝接又根据枝条木质化程度的高低分为硬枝接和嫩枝接两种。不同的嫁接方法都有与之相适应的嫁接时期和技术要求。

枝接是用枝条作接穗进行的嫁接。根据嫁接形式可以分为劈接、切接、靠接、髓心形成层对接、舌接、腹接、桥接、根接、芽苗砧嫁接等。枝接的优点是成活率高，苗木生长快。但枝接消耗的接穗多，且对砧木的粗度要求较高，嫁接时间也受到一定限制。

用芽作接穗的嫁接方法叫芽接。主要方法有嵌芽接（带木质芽接）、"丁"字形芽接和方块形芽接。其优点是节省接穗，一个芽就能繁殖成为一个新植株；对砧木粗度要求不高，1 年生砧木就能嫁接；技术容易掌握，效果好，成活率高，可以迅速培育出大量苗木；嫁接不成活时对砧木影响不大，可立即进行补接。但芽接必须在木本植物韧皮部与木质部易于剥离时才能嫁接。

四、嫁接时间

嫁接的时期与各种树种的生物学特性、物候期和选用的嫁接方法有密切关系。总的来说，凡是生长季节都可以进行嫁接，只是在不同的时期所采用的方法不同。也有在休眠期的冬季进行嫁接的，实际上只是把接穗贮藏在砧木上。

1. 枝接时期

枝接时间一般在春、冬两季进行。以春季顶芽刚刚萌动时进行最为理想，这时树液开始流动，接口容易愈合，嫁接成活率高。但由于树种特性和各地环境不同，嫁接时间也有差异，均应选择愈伤组织形成最有利的时期。如含单宁较多的核桃、板栗、柿树等，以在砧木展叶后嫁接为好；针叶常绿树如龙柏、翠柏、偃柏、洒金柏等的枝接以夏季为好；用接穗木质化程度较低的嫩枝嫁接，应在夏季新梢长至一定长度时进行。

冬季枝接在苗木落叶后春季发芽前均可进行，但由于北方温度过低，必须采取相应保护措施。一般将砧木掘出在室内进行，接好后假植于温室或地窖中，促其愈合，春季再栽于露地。

2. 芽接时期

芽接的接穗来自当年新梢，应在新梢芽成熟之后进行，过早芽不成熟，过迟不易离皮，操作不便。因树种的生物学特性差异，适宜的嫁接时期不同。如北方地区除柿树等可以在4月下旬至5月上旬芽接，龙爪槐、江南槐等以6月中旬至7月上旬芽接成活率最高外，大多数树种以秋季芽接最适宜。如樱桃、李、杏、梅花、榆叶梅等应早接，在7月下旬至8月上旬进行；苹果、梨、枣等可在8月下旬进行；银杏、杨树、月季等则以9月上、中旬芽接最好，如过早芽接天气较暖接芽易萌发抽条，到停止生长前不能充分木质化，越冬困难。南方大部分树种以春季芽接最适宜。

五、嫁接技术

（一）枝接

1. 切接法

（1）适用范围　适用于大部分园林树种，砧木直径为1~2cm或较粗。

（2）操作步骤（图3-7）

第一步，削接穗。把采下的接穗去掉梢头和基部不饱满芽的部分，接穗上保留2~3个完整饱满的芽。将接穗从下芽背面用切接刀向内切一深达木质部但不超过髓心的长切面，长2~3cm。再于切面背面末端

削一长 0.8~1cm 的小斜面。接穗上端的第一个芽要在小切面一侧。要求切面平滑，最好一刀削成。

第二步，切砧木。在距地面 7~10cm 处断砧，削平断面，选较平滑的一面，用切接刀在砧木一侧（略带木质部，断面上为直径的 1/5~1/4）垂直向下切，深度 2~3cm。

第三步，插接穗。将接穗削好的长面向里插入砧木切口中，使双方形成层对准密接，如砧木切口过宽，可对准一边形成层。接穗插入的深度以接穗削面露出 0.5cm 左右为宜，即"露白"。

第四步，绑扎。用塑料条由下向上捆扎紧密，可兼有使形成层密接和保温的作用。绑扎时注意不要触动接穗，以免两者形成层错开。必要时，可在接口处封泥或滴蜡，或采用土埋办法，以减少水分蒸发，达到保湿的目的。

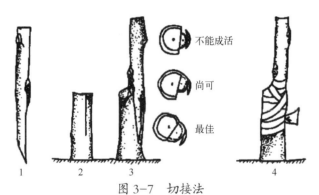

图 3-7 切接法

1—削接穗；2—劈砧木；3—形成层对齐；4—包扎

2. 劈接法

（1）适用范围 适用于大部分落叶树种，砧木粗度为接穗的 2~5 倍（图 3-8）。

（2）操作步骤

第一步，削接穗。将接穗去梢、去基部后截成长 5~8cm、至少有 2~3 个芽的枝段。然后从接穗下部 3cm 处两侧切削，呈一楔形，切口长 2~3cm，一侧薄而另一侧稍厚。

第二步，劈砧木。将砧木在离地面一定高度、光滑处剪（锯）断，并削平剪口，用劈接刀从其横断面的中心垂直向下劈深 2~3cm 的切口。注意劈时用力不要过猛，要轻轻敲击刀背或按压刀背，使刀刃慢慢下切；不要让泥土或其他异物落进劈口。

第三步，插接穗。用劈接刀的楔部撬开劈口，将削好的接穗轻轻地插入砧木劈缝，使接穗形成层与砧木形成层对接。如接穗较细，要把接穗紧靠一边，保证至少有一侧形成层对齐。砧木较粗时，可同时插入 2 个或 4 个接穗。插入深度，以接穗切面露出 2~3mm 为宜，这样接穗和砧木的形成层接触面大，有利于分生组织的形成和愈合。

第四步，绑扎。与切接法相同。

图 3-8　劈接法

1—接穗正侧面；2—劈开砧木，插入接穗，形成层对齐并露白；3—包扎，接穗顶端以塑料薄膜密封

3. 靠接法

（1）适用范围　适用于一般嫁接难以成活的珍贵树种，要求砧木与接穗均为自养植株。在嫁接前将两者移植在一起（图 3-9）。

（2）操作步骤

第一步，削切口。在生长季节（一般 6~8 月份），将砧木和接穗靠近，然后选砧木和接穗相邻光滑无节方便操作的地方各削一长宽相等的削面，长 3~6cm，深达木质部，露出形成层。

第二步，靠砧木、绑扎。使砧木、接穗的切口靠紧、密接，双方形成层对齐，用塑料薄膜绑缚紧密。

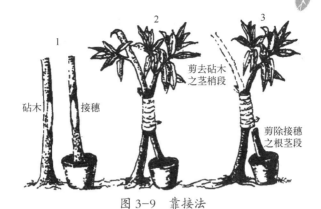

图 3-9 靠接法

1—砧穗削面；2—对准形成层绑缚；3—成活后剪砧及截断穗枝的茎干

4. 插皮接

（1）适用范围 是枝接中最易掌握、成活率最高的一种嫁接方法。要求砧木较粗，且皮层易剥离的情况下采用。在园林上用此法高接、低接均可（图 3-10）。

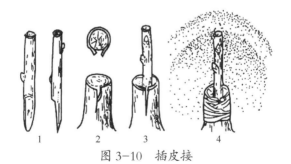

图 3-10 插皮接

1—削接穗的正、侧面；2—砧木削法；3—插入接穗；4—绑扎及覆土

（2）操作步骤

第一步，削接穗。在接穗下芽的 1~2cm 背面处，削一 3~5cm 长的斜面，厚 0.3~0.5cm，再在斜面的后尖端削 0.6cm 的小斜面。削好的接穗上留 2~3 个芽。

　　第二步，切砧木。在距地面 5~8cm 处剪断砧木，削平断面。选平滑顺直处，将砧木皮层由上而下垂直划一刀，深达木质部，长约 1.5cm，顺刀口用刀尖向左右挑开皮层。有的砧木也可不划破这个口，用楔形的竹签插入木质部和韧皮部中间，然后拔出竹签，作插接穗的地方。

　　第三步，插接穗。将削好的接穗在砧木切口处沿木质部和韧皮部中间插入，长削面朝向木质部，并使接穗背面对准砧木切口正中，削面上也要"留白"。最后用 1cm 宽塑料条绑缚。

　　用此法嫁接龙爪槐、龙爪榆、龙爪柳等，可以同时接上 3~4 个接穗，均匀分布，成活后可作为新植株的骨架。为提高成活率，接后可以在接穗上套袋保湿。

5.髓心形成层对接法

（1）适用范围　多用于针叶树种的嫁接（图 3-11）。

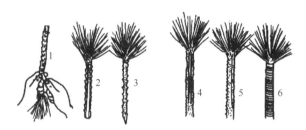

图 3-11　髓心形成层对接法

1—削接穗；2—接穗正面；3—接穗侧面；4—切砧木；5—砧穗贴合；6—绑扎

（2）操作步骤　以砧木的芽开始膨胀时嫁接最好，也可在秋季新梢充分木质化时进行嫁接。

　　第一步，削接穗。剪取带顶芽长 8~10cm 的 1 年生枝条作接穗，除保留顶芽以下 10 余束针叶和 2~3 个轮生芽外，其余针叶全部摘除。然后从保留的针叶 1cm 左右以下开刀，逐渐向下通过髓心平直切削成一削面，削面长 6cm 左右，再将接穗背面斜削一小斜面。

　　第二步，切砧木。利用中干顶端 1 年生枝作砧木，在略粗于接穗的部位摘掉针叶，摘去针叶部分的长度略长于接穗削面。然后从上向下沿形成层或略带木质部切削，削面长、宽皆同接穗削面，下端斜切

一刀，去掉切开的砧木皮层，斜切长度同接穗小斜面相当。

第三步，插接穗。将接穗长削面向里，使接穗与砧木之间的形成层对齐，小削面插入砧木切面的切口，最后用塑料薄膜绑扎严紧。待接穗成活后，再剪去砧木枝头。

6. 芽苗砧（子苗）嫁接

（1）适用范围　芽苗砧嫁接是用刚发芽、尚未展叶的胚苗作砧木进行的嫁接。主要用于核桃、栗、银杏、香榧、文冠果等大粒种子植物。此法不仅可缩短育苗时间，同时芽苗无伤流、不含单宁和树胶等影响嫁接成活的物质，成活率高。

（2）操作步骤

第一步，砧木苗培育与切削。将已层积催芽的大粒种子播种在室内装有湿润沙土或苔藓的箱中，保持室内温度21~27℃，在胚苗第一片真叶即将展开时，用双面刀片在子叶柄上方1.5cm处切断砧苗，再用刀在横断面中心纵切1.2cm左右的切口，但不能伤及子叶柄。

第二步，削接穗。根据芽苗粗度选择接穗，截取带有2~3个芽的长6~10cm茎段，下部削成楔形，削面长1.5cm左右。

第三步，插接穗与嫁接苗培育。将与砧木苗粗度一致的接穗下切口插入砧木切口中，接合处用嫁接夹固定或用普通棉线绑紧，但不可挤伤幼嫩胚苗（图3-12）。

嫁接苗假植在透光密闭保湿的容器中，将嫁接部位埋住。待接穗开始萌动前移至荫棚培育，或直接移栽在通透良好的圃地，塑料棚保湿。注意喷水、遮阳和适当通风。

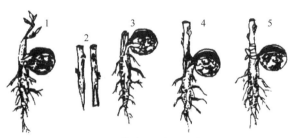

图3-12　芽苗砧（子苗）嫁接

1—芽苗；2—接穗削面；3—芽砧切接口；4—接合；5—愈合成活

7. 根接

（1）适用范围　适于秋冬季节于室内进行，接后埋于湿沙中促其愈合时常用。

（2）操作方法　根接时可用劈接、切接、靠接等方法，操作步骤与之相同。依据砧木和接穗的粗度不同，可以正接，即在砧根上端劈切接口，也可倒接，即在接穗的下端劈切接口。绑扎材料不宜用塑料条，因为塑料条不会自然降解，需要专门解绑。一般用麻皮、蒲草、马兰等绑扎（图3-13）。

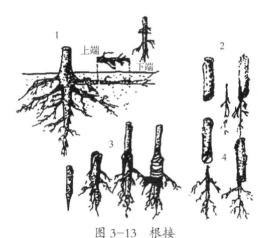

图 3-13　根接

1—根的形态学上下端；2—倒插皮根接；3—劈接；4—倒劈接

（二）芽接技术

1.“T”字形芽接

（1）适用范围　这是目前应用最广的一种嫁接方法，需要在夏季皮层易剥离时进行（图3-14）。

（2）操作步骤

第一步，取接芽。在仅留叶柄的接穗枝条上，选健壮饱满的芽。在芽上方1cm处先横切一刀，深达木质部；再从芽下1.5cm处，从下往上削，略带木质部，使刀口与横切的刀口相接，削成上宽下窄的盾形芽片。用手横向用力拧，即可将芽片完整取下，如接芽内略带木

质部，应用嫁接刀的刀尖将其剔除。

第二步，切砧木。在砧木距离地面 7~15cm 处或满足生产要求的一定高度处，选择背阴面的光滑部位，去掉 2~3 片叶。用芽接刀先横切一刀，深达木质部；再从横切口正中间往下垂直纵切一刀，长1~1.5cm，深度以只把韧皮部切断即可，在砧木上形成一 "T" 字形切口。切砧木时不要在砧木上划动，以防形成层被破坏。

第三步，插接穗与绑扎。左手捏住芽片叶柄，右手用芽接刀骨柄轻轻地挑开砧木的韧皮部，迅速将接芽插入挑开的 "T" 字形切口内，压住叶柄往下推，接芽全部插入后再往回推至接芽的上部与砧木上的横切口对齐。手压接芽叶柄，用塑料条绑扎紧即可。

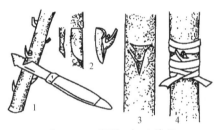

图 3-14 "T" 字形芽接

1—削取接穗芽片；2—取下芽片；3—在砧木的 "T" 形切口上插入芽片；4—绑扎

2. 嵌芽接

（1）适用范围 嵌芽接即带木质部芽接，此种方法不受树木离皮与否的限制，而且接合牢固，利于嫁接苗生长，已在生产上广泛应用（图3-15）。

（2）操作步骤

第一步，取接芽。接穗上的芽，自上而下切取。先从芽的上方1.5~2cm 处稍带木质部向下斜切一刀，然后在芽的下方 1cm 处横向斜切一刀，取下芽片。

第二步，切砧木。在砧木选定的高度上，取背阴面光滑处，从上向下稍带木质部削一与接芽片大小均等的切面，再将切面上部的树皮切去，下部留 0.5cm 左右。

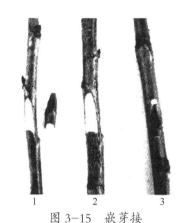

图 3-15 嵌芽接

1—削取接穗芽片；2—削砧木；3—嵌入芽片

第三步，插接穗。将芽片插入切口，使两者形成层对齐，再将留下的韧皮部贴到芽片上，用塑料条绑扎即可。

3. 方块形芽接

（1）适用范围 方块形芽接所取的芽块大，与砧木形成层接触面积大，成活率高。多用于柿树、核桃等嫁接较难成活的植物。但是其操作复杂，工效较低。使用专门的"工"字形芽接刀可提高工效（图3-16）。

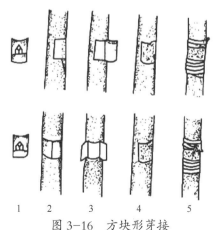

图 3-16 方块形芽接

1—取接芽；2—切砧木；3—扒开韧皮部；4—镶入芽片；5—绑缚

（2）操作步骤

第一步，取接芽。用"工"字形芽接刀在饱满芽等距离的部位横切一下，深达木质部，再在芽位两侧各切一刀，也深达木质部，将接穗取成一长方形的接芽块。

第二步，切砧木。在砧木上适当的高度，选一光滑部位，去掉几片叶，用"工"字形芽接刀切横向的两个切口；再在两切口中间或一侧切一刀把韧皮部切断。从中间纵切的，切口呈"工"字形，砧木韧皮部可以向两侧打开，叫"双开门"。从一侧纵切的，切口呈"]"形状，砧木韧皮部只能向一侧打开，叫"单开门"。

第三步，插接芽，绑扎。用刀尖轻轻将砧木韧皮部的切口挑起，把长方形的接芽嵌入，将砧木韧皮部覆盖在接芽上，用塑料条绑扎紧实。

六、嫁接后的管理

1. 检查成活情况及解除捆扎物

芽接一般 7~15 天可进行成活情况的检查。如果带有叶柄，只要用手轻轻一碰叶柄即脱落，芽片与砧木之间长出愈伤组织的表示已经成活；若叶柄干枯不落或已发黑表示嫁接未成活。不带叶柄的接穗，若芽已经萌发生长或仍保持新鲜状即已成活；若芽已干枯变黑，没有萌动迹象，则表示嫁接失败。秋季或早春芽接，接后不立即萌芽的，成活率检查可稍晚进行。嫁接已经成活的，可在检查的同时除去捆扎物。

枝接一般在接后 20~30 天进行成活检查。成活后接穗上芽新鲜、饱满，甚至已经萌动，接口处产生愈伤组织；未成活的则接穗干枯或变黑腐烂。对未成活的可待砧木萌生新枝后，于夏秋季采用芽接法补接，在成活检查时，可将绑扎物解除或放松。接后埋土覆盖的，检查后仍要以松土覆盖，防止因突然暴晒或风干而死。待接穗萌发生长，自行长出地面时结合中耕除草平掉覆土。

2. 剪砧

剪砧是指在嫁接育苗时，剪除接穗上方砧木部分的一项措施。枝接中的腹接、靠接和芽接大部分需要剪砧，以利接穗萌芽生长。一般树种可以采用一次剪砧，即在嫁接成活后，春天开始生长前，将砧木自接口上方剪去，剪口要平，以利愈合。但是秋季芽接，当年芽不萌发，应在第 2 年春芽萌动前再剪砧，剪口以离接芽上部 2~3mm 处为好。同时要注意及时去除无用的新芽。对于嫁接成活困难的树种，如腹接的松柏类，靠接的山茶、桂花等，不要急于剪砧，可采用 2 次剪砧，即第 1 次剪砧时保留一部分砧木枝条，以帮助吸收水分和制造营养，以砧木的枝条来辅养接穗，保持 1~2 年，接穗完全成活长出新枝后再完全剪砧。有的树种甚至采用多次剪砧。

3. 抹芽和除萌

剪砧后，由于砧木和接穗的差异，砧木上常萌发许多萌芽，与接穗同时生长或者提前萌生，会与接穗争夺养分，不利于接穗成活和生长，要及时抹除砧木上的萌芽和萌条。如果嫁接以下部位没有叶片，也可以将一部分萌条留 1~2 片叶摘心，促进接穗生长。待接穗生长到一定程度再将萌枝彻底剪除。

4. 扶直

当嫁接苗长出新梢时，应及时立支柱防止幼苗弯曲或被风吹折。由于这项操作工作量极大，生产上也可通过降低接口、在新梢基部培土、嫁接于砧木的主风方向等途径防止或减轻风折。

第四节　分株繁殖技术

一些园林树木易于产生根蘖或茎蘖，根蘖是在根上长出的不定芽，伸出地面形成的一些未脱离母体的小植株；茎蘖是在茎的基部长出的许多茎芽，形成许多不脱离母体的小植株。这些植株可以形成大的灌木丛，把这些灌木丛分别切成若干个小植株，或把根蘖从母树上切挖下来成为新的植株，这种从母树上分割下来而得到新植株的方法就是分株繁殖。该方法简便易行，成活率高，成苗快，主要用于丛生性很强、萌蘖性强的树种育苗。

分株繁殖主要在春、秋两季进行。由于分株法多用于花灌木的繁殖，因此要考虑到分株对开花的影响，一般春季开花的植物在秋季落叶后进行，而秋季开花的则在春季萌芽前进行。分株方法主要有侧分法和掘分法两种。

一、侧分法

在母株一侧或两侧将土挖开，露出根系，然后将带有一定茎干和根系的萌株带根挖出，另行栽植即可。采用侧分法要注意不能对母株根系伤害太大，以免影响母株的发育（图 3-17）。

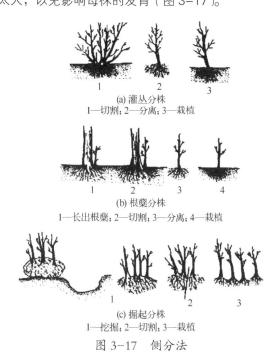

(a) 灌丛分株
1—切割；2—分离；3—栽植

(b) 根蘖分株
1—长出根蘖；2—切割；3—分离；4—栽植

(c) 掘起分株
1—挖掘；2—切割；3—栽植

图 3-17 侧分法

二、掘分法

将母株全部带根挖起，将植株根部切分成几份，每份均带有茎干和一定数目的根系，进行适当修剪后再另行栽植。

第五节 压条繁殖技术

压条繁殖是将未脱离母体的枝条压入土内或空中包以湿润材料，待生根后把枝条切离母体，成为独立植株的一种繁殖方法。压条繁殖生根过程中所需的水分、养分都由母体供应，所以方法简便易行，成活率高，管理容易。适于一些扦插繁殖不易生根的树种，如玉兰、夹竹桃、米仔兰等。但由于受母体的限制，繁殖系数较低，且生根时间较长。

一、压条的时期和枝条的选择

压条的时期根据压条方法不同而异，可分为休眠期压条和生长期压条。

1. 休眠期压条

休眠期压条指在秋季落叶后或早春萌芽前压条。多采用普通压条法。

2. 生长期压条

一般在雨季进行，北方在 7~8 月份，南方在春秋两季。生长期压条利用当年生枝进行，多采用推土法和空中压条法。

二、促进压条生根的方法

对于不易生根或生根时间较长的植物，可采取一些处理措施促进生根。促进压条生根的常用方法有刻痕法、切伤法、缢缚法、劈开法、扭枝法、软化法、生长刺激法等，主要原理是阻滞有机物质向下运输，而水和矿物质的向上运输不受影响，使有机养分集中于处理部位，有利于不定根的形成。同时也有刺激生长激素产生的作用。压条的方法很多，可按压条的位置分为低压法和高压法。

1. 低压法

根据压条的状态不同又分为普通压条法、水平压条法、波状压条法和堆土压条法（图 3-18）。

（1）普通压条法　是最常用的一种压条方法，适用于枝条离地面比较近而又易于弯曲的树种，如夹竹桃、栀子、大叶黄杨、木兰、迎春等。方法是将近地面的一、二年生枝条压入土中，顶梢露出土面，被压部位深为 8~20cm，视枝条大小而定，并将枝条刻伤，促使发根。为防止枝条弹出地面，可在枝条下弯曲部位插入小木叉固定，再盖土压紧，待生根后再切割分离。这种方法一般一根枝条只能繁育一株幼苗，且要求母株四周有较大的空地。

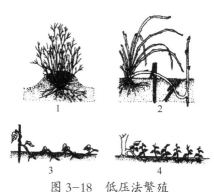

图 3-18　低压法繁殖

1—堆土压条；2—普通压条；3—波状压条；4—水平压条

（2）水平压条法　适用于枝条长且易生根的藤本和蔓性植物，如迎春、连翘等。通常仅在早春进行。方法是将整个枝条压入沟中，使每个芽节处下方产生不定根，上方芽萌发新枝。待成活后分别切割，使之成为各自独立的新植株。这种方法每个压条可产生数株苗木。

（3）波状压条法　适用于枝条长且柔软、蔓性的树种，如葡萄、紫藤、地锦、常春藤等。压条时将枝条呈波浪状压入沟中，枝条波浪的波谷压入土中，波峰露出地面。压入土下的部分产生不定根，而露出地面的芽抽生新枝，待成活后分别与母株切分成为新的植株。

（4）堆土压条法　又称直立压条法、培土压条法等。主要用于萌芽性强和丛生性的花灌木，如贴梗海棠、八仙花、玫瑰、黄刺玫等。方法是冬季或早春将母株首先重剪，促进其萌发多数分枝（乔木可于树干基部5~6个芽处剪断，灌木可从地际处抹平）。在生长季节对枝条基部进行刻伤或环状剥皮，并在周围堆土埋住基部，堆土时注意将各枝间距排开，避免以后苗根交错，堆土后保持土壤湿润，一般20天左右即可生根。第2年春季将母株挖出，剪取已生根的压条枝，并进行栽植培养。

2.高压法

高压法又称空中压条法，适用于枝条坚硬、不易弯曲或树冠太高、不易产生萌蘖的树种，如桂花、山条、杜鹃等（图3-19）。选择发育充实的枝条和适当的压条部位，压条的数量一般不超过母株枝条数的一半。压条方法是将离地面较高的枝条给予刻伤处理后，包套塑料袋、竹筒等容器，内装苔藓、草炭等基质，经常保持基质湿润，待其生根后切离下来成为新植株。

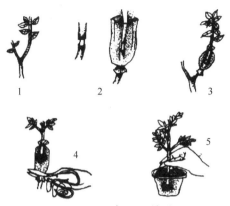

图 3-19　高压法繁殖

1—选定枝条；2—环状剥皮并套上塑料袋，袋内填土；3—塑料袋两端扎紧；
4—生根后剪下；5—分株栽植

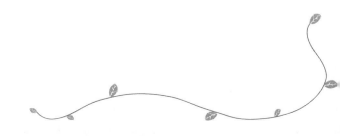

第四章　树苗整形修剪技术

　　"整形"一般针对幼树，用剪、锯、捆绑、扎等手段将幼树培育成栽植者所希望的特定形状，提高其观赏价值。"修剪"一般针对大树（大苗），对树木的某些器官（枝、叶、花、果等）加以疏剪或剪截，以达到调节生长、开花结果的目的。整形是通过修剪来完成的，修剪又是在整形的基础上根据某种目的而实行的。修剪是手段，整形是目的，两者紧密相关，统一于一定的栽培管理要求下。在大苗培育过程中，对苗木进行修剪，使苗木按照人们设计好的树形生长，培育出符合要求的主干。结构合理的主、侧枝，形状美观的树体，有利于开花结果，尽快达到园林绿化的要求。

第一节　修剪的时间

　　整形、修剪的时间是根据植物生长特性、物候期及抗寒性决定的，分为休眠期修剪和生长期修剪。

一、休眠期修剪（冬季修剪）

　　落叶树从落叶开始至春季萌芽前进行修剪，称为休眠期修剪或冬季修剪。这段时期内植物的各种代谢水平很低，树体内养分大部分回归根部贮藏，修剪后养分损失最少。修剪量大的工作多在冬季休眠期进行。冬季修剪的具体时间应根据当地的寒冷程度和植物的耐寒性来确定。如冬季严寒的地方，修剪伤口易受冻害，应在早春修剪；对一些需要保护越冬的花灌木，在秋季落叶后立即重剪，然后埋土。在温暖的南方地区，冬季修剪时期，自落叶后到翌春萌芽前都可进行。有伤流现象的树种，一定要在春季伤流前期修剪。冬季修剪对园林树种树冠的构成、枝梢的生长、花果枝的形成等有重要影响。

二、生长期修剪（夏季修剪）

从春季萌芽后至当年停止生长前进行的修剪，称为生长期修剪。此期植物的各种代谢水平较高，光合产物多分布于生长旺盛的嫩枝、叶、花和幼果处，修剪时会损失大量的养分；如果修剪程度过大，会影响树木生长发育。所以，这一时期的修剪程度不宜过大，一般采用抹芽、除萌、摘心、疏枝等修剪方法。

对于发枝力强的树，如在冬剪基础上培养直立主干，就必须对主干顶端剪口附近的大量新梢进行短截，目的是控制它们生长，调整并辅助主干长势和方向。花果树、行道树的修剪，主要控制竞争枝、内膛枝、直立枝、徒长枝的发生和长势，以集中营养供给骨干枝旺盛生长之需。

常绿植物没有明显的休眠期，可四季修剪。但在冬季寒冷地区，修剪的伤口不易愈合，易受冻害，因此一般应在夏季进行。

第二节　整形、修剪的方法

整形、修剪应由上至下，由外及里，由粗剪到细剪，避免剪偏、剪秃、剪乱。修剪前要从多个角度仔细观察树体结构，考虑好要保留的各个层次的骨干枝，再疏除平行枝、重叠枝、直立枝、竞争枝等，使树冠结构符合培育要求。对于直径在2cm以上的枝条剪除后形成的伤口，要涂抹防腐剂或油漆，防止伤口感染病菌，同时对病虫枝进行焚烧处理。在园林苗木培育中常采用抹芽、除萌蘖、摘心、剪梢、短截、疏枝、变向、平茬、截冠、断根等方法。

一、抹芽

在苗木移植定干后或嫁接苗干上萌发很多萌芽，为了培育通直的主干，需抹掉主干上多余的萌芽，促使所留枝条苗壮发育，便于培育成良好的主干、主枝，形成理想的树形。如培育杨、柳树大苗，需抹除主干上多余的萌芽。

落叶灌木定干后，会在定干位置长出很多萌芽，抹芽时要注意选留主枝芽的数量和相距的角度，以及空间位置，然后将多余芽全部抹去。抹芽宜在早春及时进行，一定要在芽的状态及时抹去，这样在树干上不留伤口。

二、除萌蘖

即将树干基部附近产生的萌枝或砧木上的萌蘖除去。除蘖是嫁接苗抚育管理的重要措施之一，它可使养分集中供应所留枝干或接穗。嫁接苗管理中，除蘖可避免砧木与接穗竞争养分，争夺空间。如培育嫁接垂榆、龙爪槐等，必须及时进行除蘖，促进接穗快速生长。除蘖宜在早春及时进行，一定要在萌芽状态及时抹去，在树干上不留伤口。

三、摘心

摘心就是将枝梢的顶芽摘除。在苗木的生长过程中，由于枝条生长不平衡而影响树冠形状时，可对强枝进行摘心，控制生长，以调整树冠各主枝的长势，使之达到树冠匀称、丰满的要求。为了多发侧枝，扩大树冠宜在新梢旺长时摘心。

四、剪梢

剪梢是将当年生新梢的一部分剪除。如在培育榆树球、水蜡球、大叶黄杨球、小叶黄杨球等各类造型大苗时，每年在生长季要对苗木进行4~5次剪梢，促进多发侧枝，形成丰满的树球。

五、短截

短截是指剪掉枝条的一部分，短截后可刺激剪口以下芽的萌发。短截分为轻短截、中短截、重短截、极重短截和回缩。

1. 轻短截

剪去枝条全长的1/5~1/4，以刺激剪口以下多数半饱满芽萌发，分散枝条的养分，促进产生大量的短枝。这些短枝一般生长势中庸，停止生长早，积累养分充足，利于花芽形成。多用于花果类植物强壮枝的修剪（图 4-1）。

2. 中短截

在饱满芽处下剪，剪去枝条全长的 1/3~1/2。这样顶端优势转移到剪口芽上，使其发育旺盛，长势强。常用于弱枝复壮和培养延长枝或骨干枝（图 4-2）。

图 4-1　轻短截　　　　　　图 4-2　中短截

3. 重短截

在饱满芽处下剪，剪去枝条全长的 1/2~4/5，促发旺盛的营养枝。多用于弱树、弱枝的复壮更新（图 4-3）。

4. 极重短截

在春梢基部仅留 1~2 个不饱满的芽，其余剪去，萌发出 1~2 个弱枝。多用于竞争枝处理或降低枝位（图 4-4）。

图 4-3　重短截　　　　　　图 4-4　极重短截

以上短截方法在生产实践中可综合应用。如碧桃、榆叶梅、紫叶李、紫叶碧桃等，主枝的枝头用中短截，侧枝用轻短截，开心形苗木

内膛用重短截或极重短截。而垂枝类苗木如龙爪槐、垂枝碧桃、垂枝榆等枝条下垂，常用重短截，留背上芽作剪口芽，可扩大树冠。

5.回缩

即将多年生枝的一部分剪掉。有些多年生枝条下部光秃，采用回缩修剪技术刺激秃裸部位发出枝条，改造整体树形。此法常用于花灌木的整形（图4-5）。

图4-5 回缩

六、疏枝

将枝条或枝组从基部剪去叫疏枝，用于疏除枯枝、病虫枝、过密枝、徒长枝、竞争枝、下垂枝、交叉枝、重叠枝等。疏枝可以使保留的枝条获得更多的养分、水分和空间，改善通风、透光条件，提高叶片光合效能，使树木生长健壮，减少病虫害发生。对于球形树的修剪，常因短截修剪造成枝条密生，致使树冠内枯死枝、过密枝、光腿枝过多，因此必须与疏枝交替使用。针叶树为了提高枝下高，可把贴近地面的老枝和弱枝疏除，提高观赏价值（图4-6）。

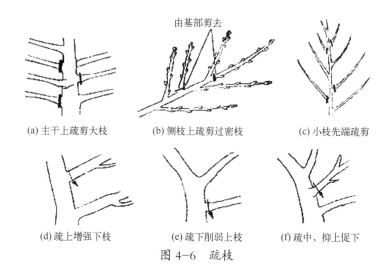

(a)主干上疏剪大枝　(b)侧枝上疏剪过密枝　(c)小枝先端疏剪

(d)疏上增强下枝　(e)疏下削弱上枝　(f)疏中，抑上促下

图4-6 疏枝

七、变向

改变枝条生长方向，控制枝条生长势的方法称为变向。如针叶树种云杉、油松等，如果树冠出现枝条被损坏或缺少，可采用将两侧枝拉向缺枝部位的方法来弥补原来树冠的缺陷。变向常用于植物造型。

八、平茬

平茬又称截干，指从近地面处将1~2年生的茎干剪除，利用原有发达的根系刺激根颈附近萌芽更新。此法多用于乔木养干，如国槐、栾树、杜仲、桦树、柳树、杨树、糖槭等。截干后加强肥、水管理，及时去蘖、抹芽，使苗干通直，生长茁壮，养成很好的树形。如培养多分枝的灌木，平茬后能萌发出更多的新枝。

九、截冠

截冠指从苗木主干一定高度处将树冠全部剪除（图4-7）。一般在苗木出圃或移植苗木时采用，多用于萌发力强的落叶乔木，如国槐、柳树、银白杨、馒头柳、元宝枫、栾树和千头椿等。截冠后分枝点一致，进行种植可形成统一的绿地景观。如培育行道树、庭荫树、高接用的砧木等，可采用截冠的方法，获得干高一致的苗木。

图4-7 截冠

十、断根

断根是将植株的根系在一定范围内全部切断或部分切断的措施。本法有抑制树冠生长过旺的特效。断根后可刺激根部发生新须根，所以有利于移植成活。因此，在珍贵苗木出圃前或进行大树移植前，均常应用断根措施。如培育樟子松大苗的过程中，可采用隔年断根1~2次的方法增加须根的数量，提高樟子松大苗移植的成活率。

第五章　园林苗木施肥及水土管理技术

第一节　肥料的种类及性质

肥料的种类繁多，按照不同的标准，可以将它分成很多类别，每一大类又可细分为不同的小类或不同的品种。

一、肥料的分类

1. 按肥料的来源分类

（1）自制肥料　经过人工堆积制作的肥料，通常以有机肥为主，如人粪尿、厩肥、堆肥等。

（2）商品肥料　由工厂生产、加工制作、销售的肥料，如化学肥料等。

2. 按化学成分分类

（1）有机肥料　亦称农家肥，所有就地取材、就地寄存的一切动植物残体或有机杂物都可叫作有机肥料，它的主要成分是有机物。按物质来源、特性和积制方法可分为粪尿肥、堆沤肥、绿肥、杂肥、泥土类肥料、海肥，以及"三废"等。有机肥料的特点是成分复杂、营养全面，是一种完全肥料，它的副作用小，对改良土壤有特殊的作用。

（2）化学肥料　凡是用化学方法合成的或用矿石加工精制成的肥料，它的主要成分是无机物，亦称无机肥料，简称化肥。其成分比较单纯，大部分只含有一种营养元素，含两种以上营养元素的比较少，不含有机质，所以化肥又称不完全肥料。化肥的养分含量高、肥效快，易被作物吸收。

按化肥所含元素的多少分为以下几类：①单元（质）肥料，如硝酸铵、普钙、硫酸钾等；②复合肥料，如硝酸磷肥、氮磷钾锌复合肥料锌等。

化肥按植物需要量可分为以下几类：①大量元素肥料，如氮肥、磷肥、钾肥等；②中量元素肥料，如硫肥（硫酸铵、硫酸钾、硫酸镁）、钙肥（氯化钙、硝酸钙）；③微量元素肥料，如硼肥、锌肥、锰肥、钼肥、铜肥、铁肥。

（3）微生物肥料　是利用土壤中有益的微生物，经过选育培养制成的各种菌剂肥料的总称。微生物肥料是通过微生物的生命活动为苗木增加土壤中营养元素的供给量，使苗木的营养状况得到改善和提高；通过微生物的生命活动，还能产生植物生长激素，促进苗木对营养元素的吸收利用和提高抗逆性。微生物肥料的种类很多，按其作用机理可分为根瘤菌类肥料、固氮菌类肥料、解磷菌类肥料、解钾菌类肥料等。

3. 按肥料的作用分类

（1）直接肥料　直接供给作物必需营养元素的肥料，如氮肥、磷肥、钾肥等。

（2）间接肥料　主要用于改善作物生长发育环境的肥料，如石灰、石膏等。

（3）土壤调理剂　主要指能改善土壤理化性状的肥料，如抗旱剂。

（4）刺激性肥料　指能刺激、调节植物生长的肥料，如腐殖酸类肥料。

4. 按肥效的快慢分类

（1）速效肥料　指施用后能很快被作物吸收利用的肥料，如硫酸铵等。

（2）缓效肥料（长效肥料）　指施用后要经过一段时间的分解或转化才能被作物吸收利用的肥料，如垃圾、磷矿粉等。

5. 按肥料的酸碱性分类

（1）酸性肥料　如普钙等。

（2）中性肥料　如硫酸钾等。

（3）碱性肥料　如钙镁磷肥等。

6. 按肥料的生理化学性质分类

（1）生理酸性肥料　如硫酸铵、氯化钾等。

（2）生理中性肥料　如硝酸铵等。

（3）生理碱性肥料　如硝酸钠等。

7. 按施肥的方法分类

（1）基肥　指在作物播种前或移栽前施用的肥料。

（2）种肥　指在作物播种或移栽时施用的肥料，主要作用是满足作物苗期对养分的需要。

（3）追肥　指在作物生长发育期间施用的肥料，其作用是及时补充植物对养分的需要，有两种形式：一是根部追肥；二是根外追肥。

二、常见肥料的性质

1. 常见化学肥料的性质

（1）氮肥（N）

① 硫酸铵 [（NH_4）$_2SO_4$]：简称硫铵，含氮 12%~16%，稳定性大于氯化铵。白色结晶，易溶于水，水溶液呈酸性，吸湿性小，不易结块，化学性质较稳定。适宜在碱性或中性土壤中施用，一般使用时可与碱性肥料或石灰等配合施用。适宜用作追肥，应深埋入土，这样可以避免施于土表产生游离氨而挥发损失，降低肥效。

② 碳酸氢铵（NH_4HCO_3）：简称碳铵，含氮 16.5%~17.5%，稳定性大于液氨。无色或浅灰色粒状、板状或柱状结晶，稳定性差，常温下可以水解，应密闭包装，易溶于水，水溶液呈碱性，容易吸潮。碳铵用作基肥和追肥均可，是较安全的氮肥，但要深施（7~10cm），为避免高温分解，施肥时间尽量选择在早晨或傍晚。

③ 氯化铵（NH_4Cl）：简称氯铵，含氮 24%~26%，稳定性大于碳酸氢铵。白色结晶，吸湿性强，应密闭包装贮运，易溶于水，水溶液呈酸性。多用作基肥，不宜连续大量施用，可与其他氮肥配合施用。

④ 硝酸铵（NH_4NO_3）：简称硝铵，含氮 33%~35%，是一种速效氮肥。白色粒状结晶或粉末状，或淡黄色颗粒，极易溶于水，易吸湿，受热容易分解产生氨，应避光保存，具有助燃性和爆炸性，不要与易燃物、

氧化剂接触。结块时不能敲击。适宜用作追肥，但是需分次施用。

⑤ 尿素 [CO（NH₂）₂]：含氮 46%，是氮肥中含氮量较高的一种酰胺类肥料。尿素呈白色针状或柱状结晶，吸湿性强，为防止吸潮，农用尿素常制成圆形小颗粒，外涂一层疏水物质。适宜用作基肥和叶面追肥，不宜用作种肥。

（2）磷肥（P）

① 过磷酸钙 [Ca（H₂PO₄）₂·H₂O 和 CaSO₄·2H₂O]：也叫过磷酸石灰，简称普钙。一般硫酸钙占 50% 左右，有效磷（P₂O₅）占 16%~18%。过磷酸钙是水溶性速效肥料。磷酸根离子易被土壤吸收和固定，故流动性小，肥效期长。适用于中性和碱性土地，也可用于酸性土壤，但不能与石灰混在一起施用。苗圃施用过磷酸钙应力求靠近根部（不能施于根的上方），才能发挥良好肥效。分层施肥效果更好，也可用于根外喷施，浓度 1%~2%。

② 磷矿粉：磷矿粉是磷灰石 [Ca₅(PO₄)₃F] 或磷灰土 [Ca₃(PO₄)₂] 磨细制成的，是迟效性磷肥，因磷矿石不同，含磷量也不同，最低为 15%，最高达 38%。施用于缺磷的酸性土壤中肥效好，最好施在 pH6.5 以下的土壤中，不应施在中性或碱性土壤中。一般用作基肥，不宜用作追肥。

③ 钙镁磷肥：是迟效性磷肥，主要成分是 Ca（PO₄）₂，含磷率为 14%~18%，含氧化镁 12%~18%，氧化钙 25%~30%。为灰绿或暗绿色粉末，不吸湿，不结块，不溶于水，能溶于弱酸。呈微碱性，适用于酸性、微酸性土壤和缺镁贫瘠的沙土。与有机肥堆制后再用肥效更好。

④ 磷酸铵：磷酸与氨反应可生成磷酸一铵和磷酸二铵 [NH₄H₂PO₄ 和（NH₄）₂HPO₄]。制造过程中生成这两种化合物数量的多少，主要取决于氨化程度。目前某些磷酸铵肥料往往是磷酸一铵和磷酸二铵的混合物。磷酸一铵性质比较稳定，呈酸性反应，pH4.4，氮磷比为 1:4 或 1:5，适合作为生产其他复合肥料的原料。磷酸二铵，稳定性稍差，呈碱性反应，pH8.0，在高温、高湿条件下常有氨的挥发。其氮磷比约为 1:2.5，适于各种土壤和作物，特别适于需磷较多的作物和缺磷土壤。

纯净的磷酸铵为灰白色，但在制造过程中因磷酸内往往含有铁、铝、镁等杂质，在氨的中和过程中，生成相应磷酸盐等复杂化合物，故磷酸铵肥料多为深灰色，通常为颗粒状，物理性好，一般不吸湿、不结块，便于贮存、运输和施用。磷酸铵是水溶性肥料，易溶于水，其水溶液的 pH 值为 7.0~7.2，属于中性肥。磷酸铵适合各种土壤和作物施用，宜用作种肥和基肥。如用作种肥，每公顷用量不超过 75kg，不宜与种子直接接触，以免对种子发芽产生不良影响。用作基肥时，每公顷用量为 112.5~150kg，磷酸铵不要与草木灰、石灰等碱性肥料混施，以免引起氨的挥发和磷素有效性的降低。

（3）钾肥（K）

① 硫酸钾（K_2SO_4）：硫酸钾是速效性钾肥，含钾率为 48%~52%，能溶于水，是生理酸性肥料。适用于碱性或中性土壤。用作基肥、追肥均可，但以用作基肥较好。

② 氯化钾（KC）：含钾率为 40%~50%。速效性钾肥，易溶于水，是一种生理酸性肥料。适用于石灰性或中性土壤，可用作基肥和追肥。

③ 磷酸二氢钾：磷酸二氢钾是由磷酸和硫酸钾（或氯化钾）反应制成。它是一种高浓度磷钾复肥，纯品为白色结晶，易溶于水，呈酸性反应，pH3.0~4.0。磷酸二氢钾的肥效较高，适于各种土壤、作物施用。它所含的磷全部是水溶性的，与过磷酸钙等效；所含的钾也是水溶性的，与单元钾肥等效。磷酸二氢钾价格较高，因此最适宜作根外追肥或浸种用。浸种适宜浓度为 0.2%，根外追肥适宜浓度为 0.1%~0.3%。

④ 硝酸钾：可通过硝酸钠与氯化钾反应制得。我国也有在土硝中提取硝酸钾的，又称火硝。硝酸钾为高浓度的氮钾复合肥，为白色结晶，易溶于水，吸湿性较小，具有强氧化性质，属易燃、易爆品，在运输和贮藏中要特别注意，切忌与有机物一起存放。硝酸钾中的阴、阳离子均能被作物吸收，所以它是一种不含副成分的复合肥料，特别适用于葡萄等忌氯喜钾作物。在温室栽培时施用硝酸钾，由于它在土壤中不会残留和积累有害盐类，所以不会改变土壤的性质。硝酸钾适宜作浸种和根外追肥。浸种浓度为 0.2%，有利于种子出芽，可促进幼苗及根系生长。作根外追肥的适宜浓度为 0.6%~1.0%，

能迅速消除作物缺钾症状，增强作物抗病能力，改善产品质量。硝酸钾氮钾比例较宽（1∶3.4），用于其他作物时应配合施用单元氮肥，以提高肥效。

（4）复合肥料

① 硝酸磷肥：它是用硝酸分解磷矿粉制得的氮磷复合肥料。硝酸磷肥生产的主要优点是硝酸既用于分解磷矿，它本身又是产品中氧元素的部分来源。因此，生产硝酸磷肥较为经济，特别是硫黄资源缺乏的国家和地区，适合这类肥料的生产。硝酸磷肥中大部分的氮素为硝态氮，易随水流失，故宜用于旱地，适宜在北方地区施用。它吸湿性较强，应注意防潮。硝酸磷肥宜用作基肥和种肥，也可以用作追肥。一般基肥每公顷施 225~375kg；种肥每公顷施 75~150kg，但不要与种子直接接触，以免烧种。

② 聚磷酸铵：又称多磷酸铵，是由多磷酸和氨中和反应制成。其中最常见的是二聚磷酸铵、三聚磷酸铵和四聚磷酸铵。不同聚合度磷酸的铵盐所含氮、磷不同。聚磷酸铵的养分有效性高，易溶于水，适合各种土壤和作物，尤其适用于喜磷作物和缺磷土壤。作物能直接吸收和利用聚磷酸铵。由于聚磷酸铵的分子结构特殊，它可和许多微量元素直接结合，避免锌等元素在土壤中形成不溶性化合物。因此，可利用聚磷酸铵作为许多微量元素的载体。

③ 尿磷钾肥：是由尿素、磷酸一铵和氯化钾按不同比例掺混造粒而成的二元混合复合肥料。一般要求以粉粒状的基础肥料为原料进行混合。

④ 铵磷钾肥：是用硫酸铵、硫酸钾和磷酸盐按不同比例混合而成的三元复合肥料，也可用磷酸铵加钾盐制成。由于铵磷钾肥中磷的比例较大，可适当配合单元氮、钾肥，以便更好地发挥肥效。铵磷钾肥物理性状良好，三种养分基本上都是速效性的，易被作物吸收利用；适宜条施或穴施作基肥。

2.常见有机肥料的性质

（1）人粪尿　即人体排泄的尿和粪的混合物。人粪含 70% ~80% 水分，20% 有机质（纤维类、脂肪类、蛋白质和硅、磷、钙、钾、钠等盐类及氯化物），少量粪臭质、粪胆质和色素等。人尿含水分和尿

素、食盐、尿酸、马尿酸、磷酸盐、铵盐、微量元素及生长素等。人粪尿中常混有病菌和寄生虫卵，施前应进行无害化处理，以免污染环境。人粪尿碳氮比（C/N）较低，极易分解；含氮素较多，腐熟后可作速效氮肥用，作基肥或追肥均可，宜与磷、钾配合施用，但不能与碱性肥料（草木灰、石灰）混用；每次用量不宜过多；旱地应加水稀释，施后覆土；水田应结合耕田，浅水匀泼，以免挥发、流失和使作物徒长。忌氯作物不宜施用，以免影响品质。

（2）厩肥　即家畜粪尿和垫圈材料、饲料残茬混合堆积并经微生物作用而成的肥料。富含有机质和各种营养元素。各种畜粪尿中，以羊粪的氮、磷、钾含量高，猪、马粪次之，牛粪最低；排泄量则牛粪最多，猪、马粪次之，羊粪最少。垫圈材料有秸秆、杂草、落叶、泥炭和干土等。厩肥分圈内积制（将垫圈材料直接撒入圈舍内吸收粪尿）和圈外积制（将牲畜粪尿清出圈舍外与垫圈材料逐层堆积），经嫌气分解腐熟。在积制期间，其化学组分受微生物的作用而发生变化。

（3）堆肥　指作物茎秆、绿肥、杂草等植物性物质与泥土、人粪尿、垃圾等混合堆制，经好气微生物分解而成的肥料，多用作基肥，施用量大，可提供营养元素和改良土壤性状，尤其对改良沙土、黏土和盐渍土有较好效果。

① 堆制方法。按原料的不同，分高温堆肥和普通堆肥。高温堆肥以纤维含量较高的植物为主要原料，在通气条件下堆制发酵，产生大量热量，堆内温度高（50~60℃），因而腐熟快，堆制快，养分含量高。高温发酵过程中能杀死其中的病菌、虫卵和杂草种子。普通堆肥一般掺入较多泥土，发酵温度低，腐熟过程慢，堆制时间长。堆制中使养分的化学组成改变，碳氮比值降低，能被植物直接吸收的矿质营养成分增多，并形成腐殖质。

② 堆肥腐熟良好的条件

a. 水分：保持适当的含水量，是促进微生物活动和堆肥发酵的首要条件。一般以堆肥材料量最大持水量的 60%~75% 为宜。

b. 通气：保持堆中有适当的空气，有利于好气微生物的繁殖和活动，促进有机物分解。高温堆肥时更应注意堆积松紧适度，以利通气。

c. 保持中性或微碱性环境：可适量加入石灰或石灰性土壤，中和调节酸度，促进微生物繁殖和活动。

d. 碳氮比：微生物对有机质正常分解作用的碳氮比为25：1。而豆科绿肥碳氮比为（15~25）：1，杂草为（25~45）：1，禾本科作物茎秆为（60~100）：1。因此，根据堆肥材料的种类，加入适量的含氮较高的物质，以降低碳氮比值，促进微生物活动。

（4）沤肥　即作物茎秆、绿肥、杂草等植物性物质与河、塘泥及人粪尿同置于积水坑中，经微生物嫌气发酵而成的肥料。一般作基肥施入稻田。沤肥可分凼肥和草塘泥两类。凼肥可随时积制，草塘泥则在冬春季节积制。积制时因缺氧，使二价铁、锰和各种有机酸的中间产物大量积累，且碳氮比值过高和钙、镁养分不足，均不利于微生物活动。应翻塘和添加绿肥及适量人粪尿、石灰等，以补充氧气、降低碳氮比值、改善微生物的营养状况，加速腐熟。

（5）沼气肥　即作物秸秆、青草和人粪尿等在沼气池中经微生物发酵制取沼气后的残留物。富含有机质和必需的营养元素。沼气发酵慢，有机质消耗较少，氮、磷、钾损失少，氮素回收率达到95%，钾素回收率在90%以上。沼气水肥作旱地追肥；渣肥作水田基肥，若作旱地基肥施后应覆土。沼气肥出池后应堆放数日后再用。

（6）废弃物肥料　即以废弃物和生物有机残体为主的肥料。其种类有生活垃圾、生活污水、屠宰场废弃物、海肥（沿海地区动物、植物性或矿物性物质构成的地方性肥料）。

此外，还有泥肥、熏土、坑土、糟渣和饼肥等。土肥类应经存放和晾干、糟渣和饼肥经腐熟后用作基肥。

第二节　园林苗木施肥

一、施肥的原则

合理施用肥料，才能使作物最大限度地利用肥料中的养分，提高肥料利用率，并有利于培肥地力，获得显著的施肥经济效益和社会效益。

（1）应对圃地的土壤进行全面调查，对土壤的物理和化学性质、

有机质及各种营养成分的种类和含量、pH 值、土壤微生物的种类和数量等要做到心中有数。要根据土壤的肥力状况和培育的树种制订施肥计划，缺什么补什么，缺多少补多少，尤其是当苗圃地中缺乏有机质时，要多施、施足有机肥。

（2）有机肥与化肥要配合使用　基肥要以有机肥为主，追肥要以化肥为主，既要保证土壤中的有机质含量，又要保证各种营养元素达到应有的有效含量，两者相辅相成，共同为苗木的生长提供所需的营养。

（3）根据土壤的 pH 值选择适宜的肥料品种　酸性土宜选用碱性肥料，如硝态氮肥、钙镁磷肥、草木灰、石灰等；碱性土宜选用酸性或生理酸性肥料，如铵态氮肥、水溶性磷肥（过磷酸钙）等，以防止土质变劣。

（4）氮、磷、钾要配合施用，而且不宜长期使用单一品种，以防止有害物质的积累而危害苗木。

（5）根据所培育树种特性选择肥料品种　不同树种的苗木所需营养元素的种类和数量有差异，如豆科树种的苗木多能通过根瘤菌固氮，因而可以减少氮肥的施入量。

二、施肥量

我国农民总结出了"看天、看地、看肥、看苗"的"四看"施肥经验，即施肥要根据作物营养特点、土壤状况、肥料性质和气候条件来进行科学合理施肥。总之，施肥要考虑当地的具体情况和各种肥料的性质、特点，要通过施肥，既能使苗木优质丰产，又能使土壤的肥力水平得到保持和提高。

前人经验总结：在一定的栽培条件下，各种苗木都有稳定合适的施肥范围。一般而言，1 年生苗木每年每公顷施肥量，氮（N）45~90kg，磷（P_2O_5）30~60kg，钾（K_2O）15~30kg；2 年生苗木增加 2~5 倍。根据每公顷施用营养元素的数量和肥料中所含有的有效元素量，即可粗略地估算出每公顷实际施肥量。有机肥用作基肥时，每公顷施4.5 万 ~9.0 万千克。追肥一般每公顷施硫酸铵 75~112.5kg，尿素60~75kg，硝酸铵、氯化铵、氯化钾为 75kg 左右。

三、施肥时期与方法

1. 施肥时期

（1）确定施肥时期的依据

① 掌握苗木需肥时期：以苗木生长物候期为依据。养分首先满足生命活动最旺盛的器官，即养分有其分配中心，随着物候期的进展，分配中心也随之转移。

② 掌握土壤中营养元素和水分变化规律：苗圃地春季含氮较少，夏季有所增加，钾含量虽与氮相似；磷含量则春季多而夏秋季较少。土壤水分含量与发挥肥效有关。土壤水分亏缺时施肥有害无利。积水或多雨地区肥分易淋洗流失，降低肥料利用率。

③ 掌握肥料的性质：易流失挥发的速效肥或施后易被土壤固定的肥料，如碳酸氢铵、过磷酸钙等宜在苗木需肥期稍前施入；迟效性肥料如有机肥料，因腐烂分解后才能被苗木吸收利用，故应提前施入。因此，肥料应在经济效果最高时施入。

（2）基肥和追肥施用时期

① 基肥：以有机肥料为主，是较长时期供给苗木多种养分的基础肥料。秋施基肥正值根系第二或第三次生长高峰，伤根容易愈合，切断一些细小根，起到根系修剪的作用，可促发新根。若施肥时加入适量速效性氮肥（占总量的1/3），则效果更好。

增施有机肥料，可提高土壤孔隙度，疏松土壤，改善土壤中水、肥、气、热状况，有利于微生物活动。秋施基肥有机物腐烂分解时间较长，矿质化程度高，翌春可及时供根系吸收利用，并有利于圃地积累保墒，提高地温，防止根际冻害。

寒冷地区苗木落叶后至土壤结冻前施基肥，因地温降低，伤根不易愈合，且不易发生新根，肥料也较难分解，效果不如早秋施。春施基肥，肥效发挥较慢，常不能满足早春生长需要，到后期往往导致枝梢两次生长，影响花芽分化。

② 追肥：当苗木需肥急迫时期必须及时补充肥料，才能满足苗木生长发育的需要。

2. 施肥方法

（1）撒施　最常用的既简单又经济的施肥方式就是人工或借助机械设备在地面上撒播固体肥料，然后进行灌溉，使肥料溶入土壤。这种方式的最大优点就是比较经济简便，苗木可以直接快速地吸收肥料养分。

（2）喷施　可使用小型手动喷壶，也可以用放置于拖拉机上的罐槽式喷施仪对叶面喷施营养溶液。所以只要所需配方溶液混合好，就可以马上展开施肥工作。此外，为了避免肥料被其他杂草和浅根系植物吸收，还可以直接将肥液施于苗木的根系区。

（3）沟施　该方法是在靠近林木根部的地面钻大小适度的孔、沟穴，然后将固体肥料以及一些细沙子等放入孔、沟穴中即可，然后可以灌水溶解肥料使植物吸收。此法操作也比较简单。

（4）埋施　将内部装有植物所需养分的肥料钉（一般由合成纤维制成）埋藏在植物根部周围。当这些肥料分解后，即释放出养分，供植物利用。此方法不足之处是：当处理大面积紧实的土壤时显得不够经济。

（5）凋落物补肥　植物凋落物的腐烂分解可以归还其生长需要的部分营养。这种方式没有对植株施用任何肥料，但是具有降低邻近植株竞争效应、调节土壤温度、减少水分丧失和降低生产成本等优点。所以，同其他施肥方式结合起来使用比较适合。

（6）注射施肥　分为土壤注射和植物注射两类。前者就是将肥料在灌槽中混合好，然后通过推到土壤里面的探针直接对根部施肥。该方式的优点在于：把林木需要的水肥施于其根部，同时又提高了紧实土壤的透气性。其缺点就是：施肥器械昂贵以及养分溶液会发生泄漏。植物体注射其实质是植物内部治疗，广义上是属于植物化防技术的范畴。它对植物微量元素营养不良症起良好的补偿作用，又显示了药肥兼顾的双重功能。

（7）根外追肥　又称叶面喷施。简单易行，用肥量小，发挥作用快，且不受养分分配中心的影响时满足苗木的需要，并可避免某些元素在土壤中化学或生物固定作用。

根外追肥可提高叶片光合强度 0.5~1 倍以上，喷后 10~15 天叶片对肥料元素反应最明显，以后逐渐降低，至第 25~30 天消失。据研究，根外追肥还可提高叶片的呼吸作用和酶的活性，因而改善根系营养状况，促进根系发育，增强吸收能力，促进植株整体的代谢过程。但根外追肥术能代替土壤施肥。两者各具特点，互为补充，运用得当，可发挥施肥的最大效果。

叶片是制造养分的重要器官，而叶面气孔和角质层也具吸肥特性，一般喷后 15min 到 2h 即可吸收。但吸收强度和速率与叶龄、肥料成分和溶液浓度等有关。幼叶生理机能旺盛，气孔所占比重较大，较老叶吸收速度快，效率也高。叶背较叶面气孔多，且表皮层下具较多疏松海绵组织，细胞间隙大而多，利于渗透和吸收，因此叶背较叶面吸收快。

根外追肥最适温度为 18~25℃，湿度较大些效果好。因而喷布时间在夏季，最好在上午 10 时以前和下午 4 时以后，以免气温高，溶液很快浓缩，既影响吸收，又易发生药害。喷布前先做小型试验，确定不能引起肥害，然后再大面积喷施。

第三节　园林土壤改良与管理

一、园林土壤改良措施

园林土壤改良不同于农作物的土壤改良，农作物土壤改良可以经过多次深翻、轮作、休闲和多次增施有机肥等。而园林绿地的土壤改良，不可能采用轮作、休闲等措施，只能采用深翻、增施有机肥等手段来完成，以保证树木能正常生长几十年至百余年。

园林绿地土壤改良和管理的任务，是通过各种措施，提高土壤的肥力，改善土壤结构和理化性质，不断供应园林树木所需的水分与养分，为其生长发育创造良好的条件。同时还可以结合实行其他措施，维持地形地貌整齐美观，减少土壤冲刷和尘土飞扬，增强园林景观效果。

1. 深翻熟化措施

深翻结合施肥，可改善土壤结构和理化性质，促使土壤团粒结构形成，增加孔隙度。因而，深翻后土壤含水量增加，深翻后土壤的水分和空气条件得到改善，使土壤微生物活动加强，可加速土壤熟化，使难溶性营养物质转化为可溶性养分，提高了土壤肥力。园林苗木很多是深根性植物，根系活动很旺盛，因此，在整地、定植前要深翻，给根系生长创造良好条件，促使根系向纵深发展，对重点布置区或重点树种还应适时深耕，以保证树木随着树龄的增长，对肥、水、热的需要。过去曾认为深翻伤根多，对根系生长不利，实践证明，合理深翻，断根后可刺激发生大量的新根，因而提高吸收能力，促使树体健壮，新梢生长，叶片浓绿，花芽形成良好。因此，深翻熟化，不仅能改良土壤，而且能促进树木生长发育。

2. 秋末冬初深翻为宜

此时，地上部生长基本停止或趋于缓慢，同化产物消耗减少，并已经开始回流积累，深翻后正值根部秋季生长高峰，伤口容易愈合；同时容易发出部分新根，吸收和合成营养物质，在树体内进行积累，有利于树木次年的生长发育；深翻后经过冬季，有利于土壤风化积雪保墒；同时，深翻后经过大量灌水，土壤下沉，土粒与根系进一步密接，有助于根系生长，早春土壤化冻后应当及早进行深翻，此时地上部尚处于休眠期，根系刚开始活动，生长较为缓慢，伤根后除某些树种外也较易愈合再生，但是春季劳力紧张，往往受其他工作冲击影响此项工作的进行。

3. 深翻的深度确定适度

黏重土壤深翻应较深，沙质土壤可适当浅耕，地下水位高时宜浅，下层为半风化的岩石时则宜加深以增厚土层；深层为砾石，也应翻得深些，拣出砾石并换好土，以免肥、水淋失；地下水位低，土层厚，植深根性树木时则宜深翻，反之则浅。下层有黄淤土、白干土、胶泥板或建筑地基等残存物时，深翻深度则以打破此深度为宜，以利渗水。可见，深翻深度要因地、因树而异，在一定范围内，翻得越深效果越好，一般为 60~100cm，最好距根系主要分布层稍深、稍远一些，以促进根系向纵深生长，扩大吸收范围，提高根系的抗逆性。深翻后的作用可保持多年，因此，不需要每年都进行深翻。深翻效果持续年限的长短与土壤有关，一般黏土地深翻后易恢复紧实，保持年限较短；疏松的砂壤土保持年限则长。据报道，地下水位低，排水好，翻后第 2 年即可显示出深翻效果，多年后效果尚较明显；排水不良的土壤保持深翻效果的年限较短。

4. 深翻、施肥和灌溉结合

深翻后的土壤，须按土层状况加以处理，通常维持原来的层次不变，就地耕松后掺和有机肥，再将心土放在下部，表土放在表层，有时为了促使心土迅速熟化，也可将较肥沃的表土放置沟底，而将心土覆在上面，但应根据绿化种植的具体情况从事，以免引起不良的副作用。

5. 客土栽培实施

初种植需要有一定酸度的土壤，而本地土质不合要求，需要换土。最突出的例子是在北方种酸性土植物，如栀子、杜鹃、山茶、绣球等，应将局部地区的土壤全换成酸性土。在没有条件时，至少也要加大种植坑，放入山泥、泥炭土、腐叶土等，并添加有机肥料，以符合酸性物种的要求。根本不适宜园林树木生长的如坚土、重黏土、砂砾土及被有毒的工业废水污染的土壤等，或在清除建筑垃圾后仍然板结，土质不良的情况下，亦应酌量增大栽植面，全部或部分换入肥沃的土壤。

6. 培土改良实施

在我国南北各地区普遍采用培土改良，具有增厚土层、保护根系、增加营养、改良土壤结构等作用。在我国南方高温多雨地区，由于降雨多、土壤淋洗流失严重，多把树种种在墩上，以后还大量培土。在土层薄的地区也可采用培土的措施，以促进树木健壮生长。压土掺沙的时期，北方寒冷地区一般在晚秋初冬进行，可起保温防冻、积雪保墒的作用。压土掺沙后，土壤熟化、沉实，有利树木生长。压土厚度要适宜，过薄起不到压土作用，过厚对树木生长不利，"砂压黏"或"黏压砂"时要薄一些，一般厚度为 5~10cm；压半风化石块可厚些，但不要超过 15cm，连续多年压土，土层过厚会抑制树木根系呼吸，从而影响树木生长和发育，造成根颈腐烂。所以，一般压土时，为了防止接穗生根或对根系的不良影响，亦可适当扒土露出根颈。

二、土壤的管理

1. 松土透气、控制杂草

可以切断土壤表层的毛细管，减少土壤蒸发，防止土壤泛碱，改良土壤通气状况，促进土壤微生物活动，有利于难溶养分的分解，提高土壤肥力。同时除去杂草，可减少水分、养分的消耗。早春松土，还可提高土温，有利于树木根系生长和土壤微生物的活动，清除杂草又可增进风景效果，减少病虫害，做到清洁美观。

松土、除草应在天气晴朗时，或者初晴之后，要选土壤不过干又不过湿时进行，才可获得最大的保墒效果。松土、除草时不可碰伤树皮，生长在地表的树木浅根，则可适当削断，杭州园林文物局规定市区级主干道的行道树，每年松土、除草应不少于 4 次，市郊每年不少于 2 次，对新栽二、三年生的风景林木，每年应该松土除草 2~3 次。

松土、除草对园林花木生长有密切关系，花农对此有丰富的经验。如山东菏泽牡丹花农每年解冻后至开花前松土 2~3 次，开花后至白露止松土 6~8 次，总之，见草就除，除草随即松土，每次雨后要松土 1 次，当地花农认为松土有"地湿拗干，地干街湿"之效。又认为在头伏、二伏、三伏中锄地 2 次，其效果不亚于上草粪 1 次。对于人流密集地方的树木每年应松土 1~2 次，以疏松土壤，改善土壤通气状况。

应用的几种除草剂有扑草净（prometryn）、西玛津（simazine）、莠去津（atrazine）、茅草枯（dalapon）和除草醚（nitrofen）等。

2. 覆盖物

覆盖物，可以防止或减少水分蒸发，减少地面径流，增加土壤有机质。调节土壤温度，减少杂草生长，为树木生长创造良好的环境条件。若在生长季进行覆盖，以后把覆盖的有机物随即翻入土中，还可增加土壤有机质，改善土壤结构，提高土壤肥力。覆盖的材料以就地取材、经济适用为原则，如水草、谷草、豆秸、树叶、树皮、锯屑、马粪、泥炭等均可应用。在大面积粗放管理的园林中还可将草坪上或树旁刈割下来的草头随手堆于树盘附近，用以覆盖。一般对于幼龄的园林树木或草地疏林的树木，多仅在树盘下进行覆盖，覆盖的厚度通常以 3~6cm 为宜，鲜草 5~6cm，过厚会有不利的影响，一般均在生长季节土温较高而较干旱时进行土壤覆盖，杭州历年进行树盘覆盖的结果证明，这样做可较对照树延迟 20 天抗旱。

地被植物可以是紧伏地面的多年生植物，也可以是一、二年生的较高大的绿肥作物，如豇豆、绿豆、黑豆、苜蓿、苕子、猪屎豆、紫云英、豌豆、蚕豆、草木樨、羽扇豆等。前者除覆盖作用之外，还可以减免尘土飞扬，增加园景美观，又可占据地面，竞争掉杂草，降低园林树木养护的工本，后者除覆盖作用之外，还可在开花期翻入土内，收到施肥的效用。对地被植物的要求是适应性强，有一定的耐荫力，覆盖作用好，繁殖容易，与杂草竞争的能力强，但与树木矛盾不大。同时还要有一定的观赏或经济价值。常用的地被草本有铃兰、石竹类、勿忘草、百里香、萱草、二月兰、酢浆草、鸢尾类、麦冬类、丛生福禄考、留兰香、玉簪类、吉祥草、蛇莓、石碱花、沿阶草等。木本有地锦类、金银花、木通、扶芳藤、常春藤类、络石、菲白竹、倭竹、葛藤、裂叶金丝桃、偃柏、爬地柏、金老梅、野葡萄、山葡萄、蛇葡萄、凌霄类等。

三、特殊改良技术

1. 化学改良技术

化学改良是一种用于大面积土壤改良的措施，主要方法是通过强酸根离子将土壤中的碱性离子中和，达到降低土壤碱性的目的，如施用石膏对土壤进行改良，利用石膏中的硫酸根离子对碱性土壤中的碳酸钠进行置换，形成石灰和中性盐，同时钙离子可以代换土壤胶体土的钠离子，使土壤碱性得到降低，从而改良土壤，对碱化土壤的改良很有成效。

2. 生物改良技术

利用一些绿肥植物在生长过程中吸收土壤碱性物质，同时又能在其根部分泌酸性物质以及其根瘤腐化后能在土壤中残留酸性物质的特点，达到降低土壤 pH 值的改良措施，可以用作碱性土壤生物改良的

绿肥植物有酸性绿肥作物如苜蓿、草木樨、百脉根、田菁、扁蓿豆、麦草、黑麦草、燕麦、绿豆等。

3. 物理改良技术

利用土壤中的碱性物质主要是水溶性盐或水溶性碱性物质的特点，通过地面水溶解地表土壤中的水溶性盐或水溶性碱性物质，再通过挖排水沟和灌水浸土，把土壤深层的水溶性盐或水溶性碱性物质溶解，随排水时排出，达到有效降低土壤水溶性盐或水溶性碱性物质含量，从而降低土壤碱性的目的。穴土置换是一种局部土壤的改良措施，在需要种植喜酸性植物的位置，开挖树穴时适量放大树穴，种植前在树穴中填入酸性的优良营养土、山泥或腐熟的有机肥、珍珠岩等，利用这些土壤本身的酸性进行土壤改良，达到改善树穴土壤的酸碱度、透气性和土壤肥力的目的。

4. 有机肥改良技术

有机肥料都有较强的阳离子代换能力，可以吸收更多的钾、铵、镁、锌等元素，有机肥含有许多有机酸、腐殖酸、羟基等物质，具有很强的螯合能力，能与许多金属元素如锰、铝、铁等螯合形成螯合物，可中和土壤中的碱性物质和防止土壤板结，形成有机 - 无机团聚体，改善土壤物理性质，提高土壤自身的抗逆性，形成良好的土壤生态环境。

5. 新科技改良技术

随着科技的发展，近年来出现了不少高科技的土壤改良剂，这些土壤改良剂对不同的土壤，有着不同的针对性，主要作用机理不外乎促进土壤养分转化，降低土壤中重金属及有害物质的活性，改善土壤板结，促进土壤生态系统恢复，从而改善土壤通透性和保水、保肥功能。在园林工程施工中，合理选用具有针对性的土壤改良剂，就能在较短的时间内改良土壤，去除土壤中的有害物质，从而改良土壤，提高园林植物种植施工质量。

四、降低地下水位

地下水位偏高会造成树穴积水，对植物根部造成渍害，严重时引起植物根部腐烂而死亡，所以防止地下水的危害，也是改良种植土壤环境的重要措施。

1. 渗透降水

在绿地中开挖一定数量的排水集水井，使地下水渗透入排水集水井后，再通过排水系统（或机械抽排，如水泵）集中排出，从而使整片绿地中的地下水位降低，达到地下水不再渗入树穴造成植物渍害的目的。

2. 阻断地下水

在树穴底部垫设一层砾石，形成地下水上升毛细管断层，以阻断地下水的上升毛细管，使地下水不再通过上升毛细管进入树穴，从而有效防止地下水上升后树穴积水使植物根部受到浸害。

3. 开沟排水

开挖具有一定间距和深度的排水沟。排水沟的深度起着控制地下水高度的作用，一般来说排水沟应略低于植物根系深度，以保证地下水上升至植物根系以下时，就渗入排水沟成为地表水；排水沟的间距起着控制地下水位下降和排出速度的作用，一般排水沟间距越小，地下水下降速度越快，在一定时间内排出的地下水也越多。但在运用时，必须以园林景观为先，会同设计和建设部门控制好排水沟的密度，不可因开挖排水沟而影响园林景观的质量，同时对排水沟进行加盖和装饰，既能防止意外发生，又能提高景观质量。

4. 堆种防水

堆种就是在种植园林植物时，开挖的种植坑较浅，一般仅为土球的 1/3~1/2，植物土球放入种植坑后进行填土，对高出地面的土球，采用从地面放坡堆土的种植方法。这样的种植方法，因为种植坑较浅，坑底高于地下水位，可有效防止地下水对植物根系造成危害。

五、土壤通气性的改良

植物根系的呼吸作用需要土壤具有良好的通气性，植物根部发生窒息后，会造成植物无法正常地从土壤中吸收水分和其他生长所必需的物质，从而影响植物的正常生长。所以，改善土壤的通气性也是土壤改良的一个重要部分。

1. 减少土壤密实度

在翻松（挖掘）土壤的过程中，往土壤中掺入泥炭、碎树枝、腐叶土等多孔性有机物，增加土壤中的孔隙，使土壤的密实度降低，从而改善通气状况。

2. 防止土壤机械密实

在堆造绿地地形或绿地进土施工中，采用人工运送和回填，尽可能地减少推土机等机械的作业，防止机械在作业过程中对土壤的碾压，同时对已完成的地形进行自然条件下的保护，防止人为的践踏，此外在园林地坪的铺装上，尽可能采用透气性的铺装材料，从而使土壤保持自然的密实度，确保土壤气体和外界正常交换。

3. 埋设人工透气材料

在种植植物时，采用加放人工透气管的方法，改善植物根部的透气性，人工透气管可用无纺布包裹通气管制成，在无纺布袋中放置一定直径的塑料管，空档处填满珍珠岩，放置于树木根部，管长以从植物根部至地表为宜，人为地在土壤中营造出透气空间，使大气能深入到土壤中，改善植物根部的透气性。

4. 土壤生物的作用

利用土壤中有益生物的作用，改善土壤结构。例如：利用蚯蚓在土壤中钻洞和吞土排粪等的生命活动，能改变土壤的物理性质，使板结贫瘠土壤变得疏松多孔，同时蚯蚓的排泄物，还可以被其他土壤微生物利用，形成以蚯蚓为中心的生态环境，降解土壤中的有害物质，改变土壤的结构，改变土壤的化学性质，提高土壤的保墒通气透水能力，创造一个良好的土壤环境，从而促进园林植物根系的生长。

第四节　园林用给水排水管理

一、植物用水特点

所有生命活动都离不开水，但并不是提供充足的水分就可以了，植物体内的水分充足才是关键。所以如何使植物体内水分和土壤水分达到平衡，是水分管理所要研究的重点。生长季灌水应该在早晨日出之前，一般不在炎热的中午和晚上灌水。最好不用地下水而用河水或者池塘里的水，防止地下水温度太低为园林植物带来伤害。需要注意的是，配合其他养护措施时一定要有先后顺序，即修剪之前灌水，施肥以后灌水。冬季灌水主要是为了防寒，由于蒸发量小，所以可以在土壤上冻前一次灌足冻水。另外为了缓解春旱春季要灌返青水，灌水的方法有大水漫灌、滴灌等。

二、树木土壤的水分管理

树木生长所需的水分，主要是由根部从土壤中吸收的，土壤中含水量不能满足树根的吸收量，会造成树木缺水。若树木短期水分亏缺，会造成"临时性萎蔫"，表现为树叶下垂、萎蔫等现象，如果能及时补充水分，树叶就会恢复过来，而长期缺水，超过树木所能忍耐的限度，就会造成"永久性萎蔫"，即缺水死亡。而土壤水分过多，会导致根系窒息死亡。所以应该调整好树体与土壤的水分平衡关系。

灌水量：一般根据植物叶片内渗透压或吸收水分的大小决定。灌溉时，如叶片的吸水能力很大，则证明水分不足，就应及时喷水。每次每株的最低灌水量——乔木90kg，灌木60kg。

灌水次数：树木定植以后，一般乔木需连续灌水3~5年，灌木最少5年，土质不好或树木因缺水而生长不良，以及干旱年份，则应延长灌水年限。另外如遇大旱，水源不足或者人力缺乏的情况下，必须考虑灌水次序。即新栽的树木、小苗、灌木、阔叶树要优先灌水，长期定植的树木、大树、针叶树可后灌。夏季正是树木生长的旺季，需水量很大，但阳光直射、天气炎热的中午最好不要浇水，中午时叶面灌水也不行。灌溉时要做到适量，最好采取少灌、勤灌、慢灌的原则。灌溉常用的水源有自来水、井水、河水、湖水、池塘水、经化验可用的废水。采用的方式主要有单堰灌溉、畦灌、喷灌、滴灌等。灌水时围堰应开在树冠投影的垂直线下，略大于投影范围，起土不要开得太深，以免伤根。水量充足：水渗入后及时封堰或中耕，切断土壤的毛细管，防止水分蒸发。

三、苗木灌溉

1. 灌溉依据

植物体没有水便无法生存，水是植物生长发育的重要因素。植物体内生长发育活跃部分的含水量需达到 80% 以上，没有水植物便无法进行正常的光合作用，代谢过程受阻。适时灌溉对植物生长发育非常重要。

2. 灌溉原则

灌溉应因时、因地、因树制宜。①因时，就是要求掌握合适灌溉的时机。②因地，就是根据不同地区、不同地域、不同土壤类型制订不同的灌溉方案。③因树，就是根据不同植物种类、同种植物的不同时期对水分的需求特征不同，采取不同的灌溉方案。

灌溉就是使土壤中保持维持植物生长所需的正常含水量。应对土壤中根系分布最多的土层的含水量进行监测，进行科学的灌溉。土壤中含水量的简易自测方法是，取根系分布最多土层中的土壤，用手攥可成团，指缝间不出水，泥团落地能散碎，则含水量正合适。

3. 灌溉时期

（1）一天中的灌溉　一般在早晚进行，以清晨最佳。夏季高温天气忌正午灌溉，冬季气温较低时宜在中午前后灌溉。

（2）一年中的灌溉

① 春季灌溉：春季是树木生理活动旺盛时期，水分是否充足直接影响到植物的生长，春旱时注意抗旱。

② 夏季灌溉：此时是植物生长旺盛期，同时也是植物蒸腾量最大的时期，需消耗大量的水分和养分，是灌溉重点期。

③ 秋季灌溉：秋季气温下降，植物生长减慢，应适当控水，促进植物组织生长充实与枝梢木质化，以便植物顺利越冬。

④ 冬季灌溉：冬季多数植物需水量减少，应控制灌溉。

（3）移栽与定植后的灌溉　新植树木因根系受损、吸水能力有待恢复、根系分布范围小，对水分的需求过多地依赖灌溉；新植树木在 5 年内需充足、科学地灌溉。

4. 灌溉量的确定

灌溉量:因植物种类、生长发育阶段、土壤性质、天气状况的不同灌溉量也不一样。应根据植物的需水量及土壤含水量确定灌溉量。

（1）不同植物种类的灌溉量 花灌木、地被植物、草坪、花卉是灌溉的关注重点;耐旱不耐水湿的植物应控制灌溉量;不耐旱的阴生湿生植物应适当增加灌溉量。每次灌溉水渗入土层的深度为,生理成熟的乔木应达到 80~100cm,一般花灌木应达到 45cm,一、二年生草本花卉、草坪应达到 30~35cm。

（2）植物不同生长时期的灌溉量 新植树木应严格控制合适的灌溉量,采用科学的灌溉方法;植物生长旺盛期、夏季开花期、秋季果实膨大期,灌溉量应适当加大;花灌木在花芽分化期、开花期应适当控制灌溉量;休眠期就减少灌溉量。

（3）不同质地、性质土壤的灌溉量 黏重土壤宜采用间歇式灌溉,即保水保肥力不强的沙土地,宜少量多次;土层深厚的砂壤土,应一次灌透,见干后再灌。

（4）不同天气的灌溉量 春季干旱少雨天气应加大灌溉量;夏季降雨集中期,应少浇或不浇;秋季干燥天气、晴天风大时应多浇。

注意事项:每次灌溉要灌透,切忌只湿表层;灌溉不能太频繁,以免频繁灌溉导致植物根系长期浸泡水中,因缺氧而死亡。

5. 灌溉用水质量

灌溉用水主要有自来水、地表水、地下水三类,以清洁的地表水为佳,忌废水、污水。

6. 灌溉方法

灌水前要做到土壤疏松,土表不板结,以利水分渗透,待土稍干后,应及时加盖细干土或中耕松土,减少水分蒸发。灌溉的方法很多,应以节约用水、提高利用率和便于作业为原则,以植物的栽植方式、所处的环境来选择。

单株围堰灌溉,主要是对单株乔灌木,需在树冠投影范围外围堰;沟灌,是在树木行间挖沟,引水灌溉,一般用于苗圃管理;滴灌,集机械化、自动化等多种先进技术于一体的灌溉方式,投资大,目前多

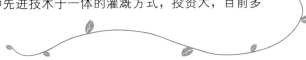

用于重点部位的立体花坛灌溉。

注意事项：用洒水车灌溉时应接软管，缓流浇灌，保证一次浇足浇透。

四、苗木排水

长期阴雨、地势低洼渍水或灌溉浇水太多，使土壤中水分过多形成积水称为涝。园林植物受涝缺氧，根系变褐腐烂，叶片变黄，枝叶萎蔫，产生落叶、落花、枯枝，时间长了会全株死亡。为减少涝害损失，在雨水偏多时期或对地洼地势又不耐涝的园林植物要及时排水。多数园林植物在设计施工中已解决了排水问题，在特殊情况下需采取应急措施。

1. 排水分类

①地表径流排水法，利用自然坡度排水，是最常用、最经济的排水方法；②明沟排水法，明沟需进行一定的景观化处理；③暗沟排水法，绿地下开挖暗沟或铺设管道排水；④机械排水法，在地势低洼地，采用沟、管排水有困难时，可采用抽水泵进行排水。绿地的排水要与城市排水系统结合起来，综合考虑。

2. 具体排涝方法

（1）地表径流排水　地表坡度控制在 0.1%~0.3%，不留死角；常用于绿篱和片林。

（2）明沟排水　适用于大雨后抢排积水；特别适用于忌水树种例如黄杨、牡丹、玉兰等。

（3）暗沟排水　采用地下排水管线并与排水沟或市政排水相连，但造价较高。

园林植物是否进行水分的排灌，取决于土壤的含水量是否适合根系的吸收，即土壤水分和植物体内水是否平衡。当这种平衡被打破时，植物会表现出一些症状。我们就依据这些特点，对土壤及时排灌。能准确地掌握这些症状，会为生产提供有意义的经验支持。但是这些症状有时极易混淆，比如由于长期积水导致根系死亡后，植物表现的也是旱害。这时就需要我们对其他因子进行合理分析才能得出正确地解决方案。

第六章　园林苗木病虫害及杂草防治技术

园林苗木的养护管理是一项长期任务，俗话说："三分栽，七分管，十分措施才保险。"其中病虫害防治是养护管理中最重要的一项工作。植保工作抓不好，很可能造成病虫害大面积发生。

第一节　园林苗木病害及防治技术

一、园林苗木病害发生的部位及类型

1.叶部病害

①白粉病；②褐斑病；③穿孔病；④黄杨叶斑病；⑤黑斑病；⑥霜霉病。

2.枝干病害

①细菌性溃疡病（法国梧桐、杨树）；②丛枝病（泡桐、竹类）；③阔叶树流胶病（花木类）；④日灼病。

3.根部病害

①银杏基腐病；②细菌性根癌病；③幼苗猝倒病（立枯病）；④苗木根线虫病。

二、主要病害及防治

1.根癌病

（1）症状　此病寄主范围较广，主要树种为杨、柳、桃、柿、樱花等。主要发生在主干基部和根部，形成癌瘤，造成树势衰弱，严重时全株死亡。病原菌在根癌表层和土壤中越冬。病菌主要以伤口侵入，虫伤或机械损伤易造成传播（图6-1）。

图 6-1　根癌病

（2）防治措施

① 选择无病土壤育苗（3 年以上禾本科植物土地）；②选用无病苗木；③植树时发现有根癌病的不要栽植，同时对其他苗木进行根部伤口消毒，如在伤口部位涂石灰水（生石灰粉 1kg、水 5kg）；④每平方米用 50~100g 硫黄粉进行土壤消毒。

2. 溃疡病

（1）症状　主要危害杨、柳、紫荆、核桃、苹果等。主要在枝干上发病较重，形成核状溃疡斑，发病严重时连成一片包围树干，影响树木生长甚至造成死亡（图 6-2）。

图 6-2　杨树溃疡病

（2）防治措施

① 在发病的枝干上喷布 1~2°Bé 石硫合剂；②喷 100 倍波尔多液，或用代森锰锌等药剂喷雾，也可用百菌清 500~600 倍液。

3. 叶斑病

（1）症状　主要发生在大叶黄杨、金叶女贞等灌木和花木，易造成早期落叶。在新叶展出后，起初为黄褐色小点，后发展为圆形或椭圆形大斑，边缘紫褐色，中间灰白色，上有黑色小点，5~6月和9~10月为流行高峰。雨水过多、种植较密则发病较重（图6-3）。

图6-3　叶斑病

（2）防治措施

①冬季清除落叶，减少侵染来源；②喷100倍波尔多液，半个月1次，或喷碱式硫酸铜、代森锰锌等药剂。

4. 白粉病

（1）症状　主要为害臭椿、白蜡、杨树、葡萄、月季等。病叶为块状黄白色，并在叶背面出现灰白色粉状物，秋季形成黑褐色小点（子囊壳），病叶早期脱落（图6-4）。

图6-4　月季白粉病

（2）防治措施

① 用 0.3°Bé 石硫合剂喷洒；②用三唑酮（粉锈宁）1000 倍液喷洒。

5. 穿孔病

（1）症状 主要为害樱花、紫叶李、红叶桃和其他花木、果树。在公园绿地发生普遍。病叶初为圆形灰白或褐色病斑，后病斑干缩，最后脱落穿孔（图 6-5）。

（2）防治措施

① 喷 160 倍波尔多液或碱式硫酸铜 400 倍液；②喷 70% 代森锰锌 800~1000 倍液；③注意事项：一要抓好喷药时期，二要把好喷药质量，三要搞好防治措施，以免工作人员中毒，四要注意环境保护和防止人畜中毒事件发生。

图 6-5　穿孔病

6. 锈病类

（1）症状 锈病是草坪草上的一类重要病害，分布广、危害重，所有禾草都能被侵染发病，尤其是冷季型草中的多年生黑麦草、高羊茅和草地早熟禾等受害最重。狗牙根和结缕草等也可受害。禾草感染锈病后叶绿素被破坏，光合作用降低，呼吸作用失调，蒸腾作用增强，大量失水，叶片变黄枯死，草坪景观受很大影响。锈病主要包括条锈病、叶锈病、秆锈病和冠锈病（图 6-6）。

图 6-6　海棠锈病

（2）防治措施

① 加强肥水管理，提高抗病能力。

② 及时剪除发病叶片，喷施杀菌剂做预防。

③ 发病初期：使用三氯杀螨砜 + 代森锌稀释 300kg 水喷雾。

④ 发病中期：使用代森锌 + 三唑酮可湿性粉剂稀释 400kg 水喷雾。

7. 苗木猝倒病

（1）类型

① 种芽腐烂型：种芽未出土或刚出土时腐烂而倒伏。

② 猝倒型：幼苗出土不久，嫩茎未木质化，茎基部腐烂而导致幼苗迅速倒伏，此时嫩叶仍呈绿色。

③ 立枯型：嫩茎已木质化。

④ 叶枯型：发生在苗木生长期，苗木叶片染病而枯死（图 6-7）。

（2）防治措施

① 防治苗期猝倒病，主要是加强栽培管理，控制发病条件，提高幼苗抗病力。

② 土壤消毒。

③ 药剂防治：定植时用甲基硫菌灵 50~100 倍液进行根部灌注，1~2 周后再利用一次。

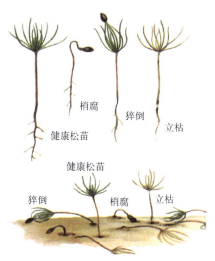

图 6-7　苗床上松苗发病状

8.灰霉病

（1）症状　主要危害花和嫩枝，花蕾被侵染后，起初为水渍状不规则小斑，病斑不断扩大，以致全蕾变软腐烂。病蕾枯萎后悬挂在病组织之上，病原菌也会侵害已摘去花的枝梢，在温暖潮湿的条件下，病部产生大量灰色霉层（图 6-8）。

图 6-8　非洲菊灰霉病

（2）防治措施

① 保持温湿度。可以用通风的办法使湿度保持在 60% 以下，注意通风应在提温后进行。

② 彻底清除病残落叶。及时清除病花、病叶，拔出重病植株，并销毁。

③ 采用高垄地膜覆盖或滴灌节水栽培。选用紫外线阻断膜抑制菌核萌发。

9. 炭疽病

（1）症状　发生在叶片上，病斑初呈绿色或暗黄色稍凹陷，后渐变成黑褐色，圆形或不定形，直径 3cm 以上，病斑边缘隆起，上散生或轮生小黑点，可联合成斑块以致全叶枯死（图 6-9）。

图 6-9　大叶黄杨炭疽病

（2）防治措施

① 农业防治。结合修剪，除去病枝、病叶和枯梢，减少病原。

② 药物防治。用 50% 多菌灵可湿粉剂倍液浸种 1h，消灭种子表面的病菌，用水冲洗干净后播种。

10. 流胶病

（1）症状　流胶病分布较普遍，桃树、李树、杏树等蔷薇科植物危害较为严重，部分地区雪松也有流胶现象（图 6-10）。

① 侵染性：流胶病的病原为半知菌亚门的真菌。

② 非侵染性：主要是由霜害、冻害、病虫害、雹害、机械伤害、施肥不当、土质黏重、排水不畅、夏季修剪过重、定植过深、连作及遭受旱涝、日灼等引起。

图 6-10　流胶病

（2）防治措施

① 喷雾：腐植酸·铜（御胶）稀释 800~1000 倍，间隔 10 天进行一次，需喷 3~4 次；

② 涂抹：腐植酸·铜（御胶）稀释 500~600 倍，使用毛刷均匀涂抹；

③ 辅助措施：4~5 月份及时防治天牛、吉丁虫等害虫侵害根茎、主干、枝梢等部位，避免对树干造成伤口发生流胶病。尽量避免生长季节进行枝条修剪，若必须修剪，需结合使用伤口涂抹剂。

11. 煤污病

（1）症状　煤污菌由风雨、昆虫传播。在蚜虫、介壳虫的分泌物及排泄物或植物自身分泌物上发育。高温高湿，通风不良，蚜虫、介壳虫等分泌蜜露的害虫发生多，均加重发病（图 6-11）。

（2）防治措施

① 加强蚜虫等刺吸式口器害虫的防治，推荐用吡蚜酮稀释 100kg 水，喷雾防治蚜虫。

图 6-11　煤污病

② 药剂防护。可用水枪高压喷淋清洗煤污部分，用三唑酮 + 甲基硫菌灵稀释 300kg 水喷雾防治煤污病，若受煤污病影响较大树势衰弱，建议结合施肥复壮树势，帮助植物尽快恢复长势。

第二节　园林苗木主要虫害及其防治

一、园林苗木主要害虫类型

1. 食叶害虫
① 刺蛾；②袋蛾类；③舟蛾类；④毒蛾；⑤潜叶蛾；⑥叶甲类。

2. 刺吸式害虫
① 蝉类；②蚜虫；③螨类；④木虱类；⑤粉虱；⑥蚧虫类。

3. 钻蛀害虫
① 天牛类；②吉丁虫；③木蠹蛾；④透翅蛾。

4. 地下害虫
① 地老虎；②蛴螬；③金针虫；④种蝇；⑤蝼蛄。

二、园林花木主要病虫害及其防治

昆虫生态史：幼虫→化蛹→羽化成虫→卵期→孵化幼虫。

（一）食叶害虫

（1）为害特点

① 取食叶片。

② 虫口密度变动大，大多裸露生活。

③ 多数种类繁殖能力强，产卵集中，易爆发成灾，并能主动迁移扩散，扩大危害的范围。

（2）为害症状　开天窗、孔洞；或将叶肉吃去，仅留网状叶脉；或全部吃光（图6-12）。

图6-12　食叶害虫

1.春尺蠖和槐尺蠖

（1）为害植物　春尺蠖危害最严重的为垂榆、银白杨、园冠榆、稠李、国槐、白柳、垂柳。

（2）识别特征　尺蠖，是尺蛾的幼虫；尺蠖身体细长，行动时一屈一伸像个拱桥，休息时，身体能斜向伸直如枝状（图6-13）。

（3）生活习性　1年发生1代，以蛹在干基周围土壤中越夏、越冬。在3月份，当地表3~5cm处地温0℃左右时开始羽化；4月下旬至5月初开始孵化；6月上旬至7月上旬幼虫开始老熟，入土化蛹越夏、越冬。

图6-13　尺蠖

2.杨扇舟蛾和杨二尾舟蛾

（1）为害植物　杨扇舟蛾是杨树的主要害虫，以幼虫危害杨树柳树叶片，严重时在短期内将叶吃光。

（2）识别特征　第1、8腹节背面中央有一大枣红色瘤，两侧各伴有一个白点。

（3）生活习性　春夏之间幼虫为害。1~2龄幼虫仅啃食叶的下表皮，残留上表皮和叶脉；2龄以后吐丝缀叶，形成大的虫苞，白天隐伏其中，夜晚取食；3龄以后可将全叶食尽，仅剩叶柄。老熟时吐丝缀叶作薄茧化蛹。远距离传播主要靠成虫飞翔；幼虫吐丝下垂，可随风作近距离传播（图6-14）。

图6-14　杨扇舟蛾

3.榆毒蛾

（1）为害植物　幼虫主要以白榆、长序榆、常绿榆、垂枝榆、春榆、大果榆、榔榆、毛榆等榆科植物为食。

（2）识别特征　体浅黄绿色，头灰褐色。各节背面具白色毛瘤，瘤的基部四周黑色，腹部1、2节上具较大的黑色毛丛（图6-15）。

（3）生活习性　1年生1~2代，以低龄幼虫在树皮缝或附近建筑物的缝隙处越冬。翌年4月中旬榆钱刚开时开始活动，6月中旬就地吐丝作茧化蛹，7月初成虫羽化，多把卵产在叶背或枝条上，排列成串。

图6-15　榆毒蛾

4. 黄刺蛾和双齿绿刺蛾

（1）为害植物　黄刺蛾幼虫于夏秋之间为害，被害植物有多种果树、枫杨、杨、榆、梧桐、紫荆、刺槐、桑等。双齿绿刺蛾，主要危害海棠、紫叶李、桃、山杏、柿、白蜡等多种园林植物。

（2）识别特征　黄刺蛾幼虫又名痒辣子、毒毛虫等。幼虫体上有毒毛，易引起人的皮肤痛痒。

（3）生活习性　北方每年1~2代，翌年5月中下旬开始化蛹，下旬始见成虫。5月下旬至6月为第一代卵期，6~8月为幼虫期，9~10月份结茧越冬。黄刺蛾成虫趋光性不强，双齿绿刺蛾则反之（图6-16）。

5. 柳蓝叶甲和榆蓝叶甲

（1）为害植物　柳蓝叶甲危害各种柳、杨等。以成虫和幼虫取食柳、杨叶片，严重时将叶片全部吃光。榆蓝叶甲主要危害榆树。以成虫和幼虫均危害榆树，受害榆树的叶片被吃成网眼状。若未及时防治，可将树叶吃光，迫使树体二次发芽。

图 6-16 黄刺蛾和双齿绿刺蛾

（2）生活习性 北方每年发生 3~5 代，以成虫在土壤中、落叶和杂草丛中越冬。翌年 4 月柳树和榆树发芽时出来活动，为害芽、叶，并把卵产在叶上，成堆排列，初孵幼虫群集为害，啃食叶肉，幼虫期约 10 天，老熟幼虫化蛹在叶上，9 月中旬可同时见到成虫和幼虫，有假死性（图 6-17）。

图 6-17 柳蓝叶甲

（3）综合防治

① 每年 11 月份或者 3 月份左右修剪病虫枝集中烧毁。

② 每年开春向树冠投影下方埋施瑞园辛硫磷杀虫剂杀死地下越冬虫卵。

③ 每年开春在园林植物发芽之前喷施石硫合剂杀死在树干及枯枝内部的越冬虫卵。

④ 幼虫期喷施甲胺磷＋高效氯氰菊酯稀释 200kg 水喷雾，直到地面湿漉漉一层为宜。

⑤ 成虫期喷施甲胺磷稀释 150kg 水对园林植物进行喷雾。

6. 叶柄小蛾

（1）为害植物　主要为害国槐、龙爪槐、香花槐等。每年 8~9 月份大量复叶干枯下落，树干顶部枯梢现象十分明显，极大影响国槐等的生长量及绿化景观效果。幼虫蛀食复叶基部、花穗及果荚（槐豆），叶片受害后萎蔫下垂，遇风脱落，树冠枝梢出现光秃枝，影响正常生长（图 6-18）。

图 6-18　叶柄小蛾

（2）生活习性　1 年发生 2 代，以幼虫在果荚、树皮裂缝等处越冬。成虫发生期分别在 5 月中旬至 6 月中旬、7 月中旬至 8 月上旬。雌成

虫将卵产在叶片背面，其次产在小枝或嫩梢伤疤处。幼虫为害期分别发生在6月上旬至7月下旬、7月中旬至9月。

（3）综合防治

① 结合秋冬季管理，剪打槐豆荚，以减少虫源。因为80%的小卷蛾以2龄幼虫在槐豆内越冬，所以冬季打掉槐豆，并集中烧毁，减少虫源。7月下旬修剪被害小枝，对第二代的发生有一定控制作用。

② 成虫期用黑光灯诱杀成虫，或采用槐小卷蛾性诱捕器诱杀成虫（诱捕器悬挂在树冠向阳面外围），两种诱杀方法均有利于保护天敌。

③ 化学防治：建议在虫幼龄期使用三环唑 + 甲胺磷稀释2000倍液混合液喷雾防治，连用2~3次，间隔7~10天。

7. 淡剑夜蛾

（1）为害植物　属暴食性害虫，主要危害草地早熟禾、高羊茅、黑麦草等禾本科冷季型草坪，严重时每平方米高达80~90头，致使草坪斑秃，甚至死亡。

（2）生活习性　老熟幼虫在草坪、杂草等处越冬。6月上中旬，越冬幼虫化蛹陆续羽化、产卵，5~10月份均有此虫危害，幼虫1~2龄时，只取食嫩叶叶肉。2龄后分散，3龄以后吃成缺刻。进入5~6龄后，在草坪的茎部啃食嫩茎，阴雨天昼夜咬食为害（图6-19）。

图6-19　淡剑夜蛾

（3）综合防治

① 先对草坪进行修剪，修剪应遵循1/3~1/2原则。

② 淡剑夜蛾具有趋光性，可以使用杀虫灯或者糖醋液诱杀成虫。

③ 化学防治：喷雾，可选用三环唑 + 甲胺磷防治。

④ 防治后：及时结合浇水、追肥（乌龙珠）促进草坪生长，培育壮苗。

（二）刺吸式害虫

（1）简介　刺吸式口器害虫，成虫和若虫均能为害，繁殖力较强，除两性生殖外，尚有孤雌生殖。主要包括蚜虫类、网蝽类、木虱类、介壳虫类、螨虫类。

（2）为害症状

① 叶片失绿，出现黄色、白色、红色等斑点。

② 叶片卷曲，皱缩变形。

③ 形成各种虫瘿。

④ 枝叶有蜜露，诱发煤污病。

⑤ 引起植物养分和水分减少，影响生长发育，严重时植株枯死。

1. 蚜虫类

（1）为害特点　蚜虫分桃赤蚜、桃粉蚜、谷榆蚜、苹蚜、棉蚜、梨蚜、柳蚜、桃瘤蚜等。1 年发生 10 余代，危害期 4~8 月份，以 5~7 月繁殖最快、危害最重，易导致霉污病，主要危害榆树、国槐、柳树、石榴、木槿、百日红、月季、紫荆等花木和果树（图 6-20）。

蚜虫常造成枝叶变形，生长缓慢停滞，严重时造成落叶以至枯死。植物受害后出现斑点、卷叶、皱缩、虫瘿、肿瘤等多种被害状，同时其排泄物常诱发煤污病。

蚜虫繁殖能力很强，一年可繁殖十几代到二十几代，即使有降雨来临，也只是让它们短暂消失，一旦气温回升，又会卷土重来。而灭虫不能只打一次药，而是要每个星期打一次，要连续打一个月以上才能有效防治。

（2）防治措施

① 10% 吡虫啉 2500 倍液，蚜虫一扫光，啶虫脒。

② 3% 高渗苯氧威 3000~4000 倍液。

图 6-20　蚜虫

2. 网蝽类

（1）为害特点　梨网蝽危害苗木主要为害柿、梨、桃、李、杏、苹果、核桃等果树。以成虫、若虫在寄主叶片背面刺吸为害，被害叶正面形成苍白斑点，叶片背面因虫所排出的粪便呈黑灰色斑点似雀斑（图 6-21）。

图 6-21　梨网蝽

（2）发生规律　在我国北方一年发生 3~4 代，均以成虫在枯枝落叶、树皮裂缝、杂草及土、石缝中越冬，翌年 4 月上旬开始活动，飞到寄主上取食为害。产卵于叶片背面靠主脉两侧的叶肉内。成虫、若虫喜群集叶背主脉附近,被害叶面呈现黄白色斑点,叶背和下边叶面上常落有黑褐色带黏性的分泌物和粪便。

法桐方翅网蝽 1 年 5 代。从 5 月开始,每月 1 代,每代大约为害 30 天。具有世代重叠现象,成虫、若虫交替为害,若虫期防治最佳(图 6-22)。

该虫主要为害悬铃木属,被认为是具有为害潜能的危险入侵物种,2007 年 3 月被国家林业局外来有害生物管理办公室公布为中度危险性林业有害生物。

图 6-22　法桐方翅网蝽

(3)防治方法

A. 物理防治

① 营造混交林。强化抚育管理,对密度过大的林分进行间伐,促进林木生长,抑制害虫发生。

② 清除树下枯枝落叶,烧毁或深翻土地,消灭网蝽的越冬卵和越冬成虫。

③ 保护利用各种天敌,发挥自然控制的能力。可以饲养天敌盲蝽,虫害时可释放进行防治。

B. 化学防治

① 冬季树干涂白。冬季涂白不仅能有效防止冬季苗木的伤害,提高苗木的抗病能力,而且还能破坏病虫的越冬场所,起到既防冻又杀虫的双重作用。秋末冬初,采取内吸性化学农药涂抹树干防治,每

次每株用 40％氧乐果，用排刷将药液涂刷树干，在树干上涂刷成 20~30cm 宽的药环，涂药后用有色塑料薄膜包扎 5~7 天后及时解膜，每隔 20~30 天涂药 1 次，全年施药 4~5 次，连续施药 2 年，以避免环境污染、不杀伤天敌昆虫、兼治多种食叶和枝干害虫。

② 冬春季喷药毒杀。秋冬季节以越冬成虫开始活动时期和第一代若虫盛孵期为重点，及时喷施啶虫脒（莱恩坪安瑞刹）500~600 倍液，进行喷雾。立春过后，第二代蠕虫发生时喷施啶虫脒 500~600 倍液，进行喷雾杀虫。

3.木虱类

（1）危害苗木　多为害木本植物,主要为害梨树、桑树、皂荚、梓树、青桐等（图 6-23）。

（2）发生规律　年生活史通常 1~4 代，不同的环境和气候条件下年生活史不同。一般以卵越冬，过冬一般产卵在芽鳞上的隐蔽处；成虫、若虫刺吸植物汁液，有些还传播病毒病和其他植物病害。

图 6-23　木虱

（3）综合防治

① 每年开春在园林植物发芽之前喷施石硫合剂杀死在树干及枯枝内部的越冬虫卵。

② 危害期使用三氯杀螨砜＋啶虫脒稀释 100kg 水喷雾，直到地面湿漉漉一层为宜。

③ 针对网蝽、木虱等发生在叶部背面的刺吸式害虫喷雾时建议从下往上喷。

4. 介壳虫类

介壳虫是城市园林绿化中"五小害虫"之首，种类多、危害大，其主要种类有草履蚧、红蜡蚧、白蜡蚧、朝鲜球坚蚧、吹绵蚧、桑白盾蚧、紫薇绒蚧、日本松干蚧、松突圆蚧、龟蜡蚧和粉蚧等。

（1）介壳虫危害及发生规律

① 草履蚧

a. 危害苗木：主要危害海棠、紫叶李、法桐、桃树、杏树、樱花、紫薇、月季、红枫、柑橘等花木（图 6-24）。

b. 发生规律：1 年发生 1 代。以卵在土中越夏和越冬；翌年 1 月下旬至 2 月上旬，在土中开始孵化，能抵御低温，在"大寒"前后的堆雪下也能孵化，温度高，出土个体明显增多。孵化期要延续 1 个多月。若虫出土后沿茎杆上爬至梢部、芽腋或初展新叶的叶腋刺吸为害。雄性若虫 4 月下旬化蛹，5 月上旬羽化为雄成虫，自茎杆顶部继续下爬，经交配后潜入土中产卵，卵由白色蜡丝包裹成卵囊，每囊有卵 100 多粒。

图 6-24 草履蚧

② 白蜡蚧

a. 危害苗木：主要危害小叶白蜡、大叶白蜡、水蜡、小叶女贞、大叶女贞、雪松等花木。以成虫、若虫在寄主枝条上刺吸为害，造成树势衰弱，生长缓慢，甚至枝条枯死（图 6-25）。

b. 发生习性：该蚧 1 年发生 1 代，以受精雌成虫在枝条上越冬。翌年 3 月雌成虫虫体孕卵膨大，4 月上旬开始产卵，卵期 7 天左右。初孵若

虫在母体附近叶片上寄生，2龄后转移至枝条上为害，雄若虫固定后分泌大量白色蜡质物。严重时，整个枝条呈白色棒状。10月上旬羽化为雄成虫，交配后死亡。受精雌成虫体逐渐长大，随着气温下降，陆续越冬。

图6-25　白蜡蚧

③ 朝鲜球坚蚧

a. 危害苗木：主要危害桃、李、海棠、苹果、杏等果树及梅花（图6-26）。

b. 发生规律：每年发生1代，以2龄若虫在枝上越冬，外覆有蜡被。3月中旬开始从蜡被里脱出另找固定点，而后雌雄分化。雄若虫4月上旬开始分泌蜡茧化蛹，4月中旬开始羽化交配，交配后雌虫迅速膨大。初孵若虫分散到枝、叶背为害。越冬前蜕1次皮，10月中旬后以2龄若虫于蜡被下越冬。全年4月中旬至5月下旬为害最盛。

④ 蔷薇白轮盾蚧

a. 危害苗木：主要危害苗木有月季、蔷薇、玫瑰、黄刺梅、红瑞木、苏铁等（图6-27）。

b. 发生规律：1年发生2~3代，以受精雌成虫和2龄若虫于枝干处越冬。翌年"五一"前后开始活动，一般将卵产于壳下，孵化盛期在5月上中旬和8月中下旬。成虫、若虫常群集于2年生以上枝干或皮层裂缝处为害，发生严重时可被一层白色絮状物。若虫孵化后从介壳下爬出并在枝干上缓慢爬行，蜕皮后固定为害。

（2）介壳虫防治技术

① 培育壮苗。合理浇水；科学修剪；及时病虫害防治；施肥要选择有机无机缓释肥（乌龙珠）。

图 6-26　朝鲜球坚蚧

图 6-27　蔷薇白轮盾蚧

② 药剂防治。a. 防治草履蚧：每年正月十五左右孵化出土，可采用阻隔法防治，在 3 月或 4 月配合菊酯类打药防治。b. 防治其他介壳虫：选用菊酯类 + 园助（有机硅）液喷雾防治，间隔 5~7 天一次，连续 2~3 次，喷药时要打透、打匀。

5. 叶螨类

（1）为害特点　主要以若螨、成虫在叶背刺吸汁液，被害叶片叶绿素受到破坏，有铁锈色，叶片呈"干糊状"，手触摸易脆。除直接使植物出现褪绿、黄点、褐斑、落叶等症状外，还可传播各种病原体，引起其他病毒病。红蜘蛛是一种典型的叶螨。

红蜘蛛种类较多，主要危害果树、花木，1 年发生 7~9 代，以卵在枝条节缝、果台、翘皮下越冬，次年 4 月下旬越冬孵化出第 1 代幼虫，第 2 代在 5 月中旬，第 3 代在 6 月上旬，以后世代交替。5~6 月（麦收前后）和 7~8 月为害最重（图 6-28）。

图 6-28　红蜘蛛

（2）防治方法

① 做好园林栽培技术管理与调控，经常做好清园工作，全面清除

杂草、枯枝、落叶。

② 药剂防治。建议用阿维·哒螨灵（瑞满）800 倍液喷雾防治。

③ 掌握好时间。3~4 月份，喷一次药，不需要喷树冠，喷树的下边。5 月份喷一次药，喷的部位要靠上。5~6 月上中旬，喷一次药。7 月份还有螨，也要注意防治。

6. 瘿螨类

（1）危害苗木 主要危害苗木有旱柳、垂柳、枫杨、胡杨等（图6-29）。

图 6-29 瘿螨

（2）发生规律 翌年 3 月初越冬螨开始活动，迁移至春梢及花穗上为害，3~5 月为害最重。初孵若螨在嫩叶背面或花穗上取食，被害处在 5~7 天后便出现黄绿色斑块，其被害部位畸变形成毛瘿，毛瘿内的寄主组织因受刺激而产生灰白色绒毛，以后绒毛逐渐变成黄褐色、红褐色至深褐色，形似毛毡状。表面凹凸不平，失去光泽，甚至肿胀、扭曲；叶片被害部位出现增生、增厚现象。

（3）防治方法

① 发现由虫瘿、蜂瘿、球蚜等危害的叶片及松针，及时修剪烧毁。

② 每年开春在园林植物发芽之前喷施石硫合剂杀死在树干及枯枝内部的越冬虫卵。

③ 为害期喷施三氯杀螨砜 + 菊酯类稀释 150kg 水喷雾。

（三）钻蛀害虫

园林植物钻蛀类害虫主要包括鞘翅目的天牛、小蠹虫、吉丁虫、象甲，鳞翅目的木蠹蛾、透翅蛾、螟蛾，膜翅目的树蜂、茎蜂等。危害树势衰弱或濒临死亡的植物，以幼虫钻蛀树的枝干，被称为"心腹之患"。

（1）钻蛀害虫的特点

① 为害方式隐蔽。除成虫期营裸露生活外，其他各虫态均在韧皮部、木质部营隐蔽生活。害虫危害初期不易被发现，一旦出现明显被害征兆，则已失去防治有利时机。

② 虫口稳定。枝干害虫大多生活在植物组织内部，受环境条件影响小，天敌少，虫口密度相对稳定。

③ 危害严重。枝干害虫蛀食韧皮部、木质部等，影响输导系统传递养分、水分，导致树势衰弱或死亡，一旦受侵害后，植株很难恢复生机。

（2）钻蛀害虫的分类

根据为害部位不同分为：

① 为害树干和根部，如木蠹蛾。

② 为害树干基部，如桃红颈天牛。

③ 为害树干木质部，如星天牛、光肩星天牛、透翅蛾。

④ 为害树干韧皮部，如小蠹虫。

⑤ 为害树干形成层，如吉丁虫。

1. 天牛

鞘翅目害虫，有光肩星天牛、星天牛（图6-30）、桑天牛、青杨天牛、红颈天牛等。

图 6-30　星天牛

（1）危害苗木　主要危害木本植物，如杨、柳、榆、桑、松、柏、核桃、槐等，全世界约 2 万种，我国有 2200 种左右，天牛中数量最多、最常见的除星天牛和桑天牛外，还有光肩星天牛、粒肩天牛、桃红颈天牛、红缘天牛等。

（2）生活习性　一般 1 年发生 1 代，天牛以幼虫或成虫在树干内越冬。成虫羽化后，有的需要补充营养，取食花粉、嫩枝、嫩叶、树皮、树汁等，有的不需要补充营养（图 6-31）。

星天牛	黄带球虎天牛	四带脊虎天牛	樟泥色天牛
密条草天牛	笨天牛	松墨天牛	桃红颈天牛黑色
云杉小墨天牛	蓝丽天牛	薄翅天牛	光肩星天牛
黄星桑天牛	双簇污天牛	四点象天牛	密条草天牛
家茸天牛	黑点粉天牛	苜蓿多节天牛	菊小筒天牛

图 6-31　各种天牛

（3）防治方法

A. 幼虫期防治

①毒签法和毒膏法。②输药法，树虫伊维菌素注射液（一针净）。

③药剂防治法,用50倍50%敌敌畏注入虫道,然后堵塞虫孔(1~3个)。

B. 成虫期防治

在成虫出现盛期,喷5%高效氯氰菊酯1500倍液。

2. 木蠹蛾

鳞翅目害虫,成虫6~7月份出现,夜间活动,有趋光性,卵产在根颈裂皮缝内,数粒或数十粒堆积一起,幼虫为害期为4~5月和7~10月份(图6-32)。

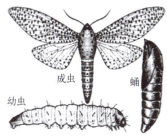

图6-32　木蠹蛾

(1)为害苗木

多为害木本植物,危害白榆,此外还有刺槐、杨、麻栎、栎、柳、丁香、银杏、稠李、苹果、花椒、金银花等,为榆树最常见的钻蛀性害虫。

(2)生活习性

木蠹蛾幼虫活动期为3~10月,成虫多在4~7月出现,最晚可至10月。木蠹蛾以幼虫在树干内越冬(如东方木蠹蛾、小木蠹蛾);老熟后入土化蛹(如榆木蠹蛾、蒙古木蠹蛾),产卵多在夜间,每雌产卵

数十粒至千粒以上，卵多产在树皮裂缝、伤口或腐烂的树洞边沿及天牛危害坑道口边沿；初幼虫喜群集，并在伤口处侵入为害，初期侵食皮下韧皮部，沙柳木蠹蛾幼虫一生均在根部为害。幼虫脂肪含量高，耐饥能力特别强，如榆木蠹蛾幼虫绝食后寿命可达 113~447 天。

（3）防治措施

① 人工挖除。② 塞毒签或用一针净。③ 50% 敌敌畏 50 倍注射虫道、堵塞虫孔。

3. 小蠹类

（1）危害苗木

多为害木本植物，主要为害榆树、松树、杏树、红叶李、金叶榆等（图 6-33）。

（2）生活习性

中国北方小蠹多 1 年 1 代，高温年份可出现 2 年 3 代或 1 年 2 代。北方小蠹多喜干旱，因此，高温少雨往往成为小蠹大量发生成灾的原因，在针叶林区，这种现象比较明显。

图 6-33　小蠹

4. 吉丁虫类（爆皮虫）

（1）危害种类

多为木本苗木，主要危害油松、柑橘、桃树、苹果等，近几年北京爆发严重（图 6-34）。

（2）生活习性

3 月底 ~4 月底成虫开始在树干内部产卵孵化幼虫，4 月初幼虫开

图 6-34 爆皮虫

始进行危害，4~8 月份是幼虫危害盛期，8~9 月份隔年成虫开始化蛹在老树皮及韧皮部中间开始越冬，当年幼虫也在其中越冬。

（3）防治措施

① 钻蛀害虫在羽化盛期是防治的关键时期，羽化后成虫需要取食补充营养，才能产卵；另外，钻蛀害虫成虫飞翔能力弱，主要以爬行和近距离飞翔移动。在此时采取喷施具有胃毒、触杀熏蒸功能的药剂，就能有效地杀死、驱避成虫。控制成虫基数，减少产卵量，从而达到理想的防治效果。

② 诱木导引成虫产卵集中焚毁，诱木导引法是根据钻蛀害虫对衰弱树木有趋性这一特点而采取的有效防治措施。在产卵初期，采伐少量的衰弱枯木作为诱木，视防治对象喜阴喜阳决定诱木的放置位置，及时观察成虫集中在诱木上产卵的情况，及时将诱木集中焚烧处理，减少虫口基数。

③ 插药防治可根据虫孔排出的木屑新鲜程度作为标准，如果虫孔排出的是新鲜的木屑，表明虫孔内有天牛幼虫存在。将新鲜的木屑掏净后，用瑞鞘（3.2% 甲维·啶虫脒）按照树的胸径进行点插，防效可达 85% 以上。用瑞干 + 搜蚧（噻虫嗪 + 高效氯氟氰菊酯）稀释 15kg水对树干进行喷雾喷透为宜，见效速度快、最快 1h 虫体爬出死亡。

④ 根部灌药，长效预防根部灌药防治钻蛀害虫，主要是通过庞大

的根系吸收器官，将药液输送到树木的韧皮部、木质部内，当钻蛀害虫成虫或幼虫取食后，中毒死亡。同时可以兼治树体上的刺吸式、咀嚼式害虫。具体做法：先将菊酯类灌根杀虫剂按照要求稀释后，直接灌树穴。用药量以树木胸径而定，一般以灌透为准。该方法简单易行，对长期预防钻蛀害虫起到了重要作用。

（四）地下害虫

为害方式隐蔽，死亡的草皮如地毯一般，很容易被拔起，地下害虫分类有以下几种。

① 地下为害型：蛴螬、金针虫。

② 夜出地面为害型：地老虎、蟋蟀。

③ 兼害型：蝼蛄。

1. 蛴螬

蛴螬是金龟子类幼虫的统称。分布广，食性杂，危害重。危害花卉幼苗的根茎部（受害部位伤口比较整齐），使植株萎蔫枯死。蛴螬乳白色，头橙黄或黄褐色，体圆筒形，身体呈"C"形蜷曲，具3对胸足（图6-35）。

（1）蛴螬特点

具有假死性和趋光性；对未腐熟的粪肥具有趋性；白天藏在土中，晚上8、9点取食；当10cm的土温达到5℃时开始上升土表，13~18℃时活动最盛，23℃以上则往土层深处移动。因此，春秋两季在表土层活动最强。

图6-35　蛴螬

（2）防治措施

① 草坪修剪后 2~3 天，2~4kg/ 亩施瑞园（15% 辛硫磷）均匀撒施，然后浇水。

② 本剂含有惰性载体，不会一次性释放，需要 3~4 次，持效期 1~2 个月。

③ 撒施时要求使用橡胶手套。

2. 蝼蛄

（1）为害特点

蝼蛄主要危害烟草、杜仲、地黄、松、柏、榆、槐、茶、柑橘、桑、海棠、樱花、梨、竹草坪等。危害刚发芽的种子，危害幼苗，不但能将地下嫩苗根茎取食成丝丝缕缕状，还能在苗床土表下开掘隧道，使幼苗根部脱离土壤，失水枯死（图 6-36）。

图 6-36　蝼蛄

（2）防治措施

① 施用充分腐熟的有机肥料，可减少蝼蛄产卵。② 做苗床前，每公顷以 50% 辛硫磷颗粒剂 375kg 用细土拌匀，搅于土表再翻入土内。③ 用 50% 辛硫磷乳油 0.3kg 拌种 100kg，可防治多种地下害虫，不影响发芽率。④ 毒饵诱杀：用 90% 敌百虫原药 1kg 加饵料 100kg，充分拌匀后撒于苗床上，可兼治蝼蛄和蛴螬及地老虎。⑤ 灯光诱杀，一般在闷热天气，晚上 8~10 点用黑光灯诱杀。

第三节　园林苗木杂草及其防治

杂草生长迅速，不但与苗木争夺养分和水分，而且还是多种病虫害的中间寄主，如果防治不及时就会蔓延，影响苗木生长。杂草防除的物理方法主要是人工拔除、耕作和使用覆盖物，生物控制法很少在园林苗圃中使用，而最简单有效的方法则是化学除草，本节主要介绍化学除草技术。

一、杂草的种类

杂草是指农田中非有意识栽培的植物，根据生活周期将其分为一年生杂草、两年生杂草和多年生杂草。

一年生杂草分夏季一年生和冬季一年生杂草。夏季一年生杂草在春季发芽，夏季或秋季成熟、结种，冬季死亡；冬季一年生杂草秋季发芽，以幼苗过冬，来年春季生长，夏季结籽死亡，如牧羊草和千里光就是这种类型。

两年生杂草生长期为两年，第一年发芽长叶，把能量积累在根部，第二年杂草利用储存的能量继续生长，一般在夏季或第二个秋季结籽后死亡，如毛蕊花属、牛蒡属和蓟是常见的两年生植物。

多年生杂草包括普通多年生杂草、球根多年生杂草和匍匐多年生杂草，它们的生长期为两年以上，大多数情况下第一年不产种子，第二年结籽。普通多年生杂草只靠种子传播，杂草自身能够繁殖，如蒲公英、车前草就是这种类型的杂草。在苗圃生产中很少涉及球根杂草，它们可以用种子或地下鳞茎繁殖。匍匐多年生杂草靠种子和匍匐根繁殖，如加拿大蓟。多年生杂草通常需要重复控制，如使用除草剂、耕作或人工拔除。

有效的杂草防治不仅要了解杂草生命周期，还需要早防早治。大多数除草剂在杂草较小时使用效果最好。因此，杂草幼苗的鉴定是防治成功的关键。杂草防治要特别注意遗漏的杂草和新出现的杂草，任何危害严重的杂草都应尽早防除。

二、化学除草原理

化学除草的原理是利用化学药剂的内吸、触杀作用，有选择地防除田间杂草。除草剂能抑制和破坏杂草发芽种子细胞蛋白质酶，从而使蛋白质合成受阻，同时抑制杂草的光合作用。杂草吸收药液后一般不能正常生长，逐渐枯死。根据作用机理，化学除草可分为3种方法：一是根据作物与杂草的抗药性不同，选择某种除草剂消除杂草，而作物不受药害；二是利用作物与杂草的形态结构上的区别和根系、茎、叶分布的差异进行化学除草；三是根据作物与杂草发生时间不同，适时进行化学除草，如在栽植前施用除草剂，杀死各种杂草，待除草剂失效后再播种栽植。

三、除草剂的类型

1. 土壤处理剂、茎叶处理剂和土壤兼茎叶处理除草剂

（1）土壤处理剂　一般用在土壤或生长介质表面，通过杂草根系吸收或在杂草萌芽时穿过土壤表面到达发芽处而起作用。它必须在土壤或介质中溶解以提高药效，这种除草剂会在土壤中保持相当一段残效期，少则一周，多则一年或更长，因此必须慎重选择以免对后茬花卉苗木造成药害。常见的有氟乐灵、异丙甲草胺（都尔）以及土壤兼茎叶处理除草剂甲嘧磺隆（森草净）、乙氧氟草醚（果尔）、环嗪酮（林草净）等。在使用此类药剂以前必须对土壤情况有个大致了解，如土壤组成、有机质含量、土壤 pH 值等，以便确定用药量。

（2）茎叶处理除草剂　指除草剂通过植物茎叶进入植物体内而起作用的药剂，入土后往往失效或者效果大大降低，常采用喷洒方式施药，最常见的有氟吡甲禾灵（盖草能）、喹禾灵（禾草克）、吡氟禾草灵（稳杀得）、烯禾啶（拿扑净）以及茎叶兼土壤处理的茅草枯、2,4-D 丁酯等。使用茎叶处理除草剂时首先要对这类药剂的杀草谱、杂草敏感期以及选择性能有所了解，其次是知道要求的气候条件，特别是与降雨要有一定间隔时间。如果刚打完药就下大雨，把药剂全部淋洗掉，则造成浪费。

（3）土壤兼茎叶处理除草剂　以土壤作为媒介进入植物，也可以通过茎叶进入植物起作用。这类药剂按用药时间可分别按土壤处理阶段与茎叶处理阶段使用。

2.内吸传导型和触杀型除草剂

（1）内吸传导型除草剂　喷在杂草上，被杂草的根、茎、叶或芽鞘等部位吸收，并在植株体内输导运送到全株，破坏杂草的内部结构和生理平衡，使之枯死。内吸型除草剂可防治一年生和多年生杂草，对大草也有效。

（2）触杀型除草剂　喷到土壤表面或杂草叶片上，既不会被传导到其他叶片，也不会传导到根部等其他部位，是通过削弱和扰乱杂草细胞膜，导致局部死亡。这类除草剂只能杀死杂草的地上部分，对杂草地下部分或有地下繁殖器官的多年生杂草效果差或无效。因而主要用于防除一年生较小的杂草。施药时要求喷洒均匀，使所有杂草个体都能接触到药剂，达到好的防治效果。

第七章　园林苗木的栽植

第一节　园林苗木栽植的成活原理

园林绿地，特别是城市绿地中的树木，绝大多数都是根据需要人为选择、安排和栽植的。树木栽植成活的原理和技术，是每个园林工作者必须掌握的基本理论和基本技术。

园林苗木的移栽，不论是裸根栽植，还是带土栽植，对于操作者来说，不但要知道挖掘植株和操作器具的合理程序，而且要充分了解植株继续生长发育的生物学过程。这些过程对于移栽成功与否具有极其重要的影响。

园林苗木栽植过程中水分收支的动态变化与成活原理如下。

一、树木吸水与蒸腾

植物体的大部分水分是通过根系吸收而获得的。植物吸收水分的机理有两种。第一种是依靠根压和渗透压的梯度，使水分上升，这是一种推动力。根压是根系的生理活动，是液流从根系上升到枝叶的动力。一般植物的根压为 1~2 个大气压，而树木的根压可达 6~7 个大气压。从理论上讲，1 个大气压可使水位上升 10.33m。春天落叶树发叶之前的根压是水分上升的主要动力。渗透压是渗透过程中溶剂通过半透膜的压力。水分子可通过半透膜（原生质膜、细胞膜等）从稀溶液进入浓溶液，使根系源源不断地从土壤溶液中吸收水分。如有些植物的吐水现象及桦树、核桃、鹅掌楸和葡萄等产生的伤流就是主动吸水的反映。第二种是被动吸水。它是随着地上导管或管胞中水分子的拉力吸水，并使液流上升至枝叶。树木木质部的导管或管胞中的水分具有很高的内聚力，并能承受张力。随着枝叶蒸腾速率的增加和木质部汁液产生

的张力，水就开始大量流入植物体，根系周围表面就变成了被动吸水的表面。

树木蒸腾失水的途径有气孔、表皮及皮孔等，但以气孔为主。气孔可通过保卫细胞调节其开闭程度，控制水分的蒸腾。

无论在什么环境条件下，只要是一棵正常生长的树木，其地上与地下部分都处于一种生长的平衡状态，地上的枝叶与地下的根系都保持一定的比例（冠/根比）。枝叶的蒸腾量可得到根系吸收量的及时补充，不会出现水分亏损（图 7-1）。

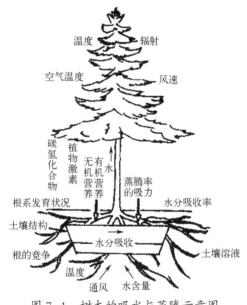

图 7-1　树木的吸水与蒸腾示意图

二、树木栽植成活的原理

树木栽植中，植株受到的干扰首先表现在树体内部的生理与生化变化,总的代谢水平和对不利环境的抗性下降。这种变化开始不易觉察，直至植株发生萎蔫甚至死亡，则已发展到极其严重的程度。

在树木栽植过程中，植株挖出以后，根系特别是吸收根遭到严重破坏，根幅与根量缩小，树木根系全部（裸根苗）或部分（带土苗）脱离了原有协调的土壤环境，根系主动吸水的能力大大降低。在运输中的裸根植株甚至吸收不到水分，而地上部却因气孔调节十分有限，还会蒸腾和蒸发失水。在树木栽植以后，即使土壤能够供应充足的水分，但因在新的环境下，根系与土壤的密切关系遭到破坏，减少了根系对水分的吸收表面。此外，根系损伤后，虽然在适宜的条件下具有一定的再生能力，但要发出较多的新根还需经历一定的时间，若不采取措施，迅速建立根系与土壤的密切关系，以及枝叶与根系的新平衡，树木极易发生水分亏损，甚至导致死亡。因此，树木栽植成活的原理是保持和恢复树体以水分为主的代谢平衡。

三、保证树木栽植成活的关键

树木的栽植是一个系统工程，要保持和恢复树体的水分平衡，必须抓住关键，采取得力措施才能达到。

在苗（树）木挖运和栽植的过程中，要严格保湿、保鲜，防止苗（树）木过多失水。有人试验，一般苗木含水量达 70% 以上，其栽植成活率随苗木失重的增加而急剧下降（表 7-1）。因此，保湿、保鲜，防止苗木过度失水是栽植成活的第一个关键。

表 7-1　苗木失重率与成活率的关系

苗木失重率 /%	10	15	20	30
栽植成活率 /%	90	70	40	0

具有一定规格、未经切根处理的树木栽植后，90% 以上的吸收根死亡，成活的标志就是植株要有足够的新根。因此促进苗木的伤口愈合和发出更多的新根，短期内恢复和扩大根系的吸收表面与能力，是栽植成活的第二个关键。

栽植成活的第三个关键是，栽植中使树木的根系与土壤颗粒密切接触，并在栽植以后保证土壤有足够的水分供应，才能使水分顺利进入树体，补充水分消耗。但是土壤水分也不能过多，否则会因根系窒息而导致整株死亡。

以上三个关键相互联系，缺一不可。第一个关键是根本，特别是其中的水分管理至关重要。防止苗（树）木过度失水发生萎蔫和避免包装材料水分过多发生霉变，是保鲜的前提。只有保鲜才能保证苗（树）木有较强的生活力和发根能力，才能从土壤中吸收较多的水分，恢复树体水分代谢平衡，促进成活。

明确了苗（树）木栽植成活的原理以后，就应在挖、运、栽及栽后管理的过程中，抓住这些关键，采取相应的措施，以保证栽植树木的成活。

不同树种对于栽植的反应有很大的差异。一般须根多而紧凑的侧根型或水平根型的树种比主根型或根系长而稀疏的树种容易栽植。

多数落叶树比常绿树容易移栽成活，但具体不同树种对移栽的反应亦不相同。

比较容易栽植和栽植后受干扰较小的树种有悬铃木、榆树、刺槐、银杏、椴树、槭树、槐树、蔷薇、白蜡、杨树和柳树等；较难栽植的树种有七叶树、枫香、山茱萸、铁杉、云杉等；最难栽植的树种有木兰类、山毛榉、桦树、山核桃、山楂、鹅掌楸及马尾松等许多树种。

第二节　园林苗木的栽植季节

树木水分的消耗是正常的生理过程。这一过程的变化取决于大气条件、树木的类型及其从土壤吸收水分的速度（图7-1）。树木对水分的消耗量和土壤的蒸发量，主要受枝叶周围空气流动速度的影响。如果空气温度高、湿度低、流速快，植株表面的湿度明显高于周围的空气，该株失水就快。带叶栽植因蒸腾面积大，比无叶栽植失水更多。在休眠期树木虽然消耗水分少，但也要有适量的水分供应。因此，为了提高树木栽植的成活率，必须根据当地气候和土壤条件的季节变化，以及栽植树种的特性与状况，进行综合考虑，确定适宜的栽植季节。

一般在树液流动较旺盛的时期不宜栽植。这时枝叶蒸散作用强，栽植时由于根系损伤，水分吸收量大大减少，树木易失去水分平衡，容易枯死。树木根系的生长具有波动的周期性生长规律。在新芽开放之前数日至数周，根群开始迅速生长，因此在新芽开始膨大前 1~2 周进行栽植容易成功。夏季高温干旱，树木的根系常常停止生长，但 10 月以后，根系活动又开始加强，其中落叶阔叶树种的根系生长比针叶树种更旺盛，并可持续到晚秋，因此落叶阔叶树种更适合于秋植。

一、春季栽植

在冬季严寒及春雨连绵的地方，春季栽植最为有利。此时气温回升，地温转暖，雨水较多，空气湿度大，土壤水分条件好，有利于根系的主动吸水，从而保持水分平衡。

春季栽植应尽早进行，只要没有冻害，便于施工，应及早开始，其中最好的时期是在新芽开始萌动之前 2 周或数周。此时幼根开始活动，地上部分仍然处于休眠状态，先生根后发芽，树木容易恢复生长。尤其是落叶树种，必须在新芽开始膨大或新叶开放之前栽植。若延至新叶开放之后，常易枯萎或死亡，即使能够成活也是由休眠芽再生新芽，当年生长多数不良。虽然常绿树在新梢生长开始以后还可以栽植，但远不如萌动之前栽植好。一些具肉质根的树木，如木兰属树种、鹅掌楸、广玉兰、山茱萸等春天栽植比秋天好。

早春是我国多数地方栽植的适宜时期，但持续时间较短，一般为 2~4 周。若栽植任务不太大，比较容易把握有利时机，若栽植任务较大而劳动力又不足，很难在适宜时期内完成。因此春栽与秋植适当配合，可缓和劳动力的紧张状况。

在干旱严重的地方，如西北、华北等地，春季风大，气温回升快，适栽时间短，栽后不久地上部分萌动，地温回升慢，根系活动难以及时恢复，成活率低。但冬季严寒的地方或不耐寒的树种，还是以春季栽植为好。

二、夏季栽植

夏季栽植最不保险。因为这时候，树木生长最旺盛，枝叶蒸腾量很大，根系需吸收大量的水分。而土壤的蒸发作用很强，容易缺水，

易使新栽树木在数周内遭受旱害。但如果冬春雨水很少，夏季又恰逢雨季的地方，如华北、西北及西南等春季干旱的地区，应掌握有利时机进行栽植（实为雨季栽植），可获得较高的成活率。

　　近年来，由于园林事业的蓬勃发展，园林工程中的反季节即夏季栽植有逐渐发展的趋势，甚至有些大树，不论其常绿或落叶都在夏季强行栽植，栽植不当常带来巨大的经济损失。因此夏季栽植，特别是非雨季的反季节栽植，首先要特别注意带好土球，使其有最大的田间持水量；其次是要抓住适栽时机，在下第一场透雨并有较多降雨天气时立即进行，不能强栽等雨；第三是要掌握好不同树种的适栽特性，重点放在某些常绿树种，如松、柏等和萌芽力较强的树种上，同时还要注意适当采取修枝、剪叶、遮阳、保持树体和土壤湿润的措施；第四，在有施工要求等特殊情况下，必须在高温干旱天气下栽植，除了一般水分与树体管理外，还要特别注意定时树冠喷水和树体遮阳。

三、秋季栽植

　　秋季气温逐渐下降，土壤水分状况稳定，许多地区都可以进行栽植。特别是春季严重干旱、风沙大或春季较短的地区，秋季栽植比较适宜。但易发生冻害和兽害的地区不宜采用秋植。从树木生理来说，由落叶转入休眠，地上部的水分蒸散已达很低的程度，而根系在土壤中的活动仍在进行，甚至还有一次生长的小高峰，栽植以后根系伤口容易愈合，可发出少量新根，翌年春天发芽早。在干旱到来之前可完全恢复生长，增强对不利环境的抗性。

　　秋季栽植的时期较长，从落叶盛期以后至土壤冻结之前都可进行。近年来许多地方提倡秋季带叶栽植，取得了栽后愈合发根快，第二年萌芽早的良好效果。但是带叶栽植不能太早，而且要在大量落叶时开始，否则会降低成活率，甚至完全失败。

　　以前，许多人认为落叶树种秋植比常绿树种好。近年来的实践证明，部分常绿树在精心护理下一年四季都可以栽植，甚至秋天和晚春的栽植成功率比同期栽植的落叶树还高。在夏季干旱地区，常绿树根系的生长基本停止或生长量很小，随着夏末秋初降雨的到来，根系开始再次生长，有利于成活，更适于采用秋植；但在秋季多风、干燥或冬季寒冷的情况下，春植比秋植好。

四、冬季栽植

在比较温暖，冬天土壤不结冻或结冻时间短，天气不太干燥的地区，可以进行冬季栽植。在北方或高海拔地区，土壤封冻，天气寒冷，一般不宜冬天栽植。但是，在冬季严寒的华北北部、东北大部，土壤冻结较深，也可采用带冻土球的方法栽植。在我国古代，北方的帝王宫苑常用这种方法移栽大树。在国外，如日本北部及加拿大等国家，也常用冻土球法移栽树木。

一般来说，冬季栽植主要适合于落叶树种，它们的根系冬季休眠时期很短，栽后仍能愈合生根，有利于第二年的萌芽和生长。

我国幅员辽阔，自然特征各异，不论是水、热条件，还是树种资源都有很大的差异，不仅各地区有自己相应的最适栽植季节，即使在同一季节中，不同树种的栽植先后也有缓急之分。一般而言，对气候条件反应敏感的树种应该先栽，如落叶树比常绿树敏感，落叶树应该先栽；萌芽力弱的树种应该先栽，如针叶树的萌芽力比阔叶树弱，针叶树种应该先栽。在同一季节中，各树种栽植先后的一般规律为：落叶针叶树→落叶阔叶树→常绿针叶树→常绿树。

第三节 园林苗木的栽植技术

一、苗木的选择

关于栽植树种及苗龄和规格，应根据设计图纸和说明书的要求进行选定，并加以编号。由于苗木的质量好坏直接影响栽植成活和以后的绿化效果，所以植树施工前必须对可提供的苗木质量状况进行调查了解。

（一）苗木质量

根据园林绿化苗木移植前是否经过移植而分为原生苗（实生苗）和移植苗。播后多年未移植过的苗木（或野生苗），根系范围较广，吸收根分布在所掘根系范围之外，移栽后难以成活。经过多次适当移植的树苗，栽植施工后成活率高、恢复快，绿化效果好。

高质量的园林苗木应具备以下条件（图 7-2）：①根系发达而完整，主根短直，接近根颈一定范围内要有较多的侧根和须根，起苗后大根系应无劈裂；②苗木主干粗壮通立（藤木除外），有一定的适合高度，不徒长；③主、侧枝分布均匀，能构成完美树冠，不偏冠。

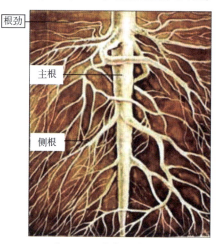

图 7-2 苗木的根系

常绿针叶树要求下部枝叶不枯落成裸干状，干性强且无潜伏芽。某些针叶树（如某些松类、冷杉等）中央枝要有较强优势，侧芽发育饱满，顶芽占有优势，无病虫害和机械损伤。

园林绿化用苗，以经多次移植的大规格苗木为宜。由于经几次移苗断根，苗木恢复再生后所形成的根系较紧凑丰满，移栽容易成活。一般不宜用未经移植过的实生苗和野生苗，因其吸收根系远离根颈，较粗的长根很多，掘苗时往往损伤了较多的吸收根，因此难以成活，需经 1~2 次断根处理，或移至圃地培养才能应用。

生长健壮的苗木，具有适应新环境的能力，而供氮肥和浇水过多的苗木，地上部徒长，冠根比值大，也不利移栽成活和日后的适应性。

（二）苗（树）龄与规格

树木的年龄对移植成活率的高低有很大影响，并与苗木成活后在新栽植地的适应性和抗逆能力有关。

幼龄苗，株体较小，根系分布范围小，起掘时根系损伤率低，移植过程（起掘、运输和栽植）也较简便，并可节约施工费用。由于保留须根较多，起掘过程对树体地下部与地上部的平衡破坏较小。地上部枝干经修剪留下的枝芽也容易恢复生长。栽后受伤根系再生力强，恢复期短，故成活率高。

幼龄苗整体上营养生长旺盛，对种植地环境的适应能力较强。但由于株体小，也就容易遭受人畜损伤，尤其在城市条件下，更易受到外界损伤，甚至造成死亡而缺株，影响日后的景观。如果幼龄苗规格较小，绿化效果亦较差。

壮老龄树木，根系分布深广，吸收根远离树干，起掘伤根率高，故移栽成活率低。为提高移栽成活率，对起、运、栽及养护技术要求较高，必须带土球移植，施工养护费用高。但壮老龄树木，树体高大，姿形优美，移植成活后能很快发挥绿化效果。如今，城市重点绿化工程多采用较大规格树木的栽种，但必须采取大树移植的特殊措施。

根据城市绿化的需要和环境条件特点，一般绿化工程多需用较大规格的幼青年苗木，移栽较易成活，绿化效果发挥也较快。为提高成活率，尤宜选用在苗圃经多次移植的大苗。园林植树工程选用的苗木规格，落叶乔木最小选用胸径 3cm 以上的苗木，行道树和人流活动频繁之处还宜更大些，常绿乔木最小应选树高 1.5m 以上的苗木。

二、园林苗木的起挖

在植树工程中起苗是影响树木成活与生长的重要程序，起后苗木的质量差异不但与原有苗木本身的生长状况有关，而且与使用的工具锋利与否、操作者起苗技术的熟悉和认真程度、土壤干湿情况有着直接关系，任何拙劣的起掘技术和马虎不认真的态度都可能使原为优质的苗木因为伤害过多而降低质量、甚至成为无法使用的废苗。因此，起苗的各个步骤都应做到周全、认真、合理，尽可能地保护根系，尤其是较小的侧根和须根。

（一）起苗前的准备工作

1. 号苗

根据设计要求和经济条件，到苗圃（图 7-3、图 7-4）选择所需

规格的苗木，并进行标记，大规格树木还要用油漆标上生长方向。苗木质量的好坏是影响树木成活的重要因素之一，因为直接影响到观赏效果。移植前必须严格选择，除按设计提出的苗木规格、树形等特殊要求进行选择外，还要注意根系是否发达、生长是否健壮，树体有无病虫害、有无机械损伤。苗木数量可多选一些，以弥补出现的苗木损耗。

图 7-3　苗圃（一）

图 7-4　苗圃（二）

2. 调节土壤湿度

土壤过干、过湿，均不利于提高起苗质量，土壤过干起苗，易造成苗木伤根失水；土壤过湿起苗，泥泞，无法起带土球苗。因此当土壤干旱时，在起苗前几天灌水；土壤积水过湿时，应提前设法排水，以利起苗操作。

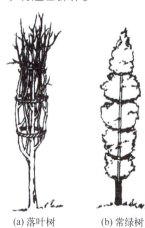
(a) 落叶树　　(b) 常绿树
图 7-5　拢冠示意图

3. 拢冠

苗木挖掘前对分枝较低、枝条长而比较柔软的苗木或冠丛直径较大的灌木应进行拢冠，以便挖苗和运输，并减少树枝的损伤和折裂。

对侧枝低矮的常绿树和冠形肥大的灌木，特别是带刺灌木，为方便挖掘操作，保护树冠，便于运输，应用草绳将侧枝拢起，分层在树冠上打几道横箍，分层捆住树冠的枝叶，然后用草绳自下而上将横箍连接起来，使枝叶收拢，捆绑时注意松紧度，不要折伤侧枝（图 7-5~图 7-7）。

图 7-6　拢冠（一）　　　　　图 7-7　拢冠（二）

4. 起苗工具、机械与材料准备

起苗工具要保持锋利，包括铁锹、手锯、剪枝剪等（图 7-8）；挖掘机械有挖掘机、吊车等（图 7-9）；包装物用蒲包、草袋、草绳（图 7-10）、塑料布、无纺布等材料。

(a) 铁锹　　　　　　　(b) 剪枝剪　　　　　　(c) 手锯

图 7-8　起苗工具

图 7-9　挖掘机械

图 7-10 草绳

5. 试掘

为了保证苗木的成活率，需要通过试着起苗，摸清所需苗木的根系范围。既可以通过试掘提供范围数据，减少损伤，对土球苗木提供包装袋的规格，又可根据根幅调节植树坑穴的规格。在正规苗圃，根据经验和育苗规格等参数即可确定起苗规格，一般可免此项工作。

（二）起苗与包装技术

起苗是为了给移植苗木提供成活的条件，研究和控制苗木根系规格、土球大小的目的，是为了在尽可能小的挖掘范围内保留尽可能多的根系，以利成活。起苗根系范围大，保留根量多，成活率高，但操作困难，重量大，挖掘、运输的成本高。因此，针对不同树木种类、苗木规格和移栽季节，确定一个恰当的挖掘范围是非常必要的。

乔木树种的裸根挖掘，水平有效根幅通常为主干直径的 6~8 倍；垂直分布范围为主干直径的 4~6 倍（一般 60~80cm，浅根树种 30~40cm），带土球苗的横径为树木干径的 6~12 倍，纵径为横径的 2/3，灌木的土球直径一般为冠幅的 1/3~1/2。

1. 裸根苗起苗与包装

裸根起苗法是将树木从土壤中起出后，苗木根系裸露的起苗方法。该方法适用于干径不超过 10cm 的处于休眠期的落叶乔木、灌木和藤本。这种方法的特点是操作简便，节省人力、运输及包装材料，但损伤根系较多，尤其是须根，起掘后到种植前，根系多裸露，容易失水干燥，且根系的恢复时间长。

具体方法是，根据树种、苗木的大小，在规格范围外进行挖掘，用锋利的掘苗工具在规格外围绕苗四周挖掘到一定深度并切断外围侧根（图 7-11），然后从侧面向内深挖，并适当晃动树干，试寻树体在土壤深层的粗根，并将其切断，过粗而难断者，用手锯断之，切忌因强拉、硬切而造成劈型，当根系全部切断后，放倒树木，轻轻拍打外围的土块并除之（图 7-12）。已劈裂的根系进行适当修剪，尽量保留须根，在允许的条件下，为保成活，根系可蘸泥浆，或者将根内的一些土壤（护心土）保留。苗木一时不能运走的，可在原起苗穴内将苗木根系用湿土盖好，可暂时假植，若较长时间不能运走，集中一地假植，并根据干旱程度适量灌水，保持覆土湿度。

　　裸根苗的包装视苗木大小而定，细小苗木多按一定数量打捆，用湿草袋、无纺布包裹，内部可用湿苔藓填充，也可用塑料袋或塑料布包扎根系，减少水分丧失，大苗可用草袋、蒲包包裹（图 7-13~ 图7-15）。

图 7-11　苗木断根机

图 7-12　裸根苗

图 7-13　塑料布包扎

图 7-14　塑料袋包扎

图 7-15　包扎后的裸根苗

2.带土球苗起苗法

将苗木一定根系范围连土掘起，削成球状，并用草绳等物包装起来，这种连苗带土一起起出的方法称为带土球苗起苗法。这种方法常用于常绿树、竹类、珍贵树种、干径在10cm以上的落叶大树及非适宜季节栽植的树木。该技术措施的优点是：土球内根系未受损伤，尤其是一些吸收根系，带有部分原有适应生长的土壤；移植中土球中的根系不易失水，有利于树木恢复生长。缺点是：操作困难、费工、耗包装材料，土球重增加运输负担，耗资远远大于裸根栽植。

带土球苗起苗法主要分两部分。

（1）挖掘成球（图7-16）

① 先以树干为中心，按土球规格大小划出范围，保证起出的土球符合标准。

图7-16　挖掘成球

② 去表土（俗称起宝盖土），即先将范围内上层疏松表土层除去，以不伤及表层根系为准。

③ 沿外围边缘向下垂直挖沟，沟宽以便于操作为宜，宽50~80cm。随挖随修正土球表面，露出土球的根系用枝剪、手锯去除。不要踩、撞土球的边缘，以免损伤土球，直到挖到土球纵径深度。

④ 掏底。土球修好后，再慢慢由底圈向内掏挖，直径小于50cm的土球可以直接将底土掏空，剪除根系，将土球抱出坑外包装；大于50cm的土球过重，掏底时应将土球下方中心保留一部分支柱土球，

以便在坑中包装。北方地区土壤冻结很深的地方，起出的是冻土球，若及时运输，也可不进行包扎。

（2）打捆包装　土球的包装方法取决于树体的大小、根系盘结程度、土壤质地及运输的距离等。具体程序如下。

① 土球直径50cm以下、30cm以上的一律要包扎，以确保土球不散。包扎方法很多，最简单的是用草绳上下缠绕几圈，成为简易包扎或"西瓜皮"包扎法。或将土球放在蒲包、草袋、无纺布等包装材料上，将包装材料向上翻，包裹土球，再用草绳绕基干扎牢、扎紧（图7-17）。

土质黏重成球的，可用草绳沿径向缠绕几道，再在中部横向扎一道，使径向草绳固定即可。如果土球较松，须在坑内包扎，以免移动造成土球破碎。一般运输距离较近、土球紧实或较小的，也可不必包扎。

图7-17　土球简易包扎

② 50cm以上的土球，土球过大，无论运输距离远近，一律进行包扎，以确保土球不散，但包装方法和程序上各有不同，具体方式有五角式、井字式和橘子式三种。

第一种方法是井字式包扎法，先将草绳捆在树干的基部，然后按图7-18所示顺序包扎，先由1拉到2，绕过土球底部，再拉到4，绕过土球底部拉到5，以此为顺序，反复打下去，最后形成图7-19的样子。此方法包扎简单，但土球受力不均，多用于土球较小、土质黏重、运输距离较近的带土球苗包装。

第二种方法是五角式包扎法，先将草绳捆在树干基部，然后按图7-20所示顺序包扎，先由1拉到2，绕过土球底部，由3拉到土球上面到4，再绕到土球底部，由5拉到6，最后包扎成图7-21的样子（图7-22、图7-23）。

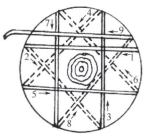 

图 7-18 井字式包扎示意   图 7-19 井字式包扎效果图

 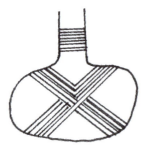

图 7-20 五角式包扎示意   图 7-21 五角式包扎效果图

图 7-22 五角式包扎（一）   图 7-23 五角式包扎（二）

　　第三种方法是橘子式包扎法，先将草绳捆在树干基部，然后按图7-24所示顺序包扎，先由土球面拉到土球底部，由此继续包扎拉紧，草绳间隔8cm左右，直至整个土球被草绳完全包裹为止，如图7-25所示。橘子式包扎法通常包扎一层，称为"单股单轴"。对于土球较大或名贵树苗，可捆扎双层，称为"单股双轴"。如果土球过大，可将草绳换为麻绳捆扎。此种方法包扎均匀，土球不易破碎，是包扎土球效果最好的方式。

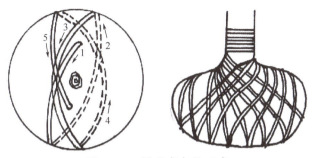

图 7-24　橘子式包扎示意

图 7-25　橘子式包扎

纵向包扎土球后，对于直径大于 50cm 的土球苗，还要在中部捆扎横向腰绳，在土球中部紧密横绕几道，然后再上下用草绳呈斜向将纵绳用腰绳穿连起来，不使腰绳滑落，腰绳道数根据土球直径而定，土球直径 50~100cm，为 3~5 道；横径 100~140cm，为 8~10 道。

在坑内打包的土球苗，捆好推倒，用蒲包、无纺布等将土球底部露土包封好，避免运输途中土球破碎，土壤流出。

三、运苗与施工地假植

（一）运苗

有大量苗木同时出圃时，在装运前，应核对苗木的种类与规格。

此外，还需仔细检查起掘后的苗木质量，对已损伤不符合要求的苗木应淘汰，并补足苗数。

车厢内应先垫上草袋等物，以防车板磨损苗木。乔木苗装车应根系向前，树梢向后，顺序安放，不要压得太紧，做到上不超高（以地面车轮到苗最高处不许超过4m），梢不得拖地（必要时可垫蒲包用绳吊拢），运输距离较远时应喷水（图7-26）。根部应用苫布盖严，并用绳捆好（图7-27）。

图 7-26　喷水

图 7-27　苫布盖苗

带土球苗装运时，苗高不足2m者可立放，苗高2m以上的应使土球在前，梢向后，斜放或平放，并用木架将树冠架稳；土球直径小于20cm的，可装2~3层，并应装紧，防止车开时晃动，土球直径大于20cm者，只许放1层。运苗时，土球上不许站人和压放重物（图7-28）。

图 7-28　带土球苗装运

树苗应有专人跟车押运，应经常注意苫布是否被风吹开。短途运苗，中途最好不停留；长途运苗，裸露根系易吹干，应注意洒水。休息时车应停在阴凉处，防止风吹日晒。

　　苗木运到目的地应及时卸车，要求轻拿轻放，对裸根苗不应抽取，更不许整车推下。经长途运输的裸根苗木，根系较干者，应浸水 1~2 天。带土球小苗应抱球轻放，不应提拉树干。较大土球苗，可用长面厚的木板斜搭于车厢，将土球移到板上，顺势促滑卸下，不能滚卸，以免土球破碎，也可用机械吊卸。

　　运苗过程常易引起苗木根系吹干和磨损枝干，尤其长途运苗时更应注意保护。

　　（二）施工地假植

　　苗木运到现场后，未能及时栽种或未栽完的，应视距离栽种时间长短采取"假植"措施（图 7-29）。

图 7-29　假植

　　对于裸根苗，临时放置可用苫布或草袋盖好。干旱多风地区应在栽植地就近挖浅沟，将苗呈稍斜放置，挖土埋根，依次一排排假植好。如需较长时间假植，应选不影响施工的附近地点挖一宽 1.5~2m、深 30~50cm、长度视需要而定的假植沟，按树种或品种分别集中假植，并做好标记；树梢须顺应当地风向，斜放一排苗木于沟中，然后覆细土于根部，依次一层层假植好。在此期间，土壤过干应适量浇水，但也不可过湿以免影响以后的操作。

　　带土球苗 1~2 天内能栽完的不必假植，1~2 天内栽不完的，应集中放好，四周培土，树冠用绳拢好。如果放置时间较长，土球间隙中也应加细土培好。假植期间对常绿树应行叶面喷水。

四、园林苗木栽植的程序与技术

树木的栽植程序大致包括定点、放线、挖穴、换土、修剪与栽植、栽后养护与现场清理。

1. 定点放线

根据设计图纸上的种植设计，按比例放样于地面，确定各树木的种植点，由于树木的种植、配置的差异，定点放线的方法有所不同。种植设计有规则式和自然式之分。

（1）规则式配置种植　多以某一轴线对称排列，强调整齐、对称或构成多种几何图形。在园林中以对植、行列植等种植类型较为常见。规则式配置种植定点放线比较简单，要求做到横平竖直，整齐美观，可以地面固定设施为准定点放线，定点的方法是以道路的路牙、中心线、绿地的边界、园路、广场和小建筑等平面位置为依据，定出行距。为了保证栽植行的笔直，可每隔10株于株距间钉一木桩作为行位控制标记。如遇与设计不符（有地下管线、地物障碍等）时，应找设计人员和有关部门协商解决。定点后应由设计人员验点。

（2）自然式配置种植　自然式配置是运用不同的树种，以模仿自然、强调变化为主，具有活泼、愉快、幽雅的自然情调。常见的方式有以下几种。

① 丛植：三株以上同种或几种观赏植物组合在一起的种植方法称为丛植，这是自然式园林中一种要求较高、艺术性较强的种植方式。在观赏竹类植物配置上常常运用这种方法。观赏竹类植物千姿百态和绚丽丰富的竹竿色彩，令人叹为观止。丛植是将其个体美与群体美展现出来的最佳方式。这种人工美是经过精练提取的纯净的自然美，得益于大自然的法则，自然受到广大人民群众的钟爱。近年来不少植物配植较成功的生态旅游风景区房地产楼盘、公园、小游园、庭园等都采用了这种方法。

② 群植：而将观赏植物作为一个类别群体种植，这种种植方法更加突出了群体美，增加群体感染力，突出人造景观的意境及超俗脱群的崇高韵味。

③ 孤植：宜选用形体较大、绿叶参天、展翅欲飞的树种。此配置多用于公园、绿地中。

在设计图上，单株定点标有位置，群株则标有范围，没有株数位置，株数取决于苗木规格和建设单位的要求，此类配置的定点放线可采用以下几种方法。

① 网格法：按一定比例在设计图及现场分别按等距离打好方格（图7-30），在图上标好某方格的纵横坐标尺寸，按此方法量出现场相应方格的位置。此法操作复杂但位置准确，适用于面积大、树种配置复杂的绿地。

图 7-30　网格法

② 仪器测量法：利用经纬仪（图7-31）、小平板仪（图7-32）依据当地原有地物将树木按图定在绿地位置上。

图 7-31　经纬仪　　　　图 7-32　小平板仪

③ 两点交汇法：利用两个固定地物与种植点的距离采取直线相交的方法定出植点。既可用于小范围、与图纸相符的绿地，也可用于网格内树木位置的确定。

定点的要求，对孤植树、列植树应采取单株定位、钉桩，写出树种及挖穴的规格，而树丛和自然式的丛林，利用网格法确定位置、面积，用石灰点出种植范围，其中除主景树需确定位置外，其他树木可用目测法定点，使树木生长分布自然，切忌呆板、平直。

2. 挖穴（刨坑）

坑穴使树木的根系有一个良好的生长环境，有利于树木的成活和促进树木的生长，坑穴的大小和质量对树木的景观效果有很大影响（图 7-33）。

图 7-33　挖穴

穴的直径一般比规定树木根幅、土球大 20~40cm，甚至 1 倍，深度加深 20~40cm，特别是在贫瘠的土壤和黏重的土壤中，坑穴应更大更深些（表 7-2）。

表 7-2　苗木规格与树穴大小的关系

乔木胸径 /cm	3 以下	3~5	5~7	7~10	10 以上
落叶灌木 高度 /m	1.2 以下	1.2~1.5	1.5~1.8	1.8~2.0	2.0~2.5
常绿树木 高度 /m	1.0~1.5	1.5~2.0	2.0~2.5	2.5~3.0	3.0~3.5
穴径 × 穴深 /cm	(50~60) × 40	(60~70) × (40~50)	(50~60) × (50~60)	(50~60) × (60~70)	(50~60) × (70~80)

注：乔木包括落叶和常绿分枝单干乔木；落叶灌木包括丛生或单干分枝落叶灌木；常绿树指的是低分枝常绿乔、灌木。

穴挖得好坏，对栽植质量和日后的生长发育有很大影响，因此对挖穴规格必须严格要求。以规定的穴径画圆，沿四边向下挖掘，把表土与底土按统一规定分别放置（挖行道树穴时，土不要堆在行中），并不断修直穴壁达规定深度。使穴保持上口沿与底边垂直，切忌挖成上大下小的锥形或锅底形，否则栽植踩实时会使根系劈裂、弯曲或上翘，造成不舒展而影响树木生长。

遇到坚硬之土和建筑垃圾土应加大穴径，并挖松穴底，土质不好的应过筛或全部换土。在黏重土上和建筑道路附近挖穴，可挖成下部略宽大的梯形穴。在未经自然沉降的新填平和新堆土山上挖穴，应先在穴点附近适当夯实。挖好后穴底也应适当踩实，以防栽后灌水土塌树斜（最好经自然沉降后再种植）。

在斜坡上挖穴，深度以坡的下沿一边为准。施工人员挖穴时，如发现电缆、管道时，应停止操作，及时找设计人员与有关部门配合商讨解决。坑穴挖好后，要由专人按规格验收，不合格的应返工。

当遇到工程量较大、场地平坦时可用挖穴机（图 7-34、图 7-35）进行挖穴，开挖的树穴标准一致，速度较手工效率高得多。

图 7-34 挖穴机

图 7-35 挖穴机开穴

五、栽植修剪

园林树木栽植修剪的目的，主要是为了提高成活率和培养树形，同时减少自然伤害。因此，在不影响树形美观的前提下应对树冠和根系进行适当修剪（这里仅对树木的栽植修剪进行简单介绍，园林树木的详细整形修剪将在最后两章中详细描述）。

（一）根系修剪

起运后苗木根系的好坏，不仅直接影响树木的成活率，而且也影响将来的树形和同龄苗恢复生长后的大小是否趋于一致，尤其会影响行道树的整齐程度。无论出圃时对苗木是否进行过修剪，栽植时都必须修剪，因为在运输过程中苗木多少会有损伤，对已劈裂、严重磨损和生长不正常的偏根及过长根进行修剪。

（二）枝干修剪

经起、运的苗木，根系损伤过多者，虽可用重修剪，甚至截干平茬，在低水平下维持水分代谢平衡来保证成活，但这样就难保树形和绿化效果了。因此对这种苗木，如在设计上有树形要求时，则应予以淘汰。

修剪的时间与不同树种、树体及观赏效果有关。高大乔木在栽植前进行修剪，植后修剪困难。花灌木类枝条细小的植后修剪，便于控制树形。茎枝粗大的，需用手锯的可植前修剪，带刺类植前修剪效果好。绿篱类需植后修剪，以保证景观效果。

苗木根系经起、运会受到损伤，而保证栽植成活是首要任务，所以在整体上应适当重剪，这是带有补救性的整形任务。具体应根据情况，对不同部分进行轻重结合的修剪，才能达到上述目的。

不同树木种类在修剪时应遵循树种的基本特点，不能违背其自然生长规律。修剪方法、修剪量因不同树种、不同景观要求有所不同。

1. 乔木

（1）落叶乔木　长势较强、萌芽力强的树种，如杨、柳、榆、槐、悬铃木等可进行强修剪（图7-36），树冠至少剪去1/2以上，以减轻根系负担，保持树体水分平衡，减弱树冠的招风、摇动，提高树体的稳定性。凡具有中央领导干的树种应尽量保护或保持中央领导干，采用削枝保干的修剪法，疏除不保留的枝条，对主枝适当重截饱满芽处（剪短1/3~1/2），对其他侧生枝条可重截（剪短1/2~2/3）或疏除。这样既可做到保证成活，又可保证日后形成具明显中干的树形。顶端枝条以15°修剪，以防灰尘积累和病菌繁殖。中心干不明显的树种，选择直立枝代替中心干生长，通过疏剪或短截控制与直立枝条竞争的侧生枝；有主干无中心干的树种，主干部位的树枝量大，可在主干上保留几个主枝；其余疏剪。

对于小干的树种，与上述方法类似，以保持数个主枝优势为主，适当保留二级枝，重截或疏去小侧枝。对萌芽率强的可重截，反之宜轻截。

（2）常绿乔木 常绿树可用疏枝、剪半叶或疏去部分叶片的办法来减少蒸腾；对其中具潜伏芽的，也可适当短截；对无潜伏芽的（如雪松），只能用疏枝、叶的办法；枝条茂密的常绿阔叶树种，通过适量的疏枝保持树木冠形和树体水分、代谢平衡，下部根据主干高度要求利用疏枝办法调整枝下高度；常绿针叶树不宜过多地进行修剪，只剪除病虫枝、枯死枝、衰弱枝及过密的轮生枝及下垂枝；珍贵树种尽量酌情疏剪和短截，以保持树冠原有形状。

另外，对行道树的修剪还应注意分枝点应保持在 2.5m 以上，相邻树的分枝点要相近。较高的树冠应于种植前修剪，低矮树可栽后修剪（图 7–36）。

图 7–36 行道树树冠修剪效果及干高标示

2. 花灌木

花灌木类修剪时要了解树种特性及起苗方法。带土球或湿润地区带宿土的苗木及已长芽分化的春季开花树种，少做修剪，仅对枯枝、病虫枝剪除，当年成花的树种，可采取短截、疏剪等较强修剪，更新

枝条；枝条茂密的灌丛，采取疏枝减少水分消耗并使其外密内疏，通风透光；嫁接苗木，除对接穗修剪，以减少水分消耗、促成树形外，砧木萌生条一律除去，避免营养分散，导致接穗死亡。根蘖发达的丛木多疏老枝，以利植后不断更新，旺盛生长。

3. 绿篱

在苗圃生产过程中基本成型，且多土球栽植，主要是为了种植直观效果。通常在植后进行修剪，获得较好的景观效果（图7-37）。

图7-37　绿篱的栽植修剪

六、种植

树木种植，以阴而无风天气最佳，可全天进行种植。晴天宜10:00前或15:00以后进行为好。栽植前，先检查树穴，坑穴中有土塌落的应适当清理。种植的具体步骤如下。

（一）配苗与散苗

配苗是指将购置的苗木按大小规格进一步分级，使株与株之间在栽植后趋近一致，达到栽植有序及景观效果佳的目的。如行道树一类的树高、胸径有一定差异，都会在观赏上产生高低不平、粗细不均的结果。因而，合理配苗后，可以改变这种景观不整齐的现象。乔木配苗时，一般高差不超过50cm，粗细不超过1cm。

散苗则是将树木按设计规定把树苗散放在相应的定植穴里（图7-38），即"对号入座"，以保证设计效果。散苗的速度应与栽植速度相近，尤其是气温高、光照强的时候，做到"边散边植"，尽量减少树木根系暴露在外的时间，以减少水分消耗。

图7-38　散苗

（二）栽植

树木种植前，再次检查种植穴的挖掘质量与树木的根系是否相符，坑浅小的要加大加深，并在坑底垫10~20cm的疏松土壤，做成锥形土堆，便于根系顺锥形土堆四下散开，保证根系舒展，防止窝根。散苗后，将苗木立入种植穴内扶直。分层填土，提苗至合适程度，踩实固定。栽植技术因裸根苗、带土球苗而异。

1. 裸根苗栽植技术

树木规格较小的，二人一组，树木规格大的须用绳索、支杆支撑。先填入一些表土培成锥形状，放入坑内试深浅，将树木扶正，逐渐回填土壤，填土的同时尽量铲土扩穴。直接与根系接触的土壤，一定要细碎、湿润，不要太干、太湿，粗干的土块挤压易伤根且保水差、留下空洞，土壤填充不实。第一次填土至坑1/2深处，轻提升抖动树木使根系舒展，让土壤进入根系空隙处，填补空洞，进行第一次踩压，使根系与土壤紧密结合；再次填土至土平，踩实。这样逐渐由下至上、由外至内压实，使根系与土壤形成一体。如果土壤过于黏重，不宜踩得太紧，否则通气不良，影响根系呼吸、生长（图7-39）。

图7-39　树苗栽植

最后填土要高于根颈3~5cm，将剩下的土做好灌水堰。裸根树的栽植技术简单归纳为"一提、二踩、三培土"。

2.带土球苗栽植技术

先量好已挖坑穴的深度与土球高度是否一致，对坑穴做适当填挖后，灌水，再放苗入穴。在土球四周下部垫入少量的土，使树直立稳定，然后剪开包装材料，将不易腐烂的材料一律取出。为防止栽后灌水土塌树斜，填入表土至一半时，应用木棍将土球四周砸实，再填至满穴并砸实（注意不要弄碎土球），做好灌水堰，最后把捆拢树冠的草绳等解开取下（图7-40）。

（三）栽植注意事项

（1）栽植树木的平面位置和高程必须符合设计规定，以便达到景观效果。

图 7-40 带土球苗栽植

（2）行列式种植，须事先栽好标杆树，每隔 10~20 株树，种植一株校准用的标杆树，栽植树以该树为瞄准依据。行列式栽植要保持横平竖直，左右相差最多不超过一半树干。树干弯者，将弯转向行内，行道树种植要通直，这样才能达到整齐美观的效果。

（3）每株树栽植时，上下要垂直，如树干有弯，将其弯转向主风方向，以利防风。

（4）栽植深度以新土下沉后，树木基部原土印与地平面相平或稍低于地平面（3~5cm）为准，栽植过浅，根系经过风吹日晒，容易干燥失水，抗旱性差，根颈易受灼伤。栽植过深造成根颈窒息，树木生长不旺。

（5）栽植大树应保持原生长方向。树木自身朝向不同的枝、叶组织结构的抗性不同，如阴面枝干转向阳面易受灼伤，阳面枝干转向阴面易受冻裂。通常在树干南侧涂漆确定方向。无冻害、日灼现象的地方，应将观赏价值高的一侧树冠作为主要观赏方向。

（6）修好灌水堰后，解开捆拢树冠的草绳，使枝条舒展开。

七、促进栽植树苗成活的技术措施

（一）树体裹干

树体裹干的目的：①避免强光直射和干风吹袭，减少干、枝的水

分蒸腾；②保存一定量的水分，使枝干经常保持湿润；③调节枝干温度，减少夏季高温和冬季低温对枝干的伤害。

具体方法是用草绳、蒲包、苔藓等具有一定保湿性和保温性材料，严密包裹主干和较粗壮的一、二级分枝（图7-41）。

（二）立支柱

对大规格苗（如行道树苗），为防止灌水后土塌树歪，尤其在多风区，会因摇动树根影响成活，故应立支柱。常用直的木棍、竹竿作支柱，长度视苗高而异，以能支撑树的1/3~1/2处即可。

图7-41　树体裹干

一般用长1.7~2m、粗5~6cm的支柱。支柱应于种植时埋入，也可栽后打入（入土20~30cm），但应注意不要打在根上或损坏土球。

立支柱的方式主要有单支式、双支式、三支式（图7-42）。方法有立支和斜支，也有用10~14号铅丝缚于树干（外垫裹竹片防止弄伤树皮），拉向三面钉柱的支法（图7-43）。

图7-42　立支柱的方式

单柱斜支，应支于下风向。斜支占地面积大，多用于人流稀少处。行道树多用立支法。支柱与树干捆缚处，既要捆紧，又要防止日后摇动擦伤干皮，捆缚时树干与支柱间应用草绳隔开或用草绳卷干后再捆。用较小的苗木作行道树时应围以笼栅等保护。

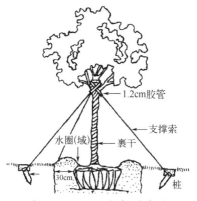

图7-43　三面钉柱的支法

（三）根系浸水保湿与沾浆栽植

裸根苗起苗后无论是运输过程中还是假植中均会出现失水过多的现象。栽植前当发现根系失水时，应将植物根系放入水中浸泡10~20h，充分吸收水分以后再进行栽植。小规格灌木，无论是否失水，均可在起苗后或栽植之前，分别用过磷酸钙、黄泥、水（2∶15∶80）充分搅拌均匀后，把根系浸入泥浆中均匀沾上后可起到根系保湿作用，促进成活。

（四）利用人工促进生长剂，促进根系生长愈合

树木起掘时，大量须根丧失，主根、侧根等均被截伤，树木根系既要愈合伤口，又要生新根恢复水分平衡，可使用人工促进生长剂促进根系愈合、生长。如软包装移植大树时，可以用ABT-1号、ABT-3号生根粉处理根部，有利于树木在移植和养护过程中迅速恢复根系生长，促进树体水分平衡。尤其是粗壮的短根伤口，如直径大于3cm的伤口喷涂150mg/L、ABT-1号生根粉，可促进伤口愈合，也可用拌有生根粉的黄泥浆涂刷，同样可以起作用。

（五）涂白

使用涂白剂，白色有反光作用，不仅能减少对太阳热能的吸收，缩小昼夜温差，保护皮层，防止日灼、冻害作用，而且能防止天牛、吉丁虫、大青叶蝉等害虫在枝干上产卵为害。涂白剂中含有大量杀菌

杀虫成分，对拒避老鼠啃树皮、减少枝干发病亦有好的效果。现介绍
几种常用涂白剂的配制与使用方法（图 7-44）。

图 7-44　涂白

1. 硫酸铜石灰涂白剂

有效成分比例：硫酸铜 500g、生石灰 10kg、水 30~40kg[或以
硫酸铜、生石灰、水以 1∶20∶（60~80）的比例配制]。配制方法如下。

（1）用少量开水将硫酸铜充分溶解，再加用水量的 2/3 加以稀释。

（2）将生石灰加另 1/3 水慢慢熟化调成浓石灰乳。

（3）等两液充分溶解且温度相同后将硫酸铜倒入浓石灰乳中，并
不断搅拌均匀即成涂白剂。

2. 石硫合剂生石灰涂白剂

有效成分比例：石硫合剂原液 0.25kg、食盐 0.25kg、生石灰 1.5kg、
油脂适量、水 5kg。

配制方法：将生石灰加水熟化，加入油脂搅拌后加水制成石灰乳，
再倒入石硫合剂原液和盐水，充分搅拌即成。

涂白剂要随配随用，不得久放。使用时要将涂白剂充分搅拌，以
利刷均匀，并使涂白剂紧粘在树干上。在使用涂白剂前，最好先将林
园行道树的林木用枝剪剪除病枝、弱枝、老化枝及过密枝，然后收集
起来予以烧毁，并且把折裂、冻裂处用塑料薄膜包扎好。在仔细检查
过程中如发现枝干上已有害虫蛀入，要用棉花浸药把害虫杀死后再进
行涂白处理。涂刷时用毛刷或草把蘸取涂白剂，选晴天将主枝基部及

主干均匀涂白，涂白部位以离地 1~1.5m 为宜。如老树露骨更新后，为防止日晒，则涂白位置应升高，或全株涂白。

第四节 大树移植工程

大树进城，立竿见影，是一条快速发展绿化的捷径，促进人与自然相互和谐的城市生态环境提前形成。但这是在特定的历史条件或特殊的环境、地点所采用的特殊措施。大树移植并非易事，是一项技术性很强的工作，大树是宝贵的资源，移植一定要慎重。为保证大树的移植质量，最大限度地提高大树移植的成活率，避免资源、人力、财力的浪费，必须请有关专家论证，且掌握相关的林业科学知识，并具有较强的技术实力和机械设备，坚持科技先行，才能获得大树移植的成功。

一、大树苗栽植的概念和特点

（一）概念

大树是指胸径在 15~20cm 以上，或树龄在 20 年以上的大型树木，也称其为壮龄树或成年树木。大树移植是指对处于生长盛期的壮龄树进行的移植工作。由于树体大，为保证树木的成活，多采用土球移植，具有一定规格和重量（如胸径 15~20cm 以上、高 6~15m、重量 250~10000kg 的大树），需要有专门机具进行操作实施。

我国在大树栽植方面有很多的成功经验，近年随着城市建设和发展，要求绿地建设水平及施工效果愈来愈高，因此，大树移植的应用范围愈来愈广泛，成功率也愈来愈大。

（二）大树栽植的特点

1.大树栽植成活困难

大树由于树龄大，发育阶段深，根系的再生能力下降，损伤的根系难以恢复；起树范围内的根系里须根量很少，移植后萌生新根的能力差，根系恢复缓慢；由于树体高大，根系离枝叶距离远，移植后易造成水分平衡失调，极易造成大树树体失水而亡。另外，根颈附近须根量少，起出的土球在起苗、搬运和栽植过程中易破碎。

2. 栽植的时间长

一株大树的移植需要经过勘查、设计移植程序、断根缩坨、起苗、运输、栽植及后期的养护管理，需要的时间长，少则几个月，多则几年。

3. 成本高

由于树体规格大，技术要求严格，还要有安全措施，需要充足的劳力、多种机械以及树体包装材料，移植后还须采取很多特殊养护管理措施，因此需要大量耗资，从而提高了绿化成本。

4. 大树栽植的限制因子多

由于大树树高冠密，树体沉重，因此在移植前要考虑吊运树体的运输工具能否承重，能否进入绿化地正常操作，交通线路是否畅通，栽植地是否有条件种植大树。这些限制因素解决不了，则不宜进行大树移植。

5. 大树栽植绿化成果见效快

高大树木的移植，通常在养护得当的条件下，能够在短时间内迅速达到绿化美化的效果。

二、大树栽植的准备工作

大树移植是一项系统工程，不仅与起挖、吊运、栽植、养护等环节有关，而且与树种、树型、生活习性、生存环境等密切相关。这就要求在大树移植前必须做好充分的论证工作。从技术上讲，要充分考虑气候特点、立地条件等环境因素是否适合；从效果上看，要注意树形树貌与周围环境是否协调。同时，大树种植又是一项操作性很强的工作，为顺利进行，还应做好以下准备工作。

首先，制订一个科学合理的施工方案。从树木的起挖、包装、运输到栽植等各个环节制订一个详细的计划，做到栽植工作有序进行。其次，按照设计要求，将树木与准备栽植的点对应标号，以便栽植时对号入座，提高施工效率。第三，协调好起挖、运输、栽植各个环节。大树起挖与栽植间隔时间不能太长，要求做到及时起挖、及时运输、及时栽植，尽量为苗木的成活创造有利条件。

（一）大树移植的设计

大树成形、成景、见效快，但种植困难、成本高，应把大树设计在重点绿化景观区，起到画龙点睛的作用，还要寻找具有其特点的树种。对树种移植也要进行设计，安排大树移植的步骤、线路、方法等，这样才能保证移植的大树起到应有效果。

（二）移植树木的选择

进行大树移植要调查了解树种、树龄、干高、树高、胸径、冠幅、树形的主要观赏面等，要进行测量记录，摄像留档。

1. 树种的选择

对树种的选择首先要了解其生长特性及生态特性，了解树木成活的难易和生命周期的长短。有些树种萌芽、再生能力强，移植成活率高，如杨、柳、梧桐、悬铃木、榆树、朴树等；移植较难成活的有白皮松、雪松、圆柏、柳杉等；很难成活的有云杉、冷杉、金钱松、胡桃等。不同树种生命周期长短差异很大，生命周期短的，移植大树花费很大成本，树体移植后就开始进入衰老阶段，得不偿失。一般应选择寿命长的树种进行移植，虽然规格大，但种植后可以延续较长的年代，并且可以充分发挥较好的绿化美化功能。

2. 树体的选择

确定好树种后，选树时要力保栽植成活，因此在选树时要考虑以下几点。

（1）选好树相　树种不同，形态各异，因而它们在绿化上的用途也不同。如行道树，应选择干直、冠大、分支点高、有良好遮阳效果的树体；而庭院观赏树中的孤植树，就应讲究树姿造型。因此，应根据设计要求，选择符合绿化需要的大树。如在森林内选择时，必须在疏密度不大的林分中选最近 5~10 年生长在阳光下的树木。过密林分中的树木受光较少，长势较弱，移植到城市绿地后不易成活，且树形不美观，景观效果不理想。此外，应选择树体生长正常、无严重病虫感染以及未受机械损伤的树木。

（2）选择树体规格适中的树木　树体小，种植后达不到观赏效果，但并非树体规格愈大愈好。规格大，不但在起苗、运输、栽植上花费

很大成本，而且树体愈大则恢复至移植前的生长水平需要的时间就愈长，移植、养护成本随着树木规格而上升。

（3）选择年龄轻、长势壮的树木　处于青壮年时期的树木在环境条件好的地方生长健壮，细胞组织结构处于旺盛阶段，在移植后，虽然树木受到的伤害严重，但树体健壮，对环境的适应性强，再生能力旺盛，能够在短时间内迅速恢复生长，移植成活率高，且成景效果好。因此选择树木时要抓住树木年龄结构，速生树种以 10~20 年生为佳；慢生树种应选 20~30 年生的苗木，一般树木以胸径 15~25cm、树高4m 以上为宜。从生态角度看，此时的树木能够快速形成长期稳定、发挥最佳生态效果的绿化环境。

（4）就近选择　大树移植首先要考虑树种对生态环境的适应能力，移植地的生态环境与树种生态特性相适应，树木成活率就高，而在移植中，同一树种在不同地区生态型不同。因此在大树移植中，以选择当地生长的树木为好，这样树木与生态环境相适应，成活率高。尽量避免远距离调运大树，采取就近选择为先的原则。

（三）大树移植前的技术处理

高大树木的根幅、冠幅随着年龄的增长而距根颈越来越远，靠近根颈附近的根系吸收根较少，枝条过于扩展也不利于移植，因此，提前采取措施，有利大树成活。

（1）大树断根缩坨（切根处理）（图 7-45）　大树移植成功与否，固然与起掘、调运、栽植及日后养护管理技术密切相关，但很大程度上取决于所带土球范围内的吸收根数量和质量。为此，在移植大树前采取断根缩坨（回根、切根）措施，使主要的吸收根系回缩到主干根基附近，可以有效缩小土球体积、减轻土球重量，便于移植，进而提高大树成活率。

在大树移植前的 1~3 年，分期切断树体的部分根系，以促进吸收须根的生长，缩小日后的根坨挖掘范围，使大树在移植时能形成大量可带走的吸收根。这是提高大树移植成活率的关键技术，特别适用于移植实生大树或具有较高观赏价值的珍稀名贵树木（图 7-46、图7-47）。

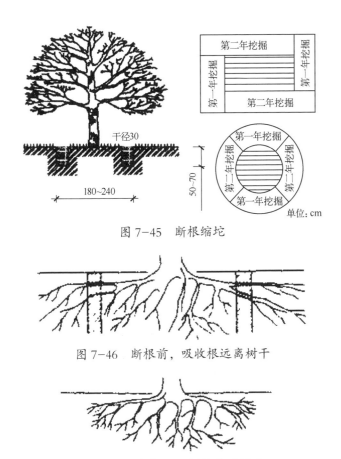

图 7-45 断根缩坨

图 7-46 断根前，吸收根远离树干

图 7-47 断根后，须根靠近树干

具体做法为：在移植前 1~3 年的春季或秋季，以树干为中心，以胸径 3~4 倍为半径画圆或成方形，在相对的两段或三段方向外挖 30~40cm 宽的沟，深度视树种根系特点而定，一般为 60~80cm。挖掘时，如遇较粗的根，应用锋利的修枝剪或手锯切断，使之与沟的内壁齐平，如遇到直径 5cm 以上的粗根，为防大树倒伏一般不予切断，而于土球外壁处进行环状剥皮（宽约 10cm）后保留，并在切口涂抹 0.1% 的生长素（萘乙酸等），以利于促发新根。其后，用拌和肥料的湿土填入并夯实，定期浇水。到翌年春季或秋季，再分批挖掘其余的沟段，仍照上述操作进行。正常情况下，经2~3年，环沟中长满须根后即可起挖移植。

在一些地方也可分早春、晚秋两次进行断根缩坨，第二年移植，虽然时间短些，但是也可获得较好的效果。在气温较高的南方，有时为突击移植，在第一次断根数月后，即起挖移植。

在实际工作中，很多地方绿化移植大树缺乏长远计划，在移植中很少采取此种措施，因此导致生长不良，甚至死亡，造成很大的损失。

（2）树冠修剪，根冠平衡　由于大树移植造成根系大量损伤，地下与地上生长平衡被严重打破，需要通过对树冠修剪，减少树冠的蒸腾量，保持树体水分代谢平衡。树种、生长季节、树体大小及当地环境条件是确定修剪强度的主要因素。树体大、叶片薄、蒸腾量大、树冠的叶量密集以及树龄较大的树木，需要加大修剪强度。而萌芽力弱、常绿树木可轻剪。另外，在树木的休眠期可轻剪，总体上，在保证树木移植成活的基础上，修剪要尽量保持树体形态。目前，移植树木树冠修剪主要有以下三种方式。

① 全株式：是指保持树木全冠的形态及其景观效果，只修剪树体内的徒长枝、交叉枝、病虫枝、枯死枝。处理对象主要是常绿树种和珍贵树种，如雪松、云杉、乔松、玉兰等树种。

② 截枝式（也称为鹿角状截枝）：指将树木的一级分枝或二级分枝保留，其余部分枝条全部截除的方法（图7-48）。处理对象主要是生长发枝能力中等的落叶树种，如广玉兰、香樟、银杏等。

③ 截干式：即将主干上部整个树冠截除的修剪方法，只留根与主干（不留侧枝）。此种方法主要针对生长速度快、发枝力强的树种，是目前城市落叶树种大树移植，尤其是北方落叶树种（如国槐、白蜡、柳树、杨树等）大树移植经常采取的方法（图7-49）。此法成活率高，但需要一定时间才能恢复景观效果。

三、大树栽植时间的确定

选择正确的栽植时间是提高树木移栽成活率的关键。因为我们需要采挖的都是十几年、几十年甚至上百年的大树，这些树木都是成熟大树，有的历经沧桑，尽显老态，所以确定移栽时间显得尤为重要。

图 7-48　截枝式

图 7-49　截干式

　　在北方地区，最好在早春解冻后至发芽前栽植完毕，时间为 2 月下旬至 3 月中、下旬。各地可根据当地气候特点确定其最佳栽植期。常绿带土球树种的移植也要选在其生命活动最弱的时期进行，要在春季新芽萌发前 20 天栽完。在北方地区引进移栽一些常绿树种不要在秋季进行，因为新植树木抗寒越冬的能力较差，易发生冻害死亡。

　　在南方地区，2 月下旬至 3 月初为最佳时期，这段时间雨水充沛、空气湿润、温度适宜，此时栽植，4~6 月有一段温湿度适宜的树木生长过渡期（梅雨期）。落叶树木的栽植时间以落叶后到发芽前这段时间最为适宜。这时树木落叶，进入休眠期，容易成活，但要注意避开解冻期。据报道，浙江省某公司在晚冬移植了浙江樟、南方红豆杉、厚皮香、花榈木、大叶冬青等大树 1512 株，成活 1146 株，成活率为 75.8％；早春移植的香樟、桂花、珊瑚树、厚朴、山茱萸等 3502 株，成活 3362 株，成活率达 96％。从上述移植大树的成活率来看，最佳移植大树的时间应是早春。因为此时树液开始流动，嫩梢开始发芽、生长，而气温相对较低，土壤湿度大，蒸腾作用较弱，有利于损伤的根系愈合和再生，移植后，发根早，成活率高，且经过早春到晚秋的正常生长后，树木移植时受伤的部分已复原，给树木顺利越冬创造了条件。同时还要注意选择最适天气即阴而无雨、晴而无风的天气进行移植。

四、大树起掘

（一）起掘准备

由于大树移植不同于小规格树木，须准备以下几项工作。

1. 准备好吊运机械及工具、材料

准备好相应吨位的吊车及载运汽车，以及挖掘工具和包装材料，包括包扎用的绳索、麻片、草袋等软包装，以及板材、钢丝绳、钉子、铁皮等硬包装材料。

2. 安排好运输线路

选择好路线，清除杂物，保证路面抗压。

3. 土壤浇水

在起苗前数天，根据土壤水分含量进行浇水，以防挖掘时土壤过干导致土球松散。并清理大树周围的环境，为起掘创造条件。

（二）起掘与包装

具体的起树过程为：根据树干的大小计算出土球的半径，用锋利的土铲沿土球四周铲出切口，按 75cm 的宽度标出需挖土沟的外环。

1. 裸根移植

适用于胸径为 10~20cm 的落叶乔木和萌芽力强的常绿乔木，如杨、柳、刺槐、银杏、杜仲、合欢、柿子、栾树、元宝枫、悬铃木、香樟等树种。受到交通、土壤、环境等因素的制约，胸径大于 20cm 的大树也可采用裸根移植。个别树种，如国槐干径达 40~50cm 也可移栽成活。裸根移植在包装前要沾泥浆，包装时根部要用湿草包保护根系。在大树挖掘前应事先将树冠枝条用草绳捆绑好，以免折断枝条并便于挖掘与运输，但是移植规格较大的树木，还是尽量带土球为好，其目的是生长快、成活率高、效果好。

大树裸根移植，所带根系的挖掘直径范围一般是树木胸径的 8~12 倍，然后顺着根系将土挖散敲脱，注意保护好细根，然后在裸露的根系空隙里填入湿苔藓，再用湿草袋、蒲包等软材将根部包缚，软材包扎法简单易行，运输和装卸也容易，但对树冠需采用强度修剪，一般仅选留 1~2 级主枝缩剪。移植一定要在枝条萌发前进行，并加强栽植

后的养护管理，方可确保成活。

2. 带土球软材包装

适于移植胸径 15~20cm 的大树。起掘前要确定土球直径，对未经断根缩坨处理措施的大树，以胸径 7~8 倍为所带土球直径画圈，沿圈的外缘挖 60~80cm 宽的沟，并铲出垂直切口，将沟内的土挖出，将表土与底土分开；当土球深挖至 90cm 时可进行切底，使其仅留有一细颈形土柱同底土相连；此时可按土球的球体要求梳理球体外沿，保留细根；包装土球后在树穴一边挖出斜坡，以便树体从坡上拖出，可于坡上填一块结实而平滑的板材，并在树身 2/3 高度处设置衬垫，将树倾斜并沿着木板将树拉出。为减轻土球重量，应把表层土铲去，以见侧根、细根为度（图 7-50）。

图 7-50　土球的起挖

3. 带土球方箱包装

适于移植胸径 20~30cm，土球直径超过 1.4m 的大树。为确保安全吊运，以树干为中心，以树木胸径的 7~10 倍为标准画正方形，沿画线的外缘开沟，沟宽 60~80cm，沟深与留土台高度相等，土台规格可达 2.2m×2.2m×0.8m，修平的土台尺寸稍大于边板规格，以保证边板与土台紧密靠实，每一侧面都应修成上大下小的倒梯形，一般上下两端相差 10~20cm，随后用 4 块专制的箱板夹附土台四侧，用钢丝绳或螺栓将箱板紧紧扣住土块，而后将土块底部掏空，附上底板并捆扎牢固（图 7-51）。

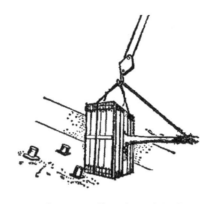

图 7-51　带土球方箱包装

4.冻土（冰）球移植

选用当地（尤其是根系）耐严寒的乡土树种，冬季土壤冻结不很深的地区，可于土壤封冻前灌水湿润土壤。待气温下降至 –15~ –12℃，土层冻结深达 20cm 时，开始用羊角镐等挖掘土球。下部尚未冻结时，可于坑穴内停放 2~3 天，预先未灌水，土壤干燥冻结不实，可于土球外泼水使其冻结。在土壤冻结很深的地区，为减少挖掘困难，应提前在冻得不深时挖掘，并泼水封冻。挖好的树，未能及时移栽时，应用枯草落叶覆盖，以免日晒化冻或经寒风侵袭而冻坏根系。运输时应选河道充分冻结时期；于土面运输时，应预先修整泥土地，选择泼水即冻的时期或利用夜间达到此低温时泼水形成冰层，以减少拖拉的摩擦阻力。

五、装运

树木挖掘包好后，必须当天吊出树穴，装车运走。大树移植中，吊装是关键，起吊不当往往造成土球损坏、树皮损伤，甚至移植失败。吊装时要根据具体情况选择适当起吊设备，确保吊装过程中土球不受损坏，树皮免受损伤。可以选用起吊、装载能力大于树重的机车和适合现场施用的起重机类型。软土地可选用履带式的起吊设备，其特点是履带与土的接触面积大，易于在土上移动。硬地可采用轮胎式吊车。

大树的吊运和装车必须保证树木整体的完整和吊装人员的安全，根据大树移植方法的不同，其吊装方法也有一定差异。大树起吊常用的方法有吊干法、吊土球（木箱）法及平吊法。

根据大树移植时是否带土球及土球包装方式的不同，对大树的吊装过程及注意事项分述如下。

（一）大木箱移植法的吊装

大木箱移植法适用于雪松、油松、桧柏、白皮松、华山松、龙柏、云杉、樟子松、辽东冷杉、铅笔柏等干径为 15~30cm 的常绿大树，通常保留的土球大，对根系的保护性较好，栽植成活率较高。通常采用吊土球（木箱）法进行吊装。当吊装大树的重量超过 2t 时，需要使用起重机吊装。

1. 吊运

起吊前先捆好树冠，从树干基部往上缠绕 2m 高度左右的草绳，预防吊装时钢丝绳擦伤树皮。吊装时（图 7-51），钢丝绳的着力点应选在树木的中下部，因此吊运带木箱的大树时，应先用一根较短的钢丝绳，在木箱下部 1/3 处横着将木箱围起，把钢丝绳的两端扣放在木箱的一侧，即可用吊钩钩好钢丝绳，缓缓起吊，使树身慢慢躺倒。在木箱尚未离地面时（即树干倾斜角度为 45° 左右时），应暂时停吊，在树干上围好蒲包片，捆上脖绳（应使用麻绳，不能用钢丝绳，以防磨伤树皮），将绳的另一端也套在吊钩上。同时在树干分枝点上拴一根麻绳，以便吊装时用人力控制树冠的方向。拴好绳后，可继续将树缓缓起吊，准备装车。吊运时，应有专人指挥吊车，起吊人必须服从地面施工负责人指挥，相互密切配合，慢慢起吊，吊臂下和树周围除工地指挥者外不准留人。同时吊装时需尽量避免来回晃动，减少枝叶擦伤，避免土球松散。

2. 装车

树木吊起后，装运车辆必须密切配合装运。由于树木过于高大，为了避免运输时与涵洞、电线等的撞挂，必须使树体保持一定的倾斜角度放置。为防止下部树干折伤，在运输车上要做好木架，且土球下边要有垫层，使土球以最大面积受力，且固定土球，使其不易滚动。

装车时，应使大树树冠朝向车尾部，土台上端应与卡车后轴在一直线上，在车厢底板与木箱之间垫两块 10cm×10cm 的方木（其长度应较木箱略长），分放在捆钢丝绳处的前后。木箱在车厢中落实后，再用两根较粗的木棍交叉成支架，放在树干下面，用于支撑树干，在树干与支架相接处应垫放蒲包片，以防磨伤树皮。待大树完全放稳之后，再将钢丝绳取出，关好车厢，用紧线器将木箱与车厢套紧。树干应捆在车厢后的尾钩上，用木棍摽紧；树冠应用草绳围拢，以免树梢垂下拖地，损伤冠型。

（二）带土球软包装移植法的吊装

大树带土球移植法适用于油松、白皮松、雪松、华山松、桧柏、龙柏、云杉、樟子松、辽东冷杉、铅笔柏等干径为 10~20cm 的常绿大树，以及银杏、柿树、国槐、苹果、核桃、梨等落叶乔木，其方法比大木箱移植法简单，通常采用吊土球（木箱）法或吊干法进行吊装。

吊装重量在 1t 左右的带土球大树，应利用起重机，运输可用 3t 以上的卡车。大树吊装前应先撤去支撑，捆拢树冠，将大树徐徐放倒，使土球离开原地，以便吊起。吊装时要用粗麻绳，用钢丝绳易将土球勒坏。先将双股麻绳的一头留出 1m 左右结扣固定，再将双股绳分开，捆在土球由上向下 3/5 的位置上，将其绑紧；然后将麻绳两头扣在吊钩上，在绳与土球接触的地方用木块垫起，以免麻绳勒入土球，伤害根系。将大树轻轻吊起之后，再将脖绳（即拴在树干基部的麻绳）套在树干基部，另一头扣在吊钩上，即可起吊、装车（图 7-52）。

装车时，运输车辆的车厢内需铺衬垫物，树木应轻放于衬垫物上。通常将大树土球在前、树冠向后放在车辆上，可以避免运输途中因逆风而使枝梢翘起折断。为了放稳土球，应使用木块或砖头将土球的底部卡紧，同时用大绳或紧线器将土球固定在车厢内，使土球不会滚动，以免在运输过程中将土球颠散。大树土球处应盖草包等物进行保护。树身与车板接触之处，必须垫软物，并用绳索紧紧固定，以防擦伤树皮。树冠较大的大树，要用细麻绳或草绳将树冠围拢好，使树冠不至于接触地面，以免运输过程中碰断树枝，损伤冠形。

图 7-52　带土球吊干法

（三）裸根移植法的吊装

裸根移植法的吊装通常采用吊干法或平吊法，过重的裸根大树宜用起重机吊装。吊装时应轻抬、轻放，保护树根不被墩坏，也不要擦伤树皮，以免影响成活率。

六、开挖树穴

挖穴时根据每棵树的土球大小决定穴的大小，穴的直径要比土球（台）大 40~50cm，比土球（台）高度深 20~30cm。如栽植地的土壤太差，还应加大穴的直径，采用客土法栽植。在穴底层处放好底肥，回客土 20cm 左右。

七、栽植

吊树种植时看准树冠方向，选定朝向，要将树冠最丰满面朝向主型观赏方向，并考虑树木原生长地的朝向。栽植深度以土球（台）表层与地表齐平为标准。树木入穴后，用竹、木杆支撑树体，使之稳定直立，然后尽量拆除草绳、蒲包等包扎材料，若土球松散可不解底层。土球放入树穴后填土，待土回填近 1/3 时，松吊树带，看树是否正直平稳，如有倾斜，一边用吊机勾吊树带拉直，并向土球底部垫土，用木棒插紧压实，直到树体正直为止，注意不可打碎土球，然后每填土10~20cm 深即夯实一次。栽植完毕后，在树穴外缘筑一个高30cm 的土埂进行浇水（图 7-53）。

图 7-53 大树栽植

下篇 各论

本篇大致将我国的园林苗木分布范围分为三个大区，即中温带（我国寒冷地区）、暖温带、亚热带热带地区。

第八章 我国寒冷地区 常见绿化苗木栽培技术

我国寒冷地区，主要包括西北北部、华北北部及东北（除了辽宁南部）三个地区，冬季最低气温常常达到 -20℃以下，绿化苗木主要是耐寒针叶树种和落叶阔叶树种。

一、银白杨

拉丁名：*Populus alba*，耐严寒， -40℃条件下无冻害。该种植物易成活，所以常用来装饰庭院、美化环境等。

1. 形态特征

乔木，高 15~30m。树干不直，雌株更歪斜；树冠宽阔。树皮白色至灰白色，平滑，下部常粗糙。小枝初被白色茸毛，萌条密被茸毛，圆筒形，灰绿或淡褐色。芽卵圆形，长 4~5mm，先端渐尖，密被白茸毛，后局部或全部脱落，棕褐色，有光泽；萌枝和长枝叶卵圆形，掌状 3~5 浅裂，长 4~10cm，宽 3~8cm，裂片先端钝尖，基部阔楔形、圆形或平截，或近心形，中裂片远大于侧裂片，边缘呈不规则凹缺，侧裂片几呈钝角开展，不裂或凹缺状浅裂，初时两面被白茸毛，后上面脱落；短枝叶较小，长 4~8cm，宽 2~5cm，卵圆形或椭圆状卵形，先端钝尖，基部阔楔形、圆形，少微心形或平截，边缘有不规则且不对称的钝齿牙；上面光滑，下面被白色茸毛；叶柄短于或等于叶片，略侧扁，被白茸毛。雄花序长 3~6cm；花序轴有毛，苞片膜质，宽椭圆形，长约 3mm，边缘有不规则齿牙和长毛；花盘有短梗，宽椭圆形，歪斜；雄蕊 8~10，花丝细长，花药紫红色；雌花序长 5~10cm，花序轴有毛，雌蕊具短柄，花柱短，柱头 2，有淡黄色长裂片。

蒴果细圆锥形，长约5mm，2瓣裂，无毛。花期4~5月，果期5月（图8-1）。

图8-1　银白杨的植株、叶和花絮

2. 变种

（1）光皮银白杨

拉丁名：*Populus alba* var. *bachofenii* (Wierzb.) Wesm.

树皮灰色或青灰色，光滑；树冠宽大，枝开展。萌条和长枝叶掌状3~5深裂，基部截形，中裂片多2~3浅裂，先端尖，侧裂片几成锐角开展，外缘基部具短裂片和齿牙；短枝叶基部平截，两侧缺刻状齿牙几对称，下面几无毛。仅见雄株。

中国新疆有栽培。分布于欧洲西南部、西亚、中亚等地。

光皮银白杨的树冠似银白杨，但树皮发青灰而光滑；长枝叶深裂，短枝叶两边齿牙几对称，基部平截，成叶背面几无毛。

（2）新疆杨

拉丁名：*Populus alba* var. *pyramidalis* Bge.

本变种树冠窄圆柱形或尖塔形。树皮灰白或青灰色，光滑少裂。

萌条和长枝叶掌状深裂,基部平截;短枝叶圆形,有粗缺齿,侧齿几对称,基部平截,下面绿色几无毛。仅见雄株。

中国北方各省区常栽培,以新疆普遍栽培。分布在中亚、西亚、巴尔干、欧洲等地。

新疆杨属中湿性树种,抗寒性较差;北疆地区在树干基部西南方向常发生冻裂,在年度极端最低气温达 -30℃以下时,苗木冻梢严重。喜光,抗干旱,抗风,抗烟尘,抗柳毒蛾,较耐盐碱,但在未经改良的盐碱地、沼泽地、黏土地、戈壁滩等均生长不良。用插条繁殖较易。

3. 分布范围

我国新疆有野生天然林分布,西北、华北、辽宁南部及西藏等地有栽培,欧洲、北非及亚洲西部、北部也有分布。

4. 生长习性

喜光,不耐阴。耐严寒, -40℃条件下无冻害。耐干旱气候,但不耐湿热,南方栽植易发生病虫害,且主干弯曲常呈灌木状。耐贫瘠的轻碱土,耐含盐量在 0.4% 以下的土壤,但在黏重的土壤中生长不良。深根性,根系发达,固土能力强。抗风、抗病虫害能力强。寿命达 90年以上。

5. 繁殖及栽培技术

可采用播种、分蘖、扦插、嫁接育苗,这里只介绍扦插育苗。

选择含盐量少、通气条件好和肥力较高的砂壤土,整地时间在春天解冻后,全面深翻 25~30cm,整平耙细后,搂除杂草和石块。苗床规格为长 20~30m,床高 10~20cm,床底宽 120~130cm,床面宽110cm,步道宽 30~40cm。结合整地喷施杀虫剂辛硫酸 $30~45kg/hm^2$、敌克松杀菌剂 $30~40kg/hm^2$,并施用充分腐熟的厩肥,每 $667m^2$ 施2000kg,或施过磷酸钙 50kg,灌足底水,等待扦插育苗。

选用 1~2 年生光滑粗壮、饱满无病虫害的枝条中下部作插穗,在11 月初将种条采回放在窖内,分层湿沙埋藏,最上层盖沙 20cm 厚,3 月末取出,剪成 12~14cm 的插穗,不必按芽剪穗,只要种穗上部平口下部斜口即可。每 100 穗为一捆置于窖内贮藏,方法是先将河沙用0.3% 高锰酸钾溶液消毒,将插穗斜口朝下摆放,每摆一层,上面铺一层 10cm 厚的河沙，沙子以能够捏成团即可，水分不易过大，过大容易腐烂。

经过沙藏越冬的种条有利于皮层软化和物质转化，春季扦插后较春采春插、秋采秋插活率提高 2~3 倍，地径粗 20%~30%。所以多采用越冬插条扦插育苗。扦插时间在 4 月中旬前后，土壤解冻后进行，扦插前将育苗地灌透底水，灌水 3 天后人能下地的情况下开始操作。插前取出插穗用清水洗净后，再用生根粉浸泡 24h。扦插深度可以掌握在插穗上口与垄面平行，每畦 6 行，株行距为 15cm×25cm，为使土壤与插穗结合紧密，在扦插后的垄上，人为进行踩实，尤其是插穗根部与土必须紧密接触，无缝隙，这样可以提高成活率。

银白杨插条育苗时对土壤水分条件要求较高，除插后即行灌水，使插穗与土壤密接外，在插穗愈合生根期（5~6 月），应保持田间最大持水量的 60%~70%。苗木速生期（7~9 月）气温高，苗木生长迅速，应保持田间最大持水量的 80% 左右。苗木生长后期（9 月中旬至苗木落叶）生长速度逐渐下降，土壤水分只需维持苗木生存即可，尽量少灌或不灌，提高苗木的木质化程度，使苗木很好地完成越冬准备。

应在苗木加速生长盛期追肥，每 667m² 施 75kg 尿素，稀释成 0.2%~0.5% 浓度，也可干施，施后立即松土。速生期 7~8 月，再追施尿素，每 667m² 施 75kg，8 月中旬后不再追肥，以利苗木木质化，增强苗木抗寒能力，安全越冬。

6. 整形修剪

银白杨苗木侧枝多，应及时修枝。注意修枝时间，过早影响苗木生长，过晚降低苗木质量，适时修枝摘芽，可提高苗木质量。同时使被压苗木获得光照，减少病害，加速弱苗生长。

7. 病虫害防治

以预防为主加强营林措施。银白杨抗病能力较强，一般不易造成大的危害，一旦发生立枯病，喷洒敌克松 800 倍液或 1%~3% 的硫酸亚铁溶液，以淋湿苗床土壤表层为度，每隔 10 天左右喷洒 1 次，共 2~3 次。锈病：可喷洒 65% 代森锌 500 倍液或 50% 福美甲肿（退菌特）500 倍液或敌锈钠 200 倍液。黑斑病：喷洒 1:1:200 倍波尔多液或 65%

代森锌 250 倍液或 4% 代森锌粉剂，10~15 天喷 1 次。其主要虫害有白杨透翅蛾、青杨天牛。防治办法有：成虫羽化前后用毒泥堵塞虫孔，成虫产卵前后避免修枝和机械损伤，以免成虫在创伤处产卵，对青杨天牛还可以放毒眼蜂、姬蜂进行生物防治。

二、樟子松

樟子松（*Pinus sylvestris* var. *mongolica* Litv.），松科松属，属欧洲赤松的变种。常绿乔木，可作庭园观赏及绿化树种。林木生长较快，材质好，适应性强，可作东北大兴安岭山区及西部沙丘地区的造林树种及北方寒冷地区城市绿化树种。

1. 形态特征

乔木，高达 25m，胸径达 80cm；大树树皮厚，树干下部灰褐色或黑褐色，深裂成不规则的鳞状块片脱落，上部树皮及枝皮黄色至褐黄色，内侧金黄色，裂成薄片脱落；枝斜展或平展，幼树树冠尖塔形，老则呈圆顶或平顶，树冠稀疏；一年生枝淡黄褐色，无毛，二、三年生枝呈灰褐色；冬芽褐色或淡黄褐色，长卵圆形，有树脂。

针叶 2 针一束，硬直，常扭曲，长 4~9cm，很少达 12cm，径 1.5~2mm，先端尖，边缘有细锯齿，两面均有气孔线；横切面半圆形，微扁，皮下层细胞单层，维管束鞘呈横茧状，二维管束距离较远，树脂道 6~11 个，边生；叶鞘基部宿存，黑褐色。

雄球花圆柱状卵圆形，长 5~10mm，聚生新枝下部，长 3~6cm；雌球花有短梗，淡紫褐色，当年生小球果长约 1cm，下垂。

球果卵圆形或长卵圆形，长 3~6cm，径 2~3cm，成熟前绿色，熟时淡褐灰色，熟后开始脱落；中部种鳞的鳞盾多呈斜方形，纵脊、横脊显著，肥厚隆起，多反曲，鳞脐呈瘤状突起，有易脱落的短刺。

种子黑褐色，长卵圆形或倒卵圆形，微扁，长 4.5~5.5mm，连翅长 1.1~1.5cm；子叶 6~7 枚，长 1.3~2.4cm；初生叶条形，长 1.8~2.4cm，上面有凹槽，边缘有较密的细锯齿，叶面上亦有疏生齿毛。花期 5~6 月，球果第二年 9~10 月成熟（图 8-2）。

图 8-2 樟子松的植株、叶和球果

2. 生长习性

为喜光性强、深根性树种，能适应土壤水分较少的山脊及向阳山坡，以及较干旱的沙地及石砾沙土地区，多成纯林或与落叶松混生。

樟子松耐寒性强，能忍受 - 50 ~ - 40℃低温，旱生，不苛求土壤水分。树冠稀疏，针叶稀少，短小，针叶表皮层角质化，有较厚的肉质部分，气孔着生在叶褶皱的凹陷处，干的表皮及下表皮都很厚，可减少地上部分的蒸腾。同时在干燥的沙丘上，主根一般深 1~2m，最深达 4m 以下，侧根多分布到距地表 10~50cm 的沙层内，根系向四周伸展，能充分吸收土壤中的水分。1967 年是辽宁省章古台地区比较干旱的年份，6 月份固定沙地 0~125cm 沙层含水量为 2%~3%，12 年生落叶松因干旱大部分死亡，杨树等阔叶树种的叶子黄枯或部分脱落，而樟子松仍然正常生长。

樟子松是阳性树种，树冠稀疏，针叶多集中在树的表面，在林内缺少侧方光照时树干天然整枝快，孤立或侧方光照充足时，侧枝及针叶繁茂，幼树在树冠下生长不良。樟子松适应性强。在养分贫瘠的风沙土上及土层很薄的山地石砾土上均能生长良好。在章古台沙地上曾先后栽植针阔叶树种 30 余种，唯樟子松能适应沙地不同部位的环境条件，即使在条件最差的丘顶也能生长。此外，在榆林、鄂尔多斯等地区的沙地上也生长良好。过度水湿或积水地方，对其生长不利，喜酸性或微酸性土壤。在黑龙江林科院肇东实验林场薄层碳酸盐草甸黑钙土上（pH7.6~7.8，总含盐量 0.08%），生长发育良好，pH 值超过 8、碳酸氢钠超过 0.1% 即有不良影响。

樟子松抗逆性强。据调查 10 年生油松曾受到松针锈病的危害，而相邻的樟子松受害较轻；对松梢螟危害与油松相比亦有较强的抵抗力；辽宁南部地区，赤松、油松均遭松干蚧危害，唯独樟子松未发现受害。

樟子松寿命长，一般年龄达 150~200 年，有的多达 250 年，在章古台的条件下，5 龄以前生长缓慢，6~7 年以后即可进入高生长旺盛期（每年高生长量 30~40cm），如人工固沙区 21 年生樟子松平均高达 8.6m，胸径 14.8cm，最高 10.4m，最大胸径 25cm。

3. 分布范围

樟子松主要分布在中国的大兴安岭北部（北纬 50° 以北），西起莫尔道嘎、金河、根河，东到新林、呼玛县以北有连续成片分布，伊图里河、免渡河、阿尔山等地有呈带状或块状分布的纯林，有与兴安落叶构成的以樟子松为主的混交林。多生长在海拔 300~900m 的向阳陡坡或阳坡。在呼伦贝尔市草原起伏的沙丘还生长着良好的天然樟子松林。由海拉尔往南从锡尼河开始，沿伊敏河经红花尔基、罕达盖至中蒙边界的哈拉河附近，有一条断断续续的樟子松林带，在海拉尔区的西山沙丘上残留有小片松林。天然林通常在沙土和山地石砾土上形成纯林。此外，河北、陕西榆林、内蒙古、新疆等地引种栽培，生长良好。

4. 繁殖及栽培技术

（1）选择育苗地　根据樟子松幼苗的生长习性，育苗地宜选中性或微酸性、土壤肥沃、质地疏松、排水良好、地下水位低的砂壤土。地势低洼、排水不良、土壤黏重的地块不宜选用。

（2）施肥　施足底肥改良土壤。在辽西干旱地区土壤有机质含量低的地块育苗，须施足有机肥，以保证养分的供给；改善土壤结构，增强蓄水保墒和通气性能，每亩应施用优质农家肥 10000kg 以上。畦作的先将农家肥均匀撒入育苗地，再翻入土壤耕作层中；垄作的把农家肥均匀撒入沟内，然后合垄。

（3）种子催芽　辽西地区要采用混沙埋藏进行种子催芽处理，在播种前 15~20 天，选择地势高燥、排水良好且背风向阳的地方，挖宽、深各 50~60cm，长度视种子多少而定的沙藏坑，在坑底铺上席子，然后将经消毒处理的种子拌混 2~3 倍湿沙放入坑内，上盖草帘，夜盖昼揭，并于白天上下翻动混沙种子，并适量浇水。经 15~20 天后，绝大部分种子裂嘴，即可将种子筛出进行播种。如不能及时播种，则应停止翻动，并加覆盖物或移于阴凉处，降低温度抑制发芽。

（4）播种技术　辽西地区宜春播，力争早播，促进种子发芽，保证苗齐苗壮，增强幼苗抗病能力。当平均地温达到 7~9℃时即可播种，一般在 4 月中旬左右进行。播种前要灌透底水，待床面稍干松时耧起 0.5~1cm 深的麻面，然后用播种机或手推播种磙播种。幅宽 3~5cm，行距 8~10cm。播后及时镇压，覆土厚度 0.5~1cm，过厚幼苗出土困难。樟子松每 667m^2 播种量 4~5kg。

（5）播种后护理　播种后在育苗地四周及中间设置防风障，5 月下旬至 6 月上旬分 2 次撤出。为保持土壤水分、提高地温，床面需覆 1 层谷草，厚度以不见床面为宜，待苗出土后及时撤出。

（6）苗期管理　幼苗生长初期灌水时应掌握量少次多的原则。速生期 7~8 月应每隔 3~5 天灌 1 次透水，到 8 月中、下旬后，为促进苗林质化，使之顺利越冬，一般不进行灌水。追肥应在苗木旺盛生长期进行。7 月中旬将过密细弱的小苗间掉。松土在 7~8 月进行，及时防治病虫害。

2 年生以上苗木需进行移栽，在春季 4 月上旬进行，栽植深度以苗叶不埋入土中为宜，栽后踩实并及时灌水。移栽苗成活后适时管理，促进生长，培育成规格苗木。

5. 整形修剪

樟子松不宜修剪整形，故多采用自然式整形修剪，即按照其自然生长特性，仅对树冠的形状作辅助性的调整和促进，对冠内的过密枝、下垂枝、受伤枝、枯腐枝、衰弱枝进行修剪，从而保证树体通风透光状况良好。

6. 病虫害防治

（1）松苗立枯病　此种病害发生于 1~2 年生幼苗，也可发生于

3 年生大苗，但以 1 年生的发病率最高。病害症状随着苗木生长时日增加而变化，一般表现出以下四种类型：烂芽型立枯病、猝倒型立枯病、茎叶腐烂型立枯病和根腐型立枯病。引起幼苗立枯病的病原菌主要是丝核菌、尖孢镰刀菌。一般来说，土湿低温时，丝核菌多；土壤干燥、气温高时，镰刀菌多。幼苗被害后，经几小时就发病，因而传染很快。出苗后发病时用药防治：30% 苏化 911 粉，每亩用药量 0.75kg 作药土，撒在苗床面上，或每亩用 30% 苏化 911 乳油 720ml 加水 250~500kg，或用苯扎溴铵（新洁尔灭）5000 倍液。每次施药 10~30min 后，喷清水 1 次，洗掉叶上药液，免去药害。

（2）油松球果螟　在章古台地区，1 年 1 代，每年 5 月越冬幼虫开始破网而出，多数首先进入雄花序，而后进入嫩梢和 2 年生球果。

药剂防治：幼虫转移危害期间喷 40% 乐果乳油 400 倍液，或 90% 晶体敌百虫 300 倍液或 80% 敌敌畏乳油 1500 倍液或 20% 蔬果磷乳油 500 倍液。成虫出现后，每隔 7 天喷 1 次 6% 可湿性六六六 200 倍液。此外，也可在虫产卵期间施放赤眼蜂，每公顷放蜂 15 万头左右。

（3）松梢螟　防治方法同油松球果螟。

（4）松纵坑切梢小蠹虫　樟子松、油松等皆受其害。主要为害松梢和健康树干基部，而且病腐木、枯立木、风倒木和风折木则受害更甚。防治方法除保持林地卫生外，可喷六六六粉剂。

（5）落叶松毛虫　为害针叶，在章古台地区 1 年发生 1 代，每年 4 月中旬前后开始危害。防治方法是搞好虫情测报工作的同时，幼虫食叶期喷松毛虫杆菌，成虫期设黑光灯诱杀。此外，每株成材树绑毒绳也是防治松毛虫的良好办法。

在冬季，园林植物病虫的越冬场所相对固定、集中，是防治的关键时期。冬季害虫多以卵、幼虫、茧、成虫（介壳虫）在土壤、枯枝落叶、杂草、树皮、裂缝、芽腋、枝干等处越冬；病菌多以菌丝体、孢子在病残体中、土壤中越冬。如叶蝉将卵产在桂花、阴香、香樟树枝条上越冬（产卵处有白色物质），该处以上的枝条枯死；小叶榕木虱以若虫、卵在叶腋处越冬，要及时清除这些越冬病虫体和清洁越冬场所。还应清除枯枝落叶、杂草；剪除病虫枝、重叠枝，这可直接消灭大量越冬害虫和病原，改善植物通风透光条件，增强来年树势；人工摘除虫茧、卵块、虫苞，刮除越冬蚧虫；翻耕土壤以减少土壤中的越冬病虫；同时抓紧蛀干害虫的防治。应在落叶后至土壤封冻前（12月）进行树干涂白，这不仅可以杀死在树干上越冬的病虫，还可有效减轻冻害。涂白材料为生石灰、硫黄（或石硫合剂）、水、盐；涂白高度为1.1m。

　　冬季还要注意防冻。冻害是由于气温的急骤下降致使植物原生质膜上出现透性较大的非脂类空隙，细胞内物质渗漏而引起细胞死亡。可剪去初冬抽发的嫩枝以促进枝条的木质化及营养的积累，提高抗寒能力；停止对树木施入氮肥，可适当施些磷、钾肥；喷施抗冻剂，以增强植物的抗冻能力；根颈培土可防止根颈和树根冻伤，同时也能减少土壤水分的蒸发；对不抗寒的名贵树种，还可以在树木的上风向架设风障。

三、青杆

　　青杆（*Picea wilsonii* Mast.），又名华北云杉，松科云杉属，常绿针叶树种，为中国特有树种。由于青杆树姿美观，胜于红皮云杉，树冠茂密翠绿，已成为北方地区"四旁"绿化、园林绿化、庭院绿化树种的佼佼者。青杆与白杆等其他云杉属耐寒植物的生长习性相似，本节只介绍青杆。

1. 形态特征

　　乔木，高达50m，胸径达1.3m；树皮灰色或暗灰色，裂成不规则鳞状块片脱落；枝条近平展，树冠塔形；一年生枝淡黄绿色或淡黄灰色，无毛，稀有疏生短毛，二、三年生枝淡灰色、灰色或淡褐灰色；冬芽卵圆形，无树脂，芽鳞排列紧密，淡黄褐色或褐色，先端钝，背部无纵脊，光滑无毛，小枝基部宿存芽鳞的先端紧贴小枝。叶排列较密，在小枝上部向前伸展，小枝下面之叶向两侧伸展，四棱状条形，直或微弯，较短，通常长0.8~1.3（1.8）cm，宽1.2~1.7mm，先端尖，横切面四棱形或扁菱形，四面各有气孔线4~6条，微具白粉。球果卵状圆柱形或圆柱状长卵圆形，成熟前绿色，熟时黄褐色或淡褐色，长5~8cm，径2.5~4cm；中部种鳞倒卵形，长1.4~1.7cm，宽1~1.4cm，先端圆或有急尖头，或呈钝三角形，或具突起截形之尖头，基部宽楔形，鳞背露出部分无明显的槽纹，较平滑；苞鳞匙状矩圆形，先端钝圆，长约 4mm；种子倒卵圆形，长 3~4mm，连翅长 1.2~1.5cm，种翅倒宽披针形，淡褐色，先端圆；子叶 6~9 枚，条状钻形，长 1.5~2cm，棱上有极细的齿毛；初生叶四棱状条形，长 0.4~1.3cm，先端有渐尖的长尖头，中部以上有整齐的细齿毛。花期 4 月，球果 10 月成熟（图 8-3）。

图 8-3 青杆的植株、叶和球果

2. 生长习性

性强健，适应力强，耐阴性强，耐寒，喜凉爽湿润气候，喜排水良好、适当湿润之中性或微酸性土壤，亦常与白桦、红桦、臭冷杉、山杨等混生。

3. 分布范围

青杆为中国特有树种，产于内蒙古（多伦、大青山）、河北（小五台山、雾灵山，海拔 1400~2100m）、山西（五台山、管涔山、关帝山、霍山，海拔 1700~2300m）、陕西南部、湖北西部（海拔 1600~2200m）、甘肃中部及南部洮河与白龙江流域（海拔 2200~2600m）、青海东部（海拔 2700m）、四川东北部及北部岷江流域上游（海拔 2400~2800m）。黑龙江也引种成功。适应性较强，为中国产云杉属中分布较广的树种之一。

4. 繁殖及栽培技术

（1）选地 土壤是育苗生产的基础，育苗成功与否，关键在于土地的选择。苗圃地应选择在向阳、地势平坦、水源方便、交通便利、土壤肥沃的砂质壤土或砂壤质草甸土、微酸性土壤。如果选择耕地作苗圃要注意耕地原茬口，应选择玉米茬口或大豆茬口，不要选择蔬菜、瓜豆、甜菜茬口。同时切忌在盐碱地、涝洼塘、黄土岗、大风口和沙石地培育青杆。

（2）整地 做床时要充分打碎土块，捡出草根、石块、杂物，使土层细碎疏松。床高 15~20cm，宽约 1.2m，长 10m 以上。床与床之间留 20cm 步道，宜多施用有机基肥，如用大粪干、猪粪、绿肥，三者混合比例 1:3:5，施用量为 4t/667m² 左右。基肥通常分底肥、春肥两层施肥。底肥在春、秋翻地前施，翻地时混入耕作层的下部，春肥做床时撒在床面上，结合做床碎土使其与床面土壤充分混合，深达10cm。床面整平整细，床做好后在播种前 7 天，要用 1% 硫酸亚铁溶剂进行床面消毒。

（3）种子催芽处理 催芽的目的是为了促进种子内含物质转化，解除种子休眠，提前萌发，增强发芽势，缩短出苗时间，增强抗寒力，延长生育期，达到出苗快、齐、匀、全的目的。种子催芽方法有 4 种：混沙催芽、水浸催芽、低温层积催芽、雪藏催芽。为适应东北地区的气候条件，一般采取雪藏催芽。具体做法是：在土壤结冻前，选择排水良好、背阴处挖坑，坑深、宽各 50cm 左右，长度随种子的数量而定。先将坑底铺上草帘或席子，铺 1 层 10cm 厚的碎冰，然后将种子与雪按 1:3 混拌均匀，或种子、沙子、雪按 1:2:3 混拌均匀，放入坑内，上面堆成雪丘，并用塑料布、草帘子或土铺盖。春季逐渐撤除积雪，但仍盖草帘。待播前 1 周撤除覆盖物，每天中午翻倒 2~3 次，使冰雪融化，并查看种子，当 80% 种子萌动裂口，即可播种。如果播种量小，可采用大缸或木箱，其他容器也可以雪藏催芽，种子、沙子、雪的混拌比例相同，但应把容器放在背阴的冷冻房内。

（4）播种 一般在 4 月 20 日左右，地表温度 10℃以上就可播种，气温在 14~20℃时出苗快，15 天就可出齐。播种量依种子质量而定，发芽率 95%，播种量 3~4kg/667m²。适时早播可提早出苗，增强苗木抵抗力，延长生育期，促进苗木木质化。

播种前要充分灌足底水，播种时要均匀撒播，播后要及时覆盖，一

般可覆沙、土、草炭的混合物，覆盖后镇压 1 次。覆土厚度是种子直径的 2~3 倍，覆土厚度要均匀一致，不然会影响出苗，也会直接影响苗木的产量和质量。加覆盖物的目的是保持土壤湿润，调节地表温度，防止土壤板结和杂草滋生，对小粒种子覆盖更为重要。采用松针做覆盖物，可达到无菌、省工、省时、省钱、降低苗木成本的目的，效果非常好。

（5）育苗田间管理　幼苗出土到脱壳前要防止雀害，可专人驱鸟或扎一些草人，或设一些风动的响声惊吓小鸟。在幼苗出土期遇到晚霜，要随时掌握天气变化情况，做好防冻工作，可用柴草锯末点烟防止晚霜。

苗木出土后要根据不同生育期及时做好追肥、浇水、除草、间苗、病虫害防治。青杆苗生长缓慢，1 年生苗高 2~4cm，每天浇水 2~4 次，要量少次多，保持土壤湿润，浇水时间要避开中午高温或清晨低温，切忌用新抽上来的井水，最好用河水，井水必须在蓄水池中晾晒 48h 后才能浇，雨季减少浇水。除草剂使用可参照落叶松管理，但药量必须低于落叶松。间苗，2 年生苗木留苗 600~800 株 $/m^2$，3 年生为 400~600 株 $/m^2$。

防寒是减少幼苗越冬损失率的关键措施，办法是：在初冬土壤冻结前（10 月底至 11 月初），将苗床间步道土壤用锹翻起打碎，把苗木倒向一方，将土均匀覆盖上，其厚度应高出苗木 4~5cm，覆土时间不宜过早，否则幼苗容易受热发霉。撤覆盖土的时间应在春季早风之后，过早则仍不能免除生理干旱。

青杆的病虫害较少，以预防为主。另外，青杆树姿优美，在栽培过程中不必进行整形修剪。

四、白桦

白桦（*Betula platyphylla* Suk.），桦木科桦木属落叶乔木。白桦枝叶扶疏，姿态优美，尤其是树干修直，洁白雅致，十分引人注目。孤植、丛植于庭园、公园之草坪、池畔、湖滨或列植于道旁均颇美观。若在山地或丘陵坡地成片栽植，可组成美丽的风景林。

1. 形态特征

白桦为落叶乔木，高达 25m，胸径 50cm；树冠卵圆形，树皮白色，纸状分层剥离，皮孔黄色。小枝细，红褐色，无毛，外被白色蜡层。叶三角状卵形或菱状卵形，先端渐尖，基部广楔形，缘有不规则重锯齿，侧脉 5~8 对，背面疏生油腺点，无毛或脉腋有毛。果序单生，下垂，圆柱形。坚果小而扁，两侧具宽翅。花期 5~6 月；8~10 月果熟。花单性，雌雄同株，柔荑花序。果序圆柱形，果苞长 3~7mm，中裂片三角形，侧裂片平展或下垂，小坚果椭圆形，膜质翅与果等宽或较果稍宽（图8–4）。

图 8-4　白桦的植株、叶和花絮

2. 变种分类

白桦变种分类见表 8-1。

表 8-1　白桦变种分类

序号	名称	学名
1	白桦棕色变种	*Betula platyphylla* var. *brunnea* J. × .Huang
2	白桦楔叶变种	*Betula platyphylla* var. *cuneifolia*(Nakai) H.Hara
3	白桦日本变种	*Betula platyphylla* var. *japonica*(Miq.) Hara
4	白桦堪察加变种	*Betula platyphylla* var. *kamtschatica*(Regel) Hara
5	白桦裂叶变种	*Betula platyphylla* f. *laciniata*(Miyabe & Tatew.) H.Hara
6	白桦短叶变种	*Betula platyphylla* var. *mandshurica*(Regel) H.Hara

序号	名称	学名
7	白桦小叶亚种	*Betula platyphylla* subsp. *minutifolia*(Kozhevn.) Kozhevn.
8	栓皮桦	*Betula platyphylla* var. *phellodendroides* S.L.Tung
9	白桦指名亚种	*Betula platyphylla* subsp. *platyphylla*
10	白桦多脉叶变种	*Betula platyphylla* var. *pluricostata*(H.J.P.Winkl.) Tatew.
11	白桦岩生变种	*Betula platyphylla* var. *rockii* (Rehder) Rehder
12	白桦四川变种	*Betula platyphylla* var. *szechuanica*(C.K.Schneid.) Rehder
13	白桦多节变种	*Betula platyphylla* var. *tauschii*(Regel) Tatew.

3. 分布范围

白桦分布于西伯利亚、朝鲜、蒙古、日本、远东地区以及中国的宁夏、华北、陕西、青海、西藏、四川、河南、东北、云南、甘肃等地，生长于海拔 400~4100m 的地区，见于阔叶落叶林、山坡、林中及针叶阔叶混交林中。目前人工引种栽培的种有欧洲白桦，以及欧洲白桦与中国白桦的杂交种。

4. 生长习性

生于海拔 400~4100m 的山坡或林中，适应性广，分布甚广，尤喜湿润土壤，为次生林的先锋树种。喜光，不耐阴。耐严寒。对土壤适应性强，喜酸性土，沼泽地、干燥阳坡及湿润阴坡都能生长。深根性、耐瘠薄，常与红松、落叶松、山杨、蒙古栎混生或成纯林。天然更新良好，生长较快，萌芽强，寿命较短。

5. 繁殖

白桦可用播种、扦插和压条三种方式进行繁殖。

（1）播种

① 选种：播种前首先要对种子进行挑选，种子选得好不好，直接关系到播种能否成功。最好是选用当年采收的种子。种子保存的时间越长，其发芽率越低。选用籽粒饱满、没有残缺或畸形、没有病虫害

的种子。

② 消毒：消毒包含两个概念，一个是指对种子进行消毒，另一个是指对播种用基质进行消毒。家庭对种子消毒常用 60℃ 左右的热水浸种 15min，然后再用温热水催芽 12~24h。对播种用的基质进行消毒，最好的方法就是把它放到锅里炒热。

③ 催芽：用温热水（温度和洗脸水差不多）把种子浸泡 12~24h，直到种子吸水并膨胀起来。对于很常见的容易发芽的种子，可不催芽。

④ 播种：对于用手或其他工具难以夹起来的细小种子，可以把牙签的一端用水沾湿，把种子一粒一粒地粘放在基质的表面，覆盖基质 1cm 厚，然后把播种的花盆放入水中，水的深度为花盆高度的 1/2~2/3，让水慢慢地浸上来（这个方法称为"盆浸法"）；对于能用手或其他工具夹起来的种粒较大的种子，直接把种子放到基质中，按 3cm×5cm 的间距点播。播后覆盖基质，覆盖厚度为种粒的 2~3 倍。播后可用喷雾器、细孔花洒把播种基质淋湿，以后当盆土略干时再淋水，但仍要注意浇水的力度不能太大，以免把种子冲起来。

⑤ 播种后的管理：在深秋、早春或冬季播种后，遇到寒潮低温时，可以用塑料薄膜把花盆包起来，以利保温保湿；幼苗出土后，要及时把薄膜揭开，并在每天上午的 9：30 之前，或者在下午的 3：30 之后让幼苗接受太阳光照，否则幼苗会生长得非常柔弱；大多数种子出齐后，需要适当间苗，把有病的、生长不健康的幼苗拔掉，使留下的幼苗相互之间有一定的空间。

（2）扦插　常于春末秋初用当年生的枝条进行嫩枝扦插，或于早春用去年生的枝条进行老枝扦插。

① 扦插基质：就是用来扦插的营养土或河沙、泥炭土等材料。家庭扦插限于条件很难弄到理想的扦插基质，建议使用已经配制好并且消过毒的扦插基质；用中粗河沙也行，但在使用前要用清水冲洗几次。海沙及盐碱地区的河沙不要使用。

② 扦插枝条的选择：进行嫩枝扦插时，在春末至早秋植株生长旺盛时，选用当年生粗壮枝条作为插穗。把枝条剪下后，选取壮实的部位，剪成 5~15cm 长的段，每段要带 3 个以上的叶节。剪取插穗时需要注意的是，上面的剪口在最上一个叶节上方大约 1cm 处平剪，下面的剪

口在最下面的叶节下方大约 0.5cm 处斜剪，上下剪口都要平整（刀要锋利）。进行硬枝扦插时，在早春气温回升后，选取去年的健壮枝条做插穗。每段插穗通常保留 3~4 个节，剪取的方法同嫩枝扦插。

③ 扦插后的管理

a. 温度。插穗生根的最适温度为 20~30℃，低于 20℃，插穗生根困难、缓慢；高于 30℃，插穗的上、下两个剪口容易受到病菌侵染而腐烂，并且温度越高，腐烂的比例越大。扦插后遇到低温时，要用薄膜把花盆或容器包起来；扦插后温度太高时，给插穗遮阳，要遮去阳光的 50%~80%，同时，给插穗进行喷雾，每天 3~5 次。

b. 湿度。扦插后必须保持空气相对湿度在 75%~85%。插穗生根的基本要求是，在插穗未生根之前，一定要保证插穗鲜嫩能进行光合作用以制造生根物质。没有生根的插穗是无法吸收足够的水分来维持其体内水分平衡的，因此，必须通过喷雾来减少插穗的水分蒸发：在有遮阳的条件下，给插穗进行喷雾，每天 3~5 次，晴天温度越高喷的次数越多。但过度喷雾，插穗容易被病菌侵染而腐烂，因为很多病菌就存在于水中。

c. 光照。扦插养殖离不开阳光的照射，因为插穗还要继续进行光合作用制造养分和生根物质。但是，光照越强，插穗体内的温度越高，插穗的蒸腾作用越旺盛，消耗的水分越多，不利于插穗的成活。因此，在扦插后必须把阳光遮掉 50%~80%，待根系长出后，再逐步移去遮光网；晴天时每天下午 4∶00 除去遮光网，第二天上午 9∶00 前盖上遮光网。

（3）压条　选取健壮的枝条，从顶梢以下 15~30cm 处把树皮剥掉一圈，剥后的伤口宽度在 1cm 左右，深度以刚刚把表皮剥掉为限。剪取一块长 10~20cm、宽 5~8cm 的薄膜，上面放些淋湿的园土，像裹伤口一样把环剥部位包扎起来，薄膜的上下两端扎紧，中间鼓起。4~6 周后生根。生根后，把枝条边根系一起剪下，就成了一棵新的植株。

6. 栽培技术

白桦虽属阳性喜光树种，但当年新播种的幼苗需要遮阳。遮阳覆盖物采用遮阳网，当苗木出齐后，将遮阳网升高到 50cm，作为遮阳棚，继续进行遮光培育。由于遮阳网一般透光度为 30%~40%，正好满足白桦幼苗对光的需要，不但可防止日灼，而且还可防雹灾。到 8 月中旬白桦苗木安全越夏后，将遮阳网撤除，进行全光培育。

白桦属小粒种子，抗旱能力弱，播种后要及时浇水，始终保持床面湿润。否则，在不遮阳和不浇水的情况下，幼苗无法出土。由于白桦种粒小，覆土薄，因此不能采用大水浇灌，只能采用喷灌的方式，而且要求水量小，雾化程度好，否则很容易将种子冲出床面而影响种子的发芽和幼苗的生长。在播种后至幼苗长出 4 片子叶前要采取少量多次的浇水方法，以满足苗木在不同的生长期对水分的需要，切忌浇水不透彻或大水漫灌。关键技术环节是：从播种后到幼苗生长后期始终保持床面湿润。

白桦播种后，当苗出齐后长至 3~4 片叶时，要及时进行第一次间苗，拔除生长过密、发育不健全和受伤、感染病虫害的幼苗，使幼苗分布均匀。在间苗的同时，对于过于稀疏的、缺苗的地段进行移栽，补栽后及时浇水，确保缓苗快，提高移栽成活率。间苗时，苗木过密影响苗木质量，过疏影响育苗效益。要做到行间间密留疏，行内间劣留优。间苗次数根据苗木生长而定，一般为 2~3 次，最后保苗密度以 300~500 株 /m^2 为宜。

除草松土是苗圃田间管理的重要技术措施，两者应结合进行。除草要做到"除早、除小、除了"的原则，人工除草必须在土壤湿润时连根拔除。其次数根据杂草、苔藓的盖度和长势而定，一般 5~8 月除草次数为 3~4 次，其他月份为 1~2 次。

松土从苗出齐到苗木停止生长为止，根据土壤的板结程度，要不间断地进行，松土深度 1~2cm，做到不伤苗、不压苗。松土后要保持土壤一定的松紧度，以减少土壤水分蒸发。

施肥是保证苗木健康生长、增强苗木抗逆性、提高出苗率的重要技术措施。施肥应以"基肥为主，追肥为辅"，追肥的技术原则是看天、看地、看苗，做到适时、适量、适法。具体做法是：一要根据气温高低、天气阴晴、苗木吸肥能力，做到"看天施肥"；二要根据土壤状况缺啥补啥，做到"看地施肥"；三要根据苗木长势，做到"看苗施肥"。

一般在幼苗的扎根期至生长期（即 5~6 月）多施氮肥，要掌握好施肥浓度，否则会发生"烧苗"现象；木质化期（7~8 月）多施磷肥、钾肥。施肥的关键技术环节是 8 月中旬以后停止施氮肥，否则造成苗木木质化程度低，难以越冬。

野生的桦木林下，常有天然下种的自生幼苗，每年春季挖取 2~3 年的野生苗也可以直接造林。

7. 整形修剪

白桦的主要观赏点是树皮和枝干，整形修剪过程中应以培养通直的主干为目的。及时去除枝干上无用的萌蘖，以免影响观赏效果。

8. 病虫害防治

（1）病害　白桦在幼苗期危害最大的病害是立枯病。猝倒型、根腐型立枯病是白桦播种育苗最常见和最严重的病害，幼苗死亡株率在 10%~30%，严重者可达 60%，导致缺苗断行或局部地段绝产。发生的主要原因有：圃地排水不良、土壤湿度过大、苗木生长不良、预防措施不到位等。因此防治应以预防为主，采取的技术措施如下。

① 在幼苗出土 2/3 时，每周必须喷 1 次 1% 的半量式波尔多液，或硫酸亚铁 150~200 倍液（30min 后洗苗），或用 50% 多菌灵可湿性粉剂 500~1000 倍液喷雾。几种药剂可交替使用。7 月中旬以后每 10 天定期喷 1 次。

② 一旦发现立枯病，应及时拔除病株，集中烧毁，再补喷一次药液，连喷 2~3 周，直至病症消失，彻底制止蔓延。

③ 秋季雨季到来时，要及时清理排水沟道，防止苗圃地床面、渠道积水。苗木生长期常见的病害还有叶锈病，可喷 25% 三唑酮 1000~1500 倍液 2~3 次进行防治。

（2）虫害　主要有金龟子、金针虫、象鼻虫，关键是掌握好幼虫防治时期，如发现危害现象，应采取 100 倍液的辛硫磷（50%）5g/m² 进行灌根，或用辛硫磷（50%）3g/m² 拌细土开沟施放，然后浇灌水分；在成虫期，应采用灯诱和网诱等方法进行防治，把虫口密度降到最低。

五、蒙古栎

蒙古栎（*Quercus mongolica* Fisch. ex Ledeb）属壳斗科，栎属，落叶乔木，是中国国家二级珍贵树种，也是中国东北林区中主要的次生林树种。园林中可植作园景树或行道树，树形好者可为孤植树做观赏用。

1. 形态特征

蒙古栎属落叶乔木，高达 30m，树皮灰褐色，纵裂。幼枝紫褐色，有棱，无毛。顶芽长卵形，微有棱，芽鳞紫褐色，有缘毛。叶片倒卵形至长倒卵形，长 7~19cm；宽 3~11cm，顶端短钝尖或短突尖，基部窄圆形或耳形，叶缘 7~10 对钝齿或粗齿，幼时沿脉有毛，后渐脱落，侧脉每边 7~11 条；叶柄长 2~8mm，无毛。雄花序生于新枝下部，长 5~7cm，花序轴近无毛；花被 6~8 裂，雄蕊通常 8~10；雌花序生于新枝上端叶腋，长约 1cm，有花 4~5 朵，通常只 1~2 朵发育，花被 6 裂，花柱短，柱头 3 裂。壳斗杯形，包着坚果 1/3~1/2，直径 1.5~1.8cm，高 0.8~1.5cm，壳斗外壁小苞片三角状卵形，呈半球形瘤状突起，密被灰白色短茸毛，伸出口部边缘呈流苏状。坚果卵形至长卵形，直径 1.3~1.8cm，高 2~2.3cm，无毛，果脐微突起。花期 4~5 月，果期 9 月（图 8-5）。

图 8-5　蒙古栎的植株、叶和果实

2. 分布范围

蒙古栎主要分布于东北、内蒙古、华北、西北各地，华北亦有少许分布。朝鲜、日本、蒙古及俄罗斯均有分布。垂直分布在大兴安岭、小兴安岭海拔 200~800m，河北 800~2000m 的地区。国内东北分布最多，是天然林中的优势树种，在防护林、用材林、经济林、薪炭林、国防林中均占有显著地位。

3. 生长习性

蒙古栎喜温暖湿润气候，也能耐一定寒冷和干旱。对土壤要求不严，在酸性、中性或石灰岩的碱性土壤上都能生长，耐瘠薄，不耐水湿。根系发达，有很强的萌蘖性。蒙古栎种子发芽的适宜温度为 25~30℃，15℃时发芽缓慢，30~35℃时发芽最快，但幼芽细弱。茎叶生长适宜的白天温度为 23~30℃，夜间温度为 15~18℃；温度高于 35℃或低于 15℃生长缓慢。蒙古栎对环境有广泛的适应力，能适应南由华中地区直至东西伯利亚 −56℃，乃至 −60℃ 的低温，在中国分布于年均温 −3℃以上，年降水量 500mm 以上的地区。

4. 播种繁殖

（1）圃地的选择及整地　整地做床从 9 月中旬开始，整地深翻 30cm，拣出草根、石块，春播在秋翻后于翌年春耙地，每 667m² 施有机肥 1.5t。翻地时进行土壤消毒，每 667m² 施 4kg 硫酸亚铁；防治地下害虫，每 667m² 可施 2.5kg 辛硫磷。然后每平方米施入腐熟好的农家肥 5kg，做高 20cm、床面宽 1.1m、步道 40cm 的床。为防治苗木病害，每平方米用 40% 多菌灵 800 倍液喷洒床面，用药 5 天后播种。

育苗地要选择在地势平坦、排水良好、土质肥沃、pH5.5~7.0、土层厚度 50cm 以上的砂壤土和壤土。

（2）选种及处理　选择结种盛期、密度大、树干通直、林龄一致、无病虫害林分作为采种的优良林分。

9 月中旬待种子完全成熟时进行采种，蒙古栎种子成熟后一般自然脱落到地面，对未脱落的种子震击树干，让其脱落，然后地面收集，收集的同时去除发育不饱满、有虫眼的种子。

种子采收后用 50~55℃温水浸种 15min 或用冷水浸种 24h，同时将漂浮的不成熟、虫蛀种子捞出，也可以用敌敌畏熏蒸一昼夜进行杀虫处理。秋播种子消毒处理后即可直接播种，效果良好；春播种子在冷室内混沙(种沙比为1∶3)催芽，每周翻动一次，随时拣出感病种子并烧掉，翌年春播种前1周将种子筛出，在阳光下翻晒，种子裂嘴达30%以上即可播种。

种子贮藏要因地制宜，通常有下列三种贮藏方法。

① 室内沙藏。选通风干燥的室内或棚内，先铺一层沙，接着铺一层种子，厚度8~10cm，如此一层沙。一层种子堆上去，堆的高度不超过0.7m。也可将沙和种子拌在一块堆藏。但无论哪种方法，堆中间都必须间隔竖立草把，以利通气，防止种子发热霉烂。

② 室内窖藏。此法适用于冬季少雨、气候寒冷的北方。即在露天选干燥的地方挖地窖，宽与深各1m，长短根据种子多少确定，同上法一样一层沙一层种子，堆至距窖口20~30cm的地方为止，上面再用干沙盖满。堆的同时，在窖中间同样并列竖立许多草把，然后用土堆在上面，成馒头形的土丘，丘上再盖草或席子等，四周挖沟排水。

③ 流水贮藏法。用竹篓、柳筐盛种子，放在流速不大的河边、溪流中，用木桩固定篓、筐，防止被流水冲走。

催芽后，将种子用0.5%高锰酸钾溶液进行消毒，然后于9月中、下旬进行播种。播种量在0.7kg/m²，地径、苗高和出苗量最为适宜。播种床面幅为1m，播种后覆土4cm，进行轻度镇压。进入10月下旬，采用树叶和草覆盖床面，厚度为5cm，然后在树叶上覆盖1~2cm厚的土作为冬季防寒处理措施，翌年4月中旬将床面的覆盖物去掉，以使苗木正常生长。

（3）播种时间与方法

① 播种时间。秋播10月上旬至11月上旬；春播4月中旬至5月上旬。

② 播种方法。有撒播、条播、点播三种。撒播是将种子均匀撒在床面上，覆土4~5cm，镇压；条播幅距10cm，开沟深5~6cm，将种子均匀撒在沟内，覆土4~5cm，镇压；点播株行距8cm×10cm，深度5~6cm，每穴放一粒种子，种脐向下，覆土4~5cm，镇压。播种

前浇足底水。

③ 播种量。撒播、条播为 130~200kg/667m^2,点播为 100~130kg/667m^2。

5. 栽培技术

（1）灌水　因种实大,覆土厚,需要一定的湿度,湿度一般保持地表下 1cm 处土壤湿润即可,不是特别干旱的不必天天灌水。苗木出土前不必浇水,防止土壤板结,造成顶土困难或种子腐烂。

（2）切根　播种后 15~20 天出苗,当真叶出土 4 片时,切断主根,留主根长 6cm,可促进须根生长,切根后应将土压实并浇水。

（3）间苗　在进入高生长速生期定苗,间去病苗、弱苗,疏开过密苗,同时补植缺苗断条之处,间苗和补苗后要灌水,以防漏风吹伤苗根。留苗密度 60~80 株 /m^2。

（4）松土、除草　按"除早、除小、除了"的原则及时清除,采用人工除草,保持床面无杂草,除草结合松土,松土深度 2~8cm,以利苗木的正常生长。

（5）追肥　蒙古栎苗木,当年有 3 次生长习性,采用两次追肥,即第一次在封顶后进行,约在 6 月 20 日,每平方米硝酸铵 5g;第二次追肥在苗木第二次封顶后进行,约在 7 月下旬,每平方米硝酸铵 7g。

（6）起苗　秋季起苗,进行控沟越冬假植;春季起苗,可原垄越冬,不必另外采取防寒措施。

6. 栗实象鼻虫防治

成虫体长 7~9mm,赤褐色或黑色。腿节棍棒状,下面有一齿突。幼虫在种子内蛀蚀,在种子外面看不到蛀孔,仅有一小黑点,受害种子不成熟而早落,如有 3 头以上幼虫为害,一般失去发芽力。特别在种子堆积期间,温度升高,幼虫蛀蚀严重。

（1）温水浸种　将种子放进 55℃温水中浸泡 10min,或在 50℃的温水中浸泡 15min。也可用溴化甲熏蒸,当气温在 23℃时,每立方米用药 37.4g,熏蒸 40h,杀虫率可达 100%。

（2）二氧化碳熏蒸　将种子放密室内或密封容器内,在温度 25℃以下每立方米用二氧化碳 30ml 处理 20h,杀虫率在 95% 以上,对种子发芽无影响。也可用溴化甲蒸熏，当气温在 23℃时，每立方米用药 37.4g，熏蒸 40h，杀虫率可达 100%。

（3）成虫盛发期可用 90% 敌百虫 1000 倍液喷杀。

（4）幼虫未爬出栎实前，收集并清除早期脱落的栎实。

7. 整形修剪

保证蒙古栎树形优美、整齐一致、生长良好，如果作为行道树，采取以不影响城市公益设施建设和人们生活为目的的必要管理技术。应采取哪些措施，要视绿化场所、位置、占用空间及艺术造型等具体目的而定。

六、榆

榆（*Ulmus pumila* Linn.），榆科榆属，落叶乔木。北方乡土树种，多作为防护林、行道树和绿篱等，耐旱、耐寒性强，我国暖温带地区也可生长。

1. 形态特征

落叶乔木，高达 25m，胸径 1m，在干瘠之地长成灌木状；幼树树皮平滑，灰褐色或浅灰色，大树之皮暗灰色，不规则深纵裂，粗糙；小枝无毛或有毛，淡黄灰色、淡褐灰色或灰色，稀淡褐黄色或黄色，有散生皮孔，无膨大的木栓层及凸起的木栓翅；冬芽近球形或卵圆形，芽鳞背面无毛，内层芽鳞的边缘具白色长柔毛。叶椭圆状卵形、长卵形、椭圆状披针形或卵状披针形，长 2~8cm，宽 1.2~3.5cm，先端渐尖或长渐尖，基部偏斜或近对称，一侧楔形至圆形，另一侧圆形至半心脏形，叶面平滑无毛，叶背幼时有短柔毛，后变无毛或部分脉腋有簇生毛，边缘具重锯齿或单锯齿，侧脉每边 9~16 条，叶柄长 4~10mm，通常仅上面有短柔毛。花先叶开放，在去年生枝的叶腋成簇生状。翅果近圆形，稀倒卵状圆形，长 1.2~2cm，除顶端缺口柱头面被毛外，余处无毛，果核部分位于翅果的中部，上端不接近或接近缺口，成熟前后其色与果翅相同，初淡绿色，后白黄色，宿存花被无毛，4 浅裂，裂片边缘有毛，果梗较花被为短，长 1~2mm，被（或稀无）短柔毛。花、果期 3~6 月（图 8-6）。

图 8-6　榆树的植株、叶和果实

2. 变种分类

（1）龙爪榆（*Ulmus pumilavar* L. cv. Pendula）　榆科榆属，亚乔木落叶树，是榆树形态变异典型的垂枝型品种。

（2）垂榆（*Ulmus pumilavar* pendula）　树干通直，枝条下垂、细长柔软，树冠呈圆形蓬松，形态优美，适合作庭院观赏、道路行道树，是园林绿化栽植的优良观赏树种。

（3）金叶榆（*Ulmus pumila* cv.jinye）　由河北省林业科学研究院培育的彩叶植物新品种，系白榆变种。叶片金黄色，有自然光泽，色泽艳丽。

3. 分布范围

榆分布于东北、华北、西北及西南各省区。生于海拔 1000~2500m以下的山坡、山谷、川地、丘陵及沙岗等处。长江下游各省有栽培，也为华北及淮北平原农村的习见树木。朝鲜、俄罗斯、蒙古也有分布。

4. 生长习性

榆为阳性树，生长快，根系发达，适应性强，能耐干冷气候及中度盐碱，但不耐水湿。抗风能力强，寿命长，抗有毒气体，能适应城市环境。在土壤深厚、肥沃、排水良好之冲积土及黄土高原生长良好。可作西北荒漠、华北及淮北平原、丘陵及东北荒山、沙地及滨海盐碱地造林或"四旁"绿化树种。

5. 繁殖及栽培技术

主要通过播种繁殖，变种则要嫁接在榆树砧木上繁殖。

① 种子的采集　为了提高种子品质，种子应选自 15~30 年生的健壮母树。4 月中旬当种子变为黄白色时可采收。过早采收，种子秕，影响发芽率；过晚采集，种子易被风刮走。种子采收后不可暴晒，应使其自然阴干，轻轻去掉种翅，避免损伤种子。

② 苗圃的选择与整地　应选择有水源、排水良好、土层较厚的砂壤土地作苗圃。

③ 播种方法　可采用畦播或垄播。播前整地要细，亩施有机肥 4000~5000kg，浅翻后灌足底水。

④ 播种育苗　每亩播种 3~5kg，开浅沟将种子播入，覆土 0.5~1cm，覆土过深则种子萌芽出土困难。播种后应稍加镇压，便于种子与土紧密结合和保墒。土壤干旱时不可浇蒙头大水，只可喷淋地表，以免土壤板结或冲走种子。6~10 天出芽，10 余天后幼苗出土，小苗长到 2~3 片真叶时开始间苗，苗高 5~6cm 时定苗，每亩留苗 3 万 ~4 万株。间苗时及时浇水，幼苗期加强中耕除草，7~8 月上旬可追施复合肥 10kg，每半月 1 次，追施 2 次，也可施用新型叶面肥。8 月中旬以后不可再施氨态氮肥，并要控制土壤水分，以利苗木木质化。

6. 整形修剪

修剪是为了塑造优美的树形，即留下那些位置合适的枝条以便造型。一般情况下，先应剪除树木的枯枝、病枝、弱枝等，再剪除干扰树木造型的徒长枝、交叉枝、平行枝、反向枝、顶心枝、辐射枝、对生枝、垂直枝等。剪口应平滑，以利愈合。修剪时一般不留残枝。对基本成型的一般只对冒尖的枝叶作控制性修剪，保持形体美观。在生长季节对嫩枝不宜修剪过勤。冬季是修剪的最佳时机，此时树叶落尽，树冠内部结构清楚，通过修剪可消除弊病，完善造型，且有利于来年春天集中养分使保留下来的枝条生长更好。连年的修剪，盆景造型会逐渐完美。

7. 病虫害防治

榆树幼苗易受蚜虫危害，虫害初发期可喷洒 3000 倍吡虫啉防治。榆金花虫可喷洒 1500 倍高效氯氰菊酯防治。

幼苗出土后 1 个月内易发生立枯病，幼苗期可喷洒 600 倍多菌灵或 100 倍等量式波尔多液预防，每半月 1 次，连续喷 3~4 次。

七、茶条槭

茶条槭 [*Acer tataricum* subsp. *ginnala*（Maximowicz）Wesmael] 为槭树科槭属落叶大灌木或小乔木，叶、果供观赏，叶形美丽。秋季叶色红艳，特别引人注目；夏季刚刚结出的双翅果呈粉红色，十分秀气、别致，是北方优良的观赏绿化树种，宜孤植、列植、群植，或修剪成绿篱和整形树。

1. 形态特征

落叶大灌木或小乔木，高达 6m。树皮灰褐色。幼枝绿色或紫褐色，老枝灰黄色。单叶对生，纸质，卵形或长卵状椭圆形，长 5~9cm、宽 3~6cm，通常 3 裂或不明显 5 裂，或不裂，中裂片特大而长，基部圆形或近心形，边缘为不整齐疏重锯齿，近基部全缘；叶柄细长，为 1.5~4cm。花杂性同株，顶生伞房花序，多花；萼片 5，边缘有长柔毛；花瓣 5，白色；雄蕊 8，着生于花盘内部。淡绿色或带黄色。翅果深褐色，长 2.5~3cm；小坚果扁平，长圆形，具细脉纹，幼时有毛；翅长约 2cm，有时呈紫红色，两翅直立，展开成锐角或两翅近平行，相重叠。花期 5~6 月，果熟期 9 月（图 8-7）。

2. 生长习性

茶条槭为阳性树种，耐庇阴，耐寒，喜湿润土壤，但耐干燥瘠薄，抗病力强，适应性强。可耐 -40~ -7℃ 的绝对低温。常生于海拔 800m 以下的向阳山坡、河岸或湿草地，散生或形成丛林，在半阳坡或半阴坡杂木林缘也常见。

3. 分布范围

产于黑龙江、吉林、辽宁、内蒙古、河北、山西、河南、陕西、甘肃。蒙古、西伯利亚东部、朝鲜和日本也有分布。

图 8-7　茶条槭的植株、叶和花

4. 繁殖及栽培技术

（1）采种　当翅果发育成熟、果皮变成黄褐色时即可采收。每年9月至次年3月均可采种，果实不脱落。采收果实后，摊开晾干，搓去果翅，经风选去除杂物后即可得到长条形果粒，生产上称为种子，装袋置于冷室贮藏。千粒重 95g，发芽率 60%。

（2）种子处理　春播前 30~40 天，将种子放到 30℃ 1% 碳酸氢钠水溶液中浸泡 2h，自然冷却；同时，用手揉搓种子，然后将种子用干净的冷水浸泡 3~5 天，每天换水 1 次，3~5 天后把种子再浸入 0.5% 高锰酸钾溶液中消毒 3~4h，捞出种子。用清水洗净药液后将种子混入 3 倍体积的干净湿河沙中，把种、沙混合物置于 5~10℃ 的低温下，保持 60% 的湿度，30 天后种子开始裂嘴，待有 1/3 种子裂嘴时即可播种。

（3）播种　应选择土壤肥沃、排水良好的壤土、砂壤土地块，提前进行秋整地。春播前 10 天左右施肥和耙地，然后做床。苗床长 20~30m、宽 110cm、高 15cm、步道宽 50cm。床面耙细整平，然后浇 1 次透水，待水渗透、床面稍干时即可播种。采用床面条播法，播种量 50g/m²、18kg/亩（667m²），覆土厚 1.5cm，镇压后浇水，床面再覆盖细碎的草屑或木屑等覆盖物，保持床面湿润。

（4）苗期管理　种子播后 15 天左右即能发芽出土，当苗木长到 2cm 高时即可进行第 1 次间苗，留苗 200 株 /m^2；当苗木长到高 4~5cm 时定苗，留苗 150 株 /m^2。定苗后要及时浇水，2~3 天后追施 1 次氮肥，以后要适时除草和松土。当年苗高 60~90cm，产苗量 150 株 /m^2，5.4 万株 / 亩（667m^2）。1 年生苗木也可根据需要再留床生长 1~2 年，苗木在留床生长期间，要追施 2 次氮肥，适时除草和松土。2 年生苗木高 90~140cm，3 年生苗木高 130~170cm。

5. 整形修剪

（1）绿篱和模纹用　建植绿篱和模纹用的苗木要求分枝多、分枝点低、枝条粗细均匀、枝条长短一致，常用 1 年生苗木栽植。因此，在幼苗培育期间，当苗木长到 4~5cm 高时进行定苗，同时要对苗木进行掐尖，留苗 100 株 /m^2，按一般幼苗管理。当年苗高 30~50cm，分枝 3~5 个，产苗量 3.6 万株 / 亩。

（2）整形树用　在幼苗培育期间，不对苗木掐尖，根据需要留床生长 1~2 年，留苗 100 株 /m^2，按一般幼苗管理。整形树用苗木的培育也应选择土壤肥沃、排水良好的壤土、砂壤土地块，栽植前要进行整地和施肥。春季用 2~3 年生留床苗木进行垄式育苗，垄宽 60~70cm、株距 100cm，苗木要扶正踩实。栽植前，对苗木根系进行修剪，保留根系长 12~15cm。从苗木栽植后的第 2 年开始对苗木进行定干，定干高度在 60~120cm。定干后的第 2 年要对苗木进行修剪整形，经过 2~3 年的整形处理，苗木形状基本固定，当年秋季或次年春季即可出圃栽植。对于不需要有枝下高的整形树苗木，也可用掐过尖的幼苗在垄上培育，从栽植的第 2 年开始对苗木进行修剪整形，苗木定植 4~5 年后即可出圃栽植。

（3）观赏用灌木　春季用没有掐过尖的 1 年生幼苗在垄上培育，株距 60cm，栽植后平茬，茬高 10cm。6 月份当侧枝长至 10~20cm 时，选取 3 个健壮侧枝留下，其余全部剪除，留下的 3 个侧枝尽量分布均匀。适时除草和松土，每年追施 1 次氮肥，苗木定植 3 年后即可出圃栽植，此时苗高 120~150cm。

（4）观赏用乔木和道路绿化用　春季用没有掐过尖的 2~3 年生留

床苗在垄上隔垄栽植，株距80cm，空垄可用于栽植红皮云杉、青杆云杉等常绿树种苗木，苗高20~30cm、株距50cm；也可栽植辽东水蜡树、四季丁香等植株矮小的花灌木幼苗，株距40cm，以充分利用土地资源。苗木栽植后每年都要在5~7月进行2次除草、松土和追施氮肥，促进苗木健康生长。

从栽植后的第2年开始，每年还要对苗木进行适当修剪，主要是缩剪影响苗木主干生长的大侧枝和剪除苗木下部1/3以内的所有侧枝、萌枝。对主枝长势弱或主枝受损的，可选择1个生长强健的大侧枝代替主枝。根据需要也可从苗木栽植后的第2年开始对苗木进行定干，定干高度120~160cm。苗木定植3~4年后即可出圃栽植，此时苗木地径可达3~4cm，园林绿化应带土移栽。

6. 病虫害防治

夏梢抽发形成结果母枝期间，常见主要病虫害有红蜘蛛、黄蜘蛛、举尾虫、黄毛虫、天牛、枇杷灰蝶、梨小食心虫和枝干腐烂病、叶斑病等。

叶斑病类防治剂要加强肥水管理、完善排灌设施，提高树体的抗病能力。夏季高温多雨时，叶面喷施30%苯甲·丙环唑（爱苗）3000倍液+2%春雷霉素（加收米）300倍液防治叶斑病、炭疽病等，用2.5%高效氯氟氰菊酯（功夫）或高效氯氰菊酯（攻击）2000~3000倍液防治虫害。用1:2冠菌铜和绿风95调成糊状，每隔4~5天涂抹树干1次，连抹3次，防治枝干腐烂病。4~5月和8~11月是红蜘蛛、黄蜘蛛发生的高峰期，用1.8%阿维菌素+哒螨灵（易斩）乳油或40%丙溴磷（库龙）1500倍液防治。

举尾虫每年发生2次，幼虫具有群居性，可以人工捕杀，用2.5%高效氯氟氰菊酯（功夫）或高效氯氰菊酯（攻击）2000~3000倍液防治。6月中旬至8月，天牛在分枝的基部表面产卵，产卵后分枝表面是"川"字，人工挑刺刚产下的卵粒，若幼虫已蛀入枝干时，用注射器往里灌注80%敌敌畏乳油50~100倍液，并用黏土封堵洞口。在幼果套袋前，喷施2.5%高效氯氟氰菊酯（功夫）或高效氯氰菊酯（攻击）2000~3000倍液，或用红糖1份、醋2份、水10~20份，加少量白酒和90%敌百虫晶体制成糖醋液诱杀，防治灰蝶和梨小食心虫。

蛾类可利用成虫的趋光性，在园区安装频振或杀虫灯诱杀成虫。

八、珍珠梅

珍珠梅（*Sorbaria sorbifolia* L.A. Br），蔷薇科珍珠梅属。原产于亚洲北部，落叶阔叶灌木类植物，寒温带、暖温带均可栽植。珍珠梅的花、叶清丽，花期很长，又值夏季少花季节，是在园林应用上十分受欢迎的观赏树种，可孤植、列植、丛植，效果甚佳。

1. 形态特征

灌木，高达 2m，枝条开展；小枝圆柱形，稍屈曲，无毛或微被短柔毛，初时绿色，老时暗红褐色或暗黄褐色；冬芽卵形，先端圆钝，无毛或顶端微被柔毛，紫褐色，具有数枚互生外露的鳞片。羽状复叶。小叶片 11~17 枚，连叶柄长 13~23cm，宽 10~13cm，叶轴微被短柔毛；小叶片对生，相距 2~2.5cm，披针形至卵状披针形，长 5~7cm，宽 1.8~2.5cm，先端渐尖，稀尾尖，基部近圆形或宽楔形，稀偏斜，边缘有尖锐重锯齿，上下两面无毛或近于无毛，羽状网脉，具侧脉 12~16 对，下面明显；小叶无柄或近于无柄；托叶叶质，卵状披针形至三角披针形，先端渐尖至急尖，边缘有不规则锯齿或全缘，长 8~13mm，宽 5~8mm，外面微被短柔毛。顶生大型密集圆锥花序，分枝近于直立，长 10~20cm，直径 5~12cm，总花梗和花梗被星状毛或短柔毛，果期逐渐脱落，近于无毛；苞片卵状披针形至线状披针形，长 5~10mm，宽 3~5mm，先端长渐尖，全缘或有浅齿，上下两面微被柔毛，果期逐渐脱落；花梗长 5~8mm；花直径 10~12mm；萼筒钟状，外面基部微被短柔毛；萼片三角卵形，先端钝或急尖，萼片约与萼筒等长；花瓣长圆形或倒卵形，长 5~7mm，宽 3~5mm，白色；雄蕊 40~50，长于花瓣 1.5~2 倍，生在花盘边缘；心皮 5，无毛或稍具柔毛。蓇葖果长圆形，有顶生弯曲花柱，长约 3mm，果梗直立；萼片宿存，反折，稀开展。花期 7~8 月，果期 9 月。

2. 变种

珍珠梅星毛变种，亦称星毛华楸珍珠梅《东北木本植物图志》和穗形七度灶《植物学辞典》，其花序及叶轴密被星状毛，叶背具疏生星状毛，果实具疏生短柔毛。多产于吉林、黑龙江。多生于山地灌木丛中（海拔 250~300m）。分布于朝鲜。

3. 分布范围

河北、江苏、山西、山东、河南、陕西、甘肃、内蒙古、新疆均有分布。喜光又耐阴，耐寒，性强健，不择土壤，萌蘖性强、耐修剪，生长迅速。

4. 繁殖

珍珠梅的繁殖以分株法为主，也可播种。但因种子细小，多不采用播种法。

（1）分株繁殖　珍珠梅在生长过程中，具有易萌发根蘖的特性，可在早春 3~4 月进行分株繁殖。选择生长发育健壮、没有病虫害，并且分蘖多的植株作为母株。方法是：将树龄 5 年以上的母株根部周围的土挖开，从缝隙中间下刀，将分蘖与母株分开，每蔸可分出 5~7 株。分离出的根蘖苗要带完整的根，如果根蘖苗的侧根又细又多，栽植时应适当剪去一些。这种繁殖法成活率高，成型见效快，管理上也较为简便，但繁殖数量有限。分株后浇足水，并将植株移入稍荫蔽处，1 周后逐渐放在阳光下进行正常养护。

（2）扦插繁殖　这种方法适合大量繁殖，一年四季均可进行，但以 3 月和 10 月扦插生根最快，成活率高。扦插土壤一般用园土 5 份、腐殖土 4 份、沙土 1 份，混合后起沟做畦，进行露地扦插。插条要选择健壮植株上的当年生或二年生成熟枝条，剪成长 15~20cm 的段，留 4~5 个芽或叶片。扦插时，将插条的 2/3 插入土中，土面只留最上端 1~2 个芽或叶片。插条切口要平，剪成马蹄形，随剪随插，镇压插条基部土壤，浇一次透水。此后每天喷 1~2 次水，经常保持土壤湿润，20 天后减少喷水次数，防止过于潮湿引起枝条腐烂，1 个月左右可生根移栽。

（3）压条繁殖　3~4 月份，将母株外围的枝条直接弯曲压入土中，也可将压入土中的部分进行环割或刻伤，以促进快速生根。待生长新根后与母株分离，春秋植树季节移栽即可。

5. 栽培管理

珍珠梅适应性强，对肥料要求不高，除新栽植株需施少量底肥外，

以后不需再旋肥,但需浇水,一般在叶芽萌动至开花期间浇 2~3 次透水,立秋后至霜冻前浇 2~3 次水,其中包括 1 次防冻水,夏季视干旱情况浇水,雨多时不必浇水。花谢后花序枯黄,影响美观,因此应剪去残花序,使植株干净整齐,并且避免残花序与植株争夺养分与水分。秋后或春初还应剪除病虫枝和老弱枝,对 1 年生枝条可进行强修剪,促使枝条更新与花繁叶茂。

6. 整形修剪

珍珠梅萌蘖性强,生长较快,花后应及时剪除花枝减少水分和养分消耗,保持树形。落叶后,疏除病虫枝、枯枝、细长枝、过密枝、重叠枝等,保证通风透光。对多年生老枝,应当回缩更新。

7. 病虫害防治

要做到及早防治,促使植株健康成长。珍珠梅的主要病种有叶斑病、白粉病、褐斑病,主要虫害有金龟子、斑叶蜡蝉等。

（1）叶斑病　发病时叶片上会产生圆形或不规则形褐色斑点,叶背面病斑上疏生褐色霉状物。防治方法:可喷洒 50% 硫菌灵（托布津）500~800 倍液。

（2）白粉病　发病时叶片上会产生白色或灰白色面粉状物,严重时嫩梢卷曲,叶片凹凸不平,早期脱落。花小而不开放,花姿畸形卷曲、干枯。防治方法：深秋清除病残植株,减少病菌来源;注意通风,降低空气湿度,加强光照,增施磷钾肥,增强抵抗力;发病后应及时剪除受害部分,或拔除病株烧毁;喷药,休眠期喷洒等量式 1% 波尔多液,发病初期喷洒 70% 甲基硫菌灵 800 倍液或 50% 代森铵 800~1000 倍液。

（3）褐斑病　珍珠梅褐斑病主要为害叶片,初在叶面上散生褐色圆形至不规则形病斑,边缘色深,与健康组织分界明显,后期在叶片背面着生暗褐色至黑褐色稀疏的小霉点,即病原菌子实体。病菌以菌丝体或分生孢子在受害叶上越冬,翌年产生分生孢子借风雨传播到邻近植株上,一般在树势衰弱或通风不良时易发病。防治方法：7~9 月喷洒 65% 代森锌可湿性粉剂 600 倍液或 70% 代森锰锌可湿性粉剂 500 倍液、25% 苯菌灵乳油 800 倍液、12% 绿乳铜乳油 600 倍液;加强管理,提高抗病力;秋末初冬收集病叶集中烧毁,以减少翌年菌源。

（4）金龟子　小青花金龟子等咬食叶片、花蕾及花，致使叶片残缺不全。防治方法：利用成虫的假死性，在清晨或傍晚振动枝条捕杀；成虫发生期喷洒 40% 氧乐果 1000 倍液，或 50% 马拉硫磷 1000 倍液；利用成虫入土习性，在植株四周撒施 2.5% 亚胺硫磷粉剂，施后耙松表土，使成虫触药中毒死亡。

（5）斑叶蜡蝉　成虫、若虫常群集嫩叶背面刺吸汁液，被害叶片随叶龄不同发生穿孔、破裂、卷曲或增厚等症状。防治方法：冬季应剪除过密枝和枯枝并烧掉，以减少虫源；成虫盛发期可用虫网捕杀；若虫和成虫危害期，可用 90% 敌百虫 1000 倍液或 40% 乐果乳剂 1200 倍液进行喷杀。

九、国槐

国槐(*Sophora japonica* Linn.)，豆科槐属，是庭院常用的特色树种，其枝叶茂密，绿荫如盖，适作庭荫树，在中国北方多用作行道树。配植于公园、建筑四周、街坊住宅区及草坪上，也极相宜。龙爪槐则宜门前对植或列植，或孤植于亭台山石旁，也可作工矿区绿化之用。夏秋可观花，并为优良的蜜源植物。花蕾可作染料，果肉能入药，种子可作饲料等。国槐又是防风固沙、用材及经济林兼用的树种，是城乡良好的遮阳树和行道树种，寿命长，对二氧化硫、氯气等有毒气体有较强的抗性。

1. 形态特征

乔木，高达 25m；树皮灰褐色，具纵裂纹。当年生枝绿色，无毛。羽状复叶长达 25cm；叶轴初被疏柔毛，旋即脱净；叶柄基部膨大，包裹着芽；托叶形状多变，有时呈卵形、叶状，有时线形或钻状，早落；小叶 4~7 对，对生或近互生，纸质，卵状披针形或卵状长圆形，长 2.5~6cm，宽 1.5~3cm，先端渐尖，具小尖头，基部宽楔形或近圆形，稍偏斜，下面灰白色，初被疏短柔毛，旋变无毛；小托叶 2 枚，钻状。圆锥花序顶生，常呈金字塔形，长达 30cm；花梗比花萼短；小苞片 2 枚，形似小托叶；花萼浅钟状，长约 4mm，萼齿 5，近等大，圆形或钝三角形，被灰白色短柔毛，萼管近无毛；花冠白色或淡黄色，旗瓣近圆形，长和宽约 11mm，具短柄，有紫色脉纹，先端微缺，基部浅心形，翼瓣卵状长圆形，长 10mm，宽 4mm，先端浑圆，基部斜戟形，无皱褶，龙骨瓣阔卵状长圆形，与翼瓣等长，宽达 6mm；雄蕊近分离，宿存；子房近无毛。荚果串珠状，长 2.5~5cm 或稍长，径约 10mm，种子间缢缩不明显，种子排列较紧密，具肉质果皮，成熟后不开裂，具种子 1~6 粒；种子卵球形，淡黄绿色，干后黑褐色。花期 7~8 月，果期 8~10 月（图 8-8）。

图 8-8　国槐的植株、叶、花和果实

2. 主要变种

（1）五叶槐（变种）　该变种复叶只有小叶 1~2 对，集生于叶轴先端为掌状，或仅为规则的掌状分裂，下面常疏被长柔毛，易与其他类型相区别，产于北京（景山）。

（2）龙爪槐（变种）　该变种枝和小枝均下垂，并向不同方向弯曲盘悬，形似龙爪，易与其他类型相区别。供栽培观赏。

（3）毛叶槐（变种）　该变种与原变种的区别为：本变种小叶下面和小叶柄疏被柔毛，中脉基部和小叶柄上毛甚密且较长。其分布与原变种基本相同。

（4）堇花槐（变种）　该变种小叶上面多少被柔毛，翼瓣和龙骨瓣紫色，旗瓣白色或先端带有紫红脉纹，与原变种不同。各地栽培供观赏。

（5）宜昌槐（变种）　该变种小叶上面疏被贴生柔毛，下面密被长柔毛，小枝、小叶柄、叶轴和花序上的茸毛到第二年仍宿存，与原变种不同。

3. 分布范围

原产于中国，现南北各省区广泛栽培，华北和黄土高原地区尤为多见。日本、越南也有分布，朝鲜有野生，欧洲、美洲各国均有引种。

4. 繁殖方法

（1）播种繁殖

① 育苗地选择。国槐育苗地应选择地势平坦、排灌条件良好、土质肥沃、土层深厚的壤土或砂壤土。其对中性、石灰性和微酸性土质均能适应，在轻度盐碱土（含盐量 0.15% 左右）能正常生长，但在干旱、瘠薄及低洼积水圃地生长不良。

② 种子处理。播种前应采用浸种法或沙藏法加以处理。

a. 浸种法：先用 80℃ 水浸种，不断搅拌，直至水温下降到 45℃ 以下为止，放置 24h，将膨胀种子取出。对未膨胀的种子采用上述方法反复处理 2~3 次，使其达到膨胀程度。将膨胀种子用湿布或草帘覆盖闷种催芽，经 1.5~2 天，20% 左右种子萌动即可播种。

b. 沙藏法：一般于播种前 10~15 天对种子进行沙藏。沙藏前，将种子在水中浸泡 24h，使沙子含水量达到 60%，即手握成团，触之即散。将种、沙按体积比 1：3 混拌均匀，放入提前挖好的坑内，然后覆盖塑料布。沙藏期间，每天要翻一遍，并保持湿润，有 50% 种子发芽时即可播种。

③ 播种。一般采用春播，涿州一般在 4 月上、中旬播种为宜。播种量每亩 10~12kg。可采用垄播或畦播两种方式。垄播时垄距 70~80cm，垄底宽 40~50cm，面宽 30cm 左右，垄高 15~20cm，播幅 10cm，覆土 1.5~2cm。也可畦播，不起垄，行距 60~70cm，播幅 5cm。播后镇压，使种子与土壤密切结合，有条件时可覆膜。

（2）根插繁殖

① 备种。槐落叶后即可引进种根，定植前以沙土埋藏保存，掌握好沙土湿度，既不可让根段脱水干枯，又不可湿度太重而霉变腐烂。

② 整地。育苗选择土层深厚、地势平坦、灌排方便、无病虫传染源的砂壤土最好。每 $667m^2$ 施 2500kg 畜禽粪肥，或施 50kg 磷肥和二铵作基肥；用克百威（呋喃丹）等杀虫剂杀灭地下害虫。地要深翻、整细、耙平，畦宽 1m 左右。

③ 育苗。育苗时间南方为 3 月上、中旬，北方为 3 月下旬至 4 月上旬。选择 1~2 年生直径 5~10mm 无病虫害痕迹的光滑根段，剪成 5~7cm 长的段备用。顺畦开沟，沟距 50cm，深度 5cm，然后将根段以 30cm 的株距平放于沟内，覆盖细沙土，浇透定根水，盖好地膜，1 个月左右即可出苗。

（3）枝插繁殖　扦插时间与埋根育苗相同，也可稍早。选取直径 8~20mm 木质化硬枝，剪成 15cm 长的插条，上切口剪平，距芽苞 1~2cm，下切口剪成 45° 的斜口，距芽苞 5mm，分上下端以 50 根为一捆，用 50mg/kg 生根粉液浸泡下端 3~4h 后捞出备用。整地要求同前，按 20cm×40cm 的株行距将枝条以 45° 的倾角插入土内，顺畦覆盖地膜。

（4）嫁接繁殖

① 枝接。用 2 年生的普通国槐做砧木，露地在清明前截取长有 4~5 芽的槐枝段进行腹接，也可在温室育砧木苗，在当年 6 月份进行芽接繁育，这样当年就可育出成品苗。具体方法：将国槐种子先进行低温休眠处理，即把种子和沙子（湿度 80%）拌和好，放到背阴处，进行沙化休眠，温度在 0℃ 左右，以不冻成冰坨为宜。50 天左右就可上温床催芽，等到 40% 种子出现小白芽，就可在温室做畦播种。6 月中旬，当小苗基部长到 0.5cm 时就可嫁接。此时主要是芽接，带木质双舌对接。方法是：用接刀在砧木基部向下斜切一刀，然后从其上 2.5cm 处向切口削下，深度达木质部 2mm，成为一个舌状槽。再从接穗上用同样的操作方法切取同样大小的舌状芽片放入舌状槽（砧木和接穗粗细必须相符，不能差距太大，以免形成层不能吻合，降低成活率），用塑料膜绑紧，随后从接芽向上留 3~4 片叶子，剪掉多余部分，促进营养回归，使接芽尽快愈合成活。

② 芽接。嫁接时，先处理砧木，后削接芽，接芽随采随接，以免

接芽失水影响成活。采用"T"字形芽接，先在砧木离地面 3.5cm 处切"T"形口，深度以见木质部，能剥开树皮为度；再用刀尖小心剥开砧木树皮，将盾形带叶柄的接芽快速嵌入，用宽 2~3cm 的地膜条绑紧，芽上最多覆 2 层膜，牙上下可多缠几层。芽接后培土 10cm 高。10~15 天后刨开土，检查成活情况。如芽片新鲜呈浅绿色，说明已经成活，否则没有成活，应在砧木背面重接。

高枝嫁接一般在春季进行。砧木的处理：尽量选取与接穗粗细相近的枝条，在预接部位以上 8~10cm 处剪除（接活后用于固定新芽），其他枝条剪除。

秋季芽接的苗木，翌年入春后在芽接点以上 18~20cm 处截干。夏季进行 3~4 次修剪，剪去砧木发出的枝条。接芽枝条长到 8~10cm 长时，在靠近基部处将其缚在活桩上；长到 20~25cm 长时，再在上端缚一次。直至接枝木质化，切去活桩，可继续留在大田培育大苗。

春天高枝嫁接的，要及时除萌。当接芽长到 4~6cm 时，要及时固定在预留的砧木上，防止被风吹折。

5. 栽培技术

（1）定苗　播后一般 7~10 天开始出苗，10~15 天出齐。覆膜地块要在幼苗长出 2~3 片真叶时揭去地膜。在苗高 15cm 时分 2~3 次间苗，定苗株距 10~15cm，亩留苗量 8000 株左右。

（2）移栽　用于绿化的苗木，一般 3~4 年才能出圃，由于苗木顶端枝条芽密，间距短，树干极易弯曲，翌年春季将 1 年生苗按株距 40~50cm、行距 70~80cm 进行移栽，栽后即可将主干距地面 3~5cm 处截干。因槐树具萌芽力，截干后易发生大量萌芽，当萌芽嫩枝长到 20cm 左右时，选留 1 条直立向上的壮枝作主干，将其余枝条全部抹除。以后随时注意除蘖去侧枝，对主干上、中、下部的细弱侧枝暂时保留，对防止主干弯曲有利。这样翌年苗高可达 3m 以上。

（3）肥水管理　国槐苗要根据气候条件、土壤质地等因素，决定浇水次数。一般情况下，出苗后至雨季前浇 2~3 水，圃地封冻前浇 1 次封冻水，遇涝害时及时排水；播种前，育苗地亩施基肥（以有机肥或圈肥为主）3000kg 左右，到 6 月上旬结合浇水可亩追施速效氮肥（如

尿素）8~10kg，7~8 月份追施尿素（最好掺入适量复混肥 2~3 次，每次施肥量 30kg 左右）。9 月份以后不再浇水施肥，以促进苗木木质化。

6. 整形修剪

根据需要可以整形修剪成自然开心形、杯状形和自然式合轴主干形三种树形。自然开心形即当主干长到 3m 以上时定干，选留 3~4 个生长健壮、角度适当的枝条做主枝，将主枝以下侧枝及萌芽及时除去，冬剪时对主枝进行中短截，留 50~60cm，促生副梢，以形成小树冠；杯状形即定干后同自然开心形一样留好 3 大主枝，冬剪时在每个主枝上选留 2 个侧枝短截，形成 6 个小枝，夏季时进行摘心，控制生长，翌年冬剪时在小枝上各选 2 个枝条短剪，形成"3 股 6 杈 12 枝"的杯状造型；自然式合轴主干形是指留好主枝后，以后修剪只要保留强壮顶芽、直立芽，养成健壮的各级分枝，使树冠不断扩大。

7. 病虫害防治

国槐的主要病害有白粉病、溃疡病和腐烂病，可选用 70% 甲基硫菌灵可湿性粉剂 800~1000 倍液或 50% 福美甲胂（退菌特）可湿性粉剂 600~800 倍液喷雾防治。虫害防治是国槐苗木的重中之重。

（1）槐蚜　1 年发生多代，以成虫和若虫群集在枝条嫩梢、花序及荚果上吸取汁液，被害嫩梢萎缩下垂，妨碍顶端生长，受害严重的花序不能开花，同时诱发煤污病。每年 3 月上、中旬该虫开始大量繁殖，4 月产生有翅蚜，5 月初迁飞槐树上危害，5~6 月在槐树上危害最严重，6 月初迁飞至杂草丛中生活，8 月迁回槐树上危害一段时间后，以无翅胎生雌蚜在杂草的根际等处越冬，少量以卵越冬。

防治方法：秋冬喷石硫合剂，消灭越冬卵；蚜虫发生量大时，可喷 40% 氧乐果、50% 马拉硫磷乳剂或 40% 乙酰甲胺磷 1000~1500 倍液或喷鱼藤酮 1000~2000 倍液、10% 吡虫啉（蚜虱净）可湿性粉剂 3000~4000 倍液、2.5% 溴氰菊酯乳油 3000 倍液；在蚜虫发生初期或越冬卵大量孵化后卷叶前，用药棉蘸吸 40% 氧乐果乳剂 8~10 倍液，绕树干一圈，外用塑料布包裹绑扎。

（2）朱砂叶螨　1 年发生多代，以受精雌螨在土块孔隙、树皮裂缝、枯枝落叶等处越冬。该螨均在叶背为害，被害叶片最初呈现黄白色小斑点，后扩展到全叶，并有密集的细丝网，严重时，整棵树叶片枯黄、脱落。

防治方法：越冬期防治，用石硫合剂喷洒，刮除粗皮、翘皮，也可用树干束草，诱集越冬螨，翌春集中烧毁；发现叶螨在较多叶片为害时，应及早喷药，防治早期危害，是控制后期虫害的关键，可用40% 三氯杀螨醇乳油 1000~1500 倍液，也可用 50% 三氯杀螨砜可湿性粉剂 1500~2000 倍液、40% 氧乐果乳油 1500 倍液、20% 甲氰菊酯（灭扫利）乳油 3000 倍液喷雾防治，喷药时要均匀、细致、周到。如发生严重，每隔半月喷 1 次，连续喷 2~3 次，有良好效果。

（3）槐尺蛾　又名槐尺蠖。1 年发生 3~4 代，第 1 代幼虫始见于5 月上旬，各代幼虫危害盛期分别为 5 月下旬、7 月中旬及 8 月下旬至 9 月上旬。以蛹在树木周围松土中越冬，幼虫及成虫蚕食树木叶片，使叶片造成缺刻，严重时整棵树叶片几乎全被吃光。

防治方法：落叶后至发芽前在树冠下及周围松土中挖蛹，消灭越冬蛹；化学防治，5 月中旬及 6 月下旬重点做好第 1、2 代幼虫的防治工作，可用 50% 杀螟硫磷乳油、80% 敌敌畏乳油 1000~1500 倍液，50% 辛硫磷乳油 2000~4000 倍液，20% 甲氰菊酯（灭扫利）乳油2000~4000 倍液，20% 甲氰菊酯（灭扫利）乳油 4000 倍液喷雾防治；生物防治，可用苏云金杆菌乳剂 600 倍液。

（4）锈色粒肩天牛　2 年发生 1 代，主要以幼虫钻蛀危害，每年3 月上旬幼虫开始活动，蛀孔处悬吊有天牛幼虫粪便及木屑，被天牛钻蛀的国槐树势衰弱，树叶发黄，枝条干枯，甚至整株死亡。

防治方法：人工捕杀成虫，天牛成虫飞翔力不强，受振动易落地，可于每年 6 月中旬至 7 月下旬于夜间在树干上捕杀产卵雌虫；人工杀卵，每年 7~8 月为天牛产卵期，在树干上查找卵块，用铁器击破卵块；化学防治成虫，于每年 6 月中旬至 7 月中旬成虫活动盛期，对国槐树冠喷洒 2000 倍液杀灭菊酯，每 15 天 1 次，连续喷洒 2 次，可收到较好效果；化学防治幼虫，每年 3~10 月为天牛幼虫活动期，可向蛀孔内注射 80% 敌敌畏、40% 氧乐果或 50% 辛硫磷 5~10 倍液，然后用药剂拌成的毒泥巴封口，可毒杀幼虫；用石灰 10kg+ 硫黄 1kg+ 盐 10g+

水 20~40kg 制成涂白剂，涂刷树干预防天牛产卵。

（5）国槐叶小蛾　1 年发生 2 代，以幼虫在树皮缝隙或种子越冬，7~8 月危害最为严重，幼虫多从复叶叶柄基部蛀食为害，造成树木复叶枯干、脱落，严重时树冠出现秃头枯梢，影响观赏。

防治方法：冬季树干绑草把或草绳诱杀越冬幼虫；害虫发生期喷洒 40% 乙酰甲胺磷乳油 1000~1500 倍液、50% 杀螟硫磷 1000 倍液、或 50% 马拉硫磷乳油 1000~1500 倍液。

十、黄刺玫

黄刺玫（*Rosa xanthina* Lindl），落叶灌木，可供观赏，可做保持水土及园林绿化树种。果实可食、制果酱；花可提取芳香油；花、果药用，能理气活血、调经健脾。

1. 形态特征

直立灌木，高 2~3m；枝粗壮，密集，披散；小枝无毛，有散生皮刺，无针刺。小叶 7~13，连叶柄长 3~5cm；小叶片宽卵形或近圆形，稀椭圆形，先端圆钝，基部宽楔形或近圆形，边缘有圆钝锯齿，上面无毛，幼嫩时下面有稀疏柔毛，逐渐脱落；叶轴、叶柄有稀疏柔毛和小皮刺；托叶带状披针形，大部贴生于叶柄，离生部分呈耳状，边缘有锯齿和腺。花单生于叶腋，重瓣或半重瓣，黄色，无苞片；花梗长 1~1.5cm，无毛，无腺；花直径 3~4(~5) cm；萼筒、萼片外面无毛，萼片披针形，全缘，先端渐尖，内面有稀疏柔毛，边缘较密；花瓣黄色，宽倒卵形，先端微凹，基部宽楔形；花柱离生，被长柔毛，稍伸出萼筒口外部，比雄蕊短很多。果近球形或倒卵圆形，紫褐色或黑褐色，直径 8~10mm，无毛，花后萼片反折。花期 4~6 月，果期 7~8 月（图 8-9）。

2. 分布范围

原野生单瓣种分布于太行山、吕梁山、中条山及华北其他山地，东北南部及朝鲜也有分布。多生于海拔 600~1200m 的阳坡。性喜向阳、干燥，耐寒、耐旱，抗瘠薄，忌水涝。野生种花后结果，球形，紫红色。

栽培重瓣种难结实。作为城市绿化树种主要分布于吉林、辽宁、内蒙古、河北、山西等，陕西、甘肃、青海等地也有栽培。

图 8-9　黄刺玫的植株、叶和花

3. 生长习性

黄刺玫喜光，稍耐阴，耐寒力强。对土壤要求不严，耐干旱和瘠薄，在盐碱土中也能生长，以疏松、肥沃土地为佳。不耐水涝。为落叶灌木，少病虫害。

4. 繁殖

黄刺玫主要用分株法繁殖。因黄刺玫分蘖力强，重瓣种又一般不结果，分株繁殖方法简单、迅速，成活率又高。对单瓣种也可用播种、扦插、压条法繁殖。

（1）分株繁殖　一般在春季 3 月下旬芽萌动之前进行。将整个株丛全部挖出，分成几份，每一份至少要带 1~2 个枝条和部分根系，然后重新分别栽植，栽后灌透水。

（2）嫁接　采用易生根的野刺玫作砧木，黄刺玫当年生枝作接穗，于 12 月至翌年 1 月上旬嫁接。砧木长度 15cm 左右，取黄刺玫芽，带少许木质部，砧木上端带木质部切下后，把黄刺玫芽靠上后用塑料膜绑紧，按 50 株 1 捆，蘸泥浆湿沙贮藏，促进愈合生根。3 月中旬后分栽育苗，株行距 20cm×40cm，成活率 40% 左右。

（3）扦插　雨季剪取当年生木质化枝条，插穗长 10~15cm，留 2~3 枚叶片，插入沙中 1~2cm，株行距 5cm×7cm。

（4）压条 7月将嫩枝压入土中。

5. 栽培管理

黄刺玫一般在3月下旬至4月初栽植。需带土球栽植，栽植时，穴内施1~2铁锨腐熟的堆肥作基肥，栽后重剪，栽后浇透水，隔3天左右再浇1次，便可成活。成活后一般不需再施肥，但为了使其枝繁叶茂，可隔年在花后施1次追肥。日常管理中应视干旱情况及时浇水，以免因过分干旱缺水引起萎蔫，甚至死亡。雨季要注意排水防涝，霜冻前灌1次防冻水。

6. 整形修剪

黄刺玫多为丛生形，重剪一次后，留多个分枝，以后对保留枝条进行短截，促使其形成更多的新枝，去掉枯枝，剪掉过老枝及过密的细弱枝、病虫枝，使其生长旺盛。对1~2年生枝条最好少剪，以免减少开花量。

7. 病害防治

主要病害为黄刺玫白粉病，叶片两面为稀疏的白粉状霉层，使叶片扭曲，幼叶变紫褐色枯死。

防治方法如下。

（1）增施磷、钾肥，控制氮肥。

（2）发病初期喷洒50%多菌灵可湿性粉剂800倍液，发芽前喷洒3~4°Bé石硫合剂。

十一、紫叶矮樱

紫叶矮樱（*Prunus × cistena*），蔷薇目蔷薇科，落叶灌木或小乔木，为紫叶李和矮樱杂交种。在园林绿化中，紫叶矮樱因其枝条萌发力强、叶色亮丽，加之从出芽到落叶均为紫红色，因此既可作为城市彩篱或色块整体栽植，也可单独栽植，是绿化、美化城市的最佳树种之一。

1. 形态特征

紫叶矮樱为落叶灌木或小乔木，高达2.5m左右，冠幅1.5~2.8m。枝条幼时紫褐色，通常无毛，老枝有皮孔，分布于整个枝条。叶长卵形或卵状长椭圆形，长 4~8cm，先端渐尖，叶基部广楔形，叶缘有不整齐的细钝齿，叶面红色或紫色，背面色彩更红，新叶顶端鲜紫红色，当年生枝条木质部红色，花单生，中等偏小，淡粉红色，花瓣 5 片，微香，雄蕊多数，单雌蕊，花期 4~5 月（图 8-10）。

图 8-10 紫叶矮樱的植株、叶和花

2. 生长习性

紫叶矮樱是喜光树种，但也耐寒、耐阴。在光照不足处种植，其叶色泛绿，因此应将其种植于光照充足处。

紫叶矮樱对土壤要求不严格，但在肥沃深厚、排水良好的中性或微酸性砂壤土中生长最好，轻黏土亦可。盆栽用盆宜深大些，并在盆底垫碎瓦片或碎硬塑料泡沫块，增强土壤的透气性和排水能力，并可防止烂根。

紫叶矮樱喜湿润环境，忌涝，应种植于高燥之处，保持土壤湿润而不积水为好。

3. 分布范围

我国华北、华中、华东、华南等地均适宜栽培，在东北的辽宁、吉林南部等可以安全越冬。

4. 繁殖及栽培技术

（1）繁殖方法

① 扦插繁殖。 在日光温室内，沿东西方向或南北方向做宽120cm 的苗床，内铺扦插基质 8~10cm 厚，铺设时先将泥炭土铺在底层，然后将蛭石粉和珍珠岩充分混合后铺在上面耙平。扦插基质按蛭

石粉∶珍珠岩∶泥炭土为 2∶1∶1 比例使用。此后在苗床上方安装地插式或悬挂式微喷设备，微喷半径为 70cm。从直径为 0.3~0.8cm 的健壮母枝上剪取枝条，枝条采集后，放在阴凉潮湿处或用湿润材料包好，以免失水，然后将其截成 10~12cm 长的插条，每个插条保留 4~6 个芽节。在插条上端芽节 2cm 处平剪，下端紧贴芽背剪成 45° 斜切口。为了提高插条生根率，可用 α – 萘乙酸 500~800mg/kg 溶液或 ABT 生根粉 200~500mg/kg 溶液浸泡插条 30~60min。 紫叶矮樱宜在 11 月下旬至 12 月上旬扦插，即在叶片完全凋落 20 天后进行。插深为插条长度的 1/3~1/2，插条间距为 2.5~3.5cm，以 1000 个 /m^2 较为适宜，扦插后用喷壶将基质浇透水。在扦插 20~40 天期间应保持空气湿度在 70%~80%，温度在 15~28℃，以利于插条基部愈伤组织形成，促使插条生根。40~50 天后由于新根逐渐形成,应注意黑斑病对插条的危害，每隔 15 天喷施 70% 甲基硫菌灵可湿性粉剂 700~800 倍液或 50% 多菌灵可湿性粉剂 600~800 倍液 1 次；为使种苗生长健壮，每隔 7 天喷施 2.0g/kg 磷酸二氢钾溶液 1 次。在扦插后 100~120 天当种苗根系达到 10~15cm 时，即可移栽定植。

② 嫁接繁殖。选择接穗亲和力强的一、二年生无病虫害的山桃、山杏苗作为砧木，按株距 30cm、行距 50cm 栽植，成活后嫁接紫叶矮樱。 紫叶矮樱主要采用枝接法。以 3~4 月份紫叶矮樱枝条尚未发芽而树液开始流动时嫁接为宜。削取接穗时须自最下端第 1 个芽约 3cm 处剪断，并在芽的两侧向下斜削成鸭嘴状，向上保留 3~5 个芽，保持接穗长 8~10cm，然后在砧木距地面 5cm 处平剪，并根据接穗的粗细进行劈接或切接，接穗的形成层必须与砧木的形成层紧密对接，最后用塑料条将接口绑扎。整行嫁接完成后，搭小拱棚保湿，以防接穗失水抽条。

③ 高枝压条繁殖。高枝压条时间 4 月中旬至 9 月上旬均可进行。因压条生根后还需剪离母树移植至苗床进行培育管理，因此，一般选在 5 月初进行。 一般选取 2~3 年生的健壮枝条，粗度为 1.0~2.5cm。选定枝条分枝点，间隔疏除分枝点上方侧枝，在分枝点下方 5~20cm

处的叶柄下方进行环状剥皮。方法是：用剪刀夹住枝条转动 1 周，在刀口下方 1.5~3.5cm（根据枝条粗度而定，一般环剥宽度为枝条粗度的 1.2~1.5 倍，过窄、过宽效果均不好）处，再用剪刀夹住枝条转动 1 周，然后将两个刀口之间的树皮剥掉。之后用毛笔蘸 0.03% 的萘乙酸水溶液涂抹伤口，再用湿泥包住伤口。用塑修剪好的压条塑料袋（瓶）上扎口处剪断枝条，去掉塑料袋（瓶），带基质土植入苗床内。株距 60~80cm，行距 60~80cm，成"品"字形定植后浇足水。8 月底至 9 月上旬的高压条苗应定植在高床上，之后浇足水搭小拱棚越冬。在拱棚内铺设水管，每月浇水 1 次。在距下刀口 4~5cm 处捆绑、套袋（瓶）。袋（瓶）内装入基质土，把上口扎紧（距上刀口 5~10cm），并用绳子固定套袋的枝条。从袋子上方用注射器灌水，一般每隔 4~5 天灌 1 次。30~40 天刀口处产生愈伤组织，并长出新根。70~90 天后剪离母体，可上盆栽植，亦可露地栽植。

（2）田间管理

① 整地。紫叶矮樱对土壤的适应性很强，在 pH5.5~8.0 的土壤条件下均可栽植，但以中性富含有机质的壤土为宜。栽植前基施磷酸二铵 375kg/hm²、油渣饼 4500kg/hm²、羊粪或牛粪等充分腐熟的农家肥 37.5t/hm²，耕深翻地 30cm，然后耙平土壤。

② 水肥管理。紫叶矮樱耐旱，每年早春和秋末可浇足浇透返青水和封冻水，平时若不是特别干旱，基本可以靠天生长。春秋风大干旱，新植苗木展叶后，每天上、下午各进行 1 次叶面喷雾，补充水分，减轻根系压力，提高苗木成活率。在夏季雨天，还应及时将树坑内的积水排除，以防日出后水温升高，烫伤根系。紫叶矮樱喜肥，新植苗木除在栽植时施基肥外，还应在生长期适当追肥。在早春、初夏各追施 1 次氮、磷、钾复合肥，秋末再施用 1 次厩肥或渣肥。对于新植苗木及缺肥长势不好的苗木，可进行叶面施肥。选在清早或傍晚喷施，中午光照足时及雨前雨后均不宜进行，喷施次数以 3 次为宜，间隔时间 10~15 天。

③ 越冬管理。紫叶矮樱耐寒，成年苗采取树干涂白措施即可。对

于新植苗，可采取根部培土、树干缠草的办法，幼龄苗则进行覆膜处理。新植苗木在第 1 年进行缠干处理后，第 2 年采取涂白越冬即可。

5. 整形修剪

紫叶矮樱萌枝力强，生长繁茂，较耐修剪。其修剪应根据株形的不同区别对待。紫叶矮樱的常见株形有"扫帚形"和"自然开心形"。"扫帚形"一般用作片植或绿篱，每年的春末和初秋进行修剪，修剪高度一般在 0.6~1.2m。"自然开心形"苗木一般用于对植、列植。紫叶矮樱是以观叶为主的灌木，所以修剪时只疏除一些背下枝、交叉枝和竞争枝，保留 3~4 个内膛枝，对当年生枝条应在其 40cm 左右时摘心，以促进枝条木质化，多生侧枝。总之，通过整形修剪，剪掉细弱枝、交叉枝、徒长枝，改善通风透光条件，保持美观树形，从而提高紫叶矮樱的观赏价值。

6. 病虫害防治

紫叶矮樱的主要虫害有红蜘蛛、蚜虫等。红蜘蛛、蚜虫主要为害叶片，破坏叶片内的叶绿素，导致植株生长衰弱，叶枯凋落，枝条枯萎，甚至全株死亡。防治方法：①加强田间栽培管理，及时清除杂草；②虫害发生时可喷施 40% 三氯杀螨醇乳油 2000 倍液防治红蜘蛛，喷施 40% 乙硫苯威（灭蚜威）乳油 1500 倍液防治蚜虫，每隔 7~10 天喷 1次，连喷 2~3 次即可见效。

十二、紫椴

紫椴（*Tilia amurensis* Rupr.），用材树种。椴树科椴树属，又名籽椴。落叶乔木，树形美观，花朵芳香，对有害气体的抗性强，可作园林绿化树种。

1. 形态特征

落叶乔木，小枝黄褐色或红褐色，呈"之"字形，皮孔微凹，明显。叶阔卵形或近圆形，长 3.5~8cm，宽 3.5~7.5cm，生于萌枝上者更大，基部心形，先端尾状尖，边缘具整齐的粗尖锯齿，齿先端向内弯曲，偶具 1~3 裂片，表面暗绿色，无毛，背面淡绿色，仅脉腋处簇生褐色毛；叶具柄，柄长 2.5~4cm，无毛。

聚伞花序长 4~8cm，花序分枝无毛，苞片倒披针形或匙形，长 4~5cm，无毛，具短柄；萼片 5，两面被疏短毛，里面较密；花瓣 5，黄白色，无毛；雄蕊多数，无退化雄蕊；子房球形，被淡黄色短茸毛，柱头 5 裂。

果球形或椭圆形，直径 0.5~0.7cm，被褐色短毛，具 1~3 粒种子。种子褐色，倒卵形，长约 0.5cm。花期 6~7 月，果熟 9 月（图 8-11）。

图 8-11　紫椴的叶和花

2. 生长习性

紫椴喜光也稍耐阴。深根性树种；喜温凉、湿润气候，常单株散生于红松阔叶混交林内，垂直分布在海拔 800m 以下；对土壤要求比较严格，喜肥沃、排水良好的湿润土壤，多生长在山的中、下部，土壤为砂质壤土或壤土，尤其在土层深厚、排水良好的砂壤土上生长最好；不耐水湿和沼泽地；耐寒，萌蘖性强，抗烟、抗毒性强，虫害少。

3. 变种

（1）原变种　拉丁学名：*Tilia amurensis* var. *amurensis*。这个种近似华东椴 *T. japonica* Simonk.，唯叶片及苞片均较小，花序较短，且与花柄均极纤细等。

产于黑龙江、吉林及辽宁。朝鲜有分布。在东北地区，该种是优良的蜜源植物。

（2）小叶紫椴　此种为变种，拉丁学名：*Tilia amurensis* var.

taquetii。与原变种的区别在于嫩枝及花序被淡红色星状柔毛，叶片较小，基部不呈心形，往往为截形或微凹入。产于东北各省。朝鲜及西伯利亚与中国接壤各地有分布。

（3）裂叶紫椴 此种为变种，拉丁学名：*Tilia amurensis* var. *tricuspidata*。叶片先端3裂，基部深心形，边缘有不整齐锯齿；苞片线形，下部有柄长 2~2.5cm。

4. 分布范围

为中国原产树种，东北地区的长白山、小兴安岭等地的垂直分布可达海拔 1100m 以上。分布于中国东北、山东、河北、山西等省区；朝鲜、俄罗斯远东地区也有分布。

5. 繁殖及栽培技术

（1）繁殖技术

① 采种。9 月份果熟时及时采收，过晚果实散落。果实采收后，摊开晾干，搓去果梗，经筛选、风选去除杂物后装置于冷室贮藏。种子贮放安全含水量为 10%~12%。

② 种子处理。紫椴种子休眠期较长，且含油率高不易吸水，种皮也比较坚硬，如果处理不当，不易发芽，故播前种子催芽是关键。根据十几年的实践经验，紫椴种子最适宜越冬埋藏。比较理想的小法为采种后即进行混沙，进行室外露天埋藏，春播后出苗率可达 90%。即将调制后的种子，在 10 月末或 11 月初，用冷水浸 5~6 天，待种仁吸足水分后，按 1：2 的比例将种子与含水率 60% 的河沙混拌，然后平铺于深、宽 50~60cm 的坑中。铺种的同时，沿种坑长度方向，每隔 80~100cm 设一通气管或草把直立坑中，通气管下接坑底，与种子接触的管壁部位要用手电钻打出若干个孔眼，以利通气。

种子全部入坑后，上面再铺 10cm 厚的湿沙，顶压 15~25cm 的表土，沿坑长方向做出土脊以利排水，上盖成捆的稻草，坑内温度保持在 3℃左右，沿坑的四周地表，要挖出 10cm 深的排水沟，防止水害。沙藏时间自 11 月初开始，至播种需 130~150 天。

如是干籽，其种子处理可于播种前 2 个月进行。即将种子用

40℃ 1% 碳酸氢钠水溶液浸种 3~4h，同时用手揉搓种子，自然冷却后把种子淘洗干净，用冷水再浸种 6~7 天，置于 10~15℃条件下，每天早晚各换水 1 次，6~7 天后捞出，把种子再浸入 0.5% 高锰酸钾水溶液中消毒 2~3h，捞出种子，用清水洗净药液后将种子混入 3 倍体积的干净湿河沙中，置于 2~5℃的低温下，35 天后转入 10~15℃的环境条件下，15 天左右种子开始裂嘴，待有 1/3 种子裂嘴时即可播种。在种子催芽过程中要经常翻动种、沙混合物，使其湿度保持在 60%，一般情况下，种子发芽率为 60%。

播种前 10 天左右施肥和耙地，然后做床。苗床长 30~40cm、宽 100~110cm，步道宽 30~40cm，苗床高 15~20cm，床面耙细整平，然后浇 1 次透水，待水渗透床面稍干时即可播种。播种采用床面撒播法，播种量为 50g/m²，覆土 1.5cm 厚，镇压后浇水，床面再覆盖细碎的草屑或木屑等保湿。

（2）苗期管理　要视土壤干燥程度，细流慢灌，禁止大流急灌，造成土壤板结，影响出芽。苗床的最好利用喷灌设备进行人工降雨，并保证雾化程度，防止水滴土穿，造成块状缺苗和局部天窗。一般喷灌时间应在 9:00 前或 15:00 后。雨季汛期要注意排水防涝。

种子播后 15 天左右即能发芽出土，当苗木长到 1.5~2cm 高时即可进行第 1 次间苗，留苗 250 株/m²，当苗木长到时 2.5~3cm 高时就可定苗，留苗 200 株/m²，定苗后要及时浇水。苗期浇水要本着次多量少的原则，进入 8 月份不旱不浇，浇则浇透。定苗 2~3 天后追施氮肥 1 次，以后要适时除草和松土。2 年生苗高 50~100cm、地径 8~12cm。留床生长 1 年后的苗木根系发达，干性好，更适宜用来培育大规格苗木。

（3）大苗定植　在前一年的秋季，对定植用的地块经整地施肥后，做 80cm 宽的大垄。当春季土壤化冻 20cm 深时开始定植 1~2 年生苗木，株距 80~100cm，定植 4~5 年后，苗木胸径可达 3~4cm，高达 3.5~4.5cm，即可出圃栽植。在大苗培育过程中，每年都要进行中耕除草，适当追肥，发现病虫害要及时防治。每年还要及时剪除树高 1/2 以下的侧枝。

6. 整形修剪

椴树树形一般采用自然式高干圆头形或混合式疏层延迟开心形。椴树耐修剪,在生长过程中一般不需修剪,只需要将影响树形的无用枝、混乱枝剪去即可。在幼苗展叶期抹去多余的分枝,当幼苗长至一定高度(2.5~3.5m)时,截去主梢定干,并于当年冬季或翌年早春在剪口下选留 3~5 个生长健壮、分枝均匀的主枝短截,夏季选留 2~3 个方向合理、分布均匀的芽培养侧枝。第 2 年夏季对主侧枝摘心,控制生长,其余枝条按空间选留。第 3 年,按第 2 年方法继续培养主侧枝。以后注意保留辅养枝,对影响树形的逆向枝从基部剪除,留下水平或斜向上的枝条,培养优美的树形。

7. 病虫害防治

(1)椴毛毡病防治 发芽前喷 5°Bé 石硫合剂杀死过冬螨。6 月生幼螨时,喷 0.3~0.4°Bé 石硫合剂。

(2)紫椴黑小蠹防治 可喷洒敌百虫 800~1000 倍液,平时要加强抚育管理,使苗木生长健壮,防止次期性树干害虫。

(3)鼠害防治 清理林地,割除杂草、灌木、榛柴,破坏害鼠生活环境;加强抚育管理,及时除草、松土、透光抚育,创造有利于林木生长,而不利于鼠害发生的条件。也可投撒磷化锌或氟乙酰胺等杀鼠药。

十三、白蜡

白蜡(*Fraxinus chinensis*)是木樨科梣属植物的通称,又称梣,是固沙树种。该树种形体端正,树干通直,枝叶繁茂而鲜绿,秋叶橙黄,是优良的行道树和遮阳树;可用于湖岸绿化和工矿区绿化。

1. 形态特征

乔木,高达 12m。冬芽卵圆形,黑褐色。小枝灰褐色,无毛或具黄色髯毛,有皮孔。奇数羽状复叶,对生,连叶柄长 15~20cm。总叶轴中间具沟槽,无毛或于小叶柄之间有锈色簇毛、叶通常 7 片或 7~9 片,近革质,椭圆形或椭圆状卵形,先端渐尖或钝,基部宽楔形,缘具不整齐锯齿或波状。表面淡绿色,无毛,背面无毛或沿脉被短柔毛,中脉在表面凹下，背面凸起，侧脉在表面不明显，背面略凸起，无柄或有短柄。圆锥花序侧生或顶生于当年生枝条上，长 10~15cm，疏松；总花梗无毛；花梗纤细，长约 5mm，花萼钟状，不规则分裂。翅果倒披针形，长 2.8~3.5cm，宽 4~5mm。先端尖、钝或微凹。具种子 1 粒。花期 4 月，果期 8~9 月（图 8–12）。

图 8–12 白蜡的植株

2. 生长习性

喜光，稍耐阴，喜温暖湿润气候，颇耐寒，喜湿耐涝，也耐干旱。对土壤要求不严，碱性、中性、酸性土壤上均能生长。抗烟尘，对二氧化硫、氯气、氟化氢有较强抗性。萌芽、萌蘗力均强，耐修剪，生长较快，寿命较长。

3. 分布范围

北自中国东北中南部，经黄河流域、长江流域，南达广东、广西，东南至福建，西至甘肃均有分布。喜湿润，多分布于山洞溪流旁。

4. 繁殖及栽培技术

（1）繁殖 在春季萌芽前选择健壮无病虫害的枝条，截成 16~20cm 小段，在苗床上按行距 30cm 开沟，深 12~15cm，每隔 6~10cm 扦插 1 根，插条的顶芽露出床面，压实土壤。插后经常淋水，保持土壤湿润，并及时抹去下部的幼芽，保证顶芽正常生长，一年生苗高可达 40~50cm。苗高 80~100cm，即可移栽造林。病害有煤烟病，防治需注意通风、透光。虫害有蚜虫、介壳虫等，可用石硫合剂喷杀；糖槭蚧，6~7 月用 50% 杀螟硫磷稀释 1000 倍液喷洒；天牛可用棉花

球蘸 80% 敌敌畏乳剂或 40% 乐果乳剂 15~20 倍液塞入虫孔毒杀。

（2）栽培技术要点　栽植白蜡树掌握八字要领即可。即"壮、大、足、干、时、浅、透、高"。也就是苗壮穴大基肥足；干土填穴层层实；苗要浅栽水要透；高高培土防倒伏；气流通地温高。掌握以上的栽植要领苗木长势好。

① 壮苗。壮苗的标准是苗木粗壮，高度和粗度要相称，具有一定的尖梢度，根系要完整。根系的完整是保证树木栽植成活的基础。俗话说有钱买苗，无钱买根。苗木要新鲜，要随挖随运随栽。

② 栽植穴要大。一般挖一平方米，如苗木大，树穴要相应地加大。这样有利于树木栽植后根系的发育。

③ 基肥要施足。栽植树木十载，树穴底部可施入充分腐熟的有机肥。施肥后可在上再放 20cm 厚的土壤后再栽植，以防根系直接接触肥料烧根。

④ 填土要干，且要踏实。再往树穴中填土的时候，以干土为好。填满土壤后，应进行踏实，不让板结，以免对白蜡的根系造成不利影响。填土踏实，要层层进行，使白蜡根系与土壤密切结合，不能夯实，以防伤根。

⑤ 浅栽、栽后浇透水。白蜡根系适合浅栽，在雨水偏多，土壤比较黏重的地方，只能采取潜栽高培土的方法，以防烂根。在白蜡树栽植之后要浇透水，使穴内的土壤和苗木根系密切结合，充分吸收水分。

5. 整形修剪

在栽种之前，我们就需要将苗木进行一系列修剪，比如说一些长势较弱的根系、多余的枝叶等要修剪干净。等到栽种成活之后，为了促进白蜡树主要枝干的生长，适当地给白蜡树进行修剪，并且慢慢地培养二级枝干，等到二级枝干培育好之后，再继续往下培育下级枝干，一直到形成完整的树形。等白蜡树形成完整的树形之后，后期也还是需要不断地进行修剪的，目的是为了维持树势，以及促进白蜡树的生长。

6. 病虫害防治

（1）流胶病　白蜡流胶病主要发生在树的主干。早春树液开始流动时，此病发生较多，表现为从病部流出半透明黄色树胶。浇完返青水后流胶现象更为严重，发病初期病部稍肿胀，呈暗褐色，表面湿润，后病部凹陷裂开，溢出淡黄色半透明树胶，流出的树胶与空气接触后，变为红褐色，呈胶冻状。干燥后变为红褐色至茶褐色的坚硬胶块。树体流胶致使树木生长衰弱，叶片变黄，变小，严重时枝干或全株枯死。

防治方法：发病期用 50% 多菌灵 800~1000 倍液或 70% 甲基硫菌灵 800~1000 倍液与任意一种杀虫剂，如 20% 甲氰菊酯乳油 1000 倍液或 5% 氯氰菊酯乳油 1500 倍液混配，进行树干涂药。

（2）褐斑病 白蜡褐斑病主要分布在许昌市、商丘市的鄢陵、民权等地。该病是我国新发现的，主要危害白蜡树。危害叶片，引起早期落叶，影响树木当年生长量。病菌着生于叶片正面，散生多角形或近圆形褐斑，斑中央灰褐色，直径 1~2mm，大病斑达 5~8mm。斑正面布满褐色霉点，即病菌的子实体。病原 *Cercospora fraxinites* Ell et Ev. 属真菌门，半知菌亚门，丛梗孢目，尾孢霉属。菌体在冬季潜伏，6~7 月易爆发。

防治方法：播种苗应及时间苗，前期加强肥、水管理，增强苗木抗病力。秋季清扫床苗地面上的病落叶，减少越冬菌源。6~7 月喷 1:2:200 倍波尔多液或 65% 代森锌可湿性粉剂 600 倍液 2~3 次，防病效果良好。

（3）花蓟马 幼虫体长 1.5mm 左右，常于春季危害已展开的新叶，使叶片边沿外卷，使新发芽尖缩为一团，伸展不开，心叶渐渐枯萎。发现后应及时用溴氰菊酯（敌杀死）800~1500 倍液，或敌敌畏 80% 乳油 1000~1500 倍液，或辛硫磷（潜虫杀）1000~2000 倍液喷雾灭杀；或天幼虫危害期过后，摘除翻卷病叶及正常叶，促发新叶，即恢复正常。

（4）吹绵蚧、红蜡蚧 对阳光不足树势不旺的树，多在枝条上为害，刺吸树汁。可于 5~6 月、9~11 月幼虫孵化盛期，用 20% 杀灭菊酯 2000 倍液喷雾灭杀，最好在害虫刚发生时人工除虫。

十四、杜仲

杜仲（*Eucommia ulmoides* Oliver），又名胶木，为杜仲科杜仲属植物。杜仲游离氨基酸极少，含有的少量蛋白质，是和绝大多数食品

类似的完全蛋白，即能够水解检出对人体必需的8种氨基酸。药用杜仲，即为杜仲科植物杜仲的干燥树皮，是中国名贵滋补药材。

1. 形态特征

杜仲为落叶乔木，高可达20m，胸径约50cm。

树皮灰褐色，粗糙，内含橡胶，折断拉开有多数细丝。嫩枝有黄褐色毛，不久变秃净，老枝有明显的皮孔。芽体卵圆形，外面发亮，红褐色，有鳞片6~8片，边缘有微毛。

叶椭圆形、卵形或矩圆形，薄革质，长6~15cm，宽3.5~6.5cm。基部圆形或阔楔形，先端渐尖；上面暗绿色，初时有褐色柔毛，不久变秃净，老叶略有皱纹，下面淡绿，初时有褐毛，以后仅在脉上有毛。侧脉6~9对，与网脉在上面下陷，在下面稍突起，边缘有锯齿，叶柄长1~2cm，上面有槽，被散生长毛。

花生于当年枝基部，雄花无花被；花梗长约3mm，无毛；苞片倒卵状匙形，长6~8mm，顶端圆形，边缘有睫毛，早落；翅果扁平，长椭圆形，长3~3.5cm，宽1~1.3cm，先端2裂，基部楔形，周围具薄翅。

坚果位于中央，稍突起，子房柄长2~3mm，与果梗相接处有关节。种子扁平，线形，长1.4~5cm，宽3mm，两端圆形。早春开花，秋后果实成熟（图8-13）。

图8-13　杜仲的植株及种子

2. 生长习性

杜仲喜温暖湿润气候和阳光充足的环境，能耐严寒，成株在-30℃

的条件下可正常生存，对土壤的选择并不严格，在瘠薄的红土，或岩石峭壁均能生长，但以土层深厚、疏松肥沃、湿润、排水良好的壤土最宜。杜仲树的生长速度在幼年期较缓慢，速生期出现于 7~20 年，20 年后生长速度又逐年降低，50 年后，树高生长基本停止，植株自然枯萎。

3. 分布范围

杜仲是中国的特有种。分布于陕西、甘肃、河南（淅川）、湖北、四川、云南、贵州、湖南、安徽、陕西、江西、广西及浙江等地区，现各地广泛栽种。

张家界为杜仲之乡，世界最大的野生杜仲产地，现江苏国家级林业基地大量人工培育杜仲。

杜仲也被引种到欧美各地的植物园，被称为"中国橡胶树"，虽然和橡胶树并没有任何亲缘关系。

4. 繁殖栽培技术

（1）繁殖

① 播种繁殖。宜选新鲜、饱满、黄褐色有光泽的种子，于冬季 11~12 月或春季 2、3 月，月均温达 10℃以上时播种，一般暖地宜冬播，寒地可秋播或春播，以满足种子萌发所需的低温条件。种子忌干燥，故宜趁鲜播种。如需春播，则采种后应将种子进行层积处理，种子与湿沙的比例为 1：10。或于播种前，用 20℃温水浸种 2~3 天，每天换水 1~2 次，待种子膨胀后取出，稍晒干后播种，可提高发芽率。条播，行距 20~25cm，每亩用种量 8~10kg 播种后盖草，保持土壤湿润，以利种子萌发。幼苗出土后，于阴天揭除盖草。每亩可产苗木 3 万 ~4 万株。

② 嫩枝扦插繁殖。春夏之交，剪取一年生嫩枝，剪成长 5~6cm 的插条，插入苗床，入土深 2~3cm，在土温 21~25℃下，经 15~30 天即可生根。如用 0.05 毫升 / 升萘乙酸处理插条 24h，插条成活率可达 80% 以上。

③ 根插繁殖。在苗木出圃时，修剪苗根，取径粗 1~2cm 的根，剪成 10~15cm 长的根段进行扦插，粗的一端微露地表，在断面下方可萌发新梢，成苗率可达 95% 以上。

④ 压条繁殖。春季选强壮枝条压入土中，深 15cm，待萌蘗抽生

高达 7~10cm 时，培土压实。经 15~30 天，萌蘖基部可发生新根。深秋或翌春挖起，将萌蘖一一分开即可定植。

⑤ 嫁接繁殖。用二年生苗作砧木，选优良母本树上一年生枝作接穗，于早春切接于砧木上，成活率可达 90% 以上。

（2）栽培技术要点　在植树前将穴挖好，穴的规格要比土球规格边缘放宽 30~60cm。在栽植前适当修剪，去除部分枝叶，以利于成活。栽植枝干修剪后，在伤口处涂抹油漆或蜡质防止水分的过度丢失，可有利于成活。栽植时，先埋 1/5 深（20cm）表土，然后将苗放入，再埋土至土球 2/3 深，踩紧实，最后埋土至地面，再次踩紧实。

栽植后，土球应与地面持平或落地于地面 5cm，不得高于地面。栽植后应立即搭支撑，一般立三角点支杆或四角点支杆。树干与支杆接触处应包裹防护。支撑的架木要牢固，否则易倒伏，严重影响成活率，支撑一般一年后去除。在栽植支撑好后浇灌一次透水，7 日再浇灌一次透水，以后表土不干不浇，浇则浇透最佳。秋季栽植的，浇水要根据气温的下降酌情而定，但最后一次浇水应在冷空气到来之前浇灌，并填封冻土，以后直至春季再浇水。

5. 整形修剪

杜仲枝叶茂密，萌蘖性强，属合轴分枝，干性不强，通常采用多领导干形的整形方式。苗期及时除去根蘖和多余萌蘖，培养端直主干。幼树定植 2 年后定干，春季萌芽后，选择 3~5 个枝梢培养成主枝，再将其余枝条剪去。由于枝条较多，可随意选择骨架枝，但成枝力较弱。以后每个主枝上培养 2~3 个侧枝，并适当修剪侧枝，把过密的侧枝及地面长出的一年生萌蘖苗剪去，以促进树干及主枝健壮生长。成年树修剪，应注意保持树冠内空外圆，修剪手法应以疏剪为主，修剪时间以冬季为宜。早秋（9 月）进行轻度换头，应根据主枝生长势的强弱适当修剪，一般剪去主枝延长枝的 1/3，以增强生长势，并可防止无效秋梢萌生，促使枝条木质化。修剪时还应注意剪除病虫枝、枯枝、徒长枝、过密的幼枝及生长不匀称的枝。

6. 病虫害防治

（1）立枯病　苗期病害多发生在 4~6 月多雨季节，病苗近地面的茎腐烂变褐，向内凹陷，植株枯死。

防治方法：苗床地忌用黏土和之前栽种蔬菜、棉花、马铃薯的地块，播种时用 50% 多菌灵 2.5kg 与细土混合，撒在苗床上或播种沟内。发病时用 50% 多菌灵 1000 倍液浇灌。

（2）根腐病 一般多发生于 6~8 月间，危害幼苗。雨季严重，病株根部皮层及侧根腐烂，植株枯萎直立不倒，易拔起。

防治方法：选择排水良好的地块作苗床，实行轮作，病初用 50% 硫菌灵 1000 倍液或福美甲胂 800~1000 倍液喷洒。

（3）叶枯病 发病叶初期先出现黑褐色斑点，病斑边缘绿色，中间灰白色，有时破裂穿孔，直至叶片枯死。

防治方法：冬季清除枯枝叶，病初摘除病叶，发病期用波尔多液或 65% 代森锌 500 倍液 5~7 天喷一次，连续 2~3 次。

（4）豹纹木蠹蛾 幼虫蛀食树干、树枝，造成中空，严重时全株枯萎。

防治方法：注意冬季清园，在 6 月初成虫产卵前用生石灰 10 份，硫黄粉 1 份，水 40 份调好后用毛刷涂刷在树干上防成虫产卵。幼虫蛀入树干后，用棉球蘸敌敌畏、敌百虫塞入蛀孔内毒杀。

第九章　我国暖温带地区常见园林苗木栽培技术

中国的暖温带包括长城以南，秦岭、淮河以北的黄河中下游地区以及新疆塔里木盆地。包括北京、天津两市和山东省的全部，山西、辽宁、河北、河南和陕西等省的大部分，南疆地区以及安徽、江苏、甘肃和宁夏的一部分。该区植物种类繁多，本章按苗木生物学特性分节进行介绍。

第一节　乔木类

一、银杏

银杏（ *Ginkgo biloba* ），落叶乔木，银杏树高大挺拔，叶似扇形。冠大，具有降温作用。叶形古雅，寿命绵长。无病虫害，不污染环境，树干光洁，是著名的无公害树种，有利于银杏的繁殖和增添风景。适应性强，抗烟尘、抗火灾、抗有毒气体。银杏树体高大，树干通直，姿态优美，春夏翠绿，深秋金黄，是理想的园林绿化、行道树种，被列为中国四大长寿观赏树种（松、柏、槐、银杏）。

1. 形态特征

银杏树为裸子植物中唯一的中型宽叶落叶乔木，可以长到25~40m 高，胸径可达 4m，幼树树皮比较平滑，呈浅灰色，大树树皮呈灰褐色，表面有不规则纵裂，有长枝与生长缓慢的锯状短枝。有着较为消瘦的树冠，枝杈有些不规则。1 年生枝为淡褐黄色，2 年生枝粗短，暗灰色，有细纵裂纹。冬芽为黄褐色，多为卵圆形，先端钝尖。

叶子扇形，呈二分裂或全缘，叶脉和叶子平行，无中脉。在 1 年生枝上，叶螺旋状散生，在短枝上 3~8 片叶呈簇生状。

成年银杏的扇形叶片主要有全缘、二分裂或多裂形态，但银杏幼株叶片多数为二分裂，间有多裂，极少是不裂的。

雄球花 4~6 枚，花药黄绿色，花粉球形。萌发时产生具两个纤毛的游动精子。雌球花有长梗，梗端分为二叉，少有 3~5 叉或不分叉。

银杏具有一定观赏价值。因其枝条平直，树冠呈较规整的圆锥形，大量种植的银杏林在视觉效果上具有整体美感。银杏叶在秋季会变成金黄色，在秋季低角度阳光的照射下比较美观，常被摄影者用作背景。

银杏为裸子植物，只有种子的构造，尚未演化出被子植物的果实，但银杏种子的种皮发达，看起来与被子植物的果实相似。银杏种子包在棕黄色的种皮里。银杏的种子称为白果，有点像杏子，因为含有很多丁酸，闻起来像是腐败的奶油。也有人对果浆中的成分过敏，发痒长水疱，洗果子的时候需要戴手套。种子剥出烧熟可以食用，是中国和日本的传统食物（图 9-1、图 9-2）。

图 9-1　银杏的植株和果实

2. 品种

（1）黄叶银杏　叶黄色。

（2）乖枝银杏　幼枝下垂。

（3）斑叶银杏　叶带黄色斑点。

（4）裂叶银杏　叶形较大、缺刻深。

（5）塔状银杏　树冠呈尖塔柱形。

图 9-2　银杏的叶片

此外，食用品种按种子形状可分为：长子类、佛手类、马铃类、梅核类、圆子类五大类别。

3. 分布范围

银杏在中国、日本、朝鲜、韩国、加拿大、新西兰、澳大利亚、美国、法国、俄罗斯等国家和地区均有大量分布。银杏的自然地理分布范围很广。从水平自然分布状况看，以北纬30°线附近的银杏，其东西分布的距离最长，随着这一纬度的增加或减少，银杏分布的东西距离逐渐缩短，纬度愈高银杏的分布愈趋向于东部沿海，纬度愈低银杏的分布愈趋于西南部的高原山区。

在中国银杏主要分布在温带和亚热带气候区内，边缘分布"北达辽宁省沈阳，南至广东省的广州，东南至台湾省的南投，西抵西藏自治区的昌都，东到浙江省的舟山普陀岛"，跨越北纬21°30′~41°46′，东经97°~125°，遍及22个省（自治区）和3个直辖市。中国的银杏资源主要分布在山东、浙江、安徽、福建、江西、河北、河南、湖北、江苏、湖南、四川、贵州、广西、广东、云南等地的60多个县市，另外台湾也有少量分布。

从资源分布量来看，以山东、浙江、江西、安徽、广西、湖北、四川、江苏、贵州等地最多，而各省资源分布也不均衡，主要集中在一些县或市，如江苏的泰兴、新沂、大丰、邳州、吴县，山东省郯城县新村、泰安市、烟台市，湖北省宜昌市雾渡河镇、湖北随州的洛阳镇、何店镇花园村，广西的灵川、兴安等。

许多银杏专家考证后认为，浙江天目山、湖北大洪山和神农架，云南腾冲等偏僻山区，发现自然繁衍的古银杏群。它们是极其珍贵的文化遗产和自然景观，对周围生态环境的改善和研究生物多样性、确保银杏遗传资源的持续利用，具有重要作用。自然资源考察人员还在湖北和四川的深山谷地发现银杏与水杉、珙桐等孑遗植物相伴而生。银杏的垂直分布，也由于所在地区纬度和地貌的不同，分布的海拔高度也不完全一样。

总的来说，银杏垂直分布的跨度比较大，在海拔数米至数十米的东部平原到 3000m 左右的西南山区均发现有生长较好的银杏古树。如江苏泰兴海拔为 5m 左右、吴县海拔约 300m，山东郯城海拔约 40m，四川都江堰海拔 1600m，甘肃为 1500m（兰州），云南为 2000m（昆明），西藏为 3000m（昌都）。

4. 生长习性

银杏寿命长，中国有 3000 年以上历史的银杏古树。最适于生长在水热条件比较优越的亚热带季风区。土壤为黄壤或黄棕壤，pH5~6。初期生长较慢，萌蘖性强。雌株一般 20 年左右开始结实，500 年生的大树仍能正常结实。一般 3 月下旬至 4 月上旬萌动展叶，4 月上旬至中旬开花，9 月下旬至 10 月上旬种子成熟，10 月下旬至 11 月落叶。

5. 繁殖

银杏的繁殖方法很多，有播种、分蘖、扦插、嫁接 4 种方法。

（1）播种繁殖　秋季种子采收后，去掉外种皮，将带中果皮的种子晒干，当年即可冬播或翌年春播（若春播，必须先进行混沙层积催芽）。播种时，将种子胚芽横放在播种沟内，播后覆土 3~4cm 厚并压实。当年幼苗可长至 15~25cm 高，秋季落叶后，即可移植。

必须注意的是，播种繁殖要建立专门的苗圃。苗圃应选地势较高、排水良好、水源充足、灌溉方便的地方，同时要精耕细作，整平地面，施足底肥，并要注意防治地下害虫。播种数量，视白果大小而定，一

般每亩播种 25kg 左右,可出苗 1.5 万~2 万株。开沟播种时,先浇底水,再将白果侧放于沟内,如已出芽,将芽尖向下放置,然后覆土约 3cm 即告结束。

如条件允许,覆土后应再盖一层塑料薄膜,以保持其湿度和温度。当胚芽出土后适当通气,逐渐揭开薄膜。6 月份以后,有条件的应进行遮阳。第 1 年银杏苗木嫩弱,不宜施过量的化肥,要掌握薄肥淡施。如遇大雨,要及时放水并要适时松土。

(2)分蘖繁殖　利用银杏树的根际萌蘖进行繁殖,是一种常用的方法。银杏树由于大砧高接,大树根部易产生大量的萌蘖,任其自然生长多年,则可形成"怀中抱子"的银杏园林风景。如切除根蘖繁育苗木,不但节省种子,而且生长快,开花结果早。

分蘖繁殖可采用两种方法:一是利用原有根蘖切离繁殖,二是挖沟断根促发新蘖繁殖。利用原有根蘖切离繁殖是最简便的一种方法。每年 7~8 月间,在根蘖茎部先进行环形剥皮后培土,经过 1 个多月后环剥处就能发出新根,第二年春天就可切离母体直接定植。

挖沟断根促发新蘖是在秋季进行,在大银杏树附近适当的地方,挖深、宽各 50cm 的环状沟,切断侧根,再填入混有肥料的土壤,生长 1 年即可切离形成新苗。利用分蘖繁殖的小苗,可以直接定植,不需在苗圃里再进行培育,因此,名为分蘖育苗,实为分蘖定株。

(3)扦插繁殖　扦插繁殖分为老枝扦插和嫩枝扦插两种。

老枝扦插一般于春季 3~4 月剪取母株上一、二年生健壮、充实的枝条,剪成每段 10~15cm 长的插条,扦插于细黄沙或疏松的土壤中,插后浇足水,保持土壤湿润,约 40 天即可生根。成活后,进行正常管理。第二年春季即可移植。此法适用于大面积绿化育苗等。

嫩枝扦插是在 7 月上旬,取下当年生半木质化枝条,剪成 2 芽一节的插穗或 3 芽一节的插穗,用 100mg/kg ABT 生根粉浸泡后,插入透气沙质土壤苗床,注意遮阳,保持空气湿度,待发根后再带土移栽于普通苗床。

(4)嫁接繁殖　嫁接繁殖是银杏栽培中的主要繁殖方法,可提早结果，使植株矮化、丰满、丰产。一般于春季 3 月中旬至 4 月上旬采用皮下枝接、剥皮接或切接等方法进行嫁接。接穗多选自 20~30 年生、生长力强、结果旺盛的植株。一般选用 3~4 年生枝上具有 4 个左右的短枝作接穗，每株一般接 3~5 枝。嫁接后 5~8 年开始结果。

6. 栽植技术

（1）土地选择　银杏寿命长，一次栽植长期受益，因此土地选择非常重要。银杏属喜光树种，应选择坡度不大的阳坡作为造林地。对土壤条件要求不严，但以土层厚、土壤湿润肥沃、排水良好的中性或微酸性土为好。

（2）株行距选择　银杏早期生长较慢，密植可提高土地利用率，增加单位面积产量。一般采用 2.5m×3m 或 3m×3.5m 的株行距，每亩定植 88 株或 63 株，封行后进行移栽，先从株距中隔一行移一行，变成 5m×3m 或 6m×3m 的株行距，每亩 44 株或 31 株，隔几年又从原来行距里隔一行移植一行，变成 5m×6m 或 6m×7m 的株行距，每亩定植 22 株或 16 株。

（3）苗木规格　良种壮苗是银杏早实丰产的物质基础，应选择高径比 50∶1 以上、主根长 30cm、侧根齐，当年新梢生长量 30cm 以上的苗木进行栽植。此外，苗木还须有健壮的顶芽，侧芽饱满充实，无病虫害。

（4）栽植时间　银杏以秋季带叶栽植及春季发叶前栽植为主，秋季栽植在 10~11 月进行，可使苗木根系有较长的恢复期，为第二年春地上部发芽做好准备。春季发芽前栽植，由于地上部分很快发芽，根系没有足够的时间恢复，所以生长不如秋季栽植好。

（5）栽植方法　银杏栽植要按设计的株行距挖栽植窝，规格为（0.5~0.8）m×（0.6~0.8）m，窝挖好后要回填表土，施发酵过的含过磷酸钙的肥料。栽植时，将苗木根系自然舒展，与前后左右苗木对齐，然后边填土边踏实。栽植深度以培土到苗木原土印上 2~3cm 为宜，不要将苗木埋得过深。定植好后及时浇定根水，以提高成活率。

7. 整形修剪

（1）幼龄树的整形与修剪　首先，确定好主干高度，然后在春季

萌发前在确定的高度处剪截，选用带 2~3 个饱满芽的优良种结穗进行嫁接。

（2）盛种期的整形修剪　银杏的盛种期长达 200~300 年，若连年大量结果，会致树体衰弱，产量下降。因此，要因树制宜，疏密留稀，疏弱留强。

二、油松

油松（*Pinus tabuliformis*），别名短叶松、短叶马尾松、红皮松、东北黑松等，常绿针叶树种。松树树干挺拔苍劲，四季常春，不畏风雪严寒。除了适于作独植、丛植、纯林群植外，亦宜行混交种植。适于作油松伴生树枝的有元宝枫、栎类、桦木、侧柏等。

1. 形态特征

油松为乔木，高达 25m，胸径可达 1m 以上；树皮灰褐色或褐灰色，裂成不规则较厚的鳞状块片，裂缝及上部树皮红褐色；枝平展或向下斜展，老树树冠平顶，小枝较粗，褐黄色，无毛，幼时微被白粉；冬芽矩圆形，顶端尖，微具树脂，芽鳞红褐色，边缘有丝状缺裂。

针叶 2 针一束，深绿色，粗硬，长 10~15cm，径约 1.5mm，边缘有细锯齿，两面具气孔线；横切面半圆形，二型层皮下层，在第一层细胞下常有少数细胞形成第二层皮下层，树脂道 5~8 个或更多，边生，多数生于背面，腹面有 1~2 个，稀角部有 1~2 个中生树脂道，叶鞘初呈淡褐色，后呈淡黑褐色（图 9-3）。

雄球花圆柱形，长 1.2~1.8cm，在新枝下部聚生成穗状。球果卵形或圆卵形，长 4~9cm，有短梗，向下弯垂，成熟前绿色，熟时淡黄色或淡褐黄色，常宿存树上近数年之久；中部种鳞近矩圆状倒卵形，长 1.6~2cm，宽约 1.4cm，鳞盾肥厚、隆起或微隆起，扁菱形或菱状多角形，横脊显著，鳞脐凸起有尖刺；种子卵圆形或长卵圆形，淡褐色有斑纹，长 6~8mm，径 4~5mm，连翅长 1.5~1.8cm；子叶 8~12 枚，长 3.5~5.5cm；初生叶窄条形，长约 4.5cm，先端尖，边缘有细锯齿。花期 4~5 月，球果第 2 年 10 月成熟（图 9-4）。

图 9-3 油松的植株

图 9-4 油松的花和果实

2. 变种

（1）黑皮油松（拉丁名：*Pinus tabulaeformis var.mukdensis*）生长在辽宁、朝鲜。最大的球果直径超过15cm。

（2）扫帚油松（拉丁名：*Pinus tabuliformis var.umbraculifera*）产于辽宁鞍山千山慈祥观附近。可作庭园树。

3. 分布范围

中国特有树种，产于吉林南部、辽宁、河北、河南、山东、山

西、内蒙古、陕西、甘肃、宁夏、青海及四川等省区，生于海拔100~2600m 地带，多组成单纯林。其垂直分布由东到西、由北到南逐渐增高。辽宁、山东、河北、山西、陕西等省有人工林。油松适应性强，适合我国北方大多数地区种植，南方高海拔地区也有栽培。

4. 生长习性

油松为喜光、深根性树种，喜干冷气候（温带大陆性季风气候），在土层深厚、排水良好的酸性、中性或钙质黄土上均能生长良好。

5. 繁殖技术

（1）苗圃地选择　选择地势平坦、灌溉方便、排水良好、土层深厚肥沃的中性（pH 6.5~7.0）砂壤土或壤土为苗圃地。宜选择前茬作物为油松、栎类、杨树、柳树、紫穗槐及其他一些针叶树种茬地为苗圃地，也可新开垦荒地育苗，避免在前茬作物为刺槐、榆树、君迁子等树种和白菜、马铃薯等菜地茬口上育苗。

（2）整地

① 整地施肥。育苗前必须整地。苗圃整地以秋季深耕为宜，深度在 20~30cm，深耕后不耙。第 2 年春季土壤解冻后每公顷施入堆肥、绿肥、厩肥等腐熟有机肥 40000~50000kg，并施过磷酸钙 300~375kg。再浅耕一次，深度在 15~20cm，随即耙平。

② 做床。做床前 3~5 天灌足底水，将圃地整平后做床。一般采用平床，苗床宽 1~1.2m，两边留好排灌水沟及步道，步道宽 30~40cm，苗床长度根据圃地情况确定。在气候湿润或有灌溉条件的苗圃可采用高床，苗床高出步道 15~20cm，床面宽 30~100cm，苗床长度根据圃地情况确定。而在干旱少雨、灌溉条件差的苗圃可采用低床育苗，床面低于步道 15~20cm，其余与平床要求相同。

（3）土壤消毒　播种前宜进行土壤消毒。

（4）种子处理

① 质量测定。播种前，按照 GB/T 2772—1999《林木种子检验规程》对种子进行净度、发芽率和含水量等质量指标测定，评定种子质量等级，为确定合理的播种量提供依据。种子质量应当达到 GB

7908—1999《林木种子质量分级》标准要求。

②种子消毒。播种前应当用福尔马林或高锰酸钾对种子进行消毒。a. 福尔马林消毒：将种子放在 0.5% 福尔马林溶液中浸泡 15~30min，捞出后密闭 2h，用清水冲洗后，将种子摊薄阴干。b. 高锰酸钾消毒，用 0.5%高锰酸钾溶液浸泡种子 2h 后，清水洗净，阴干。

③种子催芽。采用温水浸种催芽。播种前 4~5 天用始温 45~60℃温水浸种，种子与水的容积比约为 1∶3。浸种时不断搅拌，使种子受热均匀，自然冷却后浸泡 24h。种皮吸水膨胀后捞出，置于 20~25℃条件下催芽。在催芽过程中经常检查，防止霉变，每天用清水淘洗一次，有 1/3 的种子裂嘴时，即可播种。

④播种

a. 播种时间。一般在 3 月下旬至 4 月上、中旬，适时早播。

b. 播种量。根据种子质量等级、预产苗量等因素，每公顷播种量225~300kg。

c. 播种方法。以开沟条播为宜，开沟要端直，沟底平。沟深1.0~1.5cm，沟宽 5~7cm，沟间距 15~20cm。用播种器将种子均匀播于床面沟底内，或手工播种，撒种要均匀。播种深度 1.0~1.5cm。

d. 覆土镇压。覆土厚度 1.0~1.5cm，厚薄要一致。覆土后镇压。

⑤其他技术措施。有条件的苗圃可在床面喷增温剂或覆膜保湿。

（5）田间管理

①出苗期。苗木出土前一般不浇水，视土壤干燥情况可少量喷水，保持床面湿润。切忌浇蒙头水以防土壤板结，通气不良。

②幼苗期。苗木出齐后（70% 脱帽），灌小水一次进行稳苗。油松幼苗耐干旱，怕淤，怕涝，易染立枯病，出土后 30~50 天内，少浇水或不浇水，以促进根系发育，并能防止立枯病的发生。

③速生期。苗木速生期需水增多，应根据天气和土壤墒情保证水分供应，尤其是间苗或追肥后要及时灌水，浇匀浇透，土壤浸湿深度应达到主根分布深度。灌水应在早晨和傍晚进行，避免在气温最高的中午灌水。每次灌溉或暴雨后要及时为油松苗清洗淤泥。

④ 生长后期。苗木生长后期,即 8 月下旬停止灌溉,防止苗木徒长,使苗木充分木质化。土壤封冻前灌足防冻水,以利于苗木安全越冬。

⑤ 苗木生长期间,应根据苗木生长情况适时追肥,幼苗期和速生期前期以施氮肥为主,苗木生长后期应停止施用氮肥,并适量追施钾肥,防止苗木徒长,促使苗木充分木质化。

⑥ 雨季前,苗圃杂草少,应着重松土。降雨或灌水后,土壤易板结,应及时松土。松土深度应考虑苗木大小,一般幼苗期松土深度为 2~4cm,以后逐渐加深至 5~6cm。松土时做到不伤苗、不压苗。

雨季以后杂草增多,应及时除草。除草应"除早、除小、除了",防止带苗或伤根。有条件的地方,可在地面覆黑地膜,既保墒,又可防止杂草生长。

⑦ 间苗。一般非过密可不间苗,如需间苗不宜过早。当苗木生长旺盛,苗木间出现竞争并产生分化时,进行第一次间苗,一般在 6~7 月份,隔 10~20 天进行第二次间苗。间苗采用间去大小两头留中间的方法。全苗处可等距离留苗,缺苗处可留 2~3 株一簇的丛生苗。间去病苗、弱苗、双株苗和无顶尖等机械损伤苗。间苗时连根拔出,不留残根残梗。间苗后,苗木密度保持每播种行 1m 长留苗 100~130 株,即每平方米 400~500 株。

⑧ 切根。在秋季苗木停止生长前进行切根,可人工切根或机器切根,一般切根深度为 8~12cm。

⑨ 越冬防寒,浇防冻水。苗木越冬前 7 天左右灌一次防冻水。在较寒冷地区,当年生小苗越冬可进行埋土防寒。埋土一般在土壤结冻前进行,埋土时应使苗木倒向一边,埋土厚度以不露苗梢为度。加盖防寒物,当年生小苗越冬可用稻草、麦秆或其他草秆将苗床覆盖。

6. 栽培技术

(1) 整地做床 在整地前,先施硫酸亚铁,然后用锨深翻 20cm,再搂平做床,畦宽 1.5m,长 20~50m,打埂做畦,种植 50cm 左右的苗按 1.5m × 1.5m 的株行距定点挖穴,每畦一行,每亩栽 300 株。

(2) 挖穴栽苗 栽植油松时,每畦一行,定点在畦的中央,穴为 30cm × 30cm,下留松土 4~5cm,若是草绳包装的土球,可以不解开;

若是尼龙绳和塑料包装的，必须解下，免得造成栽死苗的恶果。将苗栽好后，平好畦面，即可浇灌。若苗叶发黄，则缺铁，需施硫酸亚铁。

（3）苗木管理　油松栽上后，在1周内施2次水，以后可松土、保墒，到5月初再浇一次，以后天气不旱不浇，到6月可施一次肥，8月施一次硫酸亚铁。在株边挖坑点施。可20天进行一次松土锄草，要求认真细致，一般深达4~5cm，要求锄匀，土松无坷垃，草锄净、拾净。

（4）肥水管理　肥水管理是保障植株正常生长、抵抗病虫害的重要措施。在移植成活后的1年中，在生长季节平均每2个月浇水1次。施肥时，高3.5m以下的植株采取盘供肥，1年施肥2~3次，以早春土壤解冻后、春梢旺长期和秋梢生长期供肥较好；对于高3.5m以上植株在成活后1~2年内可采取以上施肥方式，之后以根外追肥较合适，施肥工具可用机动喷雾器，在生长季每月喷施1次即可。

7. 整形修剪

油松在管理过程中，需注意整形和换头工作。油松在生长过程中，有的重枝，头会损坏或处于弱势，须用强健的侧枝拉上、捆好，以后成为中心优势，这个过程就是换头。

整形修剪是以保证油松树形优美、整齐一致、生长良好、不影响城市的公益设施建设和人们的生活为目的的，应采取哪些措施，要视绿化场所、位置、占用空间及艺术造型等具体目的而定。

8. 鸟害、病虫害防治

（1）鸟害　苗木出土到种壳脱落前，可在苗床上盖苇帘或加防护网，以防鸟害。

（2）病虫害　油松幼苗易感染猝倒病，应在苗木出齐后，每隔7~10天喷洒0.5%~1%硫酸亚铁溶液，或0.5%等量式波尔多液一次，连续喷2~3次，喷药后用清水洗苗。同时，定期对苗木进行检查，发现病虫害感染严重的苗木立即清除并烧毁。

三、白皮松

白皮松（*Pinus bungeana* Zucc.），常绿乔木，松科松属。其树姿优美，树皮奇特，可供观赏。白皮松在园林配置上用途十分广泛，可

以孤植、对植，也可丛植成林或作行道树，均能获得良好效果。适于庭院中堂前、亭侧栽植，使苍松奇峰相映成趣，颇为壮观。干皮斑驳美观，针叶短粗亮丽，是一种不错的历史园林绿化传统树种，又是一种适应范围广泛、能在钙质土壤和轻度盐碱地生长良好的常绿针叶树种。

1. 形态特征

乔木，高达 30m，胸径可达 3m；有明显的主干，或从树干近基部分成数干；枝较细长，斜展，形成宽塔形至伞形树冠；幼树树皮光滑，灰绿色，长大后树皮呈不规则的薄块片脱落，露出淡黄绿色的新皮，老树皮则呈淡褐灰色或灰白色，裂成不规则的鳞状块片脱落，脱落后近光滑，露出粉白色的内皮，白褐相间成斑鳞状；1 年生枝灰绿色，无毛；冬芽红褐色，卵圆形，无树脂。针叶 3 针一束，粗硬，长 5~10cm，径 1.5~2mm，叶背及腹面两侧均有气孔线，先端尖，边缘有细锯齿；横切面扇状三角形或宽纺锤形，单层皮下层细胞，在背面偶尔出现 1~2 个断续分布的第二层细胞，树脂道 6~7，边生，稀背面角处有 1~2 个中生；叶鞘脱落。雄球花卵圆形或椭圆形，长约 1cm，多数聚生于新枝基部成穗状，长 5~10cm。球果通常单生，初直立，后下垂，成熟前淡绿色，熟时淡黄褐色，卵圆形或圆锥状卵圆形，长 5~7cm，径 4~6cm，有短梗或几无梗；种鳞矩圆状宽楔形，先端厚，鳞盾近菱形，有横脊，鳞脐生于鳞盾的中央，明显，三角状，顶端有刺，刺之尖头向下反曲，稀尖头不明显；种子灰褐色，近倒卵圆形，长约 1cm，径 5~6mm，种翅短，赤褐色，有关节易脱落，长约 5mm；子叶 9~11 枚，针形，长 3.1~3.7cm，宽约 1mm，初生叶窄条形，长 1.8~4cm，宽不及 1mm，上下面均有气孔线，边缘有细锯齿。花期 4~5 月，球果次年 10~11 月成熟（图 9–5、图 9–6）。

2. 生长习性

白皮松是喜光树种，耐瘠薄，耐寒，在较干冷的气候里有很强的适应能力；在气候温凉、土层深厚、肥沃而湿润的钙质土和黄土上生长良好。喜光、耐旱、耐干燥瘠薄、抗寒力强，是松类树种中能适应钙质黄土及轻度盐碱土壤的主要针叶树种。对二氧化碳和烟尘污染有较强的抗性。

图 9-5　白皮松的植株

图 9-6　白皮松的干和球果

白皮松一般生长在海拔 500~1000m 的山地石灰岩形成的土壤中，但在气候冷凉的酸性石山上或黄土上也能生长。对 -30℃的干冷气候，pH7.5~8 的土壤仍能适应。能在石灰岩地区生长，而在排水不良或积水地方不能生长。

3. 分布范围

为中国特有树种，分布于陕西秦岭、太行山南部，河南西部，甘肃南部及天水麦积山，四川北部江油观雾山及湖北西部等地。陕西、苏州、杭州等地均有栽培，唯有陕西人工栽培面积最大。

4. 栽培技术

（1）繁殖方法

① 播种繁殖。白皮松一般多用播种繁殖，育苗地应选择排水良好、地势平坦、土层深厚的砂壤土。早春解冻后立即播种，可减少松苗立枯病。由于怕涝，应采用高床播种，播前浇足底水，每 10m² 用 1kg 左右种子，可产苗 1000~2000 株。撒播后覆土 1~1.5cm，罩上塑料薄膜，可提高发芽率。待幼苗出齐后，逐渐加大通风时间，以至于全部去掉薄膜。播种后幼苗带壳出土，约 20 天自行脱落，这段时间要防止鸟害。幼苗期应搭棚遮阳，防止日灼，入冬前要埋土防寒。小苗主根长，侧根稀少，故移栽时应少伤侧根，否则易枯死。

② 嫁接繁殖。如采用嫩枝嫁接繁殖，应将白皮松嫩枝嫁接到油松大龄砧木上。白皮松嫩枝嫁接到 3~4 年生油松砧木上，一般成活率可达 85%~95%，且亲和力强，生长快。接穗应选生长健壮的新梢，其粗度以 0.5cm 为好。

2 年生苗裸根移植时要保护好根系，避免其根系吹干损伤，应随掘随栽，以后每数年要转垛一次，以促生须根，有利于定植成活。一般绿化都用 10 年生以上的大苗。移植以初冬休眠时和早春开冻时最佳，用大苗时必须带土球移植，栽植胸径 12cm 以下的大苗，需挖一个高120cm、直径 150cm 的土球，用草绳缠绕固土，搬运过程中要防止土球破碎，种植后要立桩缚扎固定。

（2）田间管理

① 苗期管理。待幼苗出齐后，逐渐加大苗床通风时间，通过炼苗增强其抗性。白皮松喜光，但幼苗较耐阴，去掉薄膜后应随即盖上遮阳网，以防高温日灼和立枯病的危害。

② 肥水管理。久旱不雨或夏季高温要及时浇水。除草要掌握"除早、除小、除净"的原则，株间除草用手拔，以防伤害幼苗。撒播苗拔草后要适当覆土，以防裂缝。条播苗除草和松土结合进行，间苗和补苗同时并举。而后要及时排水。

白皮松幼苗应以基肥为主，追肥为辅。从 5 月中旬到 7 月底的生长旺期进行 2~3 次追肥，以氮肥为主，每亩施尿素 4kg 左右。生长后期停施氮肥，增施磷、钾肥，以促进苗木木质化，还可用 0.3%~0.5% 磷酸二氢钾溶液喷洒叶面。

　　白皮松幼苗生长缓慢，宜密植，如需继续培育大规格苗木，则在定植前还要经过 2~3 次移栽。2 年生苗可在早春顶芽尚未萌动前带土移栽，株行距 20~60cm，不伤顶芽，栽后连浇 2 次水，6~7 天后再浇水。4~5 年生苗，可进行第二次带土球移栽，株行距 60~120cm。成活后要保持树根周围土壤疏松，每株施腐熟有机肥 100~120kg，埋土后浇透水，之后加强管理，促进生长，培育壮苗。

5. 整形修剪

　　一般松柏类顶端优势明显，主干易养。其中白皮松、油松、华山松等主枝为轮生状，如一年轮的主枝数量过多，则中央干的优势易被减弱。因此，当轮生的主枝过多时，可每轮只留 4~5 个分布合理均匀的主枝，而将其他的疏除。如出圃作行道树栽植的苗木，在苗圃中抚育至 6~7 年生以后，应每年将其分枝点提高一轮，到出圃时就能达到分枝点在 2.5m 以上的高度。绿化要求干高较低的，也可以不做修剪。

　　白皮松以及桧柏等松柏类，易自下部生出徒长枝，而出现双干现象。在苗圃抚育期间，应随时疏除与中央领导干并列的徒长枝。上述几种松类，如顶芽被破坏，应及时将临近的侧枝（主枝）用直立棍捆绑扶起，以代替主干。

6. 病虫害防治

　　播种后要注意种蝇幼虫为害幼苗，所施基肥必须充分腐熟、捣碎。松大蚜为害苗木嫩枝和针叶，易导致黑霉病，造成树势衰弱，甚至死亡。防治方法：可在为害初期喷 50% 辛硫磷乳剂，每千克加水 2000kg。

四、水杉

　　水杉（*Metasequoia glyptostroboides*），落叶乔木，柏科水杉属唯一现存种，中国特产的孑遗珍贵树种，是第一批列为中国国家一级保护植物的稀有种类，有植物王国"活化石"之称。

1.形态特征

落叶乔木，高达 35~41.5m，胸径达 1.6~2.4m；幼树树冠尖塔形，老树则为广圆头形；树皮灰褐色或深灰色，裂成条片状脱落，内皮淡紫褐色；大枝近轮生，小枝对生或近对生，下垂，1 年生枝淡褐色，2~3 年生枝灰褐色，枝的表皮层常成片状剥落，侧生短枝长 4~10cm，冬季与叶俱落；叶交互，在绿色脱落的侧生小枝上排成羽状二列，扁平条形，柔软，几乎无柄，通常长 1.3~2cm，宽 1.5~2mm，上面中脉凹下，下面沿中脉两侧有 4~8 条气孔线。雌雄同株，雄球花单生叶腋或苞腋，卵圆形，交互对生排成总状或圆锥花序状，雄蕊交互对生，约 20 枚，花药 3，花丝短，药隔显著；雌球花单生侧枝顶端，由22~28 枚交互对生的苞鳞和珠鳞所组成，各有 5~9 胚珠。球果下垂，当年成熟，果蓝色，可食用，近球形或长圆状球形，微具四棱，长1.8~2.5cm；种鳞极薄，透明；苞鳞木质，盾形，背面横菱形，有一横槽，熟时深褐色；种子倒卵形，扁平，周围有窄翅，先端有凹缺。每年 2月开花，果实 11 月成熟（图 9-7、图 9-8）。

图 9-7　水杉的植株

图 9-8　水杉的枝叶

2.品种

目前园林应用的水杉仅有常规水杉和金叶水杉。

3.分布范围

我国原有的野生水杉仅分布于湖北、重庆、湖南三省交界的利川、石柱、龙山三县的局部地区，垂直分布于海拔 750~1500m 的地区。但由于水杉适应性强，除具有观赏价值外，又是木质致密的良材，所以目前除西藏外，各地均引种栽培。世界上许多国家向中国索取水杉树苗，已传播到欧、美、亚、非等约 50 个国家和地区，人们称之为"再生复活树"。

4. 生长习性

水杉喜光，在年平均温度 12~20℃、年降水量 1000~1500mm 的地区生长良好。在年降水量 500~600mm 的华北地区，干旱季节如能及时灌溉，也能正常生长。水杉在原产地主要分布在河滩冲积土及由侏罗纪沙岩发育的山地黄壤和紫色土上。对土壤要求比较严格，需土层深厚、疏松、肥沃，尤喜湿润，对土壤水分不足反应非常敏感。在地下水位过高、长期滞水的低湿地，也生长不良。有一定的抗盐碱能力，在含盐量 0.2% 的轻盐碱地上能正常生长。对空气中的二氧化硫等有害气体抗性强，具有较强吸滞粉尘的能力，常被用作城市绿化、公园等美化环境的优良树种。

5. 繁殖

（1）播种繁殖　球果成熟后即采种，经过暴晒，筛出种子，干藏。春季 3 月份播种。亩播种量 0.75~1.5kg，采用条播（行距 20~25cm）或撒播，播后覆草不宜过厚，需经常保持土壤湿润。

（2）扦插繁殖　采用硬枝扦插和嫩枝扦插均可。

① 硬枝扦插

a. 插条母树的选择：从 2~3 年生母树上剪取 1 年生健壮枝条作插条。

b. 采条及扦插时间：1 月份采条，3 月 10 日左右扦插。

c. 插条规格及处理：插条剪截长度 10~15cm，然后按 100 根 1 捆插在沙土中软化，保温保湿防冻，扦插前用浓度为 100mg/L ABT1 号生根粉溶液浸泡 10~20h。

d. 插后管理及扦插方法：采用大田扦插，每亩插 2 万 ~3 万株，插后采取全光育苗，适时浇水、除草、松土。效果：用 ABT 生根粉浸泡过的枝条，提前生根 15~20 天，生根多而粗，成活率达 90% 以上，比其他未用 ABT 生根粉的高出 35% 左右。

② 嫩枝扦插。在 5 月下旬至 6 月上旬进行。选择半木质化嫩枝作

插穗，长 14~18cm，保留顶梢及上部 4~5 片羽叶，插入土中 4~6cm，每亩插 7 万 ~8 万株。插后遮阳，每天喷雾 3~5 次。9 月下旬后可撤去阴棚。圃地经常保持湿润通风，可促进插穗早日生根。苗期注意防治立枯病和茎腐病。

6. 栽植技术

（1）土地选择　水杉不耐瘠薄，在土壤瘠薄的地方生长势差，宜选地形开阔、土壤耕性良好、质地疏松、肥沃、排水良好的地方。

（2）株行距选择　水杉早期生长较慢，密植可提高土地利用率，增加单位面积产量。一般采用 1m×1m 株行距，每亩定植 600 株，封行后进行移栽，先从株距中隔一行移一行，变成 3m×4m 或 4m×6m 株行距，隔几年又从原来行距里隔一行移植一行。

（3）苗木规格　良种壮苗是水杉早实丰产的物质基础，应选择高径比 50∶1 以上、主根长 30cm、侧根齐、当年新梢生长量 30cm 以上的苗木进行栽植。此外，苗木还须有健壮的顶芽，侧芽饱满充实，无病虫害。

（4）栽植时间　水杉一般栽植时间以 3 月底 4 月初、早春花前为最佳。

（5）栽植方法

① 水杉栽植。树坑宜大不宜小，树坑过小，不仅栽植麻烦，而且不利于根系生长。穴规格 50cm×50cm，深度可略高于厚土球 2~3cm，挖穴时采用同一方向出土，有规则堆放。底土最好是熟化土壤且应与基肥拌匀，基肥种类、数量可根据当地条件而定。

② 浇水。种植完毕，应立即浇水，5 天后浇二水，7 天后浇三水，以后视土壤干湿程度浇水，使土壤经常保持湿润状态。水杉喜湿，怕涝，在栽培养护中应严格掌握这一原则，这也是保证其成活率的重要举措。进入正常管理程序后，早春的返青水、初冬的防冻水是必不可缺的。

③ 中耕除草。一般在雨后或浇水后中耕，防止土壤板结，保持疏松湿润。中耕深度为 10cm 左右。春、夏季根系迅速生长期应适当浅耕，夏、秋季生长缓慢期，不需要中耕，而只除草。

④ 水杉施肥。每年可进行 3 次，5 月中旬施一次氮肥，可提高植

株生长量，扩大营养面积；8月施一次磷、钾肥，可提高新生枝条的木质化程度；入冬前结合浇水施一次腐熟发酵肥，可以提高土壤活性，而且可有效提高地温。

7. 整形修剪

（1）留床苗修剪　水杉的扦插繁殖苗一般株行比较密，主要以高生长为主，注意保持植株通直，一般不进行修剪。

（2）培大苗整形　在苗地培养过程中要逐年留好枝下高，每年视苗的生长势及整体长势的均衡性，最下部的枝条每年修剪 1~2 盘，直到有合适的枝下高。还要及时疏理过密枝、病虫枝、重叠枝、内膛枝和扰乱树形的枝条。

（3）移植与出圃修剪　成形苗木在移植或出圃时，应带泥球。一般采用疏枝和短截的方法。剪除病虫枝、重叠枝、内膛枝和扰乱树形的枝条。胸径 3cm 以下的苗木可不带土球，裸根移植时注意保护根盘完整。修剪量可适当增加，但顶梢必须保护。

8. 病虫害防治

主要防治立枯病，病害发生时，及时喷洒 1%~3% 波尔多液。

五、圆柏

圆柏 [*Sabina chinensis* (L.) Ant.]，常绿乔木，柏科圆柏属，也称刺柏、柏树、桧、桧柏。圆柏幼龄树树冠整齐呈圆锥形，树形优美，大树干枝扭曲，姿态奇古，可以独树成景，是中国传统的园林树种。圆柏在庭院中用途极广，性耐修剪，又有很强的耐阴性，故作绿篱比侧柏优良，下枝不易枯，冬季颜色不变褐色或黄色，且可植于建筑之北侧阴处。中国古来多配植于庙宇陵墓作墓道树或柏林。可以群植草坪边缘作背景，或丛植片林，镶嵌树丛的边缘、建筑附近。

1. 形态特征

常绿乔木或灌木，高 20m, 胸径达 3~5m。树冠尖塔形，老时树冠呈广卵形。树皮灰褐色，裂成长条片。幼树枝条斜上展，老树枝条扭曲状，大枝近平展；小枝圆柱形或微呈四棱；冬芽不显著。叶两型，

鳞叶钝尖，背面近中部有椭圆形微凹腺体；刺形叶披针形，三叶轮生，上面微凹，有两条白色气孔带。

雌雄异株，少同株。球果近圆球形，2年成熟，径6~8mm，暗褐色，外有白粉，种子1~4。种子卵形，扁。子叶2，出土。花期4月下旬，果多次年10~11月成熟（图9-9）。

图9-9　圆柏的植株、花和果实

2. 主要品种

（1）球桧　为丛生圆球形或扁球形灌木，叶多为鳞叶，小枝密生。

（2）金叶桧　栽培变种，植株呈直立窄圆锥形灌木状，全为鳞形叶，鳞叶初为深金黄色，后渐变为绿色。

（3）金心桧　栽培品种，为卵圆形无主干灌木，具两型叶，小枝顶部部分叶为金黄色。

（4）龙柏　树形不规正，枝交错生长，少数大枝斜向扭转，小枝紧密多为鳞叶，仅有时萌生蘖枝上有钻形叶。树冠圆柱状或柱状塔形；枝条向上直展，常有扭转上升之势，小枝密，在枝端成几等长之密簇；鳞叶排列紧密，幼嫩时淡黄绿色，后呈翠绿色；球果蓝色，微被白粉。长江流域及华北各大城市庭园有栽培。

（5）鹿角桧 丛生灌木，中心低矮，外侧枝发达斜向外伸长，多为紧密的鳞叶。华东地区多栽培作园林树种。

（6）塔桧 树冠塔状圆柱形，枝不平展，多贴主干斜生，小枝密集，两型叶，以钻形叶为多。亦名圆柱桧。华北及长江流域各地多栽培作园林树种。

（7）匍地龙柏（栽培变种） 植株无直立主干，枝就地平展。

3. 生长习性

喜光树种，较耐阴，喜温凉、温暖气候及湿润土壤。在华北及长江下游海拔 500m 以下，长江中上游海拔 1000m 以下排水良好之山地可选用造林。忌积水，耐修剪，易整形。耐寒、耐热，对土壤要求不严，能生于酸性、中性及石灰质土壤上，对土壤的干旱及潮湿均有一定的抗性，但以在中性、深厚而排水良好处生长最佳。深根性，侧根也很发达。生长速度中等而较侧柏略慢，25 年生者高 8m 左右。寿命极长，对多种有害气体有一定抗性，是针叶树中对氯气和氟化氢抗性较强的树种。对二氧化硫的抗性显著胜过油松。能吸收一定数量的硫和汞，防尘和隔音效果良好。

4. 栽培技术

（1）繁殖方法 参见白桦相关内容。

（2）田间管理 小苗移栽时，先挖好种植穴，在种植穴底部撒上一层有机肥料作为底肥（基肥），厚度为 4~6cm，再覆上一层土并放入苗木，以把肥料与根系分开，避免烧根。放入苗木后，回填土壤，把根系覆盖住，并用脚把土壤踩实，浇一次透水。

① 湿度管理：喜欢略微湿润至干爽的气候环境。

② 温度管理：耐寒。夏季高温期，不能忍受闷热，否则会进入半休眠状态，生长受到阻碍。最适宜的生长温度为 15~30℃。

③ 光照管理：喜阳光充足，略耐半阴。

④ 肥水管理：对于地栽的植株，春夏两季根据干旱情况施用 2~4次肥水：先在根颈部以外 30~100cm 开一圈小沟（植株越大，则离根颈部越远），沟宽、深均为 20cm。沟内撒进 12~25kg 有机肥，或者用

颗粒复合肥（化肥），然后浇透水。入冬以后开春以前，照上述方法再施肥一次，但不用浇水。

5. 整形修剪

圆柏顶端优势强，生长速度中等，寿命长。树冠尖塔形或圆锥形，老树则成广卵形、球形或钟形。同是一种圆柏，它在草坪上独植用作观赏与培育用材林，就有完全不同的修剪整形要求，因而具体的整剪方法各异，至于作绿篱用时则更有区别。圆柏呈尖塔形、圆锥形树冠，顶端优势特强，形成明显的主干与主侧枝的从属关系。采用保留中央主干的整形方式，使之呈成圆柱形、圆锥形。萌芽发枝力强的树种，大都能耐多次修剪。

圆柏一般采取常规性修剪。对主枝附近的竞争枝应进行短截，保证中心主枝的顶端优势。主干顶端如受损伤，应选择一直立向上生长的枝条或在壮芽处短截，并把其下部的侧芽抹去，抽生出直立枝条代替，避免形成多头现象。

圆柏树冠下部的枝条均应保留，形成自然冠形，不可剪除下部枝条。作为行道树因下部枝过长妨碍交通时，应剪除下枝而保持一定的枝下高度。

圆柏在园林植物中使用极广，枝下高控制在20~50cm，要求各主枝错落分布，呈螺旋式上升，当新枝10~20cm时修剪一次，全年2~4次，使枝叶稠密成群龙抱柱形，应剪去主干顶端产生的竞争枝条，对主枝上向外伸展的侧枝及时摘心、剪梢，以改变侧枝生长方向。

6. 病虫害防治

常见圆柏梨锈病、圆柏苹果锈病及圆柏石楠锈病等。这些病菌以圆柏为越冬寄主，对圆柏本身虽伤害不太严重，但对梨、苹果、石楠、海棠等则危害颇巨，故应注意防治，最好避免在苹果、梨园等附近种植圆柏。

六、侧柏

侧柏 [*Platycladus orientalis*（L.）Franco]，属常绿乔木，柏科侧柏

属,别名香柏(河北)、香树、香柯树(湖北宣恩、利川)、黄柏(华北)、扁柏(浙江、安徽)、扁松、扁桧(江苏扬州)。侧柏在园林绿化中有着不可或缺的地位。可用于行道、亭园、大门两侧、绿地周围、路边花坛及墙垣内外,均极美观。小苗可做绿篱,隔离带围墙点缀。在市区街心、路旁种植,生长良好,不碍视线,吸附尘埃,净化空气。侧柏配植于草坪、花坛、山石、林下,可增加绿化层次,丰富观赏美感。在北京、天津、河南、辽宁等省市有众多使用侧柏绿化的优秀案例,侧柏作为绿化苗木,优点是成本低廉、移栽成活率高、货源广泛。

1. 形态特征

乔木,高度超过 20m,胸径 1m;树皮薄,浅灰褐色,纵裂成条片;枝条向上伸展或斜展,幼树树冠卵状尖塔形,老树树冠则为广圆形;生鳞叶的小枝细,向上直展或斜展,扁平,排成一平面。

叶鳞形,长 1~3mm,先端微钝,小枝中央的叶露出部分呈倒卵状菱形或斜方形,背面中间有条状腺槽,两侧的叶船形,先端微内曲,背部有钝脊,尖头的下方有腺点。

雄球花黄色,卵圆形,长约 2mm;雌球花近球形,径约 2mm,蓝绿色,被白粉。

球果近卵圆形,长 1.5~2(~2.5)cm,成熟前近肉质,蓝绿色,被白粉,成熟后木质,开裂,红褐色;中间两对种鳞倒卵形或椭圆形,鳞背顶端的下方有一向外弯曲的尖头,上部 1 对种鳞窄长,近柱状,顶端有向上的尖头,下部 1 对种鳞极小,长达 13mm,稀退化而不显著。

种子卵圆形或近椭圆形,顶端微尖,灰褐色或紫褐色,长 6~8mm,稍有棱脊,无翅或有极窄之翅。花期 3~4 月,球果 10 月成熟(图 9-10)。

2. 生长习性

喜光,幼时稍耐阴,适应性强,对土壤要求不严,在酸性、中性、石灰性和轻盐碱土壤中均可生长。耐干旱瘠薄,萌芽能力强,耐寒力中等,在山东只分布于海拔 900m 以下,以海拔 400m 以下者生长良好。抗风能力较弱。

图 9-10　侧柏的植株、果实

　　侧柏为温带阳性树种，栽培、野生均有。喜生于湿润、肥沃、排水良好的钙质土壤，在平地或悬崖峭壁上都能生长；在干燥、贫瘠的山地上，生长缓慢，植株细弱。浅根性，但侧根发达，萌芽性强、耐修剪、寿命长，抗烟尘，抗二氧化硫、氯化氢等有害气体，分布广，为中国应用最普遍的观赏树木之一。

3. 主要品种

　　（1）侧柏　主要以种子繁育为主，也可扦插或嫁接。

　　（2）窄冠侧柏　乔木，树冠窄狭，枝条向上伸展或微斜伸展，叶光绿。

　　（3）圆枝侧柏　乔木，冠圆锥形，小枝细长，圆柱形。

4. 分布范围

　　产于中国内蒙古南部、吉林、辽宁、河北、山西、山东、江苏、浙江、福建、安徽、江西、河南、陕西、甘肃、四川、云南、贵州、湖北、湖南、广东北部及广西北部等省区。西藏德庆、达孜等地有栽培。在吉林垂直分布达海拔250m，在河北、山东、山西等地达1000~1200m，在河南、陕西等地达1500m，在云南中部及西北部达3300m。河北兴隆、山西太行山区、陕西秦岭以北渭河流域及云南澜沧江流域山谷中有天然森林。朝鲜也有分布。

5. 栽培技术

　　（1）选地、整地与施肥　侧柏育苗地，要选择地势平坦、排水良好、较肥沃的砂壤土或轻壤土，要具有浇灌条件。不宜选土壤过于黏重或低洼积水地，也不要选在迎风口处。育苗地要深耕细耙，施足底肥。一般采取秋翻地，深度25cm左右，春浅翻15cm左右。结合秋季深翻地，每亩施入厩肥2500~5000kg，将粪肥翻入土中，然后耙耱整平。

（2）种子催芽处理　播种前为使种子发芽迅速、整洁，最好进行催芽处理。侧柏种子空粒较多，先进行水选后，将浮上的空粒捞出。再用0.3%~0.5%硫酸铜溶液浸种1~2h，或0.5%高锰酸钾溶液浸种2h，进行种子消毒，然后进行种子催芽处理。

侧柏种子催芽方式有3种。

① 混雪埋躲法。选择背风、背阴、排水良好、治理方便的地方，入冬后当积雪不融化时，把种子混拌3倍的雪，装进囤子中。囤子上下和四周要围以草帘和10cm厚的雪，中间放入混雪的种子。囤子外面围上成捆稻草，以维持早春囤子里的雪不融化。一直雪藏到播种前3~5天取出，雪化净后将种子筛选并阴干，清除杂物，即可播种。也可采取播前1周左右，化雪后种子混细沙，日晒、翻拌、增温保湿，待有1/3种子裂嘴，筛除沙子或混沙及时播种。

② 混沙催芽法。当种子调进很晚来不及雪藏或冬季雪少无法雪藏时，可于播种前15~20天采取混沙催芽。将经过选种消毒处理的种子，用温水浸种24h。然后捞出种子，按种子体积的2倍混进细沙，拌均匀，沙子湿度以手握成团而不出水为宜，装进木箱中放置在室内温暖处，种沙温度常常维持在12~15℃，每日翻动2~3次，并随时喷洒温水，维持适当的温、湿度，以促进种子萌发。待有1/3种子裂口，即可播种。

③ 温水浸种催芽法。将经过消毒处理的种子用45℃温水浸种24h，结合选种，将浮上的空粒种子捞出扔掉。然后将种子捞出摊晒在背风朝阳处的席子上，常常翻倒晾晒，维持必需的湿度，一天用温水冲洗1~2次。经过5~6天，待有1/3的种子裂嘴，即可进行播种。

（3）播种　侧柏适于春播，但因各地天气条件的差异，播种时间

也不相同。侧柏生长缓慢，为延长苗木的生养期，应依据本地天气条件适期早播，如华北地区 3 月中、下旬，西北地区 3 月下旬至 4 月上旬，而东北地区则以 4 月中、下旬为好。

侧柏种子空粒较多，通常经过水选、催芽处理后再播种。为确保苗木产量和质量，播种量不宜过小，当种子净度为 90% 以上、种子发芽率 85% 以上时，每亩播种量 10kg 左右为宜。

北方地区侧柏多采取高床或高垄育苗，在一些干旱地区也采取低床育苗。播种前要灌透底水，然后用手推播种磙或手工开沟条播。垄播：垄底宽 60cm，垄面宽 30cm，垄高 12~15cm，每垄可播双行或单行，双行条播播幅 5cm，单行宽幅条播播幅 12~15cm。床作播种：一般床长 10~20m，床面宽 1m，床高 15cm，每床纵向（顺床）条播 3~5 行，播幅 5~10cm，横向条播播幅 3~5cm，行距 10cm。播种时开沟深浅要一致，下种要均匀，播种后及时覆土 1~1.5cm，再进行镇压，使种子与土壤密接，以利于种子萌发。在干旱风沙地区，为利于土壤保墒，有条件时可覆土后覆草。

（4）苗期管理　经过催芽处理的种子，一般播种后 10 天左右开始发芽出土，20 天左右为出苗盛期，发芽率可达 70%~80%。为利于种子发芽出土，常常维持种子层土壤湿润，播种前必须灌透底水。如幼苗出土前土壤不过分干燥，最好不浇蒙头水以免降低地温且造成表层土壤板结，不利于出苗。

幼苗出土后，要设专人看雀。幼苗出齐后，立刻喷洒 0.5%~1% 波尔多液，以后每隔 7~10 天喷 1 次，连续喷洒 3~4 次可预防立枯病发生。

幼苗生长期要适当控制浇水，以促进根系生长发育。苗木速生期 6 月中、下旬以后恰处于雨季之前的高温干旱时期，气温高而降雨量少，要及时浇灌，适当增添浇水次数，浇灌量也逐步增多，依据土壤墒情每 10~15 天浇灌一次，以一次灌透为原则，采取喷灌或侧方浇水为宜。进入雨季后减少浇灌，并应注意排水防涝，做到内水不积，外水不浸进。

苗木速生期结合浇灌进行追肥，一般全年追施硫酸铵 2~3 次，每次每亩施硫酸铵 4~6kg，在苗木速生前期追第 1 次，间隔半个月后再追施一次。也可用腐熟的人粪尿追施。每次追肥后必须及时浇水冲洗净，以防烧伤苗木。

侧柏幼苗时期能耐阴，适当密留，在苗木过密影响生长的情况下，及时间除细弱苗、病虫害苗和双株苗，一般当幼苗高 3~5cm 时进行 2 次间苗，定苗后每平方米床面留苗 150 株左右，则每亩产苗量可达 15 万株。

苗木生长期要及时除草松土，要做到"除早、除小、除了"。目前，多采取化学药剂除草，可用 35% 除草醚（乳油），每平方米用药 2ml，加水稀释后喷洒。第 1 次喷药在播种后或幼苗出土前，相隔 25 天后再喷洒第 2 次，连续 2~3 次，可基本消灭杂草。每亩用药量每次 0.8kg。当表土板结影响幼苗生长时，要及时疏松表土，松土深度 1~2cm，宜在降雨或浇水后进行，需注意不要碰伤苗木根系。

侧柏苗木越冬要进行苗木防寒。在冬季严寒多风的地区，一般于土壤封冻前灌封冻水，然后采取埋土防寒或夹设防风障防寒，也可覆草防寒。生产实践标明，埋土防寒效果最好，既简便省工，又有利于苗木安全越冬。但应注意，埋土防寒时间不宜过早，一般在土壤封冻前的立冬前后为宜；而撒防寒土又不宜过迟，多在土壤化冻后的清明节前后分两次撒除；撒土后要及时灌足返青水，以防春旱风大，引起苗梢失水枯黄。

（5）苗木移植　侧柏苗木多 2 年出圃，翌春移植。有时为了培养绿化大苗，尚需经过 2~3 次移植，培养成根系发达、冠形优雅的大苗后再出圃栽植。依据各地经验，以早春 3~4 月移植成活率较高，一般可达 95% 以上。

移植密度要依据培养年限而定。苗木移植后培养 1 年，株行距 10cm×20cm；培养 2 年，株行距 20cm×40cm；培养 3 年，株行距 30cm×40cm；培养 5 年生以上的大苗，株行距为 1.5m×2.0m。一般培养大苗都需求经过多次移植，这样既有利于促进苗木根系的生长发育，培养良好的冠形和干形，又可提高土地利用率。依据苗木的大小而采取不同的移植方式，常用的有窄缝移植、开沟移植和挖坑移植等方式。

移植后苗木管理，主要是及时注水，每次灌透，待墒情适宜时及

时采取中耕松土、除草、追肥等措施。

6. 整形修剪

方法同圆柏。

7. 病害防治

（1）侧柏叶枯病症状　侧柏叶枯病是近年来新发现的一种重要叶部病害。发生在春季，在江苏、安徽等省大面积发生。

幼苗和成林均受害。病菌侵染当年生新叶，幼嫩细枝亦往往与鳞叶同时出现症状，最后连同鳞叶一起枯死脱落。病菌侵染后，当年不出现症状，经秋冬之后，于翌年3月叶迅速枯萎。潜伏期长达250余天。6月中旬前后，在枯死鳞叶和细枝上产生黑色颗粒状物，遇潮湿天气吸水膨胀呈橄榄色杯状物，即为病菌的子囊盘。

受害鳞叶多由先端逐渐向下枯黄，或是从鳞叶中部、茎部首先失绿，然后向全叶发展，由黄变褐而枯死。在细枝上则呈段斑状变褐，最后枯死。受害部位树冠内部和下部发生严重，当年秋梢基本不受害。

侧柏受害后，树冠似火烧状凋枯，病叶大批脱落，枝条枯死。在主干或枝干上萌发出一丛丛的小枝叶，所谓"树胡子"。连续数年受害引起全株枯死。

病菌以菌丝体在被害叶中越冬，3月呈现症状，6月在枯死叶上形成子囊盘。吸水膨胀释放出子囊孢子，进行新的侵染，1年只侵染1次。

病害在发生初期往往呈现发病中心，其中心多位于林间岩石裸露、土层浅薄、侧柏生长势衰弱的地段。生长势差的病害重。在相同立地条件生长的侧柏，15年生的染病指数为37.5，20年生的为66.2，30年生的为84.7。

病害的发生与坡向坡位无明显关系。林分密度大病害往往较重，林缘受害较轻。

病害的严重程度与6月份的气温和降雨量呈正相关，并受冬季气温和降雨量的制约，呈负相关。6月高温降雨量大，冬季寒冷干燥，次年病情就严重，反之亦然。

本病病菌是一种寄生性不强的盘菌，侧柏生长势衰弱容易感染。凡是影响侧柏生长的各种因素，都有利于病菌的侵染和发展。

（2）侧柏叶枯病防治方法　侧柏叶枯病应立足于营林技术措施，促进侧柏生长，采取适度修枝和间伐，以改善生长环境，降低侵染源。有条件的可以增施肥料，促进生长。化学防治：可以采用杀菌剂烟剂，在子囊孢子释放盛期的 6 月中旬前后，按每公顷 15kg 的用量，于傍晚放烟，可以获得良好的防治效果。经大面积防治试验，用杀菌剂 I 号和 II 号烟剂，放烟一次，其效果在 50% 以上。采用 40% 灭病威、40% 多菌灵、40% 百菌清 500 倍液，在子囊孢子释放高峰时期喷雾防治，效果优于烟剂。

七、毛白杨

毛白杨（*Populus tomentosa*）是杨柳科杨属植物，为中国特有植物。

1. 形态特征

乔木，高达 30m。树皮幼时暗灰色，壮时灰绿色，渐变为灰白色，老时基部黑灰色，纵裂，粗糙，干直或微弯，皮孔菱形散生，或 2~4 连生；树冠圆锥形至卵圆形或圆形。侧枝开展，雄株斜上，老树枝下垂；小枝（嫩枝）初被灰毡毛，后光滑。芽卵形，花芽卵圆形或近球形，微被毡毛。长枝叶阔卵形或三角状卵形，长 10~15cm，宽 8~13cm，先端短渐尖，基部心形或截形，边缘深齿牙缘或波状齿牙缘，上面暗绿色，光滑，下面密生毡毛，后渐脱落；叶柄上部侧扁，长 3~7cm，顶端通常有 2(3~4) 腺点；短枝叶通常较小，长 7~11cm，宽 6.5~10.5cm（有时长达 18cm，宽 15cm），卵形或三角状卵形，先端渐尖，上面暗绿色有金属光泽，下面光滑，具深波状齿牙缘；叶柄稍短于叶片，侧扁，先端无腺点。雄花序长 10~14(20)cm，雄花苞片约具 10 个尖头，密生长毛，雄蕊 6~12，花药红色；雌花序长 4~7cm，苞片褐色，尖裂，沿边缘有长毛；子房长椭圆形，柱头 2 裂，粉红色。果序长达 14cm；蒴果圆锥形或长卵形，2 瓣裂。花期 3 月，果期 4~5 月（图 9-11）。

2. 品种

（1）毛白杨（原变种）　拉丁名：*Populus tomentosa* var. *tomentosa*。雌雄异株，树皮幼时暗灰色,壮时灰绿色,渐变为灰白色,老时基部黑灰色,

纵裂，粗糙，干直或微弯，皮孔菱形散生，或 2~4 连生；树冠圆锥形至卵圆形或圆形。侧枝开展，雄株斜上，老树枝下垂；小枝（嫩枝）初被灰毡毛，后光滑。长枝叶阔卵形或三角状卵形，先端短渐尖，基部心形或截形，边缘深齿牙线或波状齿牙缘，上面暗绿色，光滑，下面密生毡毛，后渐脱落。

图 9-11　毛白杨的植株、花絮

（2）截叶毛白杨（变种）　拉丁名：*Populus tomentosa* var. *truncata* Y. C. Fu et C. H. Wang 。树冠浓密，树皮灰绿色，光滑，皮孔菱形，小，多为 2 个以上横向连生，呈线形；短枝叶基部通常为截形，发叶较早，生长较原变种快。产于陕西（武功及周至两县境内）；渭河沿岸有造林。模式标本采自周至县。

（3）抱头毛白杨（变种）　拉丁名：*Populus tomentosa* var. *fastigiata* Y. H. Wang。主干明显，树冠狭长，侧枝紧抱主干。生长较快，23 年生树高 20m，胸径 30cm，根深冠窄，适于农田林网及四旁绿化栽培。河北南部、山东西部、河南、甘肃（文县）有栽培。模式标本采自山东武城。

3. 分布范围

毛白杨原产于中国，分布广，北起中国辽宁南部、内蒙古，南至长江流域，以黄河中下游为适生区。在辽宁（南部）、河北、山东、山西、陕西、甘肃、河南、安徽、江苏、浙江等省均有分布，以黄河流域中、下游为中心分布区。垂直分布在海拔1200m以下，多生于低山平原土层深厚的地方，昆明附近海拔1900m的沟堤旁有大树，生长良好。

4. 生长习性

强阳性树种。喜凉爽湿润气候，在暖热多雨的气候下易受病害。对土壤要求不严，喜深厚肥沃的砂壤土，不耐过度干旱瘠薄，稍耐碱。pH8~8.5时亦能生长，大树耐湿。耐烟尘，抗污染。深根性，根系发达，萌芽力强，生长较快，是杨属中寿命最长的树种，长达200年。毛白杨因树干端直、树形雄伟、生长迅速、管理粗放等特点，长期以来被广泛用于速生防护林、"四旁"绿化及农田林网树种，并取得了很好的效果。

但由于毛白杨雌株春季有飞絮现象，给人们的生产、生活带来诸多不便，所以在绿化中多要求使用雄性毛白杨。

5. 繁殖

毛白杨主要采用埋条、扦插、嫁接、留根、分蘖等繁殖方法。

（1）埋条繁殖 于冬季11~12月间土地封冻前采当年生枝条，长1~2m、粗1~2cm，除去过嫩而生有花芽的顶部，放入长宽各2m、深约1m的坑内，与湿沙分层贮藏。翌春3月下旬取出枝条，为促其生根，每隔30cm左右切割一刀。然后平理于深2~4cm的沟中，条的方向要一致，沟距70cm左右，覆土厚度为条粗的1倍，覆土后踏实灌水。出芽期间要保持湿润，为防止土表板结，5~6天灌水一次，出芽后应及时摘芽间苗。上述埋条法也叫"全埋法"。另有改进的"段埋法"，即把枝条平放沟内后，每隔4天左右压一段土，土高8~10cm，段间露出冬芽2~3个。这样既可保证埋条不受旱害，又便于枝芽萌发抽条。此法对华北春旱地区特别适用。

（2）扦插繁殖 于6月中旬至7月初，从生长发育较好的2~4年生苗木上，剪取健壮、充实的当年生半木质化枝条，剪成10cm左右的插穗，每个插穗上端留1~2片叶，并剪去叶片1/3~1/2，上切口平，下切口剪成斜面，距下端芽0.3cm左右。剪取的插穗浸水6~12h，使用1000mg/L的ABT2号生根粉速蘸5s，如将插床温度控制在

25~30℃，一般 10 天左右开始生根。

（3）嫁接繁殖

① 芽接。又称"热贴皮"。它具有接得多、成活率高、苗木壮等优点。每人每天可接 500~800 个，最多达 1000 个以上，成活率达 90% 以上，是快速繁殖毛白杨的一种好方法。

a. 砧木选择：各地经验，选择 1 年生、粗度 1~2cm 的加杨，苗干好。

b. 接穗选择：以当年生枝条中部为最好。因中部枝条生长健壮，芽发育饱满，接后成活率高。

c. 芽接方法：芽接时间，以 6 月中旬开始到 10 月上、中旬都可进行，但以 8 月上旬开始到 9 月中旬较好。芽接时，用 "T" 字形芽接法。接在当年生已木质化的苗干上，每隔 20cm 左右，刻一 "T" 字形小口，将皮层与木质部拨开，把削好的毛白杨芽片插入 "T" 字形内，芽片上切口对齐后，用塑料条绑好。一株苗木苗干上，可接毛白杨芽 5~10 个，或者更多，接芽愈合后，及时绑塑料条。

d. 扦插与管理：砧木苗落叶后或次年发芽前，把接活的毛白杨芽剪成插穗。扦插方法和管理，同扦插育苗。不同的是：采用沟插，插条上的接芽低于地面 3~5cm，苗高 15cm 左右时，及时培土，促进毛白杨接芽苗木基部产生新根。

② 枝接。枝条嫁接是河南省郡陵县马栏公社马栏苗圃创造的快速繁殖毛白杨的一种方法，俗称 "接炮捻"。

a. 嫁接时间：苗木落叶后到次春发芽前都可嫁接，但以冬季嫁接较好。这时嫁接，不仅充分利用了冬闲时间，而且经过较长时间贮藏，接口容易愈合，成活率高。如果用根桩枝接时，"惊蛰" 前后，即 2 月中、下旬或 3 月上、中旬嫁接较好。

b. 砧木和接穗条采集：作砧木和接穗用的枝条，以 1 年生苗干为好。采条时间，以 11 月下旬到 12 月上、中旬为宜。此时采的枝条养分多，嫁接容易成活。采条后及时贮藏，以备嫁接。

c. 嫁接方法：嫁接用的砧木条，以粗度 1.5~2cm 的加杨较好，截成 10~12cm 长作砧木，毛白杨条以 0.5~0.7cm 粗较好，截成 12~15cm 长作接穗，其上有 4~5 个饱满芽，截好后在接穗下边一个芽的两侧，削成双边斜面，外宽内窄，斜面长 1.8~2cm，接穗削好后，选择比接穗粗的砧木，在顶端一侧斜削一刀，并在斜面中心纵开口，把削好的接稼插入劈口内，对准形成层，上露白，下蹬空，挤紧接穗，即成"接炮捻"的毛白杨嫁接插条。

d. 嫁接插条的贮藏：把接好的插条，每 40~60 根捆成一捆进行贮藏、贮藏应选在地势高燥，背风朝阳的地方。贮藏坑一般以宽 1m、深 60~70cm、长 1~2m 较宜。放嫁接插条时，先用水在坑底拌成 3~5cm 深的泥浆，将嫁接插条捆齐，并排竖放上面。然后，用细湿土或细湿沙充填空间，封至高于地面 15cm 左右即可。

e. 嫁接插条的扦插：扦插时间，以 3 月上、中旬较好。一般不要扦插过晚，否则会在扦插时碰掉幼根和接穗上的芽，影响成活。

f. 扦插密度：行距 70cm，株距 20cm，每亩产苗 4500 多株。为了提高嫁接插条成活率，扦插时应注意：第一，扦插时，严防砧木与接穗动摇，而损伤愈合组织；第二，土壤湿润硫松，随取随插，不可久放，因风吹日晒，损伤幼根；第三，嫁接插条的接口低于地面，插后封成土垄，以防水分蒸发。

g. 苗木抚育：嫁接插条成活后做一般苗木抚育管理。

（4）留根繁殖　在原来进行埋条或扦插繁殖的圃地中，待秋季苗木出圃后，进行适当松土、施肥，但不要使留下的苗根受损伤。然后在原来的行间做埂、筑床，以便灌水和经常管理。翌春，留下的苗根便可陆续长出萌蘖。经适当间苗和摘除侧芽等管理后，秋季落叶后便可出圃或移植。此法一般可连续采用 5 年。

（5）分蘖繁殖　在距母树干基 2~3m 处挖 20~30cm 深的沟，切断所遇到的母树根系，促其根系上萌生幼小植株，1~2 年后即可挖取栽植。

6. 栽植技术

（1）土地选择　毛白杨具有生长快、要求水肥条件高的特点，种植前在树坑内施化肥或农家肥作为基肥，无条件的放些树叶、草之类的也有效果。幼树期每年秋末每株可施土杂肥 20kg，在生长旺盛期随浇水或雨后追施 2 次化肥，每株 0.5kg 左右。

（2）栽植密度选择 毛白杨人工林株行距一般以 3m×4m 为宜，4~6 年后可间伐成 4m×6m；单行行道树可采取株距 3m 左右定植；农田防护林可采取路林排灌结合的方式，路两侧各植树 2 行，株距 3m 左右、行距 1.5m 左右。

（3）栽植时间 一般栽植时间以 3 月底 4 月初、早春花前为最佳。

（4）栽植方法 栽植前可对苗木进行截干处理，保留 3m 左右。栽植采用穴植法，挖直径、深度分别为 80cm 左右的定植穴。挖穴时，表土和心土分开堆放。栽植时根系要舒展，回填时先填入湿润而细碎的表土和腐熟农家肥，然后填心土，踩实。栽后立即浇水，隔 15 天再浇 1 次；并注意墒情，及时浇水。前 3 年每年浇水 4~5 次，追施适量氮肥。同时可根据实际情况进行合理灌溉、整枝、施肥和病虫草害的防治。

一般在雨后或浇水后中耕，防止土壤板结，保持疏松湿润。中耕深度为 10cm 左右。春、夏季根系迅速生长期应适当浅耕。夏、秋季生长缓慢期，不需要中耕，而只除草。

7. 整形修剪

（1）高干自然式卵圆锥形 首先要定干，定干后选留主枝。毛白杨是主轴极强的树种，每年在主轴上形成一层枝条。因此，新植树木修剪时每层留 3 个主枝，全株共留 9 个主枝，其余疏掉。然后短截所留枝，一般下层留 30~35cm，中层 20~25cm，上层 10~15cm，所留主枝与主干的夹角 40°~80°，剪后长成圆锥形。以后每年正常修剪，5 年以后保持冠高比 3:5 左右即可。对树干内的密生枝、交叉枝、细弱枝、干枯枝、病虫枝疏除。对竞争枝、主枝背上的直立徒长枝，当年在弱芽处短截，第二年疏除。如果有卡脖枝要逐年疏除，防止造成环剥影响生长。侧枝或副侧枝的粗度，控制在其着生主枝粗度的 1/3 左右，侧枝修剪下长上短。

（2）中央领导干形 毛白杨顶端优势明显，保留主梢作为中央领导干。主梢顶芽缺损时，应剪除缺损部分，选萌发的壮芽继续作中心领导干培养。防止出现竞争枝，出现多头。当定植苗为截干苗时，仍以培养中央领导干树形为主。冬季应在主干顶部选留一健壮、直立的枝条作为主干延长枝培养，其余枝条去强留弱，树冠成形后可逐年疏除这些枝条。生长期中，及时短截竞争枝、抹除萌芽。

8.病虫害防治

毛白杨破腹病主要发生在树干基部和中部，纵裂长度不一，自数厘米至数米，宽度1~3cm，露出木质部，裂缝初形成时，表现为机械伤。春季3月份树木萌动后，逐渐产生愈合组织，但多数不能完全愈合。当树液流动时，树液不断从伤口流出，逐渐变为红褐色黏液，并有异臭。破腹病常常引起毛白杨红心。这种现象发生在已是裂缝的组织上时，裂缝就向内及上下延伸。毛白杨红心病是由伤口直接诱发的一种生理病变，木质部变色是一系列生理生化反应的结果。

在纯林条件下，林内温度变幅比林外小得多，林内木不易因受到低温时温度的突然变化而产生冻裂。林缘木因受外来温度变化的影响而易发生冻裂，发病率也高。一般情况下，林内木病害率为2.8%，而林缘木则为14.3%。在林木密度方面，表现为稀林发病重，密林发病病轻。四旁零星林木，管理差的，受害率高。靠近水源及湿度大的地方，病害发生率低。

具体防治技术如下。

（1）选择土质较厚的林地植树造林，营造适当密度的纯林或混交林。山地造林应选择阴坡或半阴坡，以减少温度变动的幅度。

（2）加强抚育管理，提高树势，增强植株的抗逆性。

（3）冬季寒流到来之前树干涂白或包草防冻。

（4）早春对伤口可用刀削平以利提早愈合。加强病虫害的防治，并保护好树干，避免人畜或其他原因造成的机械伤。

八、旱柳

旱柳（*Salix matsudana* Koidz）落叶乔木，为杨柳科柳属乔木。常生长在干旱地或水湿地。

1.形态特征

落叶乔木，高达可达20m，胸径达80cm。大枝斜上，树冠广圆形;树皮暗灰黑色，有裂沟;枝细长，直立或斜展，浅褐黄色或带绿色，

后变褐色，无毛，幼枝有毛。芽微有短柔毛。叶披针形，长 5~10cm，宽 1~1.5cm，先端长渐尖，基部窄圆形或楔形，上面绿色，无毛，有光泽，下面苍白色或带白色，有细腺锯齿缘，幼叶有丝状柔毛；叶柄短，长 5~8mm，在上面有长柔毛；托叶披针形或缺，边缘有细腺锯齿。花序与叶同时开放；雄花序圆柱形，长 1.5~2.5（3）cm，粗 6~8mm，多少有花序梗，轴有长毛；雄蕊 2，花丝基部有长毛，花药卵形，黄色；苞片卵形，黄绿色，先端钝，基部多少有短柔毛，腺体 2；雌花序较雄花序短，长达 2cm，粗 4mm，有 3~5 小叶生于短花序梗上，轴有长毛；子房长椭圆形，近无柄，无毛，无花柱或很短，柱头卵形，近圆裂；苞片同雄花；腺体 2，背生和腹生。果序长达 2（2.5）cm。花期 4 月，果期 4~5 月（图 9-12）。

图 9-12　旱柳的植株、花絮

2. 主要变种

（1）绦柳（变型）（*Salix matsudana* f. *Pendula* Schneid.），本变型枝长而下垂，与垂柳（*S. babylonica* L.）相似，其区别为本变型的雌花有 2 腺体，而垂柳只有 1 腺体；本变型小枝黄色，叶为披针形，下面苍白色或带白色，叶柄长 5~8mm；而垂柳的小枝褐色，叶为狭披针形或线状披针形，下面带绿色。产于东北、华北、西北、上海等地，多栽培为绿化树种。

（2）龙爪柳（变型）[*Salix matsudana* var. *matsudana* f. *tortuosa*（Vilm.）Rehd.]，与原变型的主要区别为枝卷曲。中国各地多栽于庭院

做绿化树种。日本、欧洲、北美均引种。

（3）馒头柳（变型）（*Salix matsudana* 'Umbraculifera' Rehd.），与原变型的主要区别为树冠半圆形，如同馒头状。中国各地多栽培于庭院做绿化树种。

（4）旱垂柳（变种）[*Salix matsudana* var. *pseudomatsudana*（Y. L. Chou et Skv.）Y. L. Chou]，与原变种的主要区别为雌花仅1腹腺，雌花的苞片无毛。产于黑龙江、辽宁、北京（妙峰山）。

3. 生长习性

喜光，不耐庇荫；耐寒性强；喜水湿，亦耐干旱。对土壤要求不严，生长快，萌芽力强，根系发达，主根深，侧根和须根分布于各土层中。其树皮在受到水浸时，能很快长出新根浮于水中。喜湿润排水、通气良好的砂壤土，在干瘠沙地、低湿河滩和弱盐碱地上均能生长，而以肥沃、疏松、潮湿土最为适宜，在固结、黏重土壤及重盐碱地上生长不良，容易烂根，引起枯梢，甚至死亡。

旱柳稍耐盐碱，在含盐量0.25%的轻度盐碱地上仍可生长，生长快，用扦插繁殖，多虫害，8年生树高达13m，胸径25cm，寿命长达400年以上。

4. 分布范围

原产于中国，以中国黄河流域为栽培中心，东北、华北平原、黄土高原，西至甘肃、青海等皆有栽培，是中国北方平原地区最常见的乡土树种之一。

5. 繁殖

扦插育苗为主，播种育苗亦可。扦插育苗，技术简单，方法简便，园林育苗生产上广泛应用。扦插育苗技术如下。

（1）育苗地的选择　育苗地应选择地势较平坦、排水良好、灌溉方便、土壤较肥沃、疏松的砂壤土和壤土。这样的土壤条件下插穗生根快，成活率高，苗木生育健壮。不宜在低洼易涝、土壤黏重或地下水位过高的地方育苗。

（2）整地与施肥　北方地区多在秋季进行深翻地，深度25~

30cm，翌春解冻后，顶凌耙地 2~3 次，耙细耙匀，整平地面，做成高垄，垄底宽 60cm，垄面宽 30cm，垄高 15~20cm。结合做垄集中施足底肥，每亩施入经过充分腐熟的厩肥 0.5 万 ~1 万 kg。

（3）种条的采集　柳属的一些绿化树种落叶较晚绿期长，因此一般在树木落叶后到早春树液流动前采集种条，即在树木处于休眠期中采集为好，这时种条内贮藏养分充足。

采集种条时，最好从柳树良种采穗圃中选择 1~2 年生、生育健壮、无病虫害的粗壮枝条，也可从育苗地选取当年生的营养繁殖苗（如扦插苗）或由壮龄母树根部长出的 1 年生萌芽条作种条。一般情况下，这样的种条粗壮，发育充实，营养物质丰富，扦插后容易生根成活，苗木生长健壮。采集的种条，选地势高燥、排水良好的地方，挖埋藏坑，深 1.5m，宽以种条长度为限，长度不限，将采集的种条进行露天临时混湿沙埋藏（沙子湿度以手握潮湿不出水为准），保持种条水分，以备剪插穗后再越冬埋藏，以提高扦插成活率。

（4）插穗的剪取　剪取插穗应在室内和阴棚内进行，剪穗时去掉种条梢部组织不充实和未木质化的部分，采用种条直径 0.6cm 以上的部分，剪成长 12~15cm 的插穗，上下切口要平，切口要光滑，距离上切口 1cm 处留第 1 个芽，注意保护好这个芽，因为它是未来的幼苗。下切口最好离芽 1cm 左右，距离芽近的下切口愈合生根较好。插穗按上、中、下分级，每 100 根插穗捆成 1 把，临时用湿沙埋于种条埋藏坑内，保持插穗水分，以备越冬窖藏（坑藏）。

（5）插穗露天窖藏（或坑藏）　一般选择地势高燥、排水良好、土质疏松、比较背阴的地方，挖深、宽各 1.5m，长度视插穗的多少而定的贮藏窖。为防止窖内积水，在坑中间挖一条深、宽各 30cm 的沟，沟内填满河卵石，以利排出积水。然后在窖底铺一层 10cm 厚的湿沙，再放一层 15cm 成捆的插穗（基部朝下），上面再盖 10cm 厚的湿沙，分层堆积，直到距地面 15cm 左右，全部用湿沙填满，可略高出地面。间层湿沙的湿度为其持水量的 60% 左右（以手握湿润成团不出水）为宜。在窖中间隔一定距离插入成束的秸秆把，以利通气，防止条材发热霉烂。贮藏期间要经常检查，发现插穗发热霉烂要及时翻倒，沙子干燥时，适量洒水。同时，还可以通过加厚覆盖物以调节窖温，从而保证越冬贮藏的插穗安全越冬。经过越冬湿沙埋藏的插穗，皮部软化，内部贮藏的营养物质转化，有利于促进插穗生根，提高插穗扦插成活率。

（6）扦插 扦插春、秋两季均可，但在北方地区以春季扦插为主，而且早春扦插最好。通常当土壤解冻至18cm左右时，即可进行扦插，华北地区3月上、中旬，东北地区在4月上、中旬，西北地区在4月中旬左右。目前，北方地区生产上多采取垄作育苗。插穗在扦插前用清水浸1~2昼夜，以提高扦插成活率。插穗运到育苗地要用湿润土壤临时埋藏假植，防止风吹日晒，以减少水分散失。扦插前育苗地充分灌透底水，土壤湿润、疏松的情况下，按插穗分级分别扦插，以直插为好，在垄面上垂直插入土壤，芽尖向上，上切口与地面平，踩实，注意不漏插、不倒插、不插断，不伤皮、不伤芽，同时剔除不良插穗和感染病虫害的插穗，插后踩实，使插穗与土壤紧密结合，保证成活。垂直扦插的插穗下端切口愈合良好，根系生长分布均匀，苗木端直健壮，无偏根和"拐把"苗现象，起苗不伤根。扦插的密度大小直接影响苗木的产量和质量。生产上采用大垄单行，即每垄上扦插1行，株距20cm，每亩可产0.5万~0.55万株（苗高2.5m以上，地径2cm以上）。如采取大垄双行，即每垄上扦插2行，行距15~20cm，株距10cm，每亩可产苗2.0万~2.2万株（苗高1.2~1.5cm，地径粗0.6~1.0cm）。

6. 整形修剪

（1）整形期修剪 以自然树形为主。定植后，在主干顶端选留3~4个均匀配列的侧枝并短截，作为主枝培养；生长期中，及时剪除萌芽，疏除过密枝、下垂枝，使之形成卵圆形树冠即可。

（2）成形树修剪 采取常规性修剪方法，及时疏除过密枝、下垂枝、病虫枝、干枯枝等。

7. 病虫害防治技术

苗期易发生锈病，一般从发病初期每隔10~15天喷洒1次敌锈钠200倍液或0.3~0.5°Bé的石硫合剂，连续喷洒2~3次。对透翅蛾，

可用 40% 乐果乳剂 1000 倍液喷洒防治。

九、悬铃木

悬铃木属（*Platanus*）是悬铃木科中现存的唯一属，落叶乔木，我国引入栽培的有 3 种，分别为一球悬铃木、二球悬铃木和三球悬铃木，俗称分别是美国梧桐、英国梧桐和法国梧桐。悬铃木适应性强，各地广为栽培，是世界著名的优良庭荫树和行道树，称为行道树之王。适应性强，又耐修剪整形，广泛应用于城市绿化，在园林中孤植于草坪或旷地，列植于甬道两旁，尤为雄伟壮观，又因其对多种有毒气体抗性较强，并能吸收有害气体。

1. 形态特征

本属植物都是乔木，高达 30~50m。一般生长在河边或湿地等有充足水分的地带，但人工栽培的也有一定的耐旱能力。其花单性同株，密聚成球形的头状花序，无花萼，每一个小雄花有 3~8 个雄蕊，雌花有 3~7 个雌蕊，为风媒花，授粉后雄花脱落，雌花逐渐形成只有 1mm 大的小坚果组成的毛球，每个球直径为 2.5~4cm，球散后，种子带毛，随风飞扬散播，类似蒲公英。

树皮老化后会脱落，露出新生的组织，因此树干显示斑驳的花纹。化石发现，本属植物已经存在 1 亿 2000 万年（图 9-13）。

图 9-13　悬铃木的植株、果实

2. 生长习性

喜光。喜湿润温暖气候，较耐寒。适生于微酸性或中性、排水良好的土壤，在微碱性土壤中虽能生长，但易发生黄化。抗空气污染能力较强，叶片具吸收有毒气体和滞积灰尘的作用。本种生长迅速，易成活，耐修剪，对二氧化硫、氯气等有毒气体有较强的抗性。

3. 分布范围

原产于欧洲，印度、小亚细亚亦有分布，现广植于世界各地，中国暖温带到亚热带广泛栽培。

4. 栽培技术

悬铃木的繁育通常采用插条和播种育苗两种形式。

（1）插条育苗　落叶后及早采条，选取 10 年生母树林发育粗壮的 1 年生萌芽枝。采条后随即在庇荫无风处截成插穗，长 15~20cm，上端剪口直径 1~2.5cm，有 3 个芽，上端剪口在芽上约 0.5cm 处，剪口略斜或平口；下端剪口在芽以下 1cm 左右，剪成平口或斜口。苗圃地要求排水良好，土质疏松，熟土层深厚，肥沃湿润；切忌积水，否则生根不良。深耕 30~45cm，施足基肥。扦插行距 30~40cm，株距 20~30cm，一般直插，也有斜插的，上端的芽应朝南，有利生长，便于管理。

（2）播种育苗　每千克头状果序（俗称果球）约有 120 个，每个果球有小坚果 800~1000 粒，千粒重 4.9g，每千克小坚果约 20 万粒，发芽率 10%~20%。①种实处理：12 月间采果球摊晒后贮藏，到播种时捶碎，播种前将小坚果进行低温沙藏 20~30 天，可促使发芽迅速整齐。播种量 15kg/667m²。②整地施肥：苗床宽 1.3m 左右，床面施肥 2.5~5kg/m²。③在阴雨天 3 月下旬至 5 月上旬播种最好，3~5 天即可发芽。④及时搭棚遮阳，当幼苗具有 4 片叶子时即可拆除荫棚。苗高 10cm 时可开始追肥，每隔 10~15 天施一次。

5. 整形修剪

（1）圃地整形修剪　圃地整形修剪必须在苗木合理密植的基础上进行。培育杯状行道树大苗时，扦插的株行距为 60cm×60cm。选择速生少球悬铃木品种，当年株高可达到 2.5~3.5m，待秋后或初春按"隔行去行，隔株去株，留大去小，保强去弱"的原则定苗，使留苗株

行距基本达到 1.2m×1.2m。第二年使之继续生长。冬季定干，在树高 3.5~4.0m 处剪去梢部，将分枝点以下主干上的侧枝剪去。第三年待苗木萌芽后，选留 3~5 个处在分支点附近（分布均匀与主干成 45°左右夹角）、生长粗壮的枝条作主枝，其余分批剪去。冬季对主枝留 50~80cm 短截，剪口芽留在侧面，尽量使其处于同一水平面上，翌春萌发后各选留 2 个 3 级侧枝斜向生长，即形成"3 股 6 杈 12 枝"的造型，经 3~4 年培育成大苗，胸径在 7~8cm 以上，已初具杯状形冠型，符合行道树标准，可出圃。

（2）植栽后整形修剪　杯状形行道树栽植后，4~5 年内应继续进行修剪，方法与苗期相同，直至树冠具备 4~5 级侧枝时为止。以后每年休眠期对当年生枝条短截保留 15~20cm，称小回头，使萌条位置逐年提高，当枝条顶端将触及线路时，应缩剪降低高度，称大回头。大、小回头交替进行，使树冠维持在一定高度。

（3）其他情况的整形修剪　如果苗木出圃定植时未形成杯状形树冠，栽植后再造型，可将定植后的苗木按理想高度定干，等萌发后于整形带内留 3 个分布均匀、生长粗壮的枝条作为主枝，冬季短截，以后按上述修剪方法进行。如果干道不是很宽，上方又无电线通过，可采用开心形树冠，在栽植定干后，选留 4~6 根主枝，每年冬季短截后，选留 1 个略斜而向上方生长的枝条作主枝延长枝，使树冠逐年上升，即可形成椭圆形内膛中空的冠形。修剪时应强枝弱剪，弱枝强剪，使树冠均衡发展。另外，悬铃木除作行道树栽植外，还可作为庭荫树、孤植树，以自然冠形为宜。

因此，栽植悬铃木只有在选择胸径粗度、干挺高度基本一致的基础上，注重整形修剪，才能使树姿的特点充分体现，达到树形端正、整齐一致，不仅冬季可以观看造型，而且夏季又可达到枝繁叶茂、遮阳面广的效果。

6. 病虫害防治

危害悬铃木的主要害虫有星天牛、光肩星天牛、六星黑点蠹蛾和褐边绿刺蛾等。防治上多采用人工捕捉或黑光灯诱杀成虫、杀卵、剪除虫枝并集中处理等方法。大量发生时，在成虫及初孵幼虫发生期，可用化学药剂喷涂枝干或树冠，可用 40% 氧乐果乳油、50% 辛硫磷乳油、90% 敌百虫晶体、25% 溴氰菊酯乳油等 100~500 倍液。用注射、堵孔法防治已蛀入木质部的幼虫。多数天牛、木蠹蛾幼虫防治：用注射器或用药棉沾敌敌畏、氧乐果、溴氰菊酯等 1~50 倍液塞入虫孔；用磷化铝片或磷化锌毒签塞入虫孔，外用黄泥封口，效果均很好。法桐霉斑病是主要病害，防治可采用换茬育苗，严禁重茬；秋季收集留床苗落叶烧去，减少越冬菌源；5 月下旬 ~7 月，对播种培育的实生苗喷 1：2：200 倍波尔多液 2~3 次，有防病效果，药液要喷到实生苗叶背面。

十、西府海棠

西府海棠（*Malus micromalus*）为蔷薇科苹果属植物，小乔木。西府海棠在海棠花类中树态峭立，似婷婷少女。花红，叶绿，果美，不论孤植、列植、丛植均极美观。花色艳丽，一般多栽培于庭园供绿化用，最宜植于水滨及小庭一隅。

1. 形态特征

落叶乔木，高可达 8m；小枝圆柱形，直立，幼时红褐色，被短柔毛，老时暗褐色，无毛。

叶片椭圆形至长椭圆形，长 5~8cm，宽 2~3cm，先端渐尖或圆钝，基部宽楔形或近圆形，边缘有紧贴的细锯齿，有时部分全缘，幼时两面被柔毛，不久脱落无毛；叶柄长 1.5~3cm，被短柔毛；托叶膜质，披针形，全缘。

花序近伞形，具花 5~8 朵；花梗细，长 2~3cm，被稀疏柔毛；花直径 4~5cm；萼筒外面无毛或有密柔毛；萼裂片三角状卵形，长 3mm，比萼筒短或近等长，先端急尖，全缘，外面无毛或近于无毛，内面被白色茸毛；花瓣卵形，基部具短爪，长 2~2.3cm，白色，初开放时粉红色至红色；雄蕊 20~25(30) 枚，长为花瓣之半；花柱 5 个，稀 4 个，比雄蕊稍长，基部具白色茸毛。

果实近球形，直径 1.5~2cm，黄色，基部不下陷，萼裂片宿存；果梗细，长 3~4cm，先端稍肥厚（图 9-14、图 9-15）。

图 9-14　西府海棠的植株　　图 9-15　西府海棠的花和果实

2. 生长习性

喜光，耐寒，忌水涝，忌空气过湿，较耐干旱。

3. 分布范围

原产于我国，分布在云南、甘肃、陕西、山东、山西、河北、辽宁等地，生长于海拔 100~2400m 的地区。

4. 繁殖方法

海棠通常以嫁接或分株繁殖为主，亦可用播种、压条及根插等方法繁殖。嫁接繁殖苗木，可以提早开花，而且能保持原有优良特性。

（1）播种法　实生苗虽生长较慢，但常产生变异，故为获得大量砧木或杂交育种时，仍采用播种法。我国北方常用的砧木种类有山定子、西府海棠、裂叶海棠等；南方则用湖北海棠。海棠种子在播种前，必须经过 30~100 天低温层积处理。充分层积的种子，出苗快、整齐，而且出苗率高；不层积的种子不能发芽，或极少发芽。也可在秋季采果、去肉，稍晾后即播种在沙床上，让种子自然后熟。覆土深度约 1cm，上覆塑料膜保墒，出苗后掀去塑料膜，及时撒施一层疏松肥土，苗期加强肥水管理，当年晚秋便可移栽。

（2）嫁接法　以播种繁殖的实生苗为砧木，进行枝接或芽接。

春季树液流动发芽进行枝接，秋季（7~9月）也可以芽接。枝接可用切接、劈接等法。接穗选取发育充实的1年生枝条，取其中段（有2个以上饱满的芽），接后用细土盖住接穗，芽接多用"T"字形接法，接后10天左右，凡芽新鲜，叶柄一触即落者为接活之证明，数日后即可去除扎缚物。当苗高80~100cm时，养成骨干枝，以后只修剪过密枝、内向枝、重叠枝，保持圆整树冠。

（3）分株法　于早春萌芽前或秋冬落叶后进行，挖取从根际萌生的蘖条，分切成若干单株，或以2~3条带根的萌条为一簇，进行移栽。分栽后要及时浇透水，注意保墒，必要时予以遮阳，旱时浇水。不久即可从残根的断口处生出新枝，秋后落叶或初春未萌芽前掘出移栽，即成一独立新株。

（4）压条和根插　均在春季进行。小苗可攀枝着地，压入土中，大苗用高压法，压泥处均用利刀割伤，不论地压或高压都要保持土壤湿润，待发根后割离母株分栽。根插主要在移栽挖苗时进行，将过长较粗的主根剪成10~15cm的小段，浅埋土中，上面盖草保湿，易于成活。

5. 栽培管理与修剪

海棠一般多行地栽，时期以早春萌芽前或初冬落叶后为宜。出圃时保持苗木完整的根系是成活的关键。一般大苗要带土球，小苗要根据情况留宿土。苗木栽植后要加强抚育管理，经常保持疏松肥沃。在落叶后至早春萌芽前进行一次修剪，把枯弱枝、病虫枝剪除，以保持树冠疏散，通风透光。为促进植株开花旺盛，须将徒长枝进行短截，以减少发芽的养分消耗。结果枝则不必修剪。在生长期间，如能及时进行摘心，早期限制营养生长，则效果更为显著。

6. 病虫害防治

要注意防治金龟子、卷叶虫、蚜虫、袋蛾和红蜘蛛等害虫，以及腐烂病、赤星病等。

腐烂病，又称烂皮病，是多种海棠的重要病害之一，为害树干及枝梢。一般每年4~5月开始发病，5~6月为盛发期，7月以后病势渐趋缓和。发病初期，树干上出现水渍状病斑，以后病部皮层腐烂，干

缩下陷。后期长出许多黑色针状小突起，即分生孢子器。

防治方法：清除病树，烧掉病枝，减少病菌来源。早春喷射石硫合剂或在树干刷涂石灰剂。初发病时可在病斑上割成纵横相间约0.5cm的刀痕，深达木质部，然后喷涂杀菌剂。

十一、泡桐

泡桐 (Paulownia Sieb. et Zucc.) 为玄参科泡桐属落叶乔木，是中国的特产树种，具有很强的速生性，是平原绿化、营建农田防护林、四旁植树和林粮间作的重要树种，是良好的绿化和行道树种。但泡桐不太耐寒，一般只分布在海河流域南部和黄河流域，是黄河故道上防风固沙的最好树种。

1. 形态特征

乔木，树皮灰色、灰褐色或灰黑色，幼时平滑，老时纵裂。假二枝分枝。单叶，对生，叶大，卵形，全缘或有浅裂，具长柄，柄上有茸毛。花大，淡紫色或白色，顶生圆锥花序，由多数聚伞花序复合而成。花萼钟状或盘状，肥厚，5深裂，裂片不等大。花冠钟形或漏斗形，上唇2裂、反卷，下唇3裂，直伸或微卷；雄蕊4枚，2长2短，着生于花冠筒基部；雌蕊1枚，花柱细长。蒴果卵形或椭圆形，熟后背缝开裂。种子多数为长圆形，小而轻，两侧具有条纹的翅。在某些地区，泡桐花又被称为喇叭花（图9-16）。

图 9-16 泡桐的植株和花

2. 主要品种

（1）兰考泡桐（*P. elongata*）　树干通直，树冠宽阔、圆卵形或扁球形。树皮灰褐色。小枝节间长。叶卵形或宽卵形，先端钝或尖，全缘或分裂，上面绿色或黄绿色，有光泽，下面被灰黄色或灰色星状毛。花序狭圆锥形，花蕾洋梨状倒卵形，花大，长 8~10cm，花萼钟状倒圆锥形，浅裂约 1/3，花冠钟状漏斗形，浅紫色。蒴果卵形或椭圆状卵形，长 3~5cm，直径 2~3cm，外有细毛而无黏腺，不粘手。种子小，椭圆形，连翅长 5~6mm。集中分布在河南省东部平原地区和山东省西南部。安徽北部、河北、山西、陕西、四川、湖北等省均有引种栽培。垂直分布海拔可达 1400m。

（2）楸叶泡桐（*P.catalpifolia*）　树干通直，树冠圆锥状。叶似楸树叶，长卵形，叶片下垂，先端长尖，全缘，上面深绿色。花冠细长，管状漏斗形，淡紫色，长 7.5~8cm。蒴果较小，椭圆形，长 4.5~5.5cm。以山东胶东一带及河南省伏牛山以北和太行山的浅山丘陵地区为主要产区，平原地区较少。河北、山西、陕西等省也有分布。

（3）毛泡桐（*P.tomentosa*）　树干多低矮弯曲，树冠伞形。小枝、叶、花、果多长毛。叶卵形或广卵形。花序为广圆锥形，花蕾近球形，萼深裂，被毛不脱落，花冠钟状，鲜紫色或蓝紫色。蒴果卵圆形，外被乳头状腺，粘手。分布于黄河流域至长江流域各省，以陕西及河南西部为主要产区。

（4）毛泡桐籽桐 [*P.tomentosa*（Thunb.）Steud]　树冠伞形。叶广卵圆状心形，背面具长柄的树枝状毛，或黏质腺毛，上面具直立的单毛。花序枝广圆锥形，侧枝较细长，聚伞花序有总梗，与花柄近等长。萼深裂过半，不脱毛。在紫色花冠内有紫线条或无，长 5~6cm。果卵圆形，果壳薄、壳质。一般结实很多。本种是北方分布最广的种，在长江中下游以北至辽南、北京、太原、天水一线广大地区均有栽培；长江以南地区多有引种，分布范围较广。鄂西北的汉水流域、陕南及豫西山地有野生，湖北神农架山区分布到海拔 1800m 处，四川的岷江流域也有分布。毛泡桐在鄂西北山地还有一个类型，其特点是萼外

密被黄色茸毛，花冠宽大，基部突然膨大，似川泡桐花，干形较通直。分布于海拔 800~2000m 的山地。

（5）白花泡桐（*P.fortunei*） 树高可达 27m，胸径达 2m。幼枝、嫩叶被枝状毛和腺毛。叶心状长卵形，先端渐尖，全缘，圆锥状聚伞花序，花冠白色或淡紫色，腹部皱褶不明显，花萼浅裂。蒴果椭圆形，长 6~10cm，果皮木质较厚。长江流域以南各省（自治区）为主要产区。北自河南南部大别山区，南至广东、广西，东起台湾，西至云南、四川，均有分布。垂直分布广西可达海拔 1150~1520m，湖北西部及四川东部达 600~1300m，四川峨眉山可达 2000m。

（6）川泡桐（*P.fargesii*） 全体密被棕黄色星状茸毛，枝条及叶表面无毛。叶心形，广卵形，不粘。聚伞花序无总梗或很短。花冠白色或紫色，钟状，在基部弯曲处以上骤然膨大，花萼钟状，裂片卵形深裂，不反卷。蒴果卵形，长 4cm，果皮革质。分布于四川、云南、贵州、湖北西部和湖南西南部。垂直分布可达海拔 1200~3000m。

（7）台湾泡桐（*P.kawakamii Ito*） 树冠伞形。叶卵圆状或广卵状心形，大者长达 48cm，顶端锐尖头，全缘或 3~5 裂或有角，两面均有黏毛，老时显现单条粗毛，叶面常有腺；叶柄较长，幼时具长腺毛。花序枝为广圆锥状，分枝稀疏、粗壮。聚伞花序无总梗。花萼深裂过半，不脱毛。花冠长 3~5cm，为本属最小者。蒴果卵球形，果小，长 2~2.5cm，宽 2cm。果壳薄、壳质，不足 1mm，结实多。种子长圆形，种翅褐色，包括种翅长 2.5~3.5mm、宽 2.5mm，也为本属最小的。本种主要分布在长江以南的东南各省，包括浙江、福建、台湾、广东、广西、江西、湖南等省区，鄂西南、川东南也有分布。大多生长在海拔 200~1000m 的山地，多野生。本种从果的大小来看，显然存在大果和小果两个类型。

3. 生长习性

泡桐属物种都是阳性树种，最适宜生长于排水良好、土层深厚、通气性好的砂壤土或沙砾土，喜湿润肥沃土壤，以 pH 6~8 为好，对镁、钙、锶等元素有选择吸收的倾向，因此要多施氮肥，增施镁、钙、磷肥。

由于泡桐的适应性较强，一般在酸性或碱性较强的土壤中，或在较瘠薄的低山、丘陵或平原地区也均能生长，但忌积水。泡桐对温度的适应范围也较大，在北方能耐 -25~-20℃的低温，从中国东北辽宁南部、华北、华中、华东、华南、西南至西北部分地区都能生长，各地都有适应当地生态环境的种类。

4. 分布范围

泡桐共 7 种，均产于中国，除东北北部、内蒙古、新疆北部、西藏等地区外全国均有分布，栽培或野生，有些地区正在引种。白花泡桐在越南、老挝也有分布，有些种类已在世界各大洲许多国家引种栽培，主要用其木材。

5. 栽培技术

泡桐苗木繁育比较容易，方法很多，其中埋根育苗具有技术简便、出苗整齐、出苗快、成活率高、苗木质量好、育苗成本低等优点，是生产上使用最多的方法。埋根育苗的操作如下。

（1）种根采集与处理　用于育苗的最好种根是 1 年生苗木出圃后余留下来的或修剪下来的苗根。多年生的幼树或大树树根虽可作种根，但效果较差，一般不宜采用。种根采集时间从落叶到发芽前均可，但通常是与苗木出圃结合进行。种根挖出后，选择 1~2cm 粗、无损伤的苗根，按长 10~15cm 剪集根条。剪取种根时，为防止埋根时倒埋种根的现象发生，应做到上端平剪、下端斜剪。种根剪取后应放置太阳下晾晒 1~2 天，然后再根据粗度不同分别按一定数量绑扎成捆。春季采集好的种根可放置阴凉处随时运往圃地埋根育苗。冬季采集的种根则应及时贮藏。

方法是：在背风向阳、排水良好的地方，挖宽 1m、深 0.5~0.7m 的贮藏沟，沟长视种根多少而定，沟底铺 10cm 的湿沙，将晾晒过的种根大头向上排列于沟内，种根之间的空隙用湿沙填实，种根太多时可上下排两层，中间用湿沙隔开，上面再盖 20~30cm 湿沙，最后用土封坑，封土厚度以不冻种根为宜。沙的湿度以手握成团不出水，松手不散为宜。放种根时，每隔 1~2m 立一草把，以利通气。种根贮藏后，

周边应挖沟排水，防止雨雪水流入沟内。在种根贮藏期间，每隔1个月左右检查1次，以防种根霉烂。如发现霉烂，应翻坑晾晒，也可用0.1%高锰酸钾溶液浸根30min后，晾干再贮藏。如沙子过干，应及时洒水保湿。

（2）圃地选择与整地　泡桐苗喜光、喜肥、喜湿、怕旱、怕淹，苗圃地应选择地势平坦、土层深厚、耕作层超过50cm、土壤肥沃、通气性良好、地下水位在1.5m以下、排灌方便、背风向阳的砂壤、壤土或轻黏土。整地时每亩施入腐熟有机农杂肥300kg、磷肥30kg，然后深耕40~50cm。最好在秋末冬初时深耕，可促使土壤风化，冻死越冬害虫。耙碎、耙平后做床，床高20cm，床面宽70~75cm。四周开好排灌边沟，圃地面积大的要开中沟。

（3）埋根育苗　2月中、下旬至3月底都可埋根。埋根时对粗度不同的种根应分开育苗。

（4）埋根方法　首先按株行距定点挖穴或用竹签扎眼，将种根大头向上直插于穴中，注意不要损伤种根和幼芽，上端略低于地面1~2cm，然后填土压实，使种根与土壤密接，再在上面盖少量虚土。若种根分不清大小头，则将种根平埋，以避免倒插种根现象。一般培育干高4m左右的一级苗木，其密度为每亩667株，株行距各1m。若要培育5m以上的特级苗，其株行距可适当加大到12m。为便于管理操作，也可以采用宽行距、窄株距的方式。

（5）苗期管理　①出苗期：从埋根到5月上、中旬苗木出齐，高约10cm时为出苗期。这个时期一是要及时排除苗地积水；二是防止雨后地表板结。最好采用地膜覆盖，既可增加地温，又可防止地表板结，延长苗木的生长期；三是对每穴萌发出的数个萌芽，只保留1~2个健壮芽，其余的芽及时抹去。②生长初期：5月中、下旬至6月底7月初为生长初期。这一时期苗木的根系生长较快，苗高生长较慢。此期的管理工作：一是定苗。当苗高达10~20cm时，每穴保留一株健壮幼苗，其余的除掉。二是搞好幼苗根部松土、培土和苗地除草。三是每隔10天追施0.2%尿素水溶液，每株浇1kg。也可以在5月底以前，每亩施硫酸铵 26~40kg；6 月中、下旬，每亩施磷酸铵 40~50kg。施肥方法是在离苗木 20~30cm 处挖半月形沟，施肥后封土。天旱时应结合施肥适当灌水。③速生期：7 月中、下旬至 8 月底 9 月初为速生期。这一时期苗木地上、地下部分生长迅速，高生长 10 天可达 1m 多。因此，该阶段的水肥管理工作十分重要。由于该阶段高温、高湿、雨水多，杂草生长很快，要采取人工或化学除草方式及时除去杂草。除草时，为了能促进埋根苗根系发育，提高苗木质量，应结合进行一次根部培土（5~10cm）。雨水季节要保证排水沟畅通，雨后苗地无积水；干旱季节要注意灌水，保持土壤湿润。在 7 月上旬、7 月下旬、8 月中旬，要各追施一次速效肥，每次每亩施硫酸铵 60~100kg。为促进苗干的生长，苗木在生长期间由叶腋萌发的副梢，应及时抹掉。速生期叶腋芽长速很快，应 5 天左右抹一次。④生长后期：9 月上旬以后，苗木地上部分生长逐渐减缓，至 10 月中、下旬封顶，高生长完全停止。但 9 月上旬至下旬，此时苗木生长量仍大，可在 9 月上旬每亩再施磷钾复合肥 40~50kg，促进苗木的后期生长，提高苗木质量。

6. 整形修剪

（1）疏散分层形　泡桐萌芽力强，以冬季修剪为宜。当幼树长到一定高度时，选留 3 个不同方向的枝条作为主枝，并对其进行摘心，以促进主干延长枝直立生长。如果顶端主干的延长枝弱，可把它剪去，由下面生长健壮的侧枝代替。每年冬季修剪各层主枝时，要注意配备适量的壮枝条，使其错落分布，以利通风透光。平时注意剪去枯死枝、病虫枝、内向枝、垂叠枝、交叉枝、过长枝和过密的细弱枝条。

（2）抹芽高干自然式卵圆形　苗木定植后，将主干齐地剪去，剪口要平整，并用细土将剪口埋住。到春季，则可从干基部长出 1~2 个枝条。待其长度达 10~15cm 时，留一个方向好、生长旺盛的作为主干，并疏除其余枝条。只要肥水管理得当，1 年可长高 4~5m。第二年冬，根系已很强大，如上年一样进行第二次平茬，树高 1 年生长即达 5~6m，干形饱满通直，以后就靠树干上部的侧枝形成树冠，促进

树干的直径生长。逐年剪除主干下部的主枝，以均衡树势。

要想获得主干通直、树冠大、荫浓的造型，可在春季苗木栽植后，当侧芽长出 2cm 左右时，选定一枚壮芽，在其上方将树梢头剪去，抹去另一个对称芽，而后抹去向下 4 对左右的侧芽，再向下的侧芽应保留，当年即可长出 2m 左右的旺梢。依此类推，3~4 年即可达到理想的高度。

7. 病虫害防治

在整个苗木生长过程中，还应做好病虫害的防治工作。泡桐苗期害虫主要有金龟子、小地老虎、泡桐网蝽、泡桐叶甲等。金龟子的幼虫叫蛴螬，在土里过冬，春暖后爬到土表层咬食苗木。防治方法主要是圃地翻耕时放鸡鸭吃掉或人工捕杀幼虫；苗木出土后，在被害的苗木上浇洒 20% 桐子饼液 (10kg 桐子饼掺水 40kg)，防治效果很好。小地老虎的幼虫在 4 月底开始出来活动，白天躲在土里，晚上爬到地面咬断幼苗根部。防治方法主要是在被害苗木附近扒开土来捕杀。泡桐网蝽主要为害叶片，可用 40% 乐果 800~1000 倍液喷杀。泡桐叶甲也是为害叶片，可用敌百虫粉剂喷杀。

泡桐病害有炭疽病、黑豆病，以炭疽病为主。可用 1 份硫酸铜和 10 份碳酸氢铵混合，密封 24h 后，配制 200 倍液喷洒幼苗，对炭疽病和黑豆病都有较好的防治效果。

十二、臭椿

臭椿（*Ailanthus altissima*），苦木科臭椿属落叶乔木，树皮灰色至灰黑色，原名樗，又名椿树和木砻树，因叶基部腺点发散臭味而得名。臭椿树干通直高大，春季嫩叶紫红色，秋季红果满树，是良好的观赏树和行道树。可孤植、丛植或与其他树种混栽，适宜作为工厂、矿区等绿化树种。在印度、英国、法国、德国、意大利、美国等常常作为行道树，颇受赞赏而称为天堂树。

1. 形态特征

落叶乔木，高可达 20 余米，树皮平滑而有直纹；嫩枝有髓，幼时被黄色或黄褐色柔毛，后脱落。

叶为奇数羽状复叶，长 40~60cm，叶柄长 7~13cm，有小叶 13~27；小叶对生或近对生，纸质，卵状披针形，长 7~13cm，宽 2.5~4cm，先端长渐尖，基部偏斜，截形或稍圆，两侧各具 1 或 2 个粗锯齿，齿背有腺体 1 个，叶面深绿色，背面灰绿色，揉碎后具臭味。

圆锥花序长 10~30cm；花淡绿色，花梗长 1~2.5mm；萼片 5，覆瓦状排列，裂片长 0.5~1mm；花瓣 5，长 2~2.5mm，基部两侧被硬粗毛；雄蕊 10，花丝基部密被硬粗毛，雄花中的花丝长于花瓣，雌花中的花丝短于花瓣；花药长圆形，长约 1mm；心皮 5，花柱黏合，柱头 5 裂。

翅果长椭圆形，长 3~4.5cm，宽 1~1.2cm；种子位于翅的中间，扁圆形。花期 4~5 月，果期 8~10 月（图 9-17）。

图 9-17　臭椿的植株和果实

2. 生长习性

喜光，不耐阴。适应性强，除黏土外，各种土壤均能生长，但适生于深厚、肥沃、湿润的沙质土壤。耐寒，耐旱，不耐水湿，长期积水会烂根死亡。深根性。垂直分布在海拔 100~2000m 范围内。

在年平均气温 7~19℃、年降雨量 400~2000mm 范围内生长正常；

年平均气温 12~15℃、年降雨量 550~1200mm 范围内最适生长。产于各地，为阳性树种，喜生于向阳山坡或灌丛中，村庄家前屋后多栽培，常植为行道树。

耐微碱，pH 适宜范围为 5.5~8.2。对氯气抗性中等，对氟化氢及二氧化硫抗性强。生长快，根系深，萌芽力强。

3. 分布范围

中国除黑龙江、吉林、新疆、青海、宁夏、甘肃和海南外，各地均有分布。以黄河流域为分布中心。世界各地广为栽培。

4. 栽培技术

（1）育苗　早春采用条播。先去掉种翅，用始温 40℃ 的水浸种 24h，捞出后放置在温暖的向阳处混沙催芽，温度 20~25℃，夜间用草帘保温，约 10 天有 1/3 种子裂嘴即可播种。行距 25~30cm，覆土 1~1.5cm，略镇压，每亩播种量 5kg 左右。4~5 天幼苗开始出土，每米留苗 8~10 株，每亩 1.2 万 ~1.6 万株，当年生苗高 60~100cm。最好移植一次，截断主根，促进侧须根生长。臭椿的根蘖性很强，也可采用分根、分蘖等方法繁殖。

（2）栽植　臭椿栽植冬春两季均可，春季易旱栽，在苗干上部壮芽膨大呈球状时栽植成活率最高，栽植时要做到穴大、深栽、踩实、少露头。干旱或多风地带易采用截干造林。臭椿多"四旁"栽植，一般采用壮苗或 3~5 年幼树栽植，栽后及时浇水，确保成活。

5. 整形修剪

臭椿一般要求有通直主干，栽植后应及时摘除侧枝以促使主干不断延伸，达到高度时定干，并选留 3 个主枝。翌年继续短截，选留侧枝；第三年仍对侧枝进行短截，每个侧枝选留 2 个，形成"3 股 6 杈 12 枝"杯状树形。

6. 病虫害防治

臭椿对病虫害抵抗能力较强，常见病有白粉病。旋皮夜蛾、蓖麻蚕是主要的食叶害虫，为害苗木。斑衣蜡蝉是常见的刺吸害虫。臭椿沟眶象是常见的蛀干害虫。

（1）立枯病　主要为害当年生播种嫁接苗或组培苗的茎基部，造成被害部位坏死，植株死亡。防治方法：①施足基肥，每亩施用腐熟的鸡粪 2000kg 或其他厩肥 5000kg。②病害发生时可用 72.2% 霜霉威（普力克）水剂 600~1000 倍液进行茎基部喷洒或浇灌苗床，阴雨季节用药要勤。

（2）瘿螨　主要为害幼芽，使得新叶短小皱缩，质地变硬，呈暗黄褐色，顶梢生长停止，严重影响了树体的发育及观赏价值。防治方法：将带虫苗木置于 50℃的温水中浸泡 10min 或用硫黄粉熏蒸，可杀死虫体。在春季发芽前，喷洒 5°Bé 的石硫合剂，杀死越冬虫体。虫害发生时可喷洒 20% 三氯杀螨醇乳油 1000 倍液或 1.8% 虫螨立克乳油 2000~3000 倍液。

（3）盲蝽　8~9 月为害叶片，使叶尖部卷曲，影响植株正常生长。可喷洒 40.7% 毒死蜱乳油 1000 倍液或 25% 喹硫磷（爱卡士）乳油 1000 倍液防治。

臭椿挥发出的特殊臭味具有很强的杀菌除虫功效，并可与其他物质混合成杀虫剂，所以臭椿对病虫害抵抗能力较强，病虫害危害较轻。臭椿叶点霉病和白粉病是主要为害叶部的病害，要及早发现及时防治。臭椿沟眶象、斑衣蜡蝉、樗蚕蛾、臭椿皮灯蛾、椿大象甲等是为害臭椿的主要害虫。

对斑衣蜡蝉、樗蚕蛾、臭椿皮蛾、椿大象甲，可在幼虫或若虫期喷洒 25% 灭幼脲 3 号 1000 倍液或 20% 杀灭菊酯乳油 2000 倍液进行防治。臭椿沟眶象，又名椿小象，属鞘翅目，象虫科，张秀玲等对其进行了专门研究，认为臭椿沟眶象是检疫对象，此虫食性单一，是专门为害臭椿的一种枝干害虫，主要以幼虫蛀食枝、干的韧皮部和木质部，因切断了树木的输导组织，导致轻则枝枯、重则整株死亡。成虫羽化大多在夜间和清晨进行，有补充营养习性，取食顶芽、侧芽或叶柄，成虫很少起飞、善爬行，喜群聚危害，危害严重的树干上布满了羽化孔。人工林和行道树受害较严重。因臭椿沟眶象飞翔力差，自然扩散靠成虫爬行，故人为调运携带有虫的苗木或新采伐的带皮圆木是远距离传播的主要方式。

十三、合欢

合欢（*Albizia julibrissin* Durazz.），又名绒花树、夜合欢，豆科合

欢属植物，落叶乔木。因昼开夜合故名夜合。合欢是观赏植物，可用作园景树、行道树、风景区造景树、滨水绿化树、工厂绿化树和生态保护树等。

1. 形态特征

合欢，落叶乔木，高可达 16m。树干灰黑色；嫩枝、花序和叶轴被茸毛或短柔毛。托叶线状披针形，较小叶小，早落；二回羽状复叶，互生；总叶柄长 3~5cm，总花柄近基部及最顶 1 对羽片着生处各有 1 枚腺体；羽片 4~12 对，栽培的有时达 20 对；小叶 10~30 对，线形至长圆形，长 6~12mm，宽 1~4mm，向上偏斜，先端有小尖头，有缘毛，有时在下面或仅中脉上有短柔毛；中脉紧靠上边缘。头状花序在枝顶排成圆锥状花序；花粉红色；花萼管状，长 3mm；花冠长 8mm，裂片三角形，长 1.5mm，花萼、花冠外均被短柔毛；雄蕊多数，基部合生，花丝细长；子房上位，花柱几与花丝等长，柱头圆柱形。荚果带状，长 9~15cm，宽 1.5~2.5cm，嫩荚有柔毛，老荚无毛。花期 6~7 月；果期 8~10 月（图 9-18、图 9-19）。

图 9-18　合欢的植株

图 9-19　合欢的叶和花

2. 生长习性

合欢喜温暖湿润和阳光充足的环境，对气候和土壤适应性强，宜在排水良好、肥沃土壤中生长，但也耐瘠薄土壤和干旱气候，但不耐水涝。生长迅速，耐寒、耐旱，对二氧化硫、氯化氢等有害气体有较强的抗性。

3. 分布范围

产于我国黄河流域及以南各地，分布于华东、华南、西南以及辽宁、河北、河南、陕西等省。朝鲜、日本、越南、泰国、缅甸、印度、伊朗及非洲东部也有分布。生于路旁、林边及山坡上。

4. 栽培技术

（1）繁殖　合欢常采用播种繁殖，于9~10月间采种，采种时要选择子粒饱满、无病虫害的荚果，将其晾晒脱粒，干藏于干燥通风处，以防发霉。

由于合欢种皮坚硬，为使种子发芽整齐，出土迅速，播前2周需用0.5%高锰酸钾冷水溶液浸泡2h，捞出后用清水冲洗干净，置于80℃左右的热水中浸种30s(最长不能超过1min，否则影响发芽率)，24h后即可进行播种。利用这种方法催芽发芽率可达80%~90%，且出苗后生长健壮，不易发病。

育苗方法有营养钵育苗和圃地育苗。

① 营养钵育苗。常用的营养土有两种：一种是焦泥灰60%~70%、园土20%~30%、垃圾或栏肥9.5%、钙镁磷肥0.5%，混拌均匀；另一种是肥沃表土90%、草木灰7%、骨粉1%、腐熟畜肥2%，捣碎拌匀。每杯播种2~3粒经过催芽处理的种子，播种后上面盖些泥灰或细土1cm，有条件的再撒上一些松针。把已播种的营养杯排成宽1m、长度不定的畦，畦四周培土与杯等高，以保持水分，约排18万只/hm²，播后1周即发芽出苗。

② 圃地育苗。圃地要选背风向阳、土层深厚、排灌溉方便的砂壤或壤土。翻松土壤，锄碎土块，做成东西向、宽1m、表面平整的苗床。播种前在畦上先施腐熟人粪尿和钙镁磷肥，再盖上一层细园土。采用宽幅条播或撒播，播种后盖一层约0.5cm厚的细泥灰，然后覆盖稻草，用水浇湿，保持土壤湿润。用种量，需移苗栽植的为45~60kg/hm²，不移苗的30~37.5kg/hm²。播种后7天内，晴天要喷1~2次水，保持苗床湿润。幼苗出土后逐步揭除覆盖物，第1片真叶普遍抽出后全部揭去覆盖物，并拔除杂草。

（2）移栽　合欢密植才能保证主干通直，育苗期要及时修剪侧枝，发现有侧枝要趁早用手从枝根部抹去，因为用刀剪削侧枝往往不彻底，导致侧芽再度萌发。主干倾斜的小苗，第二年可齐地截干，促生粗壮、通直主干；小苗移栽要在萌芽之前进行，移栽大苗要带足土球。移植时间宜在春、秋两季。春季宜在萌芽前，树液尚未流动时移栽；秋季可在合欢落叶之后至土壤封冻前栽植。同时，要及时浇水、设立支架，以防风吹倒伏。管理上每年应予修剪，调整树态，保持其观赏效果。另外，还要于每年的秋末冬初时节施入基肥，促使来年生长繁茂，着花更盛。绿化工程栽植时，要去掉侧枝叶，仅留主干，以保成活，晚秋时可在树干周围开沟施肥 1 次，保证来年生长肥力充足。

（3）田间管理　如果田间杂草过多可进行人工锄草或化学除草。定苗后结合灌水追施淡薄有机肥和化肥，加速幼树生长，也可叶面喷施 0.2%~0.3% 尿素和磷酸二氢钾混合液。8 月上旬以前以施氮肥为主，用纯氮 225~375kg/hm^2，后期（8 月中、下旬至 9 月）以施用氮、磷、钾等复混肥为主，用量为 600~750kg/hm^2，施肥时要按照"少量多次"的原则，不得施"猛肥"，以防肥多"烧苗"。由于合欢不耐水涝，故要在圃田内外开挖排水沟，做到能灌能排。若管理适当，当年苗高可达 2m 以上。如作城镇、园区绿化之用，要分床定植，苗期要及时修剪侧枝，保证主干通直。

5. 整形修剪

（1）定植修剪　幼苗定植时，对根系和枝叶进行适量修剪。

① 根系的修剪：切断主根，留 3~5cm，防止窝根，侧根剪 3~6cm，须根尽量保留。侧根的良好生长，有利于形成发达的根系。剪除伤根、病虫根。

② 枝叶的修剪：为了减少水分蒸腾，保持地上部分与地下部分的水分平衡，提高移植成活率，首先将主干上所有的枝条剪去 1/2；剪除病虫枝、碰伤枝。对主干纤细柔弱的幼苗，需用竹竿缚扎主干，并剪去纤细的梢头部分，留好主芽，逐步培养直立主干。

（2）培大苗整形　定植后，对苗木进行整形修剪，以保持适当的分枝点和丰满的树冠。

① 保持主干的生长优势。在生长季节，应注意培养主干，随时调整树形，短截扰乱树形的旺长枝，保持主干的直立性及树势的平衡，并及时修剪树冠内的细弱枝、病虫枝、交叉枝、并生枝、枯枝等，保持树冠的通透性，以减少营养消耗和病虫害的发生，形成优美的树冠。

② 保持适当的分枝点。根据苗木的生长势，每年在叶芽萌动前，自下而上从主干上剪去 1~2 盘枝条，逐步提高苗木的分枝点。定干高度宜在 2.2m 左右。

③ 培养自然伞形树冠。有些树种因萌芽力弱，不耐修剪，所以整形应顺其自然，稍加修剪成自然伞形树冠。定干后，选好上下错落的 3 个主枝进行短截，在主枝上培养一些高低错落的侧枝，逐年形成伞形树冠。

（3）出圃修剪　合欢宜在冬季落叶后至新芽萌动前移植，成活率高。苗木出圃与移植时，对主枝进行适度短截，疏剪枯枝、重叠枝、病虫枝、细弱枝等，合欢发枝能力弱应减少疏剪量。

6. 病虫害防治

（1）合欢常见病害主要有溃疡病和枯萎病，可于发病初期用 50% 福美甲胂（退菌特）800 倍液，或 50% 多菌灵 500~800 倍液，或 70% 甲基硫菌灵（托布津）600~800 倍液进行喷洒，7~10 天喷 1 次，连续用药 2 次。

（2）锈病　合欢患锈病后叶背会出现一些淡黄色斑点，斑点产生白色疱状物。早期在疱状物中散出锈褐黄色粉末，即病原菌的夏孢子堆。后期在疱状物中散出暗褐色粉状物，即病原菌的冬孢子。在 10 月下旬至第 2 年 4 月间发病，病部产生的疱状物开始时只有夏孢子堆，约 1 个月后出现冬孢子堆。

防治办法：喷洒 0.3°Bé 石硫合剂，或 75% 百菌清可湿性粉剂 400 倍液，10~15 天喷 1 次，连喷 2~3 次。

（3）枯萎病　合欢树枯萎病是一种系统性传染病，对合欢树来说是最严重的病害。该病发生概率较大，幼苗及成品树都受到影响。其中，3~5 年生树最易患枯萎病且发病速度快。另外，一些生命力弱的植株受此病影响，容易死亡。合欢枯萎病受气候条件、土质和地势、栽培环境及栽植管理的影响。高湿、多雨季节发病严重；土质黏重、地势低洼、

排水不良,积水地易发病;移栽或修剪等管理过程中造成的伤口,会增加患病机会。幼苗染病后,先是叶片变黄,然后根茎基部变软,常出现倒伏,最后全株枯死。成株染病,先是1~2根枝条出现症状,病枝上的叶片萎蔫下垂,叶色呈淡绿色或淡黄色,后期干枯脱落,随后部分枝条开始干枯,逐步扩展到整株,致死亡。截开主干断面,可见一整圈变色环,树根部断面呈褐色或黑褐色。

防治办法:选择抗病性强的品种,如浅色花的'驰闻'、深红色花的'夏洛特'等,在种植形式上,最好采取单株或几株点缀种植于绿化带、花园、庭院,不宜大面积或在街道上做行道树,因为街道土壤坚实,排水不良。

其虫害主要有天牛、粉蚧、翅蛾等,可用80%敌敌畏乳油750g/hm^2+煤油15kg/hm^2,注入虫孔杀灭天牛。用40%氧乐果乳油1000~1500倍液或50%辛硫磷乳油1000倍液,分别于粉蚧、翅蛾的幼虫发生初期连续喷药2次,间隔5~7天,还可交替使用菊酯类农药。如喷药后4h内遇雨需补喷。另外还有以下害虫。

(1)虫合欢吉丁虫　鞘翅目吉丁虫科。成虫体长3.5~4.0mm,铜绿色,稍带光泽,幼虫老熟时体长5~6mm,头很小,黑褐色,胸部较宽,腹部较细,无足。蛀干害虫,1年1代,6月下旬以老熟幼虫在被害树干内过冬。次年在隧道内化蛹,6月上旬开始咬食树叶。多在干和枝上产卵,每处产卵1粒,幼虫孵化潜入树皮为害,到9~10月份被害处流出黑褐色胶,一直为害到11月幼虫开始过冬。

防治方法:一是6月上旬成虫羽化期在树冠、干、枝上喷1500~2000倍的20%杀螟松氰戊菊酯(菊·杀)乳油等;二是在5月成虫羽化前进行树干涂白,防止产卵;三是幼虫初在树皮内为害时,往被害处涂煤油溴氰菊酯混合液(1:1),杀树皮内幼虫;四是注意栽前苗木的检疫工作,栽后加强管理,及早发现虫害,及时清除枯株,减少虫源及蔓延。

(2)双条合欢天牛　成虫22~26mm,宽5~6mm,体棕色或黄棕色。背板中央及两侧有金绿色纵纹。鞘翅色较浅,每翅中央有一条蓝绿色纵纹。鞘翅刻点粗密,每翅有3条纵脊纹。老熟幼虫体长50mm左右,乳白色;前胸背板前缘有6个灰褐色斑纹,胸足3对。

危害时，可造成观赏树木的大批死亡，降低木材利用和绿化观赏效果。

防治方法：一是人工捕杀成虫，成虫羽化期，可于晚上 8 点左右捕杀；二是在幼虫孵化期，可在树干上喷洒杀螟硫磷；三是在树干基部等距离打小孔 3~4 个，孔深 3~5cm，注入 50% 的久效磷 1~3 倍稀释液，效果较好；四是在幼虫危害期，树盘浇灌 250~400 倍的氧乐果乳油，防治效果也比较理想。

（3）合欢巢蛾　鳞翅目巢蛾科。成虫体长 6mm 左右，翅展 12mm 左右。前翅银灰色，有许多不太规则的黑点。卵椭圆形，黑绿色，成片。老幼虫体长 9~13mm，初孵时黄绿色，渐变黑绿色。受惊后非常活跃，往后跳动，吐丝下垂。蛹长 6mm 左右，红褐色，包在灰白色丝茧中。主要食叶，严重时满树虫巢，大量叶片叶肉被啃光或残缺不全。树冠呈现一片枯干景象。

防治方法：一是在幼虫期喷 1500~2000 倍的 50% 辛硫磷乳油，或 2000 倍的 20% 杀螟松氰戊菊酯乳油，或 1000~1500 倍的 90% 敌百虫晶体等；二是在秋、冬、春季刷除树木枝干和附近建筑物上的过冬茧蛹并消灭；三是在幼虫作巢期，虫口不多的可剪掉虫巢，消灭幼虫。

十四、刺槐

刺槐（*Robinia pseudoacacia* L.），又名洋槐，属豆科刺槐属落叶乔木。原生于北美洲，现被广泛引种到亚洲、欧洲等地。刺槐树冠高大，叶色鲜绿，每当开花季节绿白相映，素雅而芳香。可作为行道树、庭荫树，亦是工矿区绿化及荒山荒地绿化的先锋树种。

1. 形态特征

小枝灰褐色，幼时有棱脊，微被毛，后无毛；具托叶刺，长达 2cm；冬芽小，被毛。羽状复叶长 10~25（40）cm；叶轴上面具沟槽；小叶 2~12 对，常对生，椭圆形、长椭圆形或卵形，长 2~5cm，宽 1.5~2.2cm，先端圆，微凹，具小尖头，基部圆形至阔楔形，全缘，上面绿色，下面灰绿色，幼时被短柔毛，后变无毛；小叶柄长 1~3mm；小托叶针芒状；总状花序腋生，长 10~20cm，下垂，花多数，芳香；苞片早落；花梗长 7~8mm；花萼斜钟状，长 7~9mm，萼

齿 5，三角形至卵状三角形，密被柔毛；花冠白色，各瓣均具瓣柄，旗瓣近圆形，长 16mm，宽约 19mm，先端凹缺，基部圆，反折，内有黄斑，翼瓣斜倒卵形，与旗瓣几等长，长约 16mm，基部一侧具圆耳，龙骨瓣镰状，三角形，与翼瓣等长或稍短，前缘合生，先端钝尖；雄蕊二体，对旗瓣的 1 枚分离；子房线形，长约 1.2cm，无毛，柄长 2~3mm，花柱钻形，长约 8mm，上弯，顶端具毛，柱头顶生。荚果褐色，或具红褐色斑纹，线状长圆形，长 5~12cm，宽 1~1.3（1.7）cm，扁平，先端上弯，具尖头，果颈短，沿腹缝线具狭翅；花萼宿存，有种子 2~15 粒；种子褐色至黑褐色，微具光泽，有时具斑纹，近肾形，长 5~6mm，宽约 3mm，种脐圆形，偏于一端。花期 4~6 月，果期 8~9 月（图 9–20）。

图 9–20　刺槐的植株和花

2. 生长习性

温带树种。在年平均气温 8~14℃、年降雨量 500~900mm 的地方生长良好；特别是空气湿度较大的沿海地区，其生长快，干形通直。抗风性差，在风口栽植的刺槐易出现风折、风倒、倾斜或偏冠现象。对水分条件很敏感，在地下水位过高、水分过多的地方生长缓慢，易诱发病害，造成植株烂根、枯梢甚至死亡。有一定的抗旱能力。喜土层深厚、肥沃、疏松、湿润的壤土、砂质壤土、沙土或黏壤土，在中性土、酸性土、含盐量在 0.3% 以下的盐碱性土上都可以正常生长，在积水、通气不良的黏土上生长不良，甚至死亡。喜光，不耐庇荫。萌芽力和根蘖性都很强。

3.品种分类

现有刺槐品种按用途区分类，大体可归结为如下几类：①用材树种；②园林绿化树种；③饲料林树种；④蜜源林树种；⑤能源林或防护林树种；⑥肥料树树种。当然，各类之间时常有交叉，还可以有其他不同的归类方法。近些年来，国内林业科技人员也选择出来不少可供园林绿化用的刺槐新品种。

直杆刺槐（*Robinia pseudoacacia* 'Bessouiana'）:树干笔直挺拔，黄白色花朵。

金叶刺槐（*R. pseudoacacia* 'Frisia'）:中等高的乔木,叶片金黄色。

曲枝刺槐（*R. pseudoacacia* 'Tortuosa'）:枝条扭曲生长，亦称疙瘩刺槐。

柱状刺槐（*R. pseudoacacia* 'Pyramidalis'）:侧枝细，树冠呈圆柱状，花白色。

球冠刺槐（*R. pseudoacacia* 'Umbraculifera'）:树冠呈圆球状，老年呈伞状。

龟甲皮刺槐（*R. pseudoacacia* 'Stricta'）:树皮呈龟甲状剥落，黄褐色。

红花刺槐（*R. decaisneana* L.）:花冠蝶形，紫红色。南京、北京、大连、沈阳有栽培。

无刺刺槐（*R.pseudoacacia* var. *inermis* DC）:树冠开张，树形扫帚，枝条硬挺而无托叶刺。青岛、北京、大连有栽培，扦插繁殖，多用于行道树。

小叶刺槐（*R.pseudoacacia* var. *microphylla*）:小叶长 1~3cm，宽 0.5~1.5cm。复叶自顶部至基部逐渐变小，荚果长 2.5~4.5cm，宽不及 1cm，山东枣庄市有栽培。

　　箭杆刺槐（*R.* 'upright' L.）：树干挺直，分枝细而稀疏，在青岛市有栽植。

　　"黄叶"刺槐（*R.* 'yellow' L.）：在山东东营市广饶县选出，叶常年呈黄绿色。用分株或嫁接繁殖。

　　球槐：树冠呈球状至卵圆形，分枝细密，近于无刺或刺极小而软。小乔木。不开花或开花极少。

　　粉花刺槐：花略晕粉红。

4. 分布范围

　　原产于美国。北纬 23°~46°、东经 86°~124° 都有栽培。17 世纪传入欧洲及非洲。中国于 18 世纪末从欧洲引入青岛栽培，现中国各地广泛栽植。在黄河流域、淮河流域多集中连片栽植，生长旺盛。在华北平原，垂直分布在海拔 400~1200m 之间。甘肃、青海、内蒙古、新疆、山西、陕西、河北、河南、山东等省区均有栽培。

5. 繁殖及栽培技术

　　（1）繁殖

　　① 种子处理。刺槐荚果由绿色变为赤褐色，荚皮变硬呈干枯状，即为成熟，应适时采种，并经日晒，除去果皮、秕粒和夹杂物，取得纯净种子。荚果出种率为 10%~20%，千粒重约为 20g，发芽率为 80%~90%。刺槐种子皮厚而坚硬，播前必须进行催芽处理，即将种子倒入 60~80℃的热水中，用木棒充分搅拌，5~10min 后掺入凉水，使水温降到 30~40℃为止，然后将浮在上面的杂质和坏种捞除，浸泡 24h 后捞出，稍干时用细眼铁筛筛去未泡胀的硬粒种子，再进行烫水浸种，已吸水膨胀的种子放入筐篓内，盖上湿麻袋，放在向阳温暖处，每天用温水淘洗 2 次。4~5 天后待种子萌动时即可播种。

　　② 选地、整地和施肥。刺槐幼苗畏寒、怕涝、怕碱，所以育苗地应选择地势较高、便于排灌的肥沃砂壤土。土壤含盐量要在 0.2% 以下，地下水位大于 1m。选用水浇地，或土质深厚、平坦的熟土地。不要在涝洼地和土质瘠薄的山地育苗。刺槐不宜连作，可与杨树、松树等轮作，以防立枯病，切忌黏重土壤育苗。整地要求精耕细作，秋季整地施肥，

春季耙糖保墒，5 月上旬灌水后播种。

③ 播种。刺槐过早播种易遭受晚霜冻害，所以播种宜迟不宜早，以"谷雨"前后为最适宜。畦床条播或大田式播种均可。一般采用大田式育苗，先将苗地糖平，再开沟条播，行距 30~40cm，沟深 1.0~1.5cm，沟底要平，深浅要一致，将种子均匀地撒在沟内，然后及时覆土厚 1~2cm 并轻轻镇压，从播种到出苗 6~8 天，播种量 60~90kg/hm^2。

（2）田间管理　在刺槐育苗中，掌握幼苗耐旱、喜光、忌涝的特点，是保证育苗成活的关键。

① 灌水。播种后到幼苗出齐以前不能灌水。出苗后，土壤湿度适中时，要及时松土中耕，提高地温，有利发芽。灌水过早，土壤湿度过大，地温低，容易坐苗或出现黄叶病。在反复中耕松土的基础上，6 月初可以灌第 1 次水，以后在正常情况下每隔 20 天灌水 1 次。7 月上旬灌水后暂停一段时间，. 以促进苗木提高木质化程度、增强越冬能力，11 月下旬最后灌 1 次冬水。

② 追肥。当刺槐定苗后，结合第 1 次灌水进行第 1 次追肥，施入尿素 45~75kg/hm^2，6 月底结合灌水追施以氮、磷肥为主的复合肥 2 次，施肥量为 75~195kg/hm^2，8 月初停止施肥。最好是冬耕早春耙地，每亩施腐熟基肥 1500~2500kg。春季整地应提早，深翻（25cm 以上）、细耙、整平。在整地的同时，每亩用 7.5kg 黑矾（硫酸亚铁）粉拌入 5% 辛硫磷 0.5kg，再掺入 40 倍的细土，撒入地中，以进行土壤消毒。

③ 松土除草。育苗地要在灌水后或雨后及时中耕，经常保持疏松无草。

④ 防寒越冬。刺槐 1~2 年生苗易遭秋霜冻及春风干的危害，致使苗木地上部分干枯，故 1 年生苗应在秋后挖出进行秋季造林或越冬假植，第 2 年春季提供造林。

⑤ 移植培育大苗。培育道路、庭院、城市绿化等需要的大苗，宁夏原州区一般在 4 月下旬至 5 月上旬进行移植，移植密度主要取决于苗木培育规格和年限。一般四年生移植苗株行距以 50cm×100cm 为

宜。培育苗木年限越长移植的株行距越大。刺槐移植多采用穴植，移植前应剪去地上部分，并将劈裂损伤的根条剪掉。根系长度应保持在20~30cm，苗根蘸浆栽植，栽苗深度应使根颈顶端与地表持平。移植后的苗木要及时进行浇水追肥、松土除草、防寒越冬等抚育工作，尤其对平茬苗应做好去梢、抹芽、修枝等工作。选留健壮直立的枝条作为主干。

6. 整形修剪

刺槐生长快、适应性强、材质优良，是造林和四旁绿化的优良树种。但刺槐萌芽力很强，如不修剪就会长出满树枝条，密不通风，从而影响生长速度。根据观察，经过正确修剪的刺槐，平均年生长量72cm，而放任不剪的仅为49cm，连续进行修剪，比不修枝提早3~5年成材、成林。为了实现这个目标，必须注意整形与修枝。

（1）整形 在自然生长情况下，刺槐分枝力强、生长旺盛，往往形成一个广卵形树冠，但多数树干低矮、枝杈过多，形成"小老树"。整形就是使其树干通直，应从栽后第1年冬或第2年春就开始修去与主干竞争的侧枝，直到5~8年后树干高度在6m以上，达到民用材标准时为止。

用于园林绿化的刺槐大苗一般比较强健，可先选出健壮直立，又处于顶端的1年生枝作主干延长枝，然后剪去其先端1/3~1/2，弱枝重剪（但不宜过重，否则剪口下不易生长强枝）。剪口附近如有小弱枝，则宜剪去部分枝，其上侧枝逐个短截，使其先端均不高于主干剪口即可。

（2）修剪 修剪的早晚与修枝量要根据造林目的确定。一般造林，应在幼林郁闭后进行修枝；四旁绿化和防护林带，为了培育较高的树干，防止遮阳过大，头3年内即应适当进行修剪。修枝技术：一是疏。例如，2年生以下的刺槐主干较低，一般选留生长旺盛、直立的枝条作为主干，其余的枝条依情况不同进行疏除，按冠干比（2~3年生为3：1；4~6年生为1：1；8年生为2：3）将树干修到一定高度之后，疏除树冠上部粗壮的竞争枝、徒长枝、直立枝及部分过密的侧枝、下垂枝和枯死枝。二是截：即夏季剪截去掉直立强壮的侧枝，根据压强留弱、去直留平、树冠上部重剪、下部轻剪长留的原则，分次中截，剪口下留小枝条，不能从基部疏剪掉，以免主梢风折或生长衰弱。对冬季或春季主干打头、平茬的幼树，在剪口处萌发的壮枝长到 30cm 左右时，留一直立的健壮枝作全枝培养，其余的截去其长度 1/3 左右，可连续 2~3 次。对树冠下的粗大枝，要逐年截，最好留 1~2 个细弱枝。

（3）修剪萌条　修枝以后，主干或主要侧枝上的旺长枝，要进行摘心或剪梢；对树干基部疏枝处和冬打头的主干顶端，所萌发的新芽和萌条都应及早剪去。修枝应在夏季进行，以 6 月上旬至 7 月上旬为宜，具有伤口小、愈合快的优点，一般不再萌发大量枝条，有利于幼树生长。修枝不能过重，应紧贴树干，不留桩，以免形成节子。使用工具应锐利，伤口应平滑，枝干不应劈裂。

7. 病虫害防治

刺槐受白蚁、叶蝉、蚧、槐蚜、金龟子、天牛、刺槐尺蛾、桑褐翅尺蛾、小皱蝽等多种害虫为害。发现虫害可用 40% 氧乐果乳剂 1500 倍液喷雾防治。对于立枯病，在发病初可用 50% 代森铵 300~400 倍液喷洒，灭菌保苗。

十五、黄栌

黄栌（*Cotinus coggygria* Scop.）别名红叶、红叶黄栌、黄道栌、黄溜子、黄龙头、黄栌材、黄栌柴、黄栌会等，是中国重要的观赏红叶树种，叶片秋季变红，鲜艳夺目，著名的北京香山红叶就是该树种。黄栌在园林造景中最适合城市大型公园、天然公园、半山坡上、山地风景区内群植成林，可以单纯成林，也可与其他红叶或黄叶树种混交成林。黄栌同样还可以应用在城市街头绿地、单位专用绿地、居住区绿地以及庭园中，宜孤植或丛植于草坪一隅、山石之侧、常绿树树丛前或单株混植于其他树丛间以及常绿树群边缘，从而体现其个体美和色彩美。黄栌夏季可赏紫叶，秋季能观红叶，这些特点完全符合现代人的审美情趣，可以极大地丰富园林景观的色彩，形成令人赏心悦目的图画。在北方由于气候等原因，园林树种相对单调，色彩比较缺乏，黄栌可谓是北方园林绿化或山区绿化的首选树种。

1. 形态特征

落叶小乔木或灌木，树冠圆形，高可达 3~5m，木质部黄色，树

汁有异味；单叶互生，叶片全缘或具齿，叶柄细，无托叶，叶倒卵形或卵圆形。圆锥花序疏松、顶生，花小、杂性，仅少数发育；不育花的花梗花后伸长，被羽状长柔毛，宿存；苞片披针形，早落；花萼5裂，宿存，裂片披针形：花瓣5枚，长卵圆形或卵状披针形，长度为花萼大小的2倍；雄蕊5枚，着生于环状花盘的下部，花药卵形，与花丝等长，花盘5裂，紫褐色；子房近球形，偏斜，1室1胚珠；花柱3枚，分离，侧生而短，柱头小而退化。核果小，干燥，肾形扁平，绿色，侧面中部具残存花柱；外果皮薄，具脉纹，不开裂；内果皮角质；种子肾形，无胚乳。花期5~6月，果期7~8月（图9-21~图9-23）。

图 9-21　黄栌的植株（一）

图 9-22　黄栌的植株（二）

图 9-23　黄栌的叶和花

2. 生长习性

黄栌性喜光，也耐半阴；耐寒，耐干旱瘠薄和碱性土壤，不耐水湿，宜植于土层深厚、肥沃而排水良好的砂质壤土中。生长快，根系发达，萌蘖性强。对二氧化硫有较强抗性。秋季当昼夜温差大于 10℃时，叶色变红。

3. 品种

（1）毛黄栌　小枝有短柔毛，叶近圆形。

（2）垂枝黄栌　枝条下垂，树冠伞形。

（3）紫叶黄栌　叶紫色，花序有暗紫色毛。

4. 分布范围

原产于中国西南、华北和浙江；南欧、叙利亚、伊朗、巴基斯坦及印度北部亦产。

5. 栽培技术

（1）繁殖

① 播种。黄栌育苗一般以低床为主，为了便于采光，南北向做床，苗床宽 1.2m，长视地形条件而定，床面低于步道 10~15cm。播种时间以 3 月下旬至 4 月上旬为宜。播前 3~4 天用福尔马林或多菌灵进行土壤消毒，灌足底水。待水落干后按行距 33cm 拉线开沟，将种沙混合物稀疏撒播，每 667m² 用种量 6~7kg。下种后覆土 1.5~2cm，轻轻镇压，整平后覆盖地膜。同时在苗床四周开排水沟，以利秋季排水。注意种子发芽前不要灌水。一般播后 2~3 周苗木出齐。

② 分株。黄栌萌蘖力强，春季发芽前，选树干外围生长好的根蘖苗，连须根掘起，栽入圃地养苗，然后定植。

③ 扦插。春季用硬枝扦插，需搭塑料拱棚，保温保湿。生长季节在喷雾条件下，用带叶嫩枝扦插，用 400~500mg/kg 吲哚丁酸处理剪口，30 天左右即可生根。生根后停止喷雾，待须根生长时，移栽成活率较高。

（2）田间管理

① 灌溉与排水。苗木出土后，根据幼苗生长的不同时期对水分的需求，确定合理的灌溉量和灌溉时间。一般在苗木生长的前期灌水要足，但在幼苗出土后 20 天以内严格控制灌水，在不致产生旱害的情况

下，尽量减少灌水，间隔时间视天气状况而定，一般10~15天浇水一次；后期应适当控制浇水，以利蹲苗，便于越冬。在雨水较多的秋季，应注意排水，以防积水，导致根系腐烂。

②间苗、定苗。由于黄栌幼苗主茎常向一侧倾斜，故应适当密植。间苗一般分2次进行：第一次间苗在苗木长出2~3片真叶时进行。第二次间苗在叶子相互重叠时进行，留优去劣，除去发育不良的、有病虫害的、有机械损伤的和过密苗，同时使苗间保持一定距离，株距以7~8cm为宜。另外可结合一、二次间苗进行补苗，最好在阴天或傍晚进行。

③追肥。追肥本着"少量多次、先少后多"的原则进行。幼苗生长前期以氮肥、磷肥为主，苗木速生期应施以氮肥、磷肥、钾肥的混合肥，苗木硬化期以钾肥为主，停施氮肥，以促进苗木木质化，提高苗木抗寒越冬能力。

④松土除草。松土结合除草进行，除草要遵循"除早、除小、除了"的基本原则，有草就除，谨慎作业，切忌碰伤幼苗，导致苗木死亡。

6. 整形修剪

黄栌整修修剪简便粗放。在休眠期进行整形修剪：将枯枝、过密枝等剪除，保持适当稀疏即可。培育黄栌大苗：在定干的基础上将冠形修剪成开心形或具中心干的分层形和疏散形。

7. 病虫害防治

黄栌常见的病虫害主要有蚜虫、立枯病、白粉病和霉病等。

（1）蚜虫　为害叶片、嫩茎、花蕾和顶芽，造成叶片皱缩、卷曲，虫瘿以致脱落，严重时导致植株枯萎、死亡。

防治方法：可在早春刮除老树皮及剪除受害枝条，消灭越冬虫卵；蚜虫大量发生时，可喷40%氧乐果、50%马拉硫磷乳剂或40%乙酰甲胺磷1000~1500倍液，也可喷鱼藤精1000~2000倍液。

（2）立枯病　造成根部或根颈部皮层腐烂，严重时造成病苗萎蔫死亡。

防治方法：清洁庭园卫生，及时处理病株，喷洒50%多菌灵可湿性粉剂500~1000倍液或1:1:120倍波尔多液，每隔10~15天喷洒 1 次。

（3）白粉病　初期叶片出现针头状白色粉点，逐渐扩大成污白色圆形斑，病斑周围呈放射状，至后期病斑连成片，严重时整片布满厚厚一层白粉，全树大多数叶片为白粉覆盖。秋末正常叶片变为红色时，被白粉覆盖的病叶仍为暗绿色或黄色，并在白粉层上出现黑色小粒点。受白粉病为害的叶片组织褪绿，影响叶片的光合作用，使病叶提早脱落，不仅影响树势，还严重影响观赏。病菌还侵染嫩梢。8 月底 9 月初，在叶片的白粉中出现小颗粒状物，初为黄色，颜色逐渐加深，最后变为黑褐色，为病菌的繁殖体，内含供传播和侵染的大量孢子。

防治方法：秋季彻底清除落叶，剪除患病枯枝，就地销毁或运离病区，地面喷撒硫黄粉，以消灭越冬病原。加强肥水管理，增强树势，以增加抗病力；清除近地面和根际周围的分蘖小枝，能减轻或延缓病害发生。

发病初期喷洒 1 次 20% 粉锈宁 800~1000 倍液，有效期可达 2 个月；或喷洒 70% 甲基硫菌灵（甲基托布津）1000~1500 倍液数次。4 月中旬在地面上撒硫黄粉（15~22.5kg/hm^2），黄栌发芽前在树冠上喷洒 3°Bé 石硫合剂。

（4）枯萎病　黄栌枯萎病是香山红叶的重要病害，轻者严重影响红叶景观，重者很快死亡。感病叶部表现为 2 种萎蔫类型。

① 黄色萎蔫型：感病叶片自叶缘起叶肉变黄，逐渐向内发展至大部或全叶变黄，叶脉仍保持绿色，部分或大部分叶片脱落。

② 绿色萎蔫型：发病初期，感病叶表现失水状萎蔫，自叶缘向里逐渐变干并卷曲，但不失绿，不落叶，2 周后变焦枯，叶柄皮下可见黄褐色病线。根、枝横切面上边材部分形成完整或不完整的褐色条纹。剥皮后可见褐色病线，重病枝条皮下水渍状。花序萎蔫、干缩，花梗皮下可见褐色病线。种皮变黑。病原菌是植物土传病菌，通过健康植物的根与先前受侵染的残体的接触传播，在土壤中的病体上至少存活 2 年。病原菌可直接从苗木根部侵入，也可通过伤口侵入。病害发展速度及严重程度，与黄栌主要根系分布层中的病原菌数量呈正相关。种植在含水量低的土壤中的树木以及边材含水量低的树木，萎蔫程度

和边材变色的量都有所增加。

防治方法：挖除重病株并烧毁，以减少侵染源；栽植抗病品种；用土壤熏蒸剂处理土壤后再栽植黄栌。

（5）缀叶丛螟　缀叶丛螟属于食叶性害虫，是危害黄栌的主要虫害之一。叶片被取食成缺刻、焦黄，严重时叶片几乎光秃，树冠上仅剩丝网、叶表皮和碎片。不但使苗木种植成活率下降，影响黄栌正常生长，更会使秋季的红叶观赏效果明显降低。

防治方法如下。

① 于缀叶丛螟幼虫危害时期（7~8 月）加强虫害巡查预报，利用幼虫喜聚集在黄栌树冠下外围向阳处枝条和叶片上结网取食的特点，及时剪除缀巢，消除虫源。同样也可利用缀叶丛螟老熟幼虫下树作茧越冬的特点，挖虫茧减少越冬幼虫。

② 利用缀叶丛螟成虫有较强的趋光性，在成虫羽化盛期即 6 月底至 7 月初于林间设置黑光灯诱杀成虫。

③ 保护利用缀叶丛螟的天敌。蛹期可利用真菌寄生，卵期天敌有螳螂类、瓢虫类、蚂蚁类。幼虫寄生性天敌有茧蜂类、姬蜂类等多种，捕食性天敌有山雀、麻雀、灰喜鹊、画眉、黄鹂、白头翁等多种益鸟。施用生物制剂白僵菌可防治不同虫龄幼虫。

④ 利用缀叶丛螟幼虫危害期主要特点检查树冠上部和外围的虫巢和叶片上出现的被啃食成灰白色半透明的网状斑，于此时（7 月中、下旬）进行药剂防治效果最佳。可用 3% 高渗苯氧威乳油 1000 倍液、45% 高效氯氰菊酯水乳剂 1000 倍液或 20% 除虫脲水剂 800 倍液或 25% 灭幼脲乳油 800 倍液，防治效果较好，且均无药害发生。也可利用老熟幼虫下树越冬的习性，于 9 月初在黄栌树干上设置药环带，阻隔其下树越冬，从而降低翌年的虫口数量。

十六、栾树

栾树（*Koelreuteria paniculata*），别名木栾、栾华等，是无患子科栾树属植物，为落叶乔木或灌木；树形端正，枝叶茂密而秀丽，春季嫩叶多为红叶，夏季黄花满树，入秋叶色变黄，果实紫红，形似灯笼，十分美丽；栾树适应性强、季相明显，是理想的绿化、观叶树种。宜做庭荫树、行道树及园景树，栾树也是工业污染区配植的良好树种。

1. 形态特征

叶丛生于当年生枝上，平展，一回、不完全二回或偶有二回羽状复叶，长可达 50cm；小叶（7）11~18 片（顶生小叶有时与最上部的一对小叶在中部以下合生），无柄或具极短的柄，对生或互生，纸质，卵形、阔卵形至卵状披针形，长（3）5~10cm，宽 3~6cm，顶端短尖或短渐尖，基部钝至近截形，边缘有不规则的钝锯齿，齿端具小尖头，有时近基部的齿疏离呈缺刻状，或羽状深裂达中肋而形成二回羽状复叶，上面仅中脉上散生皱曲的短柔毛，下面在脉腋具髯毛，有时小叶背面被茸毛。

聚伞圆锥花序长 25~40cm，密被微柔毛，分枝长而广展，在末次分枝上的聚伞花序具花 3~6 朵，密集成头状；苞片狭披针形，被小粗毛；花淡黄色，稍芬芳；花梗长 2.5~5mm；萼裂片卵形，边缘具腺状缘毛，呈啮蚀状；花瓣 4，开花时向外反折，线状长圆形，长 5~9mm，瓣爪长 1~2.5mm，被长柔毛，瓣片基部的鳞片初时黄色，开花时橙红色，参差不齐的深裂，被疣状皱曲的毛；雄蕊 8 枚，在雄花中的长 7~9mm，在雌花中的长 4~5mm，花丝下半部密被白色、开展的长柔毛；花盘偏斜，有圆钝小裂片；子房三棱形，除棱上具缘毛外无毛，退化子房密被小粗毛。

蒴果圆锥形，具 3 棱，长 4~6cm，顶端渐尖，果瓣卵形，外面有网纹，内面平滑且略有光泽；种子近球形，直径 6~8mm。花期 6~8 月，果期 9~10 月（图 9-24~ 图 9-26）。

2. 生长习性

喜光，稍耐半阴。耐寒，但是不耐水淹，耐干旱和瘠薄，对环境的适应性强，喜欢生长于石灰质土壤中，耐盐渍及短期水涝。栾树具有深根性，萌蘖力强，生长速度中等，幼树生长较慢，以后渐快，有较强抗烟尘能力。在中原地区尤其是许昌鄢陵多有栽植。抗风能力较强，可抗 -25℃低温，对粉尘、二氧化硫和臭氧均有较强的抗性。多分布在海拔 1500m 以下的低山及平原，最高可达海拔 2600m 处。

图 9-24 栾树的植株

图 9-25 栾树的花

图 9-26 栾树的果实

3. 品种分类

常见的栾树品种有 5 种,我国有 4 种。分布在全国多个地方,华北、华东、华南、中部地区都有分布。常见的有两个栾树品种,一个是北方栾树,又称为北栾,另一个是黄山栾树,又称为南栾。

(1)北方栾树 华北分布居多。北方栾树已得到很大的开发应用,在北京行道树中占有一定的比例,天安门两侧(南池子至新华门),栾树与松柏交相辉映。

(2)黄山栾树 又名全缘叶栾树,落叶乔木,小枝棕红色,密生皮孔。小叶 7~9 片,全缘或有稀疏锯齿。花黄色。蒴果膨大,入秋变为红色。黄山栾树主产于安徽、江苏、江西、湖南、广东、广西等省区,多生于丘陵、山麓及谷地。喜光,幼年期稍耐阴、喜温暖湿润气候、肥沃土壤。对土壤 pH 值要求不严，微酸性、中性、盐碱土均能生长，喜生于石灰质土壤。具深根性，萌蘖强，寿命较长，不耐修剪。耐寒性一般，适合在长江流域或偏南地区种植。病虫害较少，生长速度中上，有较强的抗烟尘能力。其耐寒性不及栾树，但顶芽梢较栾树发达，故假二叉分枝习性没有栾树明显，因此较易培养良好的树形。黄山栾树因其生长速生性（当年播种苗可长至 80~100cm，3~5 年开花结果）、抗烟尘及三季观景的特点，正迅速发展成为长江流域的风景林树种。

（3）复羽叶栾树　复羽叶栾树（*Koelreuteria bipinnata*）分布于我国中南、西南部，落叶乔木，高达 20m，花黄色，果紫红色，二回羽状复叶。8 月开花，蒴果大，秋果呈红色，观赏效果佳。

（4）秋花栾树　秋花栾树（*Koelreuteria paniculata* 'September'），又称九月栾，是栾树的一个栽培变种，落叶大乔木，高达 15m 左右，是地地道道的北京乡土树种。主产我国北部，是华北平原及低山常见树种，朝鲜、日本也有分布。叶片多呈一回复叶，每个小叶片较大，8~9 月开花，易于与栾树区分。枝叶繁茂，晚秋叶黄，是北京理想的观赏庭荫树及行道树，也可作为水土保持及荒山造林树种。

4. 产地分布

原产于我国北部及中部，日本、朝鲜也有分布。现江苏栾树基地、浙江栾树基地都大量人工育。主要繁殖基地有江苏沭阳、浙江、江西、安徽、河南也是栾树生产基地之一。

5. 栽培技术

栾树病虫害少，栽培管理容易。

（1）繁殖

① 种子繁殖。栾树果实于 9~10 月成熟。选生长良好、干形通直、树冠开阔、果实饱满、处于壮龄期的优良单株作为采种母树，在果实显红褐色或橘黄色而蒴果尚未开裂时及时采集，不然将自行脱落。但也不宜采得过早，否则种子发芽率低。

果实采集后去掉果皮、果梗，应及时晾晒或摊开阴干，待蒴果开裂后，敲打脱粒，用筛选法净种。种子黑色，圆球形，径约 0.6cm，

出种率约 20%，千粒重 150g 左右，发芽率 60%~80%。

栾树种子种皮坚硬，不易透水，如不经过催芽管理，第二年春播常不发芽或发芽率很低。所以，当年秋季播种，让种子在土壤中完成催芽阶段，可省去种子贮藏、催芽等工序。经过一冬后，第 2 年春天，幼苗出土早而整齐，生长健壮。

在晚秋选择地势高燥、排水良好、背风向阳处挖坑，坑宽 1~1.5m，深在地下水位之上，冻层之下，大约 1m，坑长视种子数量而定。坑底可铺一层石砾或粗沙，10~20cm 厚，坑中插 1 束草把，以便通气。将消毒后的种子与湿沙混合，放入坑内，种子和沙体积比为 1:3 或 1:5，或一层种子一层沙交错层积。每层厚度约为 5cm。沙子湿度以用手能握成团、不出水、松手触之即散开为宜。装到离地面 20cm 左右为止，上覆 5cm 河沙和 10~20cm 厚的秸秆等，四周挖好排水沟。

栾树一般采用大田育苗。播种地要求土壤疏松透气，整地要平整、精细，对干旱少雨地区，播种前宜灌好底水。栾树种子的发芽率较低，用种量宜大，一般每平方米需 50~100g。

春季 3 月取出种子直接播种。在选择好的地块上施基肥，撒克百威（呋喃丹）颗粒剂或锌硫磷颗粒剂每亩 3000~4000g，用于杀虫。采用阔幅条播，既利于幼苗通风透光，又便于管理。播种后，覆一层 1~2cm 厚的疏松细碎土，防止种子干燥失水或受鸟兽危害。随即用小水浇一次，然后用草、秸秆等材料覆盖，以提高地温，保持土壤水分，防止杂草滋长和土壤板结，约 20 天后苗出齐，撤去稻草。

② 扦插繁殖

a. 插条的采集：在秋季树木落叶后，结合 1 年生小苗平茬，把基径 0.5~2cm 的树干收集起来作为种条，或采集多年生栾树的当年萌蘖苗干、徒长枝作种条，边采集边打捆。整理好后立即用湿土或湿沙掩埋，使其不失水分以备作插穗用。

b. 插穗的剪取：取出掩埋的插条，剪成 15cm 左右的小段，上剪口平剪，距芽 1.5cm，下剪口在靠近芽下剪切，下剪口斜剪。

c. 插穗的冬藏：冬藏地点应选择不易积水的背阴处，沟深 80cm 左右，沟宽和长视插穗而定。在沟底铺一层深 2~3cm 的湿沙，把插穗竖放在沙藏沟内。注意叶芽方向向上，单层摆放，再覆盖50~60cm厚的湿沙。

　　d. 扦插：插壤以含腐殖质较丰富、土壤疏松、通气性和保水性好的壤土为好，施腐熟有机肥。插壤秋季准备好，深耕细作，整平整细，翌年春季扦插。株行距30cm×50cm，先用木棍打孔，直插，插穗外露1~2个芽。

　　e. 插后管理：保持土壤水分，适当搭建荫棚并施氮肥、磷肥，适当灌溉并追肥，苗木硬化期时，控水控肥，促使木质化。

　　（2）田间管理

　　① 遮阳。遮阳时间、遮阳度应视当时当地的气温和气候条件而定，以保证其幼苗不受日灼危害为度。进入秋季要逐步延长光照时间和光照强度，直至接受全光，以提高幼苗的木质化程度。

　　② 间苗、补苗。幼苗长到5~10cm高时要间苗，以株距10~15cm间苗后结合浇水施追肥，每平方米留苗12株左右。间苗要求间小留大，去劣留优，间密留稀，全苗等距，并在阴雨天进行为好。结合间苗，对缺株进行补苗处理，以保证幼苗分布均匀。

　　③ 日常管理。要经常松土、除草、浇水，保持床面湿润，秋末落叶后大部分苗木可高达2m，地径粗在2cm左右。将苗子掘起分级，第二年春移植，移植前将根稍剪短一些，移植结束后从根茎处截去苗干，即从地表处平茬，随即浇透水。发芽后要经常抹芽，只留最强壮的一芽培养成主干。生长期经常松土、锄草、浇水、追肥，至秋季就可养成通直的树干。

　　④ 移植。芽苗移栽能促使苗木根系发达，1年生苗高50~70cm。栾树属深根性树种，宜多次移植以形成良好的有效根系。播种苗于当年秋季落叶后即可掘起入沟假植，翌春分栽。

　　由于栾树树干不易长直，第一次移植时要平茬截干，并加强肥水管理。春季从基部萌蘖出枝条，选留通直、健壮者培养成主干，则主干生长快速、通直。第一次截干达不到要求的，第二年春可再行截干处理。以后每隔3年左右移植一次，移植时要适当剪短主根和粗侧根，以促发新根。栾树幼树生长缓慢，前两次移植宜适当密植，利于培养

通直的主干，节省土地。此后应适当稀疏，培养完好的树冠。

⑤ 施肥。施肥是培育壮苗的重要措施。幼苗出土长根后，宜结合浇水勤施肥。在年生长旺期，应施以氮为主的速效性肥料，促进植株的营养生长。入秋，要停施氮肥，增施磷、钾肥，以提高植株的木质化程度，提高苗木的抗寒能力。冬季宜施农家有机肥料作为基肥，既为苗木生长提供持效性养分，又起到保温、改良土壤的作用。随着苗木的生长，要逐步加大施肥量，以满足苗木生长对养分的需求。第一次追肥量应少，每亩 2500~3000g 氮素化肥，以后隔 15 天施一次肥，肥量可稍大。

⑥ 移栽。大苗培育一般当树干高度达到分枝点高度时，留主枝，3~4 年可出圃。1 年生苗干不直或达不到定干标准的，翌年平茬后重新培养。一般经两次移植，培养 3~6 年，胸径就可达到 4~8cm。

⑦ 定植密度。胸径 4~5cm 的每亩 600 棵左右，胸径 6~8cm 的每亩 200~300 棵，选留 3~5 个主枝，短截至 40cm，每个主枝留 2~3 个侧枝，冠高比 1:3。

培育干径 8~12cm 的全冠苗，每亩栽植 160~170 株，即株行距 2m×2m；培育干径 12cm 以上大苗，每亩栽植 130 株，即株行距 2m×2.5m。结合抚育管理，修剪干高 1.5m 以下的萌芽枝，以促进主干通直生长。

6. 整形与修剪

栾树树冠近圆球形，树形端正，一般采用自然式树形。因用途不同，其整形要求也有所差异。行道树用苗要求主干通直，第一分枝高度为 2.5~3.5m，树冠完整丰满，枝条分布均匀、开展。庭荫树要求树冠庞大、密集，第一分枝高度比行道树低。在培养过程中，应围绕上述要求采取相应的修剪措施。一般可在冬季或移植时进行。

7. 病虫害防治

（1）栾树流胶病　此病主要发生于树干和主枝，枝条上也可发生。发病初期，病部稍肿胀，呈暗褐色，表面湿润，后病部凹陷裂开，溢出淡黄色半透明的柔软胶块，最后变成琥珀状硬质胶块，表面光滑发亮。树木生长衰弱，发生严重时可引起部分枝条干枯。

防治措施：刮疤涂药，用刀片刮除枝干上的胶状物，然后用梳理剂和药剂涂抹伤口。加强管理，冬季注意防寒、防冻，可涂白或涂梳理剂。夏季注意防止日灼，及时防治枝干病虫害，尽量避免机械损伤。在早春萌动前喷石硫合剂，每 10 天喷 1 次，连喷 2 次，以杀死越冬病菌。发病期喷百菌清或多菌灵 800~1000 倍液。

（2）栾树蚜虫病　栾树蚜虫为同翅目、蚜科，是栾树的一种主要害虫，主要为害栾树的嫩梢、嫩芽、嫩叶，严重时嫩枝布满虫体，影响枝条生长，造成树势衰弱，甚至死亡。

防治措施：于若蚜初孵期开始喷洒蚜虱净 2000 倍液、40% 氧乐果乳油、土蚜松乳油或吡虫啉类药剂。于初发期及时剪掉树干上虫害严重的萌生枝，消灭初发生尚未扩散的蚜虫。注意保护和利用瓢虫、草蛉等天敌。幼树可于 4 月下旬，在根部埋施 15% 涕灭威颗粒剂，树木干径每厘米用药 1~2g，覆土后浇水；或浇乐果乳油，每厘米干径浇药水 1.5kg 左右。过冬虫卵多的树木，于早春树木发芽前，喷 30 倍的 20 号石油乳剂。

（3）栾树六星黑点豹蠹蛾　六星黑点豹蠹蛾：1 年 1 代，以幼虫越冬。4 月上旬越冬幼虫开始活动为害，5 月中旬陆续化蛹，6 月上旬成虫羽化交尾产卵，6 月下旬幼虫孵化。幼虫可由叶柄基部、叶片主脉后部或直接蛀入枝条内，被蛀枝条先端枯萎。幼虫可转移为害，也可在虫道内掉头，10 月份幼虫蛀入 2 年生枝条越冬。该虫钻蛀危害时排出大量颗粒状木屑。受害植株 8~9 月份出现大量枯枝，严重破坏景观。

最有效的防治方法是人工剪除带虫枝、枯枝，也可在幼虫孵化蛀入期喷洒触杀药剂，如啶虫脒（见虫杀）1000 倍液，或用吡虫啉2000 倍液等内吸药剂防治。

（4）桃红颈天牛　主要为害木质部。卵多产于树势衰弱枝干树皮缝隙中，幼虫孵出后向下蛀食韧皮部。次年春天幼虫恢复活动后，继续向下由皮层逐渐蛀食至木质部表层，初期形成短浅的椭圆形蛀道，中部凹陷。6 月份以后由蛀道中部蛀入木质部，蛀道不规则。随后幼虫由上向下蛀食，在树干中蛀成弯曲无规则的孔道，有的孔道长达 50cm。仔细观察，在树干蛀孔外和地面上常有大量排出的

红褐色粪屑。用药剂注干防治桃红颈天牛效果较好，可选用内吸性杀虫剂。

（5）枣龟蜡蚧　属同翅目蜡蚧科，又名日本蜡蚧、枣包甲蜡蚧、俗称枣虱子。在栾树上大面积发生时严重者全树枝叶上布满虫体，枝条上附着雌虫，远看像下了雪一样，若虫在叶上吸食汁液，排泄物布满全树，造成树势衰弱，也严重影响了绿化景观效果。

防治措施：从 11 月到第二年 3 月，可刮除越冬雌成虫，配合修剪，剪除虫枝。严冬时节如遇雨雪天气，枝条上有较厚的冰凌时，及时敲打树枝振落冰凌，可将越冬虫随冰凌振落。若虫大发生期喷 40% 氧乐果 +40% 水胺硫磷 1000~1500 倍液，喷 2~3 次，间隔 7~10 天。亦可用 25% 的克百威可湿性粉剂 200~300 倍液在 5 月份灌根 2 次，可杀死若虫。

（6）双齿长蠹　双齿长蠹是危害园林树木比较严重的一种钻蛀性害虫，以成虫和幼虫为害树木的枝干部位，初孵幼虫沿枝条纵向蛀食初生木质部，随着龄期的增大逐渐蛀食心材，成虫蛀入枝干后紧贴韧皮部环食一周形成环形坑道，并且有反复取食习性。成虫与幼虫蛀食树木枝干，危害初期外观没有明显被害状，在秋冬季节大风来时，被害新枝梢从环形蛀道处被风刮断，翌年侧梢丛生，如此反复，树冠易成扫帚状，影响树木的生长和形态；在夏秋季节，造成幼树干枯死亡、大树枝干枯萎或风折，给城市园林绿化造成了严重的威胁。

防治方法：①加强检疫。加强对苗木的检疫，严防死守，防止双齿长蠹的扩散和蔓延。主要检疫措施包括产地检疫、调运检疫和复检。②防治：双齿长蠹体形小，蛀孔隐蔽，各虫态均营隐蔽生活，不易被发现，主要为害苗木和枝条，不为害果实和叶片，应采取综合防治措施。③物理防治。a. 清理枯枝和受害树木，压低虫源。b. 成虫产卵期和成虫羽化期均有出外活动的习性，人工捕捉成虫。④生物防治：管氏肿腿蜂可寄生于双齿长蠹的幼虫和蛹，5 月中、下旬放管氏肿腿蜂，防治率可达 40%~50%。⑤药剂防治。a. 打药：3 月下旬至 4 月中下旬成虫外出交配期和 6 月下旬至 8 月上旬成虫外出活动期，喷施 20% 速灭杀丁 3000 倍液或 12% 烟参碱乳油 1000 倍液等。因成虫外出不整齐，要选用药效长的药剂。b. 堵塞虫孔：用20% 菊·杀乳油800倍液，再加木屑拌成糊状，制成毒剂，于4月中下旬至10月上旬堵塞双齿长蠹的蛀孔。

十七、椴树

椴树（*Tilia tuan* Szyszyl.），别名火绳树、家鹤儿、金桐力树、桐麻、叶上果、叶上果根，为椴树科、椴树属植物，是中国珍贵的重点保护植物。枝叶繁茂，树姿优美，是优良的行道树种，属世界四大行道树之一。

1. 形态特征

椴树（原变种），乔木，高20m，树皮灰色，直裂；小枝近秃净，顶芽无毛或有微毛。叶卵圆形，长7~14cm，宽5.5~9cm，先端短尖或渐尖，基部单侧心形或斜截形，上面无毛，下面初时有星状茸毛，以后变秃净，在脉腋有毛丛，干后灰色或褐绿色，侧脉6~7对，边缘上半部有疏而小的齿突；叶柄长3~5cm，近秃净。聚伞花序长8~13cm，无毛；花柄长7~9mm；苞片狭窄倒披针形，长10~16cm，宽1.5~2.5cm，无柄，先端钝，基部圆形或楔形，上面通常无毛，下面有星状柔毛，下半部5~7cm与花序柄合生；萼片长圆状披针形，长5mm，被茸毛，内面有长茸毛；花瓣长7~8mm；退化雄蕊长6~7mm；雄蕊长5mm；子房有毛，花柱长4~5mm。果实球形，宽8~10mm，无棱，有小突起，被星状茸毛。花期7月（图9-27）。

图 9-27　椴树的植株和花

2. 生长习性

椴树适生于深厚、肥沃、湿润的土壤，山谷、山坡均可生长。具深根性，生长速度中等，萌芽力强。椴木喜光，幼苗、幼树较耐阴，喜温凉湿润气候。常单株散生于红松阔叶混交林内。椴木对土壤要求严格，喜肥、排水良好的湿润土壤，不耐水湿沼泽地，耐寒，抗毒性强，虫害少。

3. 主要变种

毛芽椴（变种）（*Tiliatuan* var. *chinensis* Rehd. et Wils.）：嫩枝及顶芽有茸毛；叶阔卵形，长 10~12cm，宽 7~10cm，下面有灰色星状茸毛，边缘有明显锯齿；花序有花 16~22 朵；苞片长 8~12cm，无柄。果实球形。产于江苏、浙江、湖北、四川及贵州。

4. 分布范围

主要分布于北温带和亚热带。产于江苏、浙江、福建、陕西、湖北、四川、云南、贵州、广西、湖南、江西。在黑龙江省纵贯鸡西、双鸭山两市辖区的完达山脉及密山、虎林、宝清、饶河境内的穆棱河与挠力河之间的那丹哈达拉岭，椴树的分布最多。

5. 栽培技术

（1）繁殖

① 采种。当种子微变黄褐色时采集，阴干，除去果柄、苞片等。种子采集后经日晒，去杂，可得到纯净种子。贮藏种子的适宜含水量为 10%~12%。种子纯度要求 75%~90%。

② 催芽。椴树种子有休眠特性，不经催芽处理，发芽不良，甚至当年不发芽。播种前 90~100 天进行种子处理，先用 40℃温水浸种 3 昼夜，捞出种子。晒干后用 0.5% 高锰酸钾水溶液浸种 5h。然后捞出种子，晒干后准备催芽。催芽方法:在室内，按种沙体积比 1:2 均匀混拌，沙子湿度保持 60%。先进行暖湿阶段处理，种子温度 15~20℃，持续时间为 45 天左右，然后转入冷湿阶段处理，种沙温度 3~5℃，持续时间 45 天以上。经常翻动种子，待种子裂口率 30% 时即可播种。

③ 整地做床。选择土壤肥沃、结构疏松、含腐殖质多、排水良好的砂质壤土地块进行整地、做床育苗。春播前 5 天进行整地，将石块和杂草连根彻底清除，施足肥，浅翻细耙，做高 15~20cm、宽 1.2cm、长 20~30m 的苗床。床面耙细整平，然后浇 1 次透水，待水渗透床面稍干时即可播种。

④ 播种。垄作或床作。播种地每公顷施腐熟基肥 60~70t，春播垄作较好。垄宽 60cm，垄台宽 30cm，垄高 15cm。播种后覆土 10~15cm，镇压 1~2 次。出苗前需要保持土壤湿润。播种量及覆土厚度根据种子大小决定。紫椴每亩播种 5kg 左右，覆土厚 1cm。处理良好的种子播种后 15~20 天大多数发芽出土，幼苗需搭荫棚以防日灼。

（2）田间管理

① 除草。播种后用除草醚除草，每亩用 25% 可湿性粉剂 500~600g，或用 25% 除草醚乳油 500ml 与 50% 扑草净可湿性粉剂 50g 混合使用，均兑水 50kg 左右，定向喷雾，均匀施于土壤表面。施药后头 1 天内不能浇水，以后要始终保持苗床湿润，但不要积水。

② 间苗与定苗。当苗木长到 1.5~2cm 高时间苗，每平方米留苗 250 株左右；当苗木长到 2.5~3.0cm 高时定苗，每平方米留苗 200 株左右，定苗后要及时浇水。

③ 浇水与施肥。苗期浇水要本着次多量少的原则，定苗 2~3 天后可用 0.5% 尿素追肥 1 次。

第 2 年不能移栽的苗木，还需再留床生长 1 年，及时追肥 2 次，10 月左右先喷施叶面肥磷酸二氢钾或硼砂 1 次，促使苗木充分木质化。第 2 年春天喷施硫酸铵 1 次，硫酸铵每亩用量 10kg，喷洒后及时用清水冲洗苗木，以防发生药害。同时适时除草和松土。

6. 整形修剪

椴树一般采用自然式高干圆头形或混合式疏层延迟开心形。椴树耐修剪，在生长过程中一般不需修剪，只需要将影响树形的无用枝、混乱枝剪去即可。在幼苗展叶期抹去多余的分枝，当幼苗长至一定高度（2.5~3.5m）时，截去主梢定干，并于当年冬季或翌年早春在剪口

下选留 3~5 个生长健壮、分枝均匀的主枝短截，夏季选留 2~3 个方向合理、分布均匀的芽培养侧枝。第二年夏季对主侧枝摘心，控制生长，其余枝条按空间选留。第三年，按第二年方法继续培养主侧枝。以后注意保留辅养枝，对影响树形的逆向枝从基部剪除，留下水平或斜向上的枝条，培养优美的树形。

7. 病虫害防治

发现病虫害要及时防治，椴树病虫害比较少，主要是预防舞毒蛾，可以采用仿生药剂防治，可用 20% 除虫脲 4000~5000 倍液或 25% 灭幼脲 3 号 1500 倍液喷雾防治。

十八、桃

桃（*Amygdalus persica* L.），蔷薇科、桃属植物，落叶小乔木。桃树花朵繁密，烂漫芳菲，为我国园林最常用的早春点缀花木之一。宜栽于庭院、石旁、墙际、山坡、绿地、池畔、堤岸，与柳树间植于水滨，可形成"桃红柳绿"之自然美景，颇具观赏性。

1. 形态特征

桃是一种乔木，高 3~8m；树冠宽广而平展；树皮暗红褐色，老时粗糙呈鳞片状；小枝细长，无毛，有光泽，绿色，向阳处转变成红色，具大量小皮孔；冬芽圆锥形，顶端钝，外被短柔毛，常 2~3 个簇生，中间为叶芽，两侧为花芽。

叶片长圆披针形、椭圆披针形或倒卵状披针形，长 7~15cm，宽 2~3.5cm，先端渐尖，基部宽楔形，上面无毛，下面在脉腋间具少数短柔毛或无毛，叶边具细锯齿或粗锯齿，齿端具腺体或无腺体；叶柄粗壮，长 1~2cm，常具 1 至数枚腺体，有时无腺体。

花单生，先于叶开放，直径 2.5~3.5cm；花梗极短或几无梗；萼筒钟形，被短柔毛，稀几无毛，绿色而具红色斑点；萼片卵形至长圆形，顶端圆钝，外被短柔毛；花瓣长圆状椭圆形至宽倒卵形，粉红色，罕为白色；雄蕊 20~30，花药绯红色；花柱几与雄蕊等长或稍短；子房被短柔毛。

果实形状和大小均有变异，卵形、宽椭圆形或扁圆形，直径（3）

5~7（12）cm，长几与宽相等，色泽变化由淡绿白色至橙黄色，常在向阳面具红晕，外面密被短柔毛，稀无毛，腹缝明显，果梗短而深入果注；果肉白色、浅绿白色、黄色、橙黄色或红色，多汁有香味，甜或酸甜；核大，离核或粘核，椭圆形或近圆形，两侧扁平，顶端渐尖，表面具纵、横沟纹和孔穴；种仁味苦，稀味甜。花期 3~4 月，果实成熟期因品种而异，通常为 8~9 月（图 9-28）。

图 9-28　桃树的植株和花

2. 生长习性

喜光，耐旱，喜肥沃、排水良好的土壤，不耐水湿，在碱性及黏性土壤上生长良好。耐寒性强，北京地区可露地越冬。

3. 品种类型

（1）油桃　果熟时光滑无毛，叶片锯齿较尖锐。

（2）蟠桃　果实扁平，两端均凹入，果核小而不规则。

（3）离核桃　果肉与果核分离。

（4）白桃　花白色，单瓣。

（5）绛桃　花深红色，重瓣。

（6）绯桃　红色，重瓣。

（7）碧桃　花复瓣或重瓣，白色或粉红色。

（8）紫叶桃　叶为紫红色，花为单瓣或重瓣，淡红色。

（9）垂枝碧桃　小枝下垂。

（10）寿星桃　树形矮小，枝茂密，节间短，花重瓣，粉红或白色。

4. 分布范围

主要经济栽培地区在我国华北、华东各省，较为集中的地区有北京海淀区、平谷县，天津蓟县，山东蒙阴、肥城、益都、青岛，河南商水、开封，河北抚宁、遵化、深县、临漳，陕西宝鸡、西安，甘肃天水，四川成都，辽宁大连，浙江奉化，上海南汇，江苏无锡、徐州。

原产于中国，各省区广泛栽培。世界各地均有栽植。

5. 栽培技术

（1）繁殖　以嫁接为主，也可用播种、扦插和压条法繁殖。

① 扦插。春季用硬枝扦插，梅雨季节用软枝扦插。扦插枝条必须生长健壮、充实。硬枝扦插时间以春季为主，插条按 20cm 左右斜剪，为防止病害侵染和促进生根，插条下端最好用 50% 多菌灵 600~1200 倍液或 750~4500mg/L 吲哚丁酸速蘸进行扦插，株行距 4cm×30cm，扦插深度以插条长度的 2/3 为宜。

② 嫁接。繁殖砧木多用山桃或桃的实生苗（本砧），枝接、芽接的成活率均较高。

a. 枝接：在 3 月芽已开始萌动时进行。常用切接，砧木用 1~2 年生实生苗为好。

b. 芽接：在 7~8 月进行，多用 "T" 字形接。砧木以 1 年生充实的实生苗为好。

③ 播种。桃的花期为 3~4 月，果熟期 6~8 月。采收成熟的果实，堆积捣烂，除去果肉，晾干收集纯净苗木种子即可秋播。播种前，浸种 5~7 天。秋播者翌年发芽早，出苗率高，生长迅速且强健。翌春播种，苗木种子需湿沙贮藏 120 天以上。采用条播，条幅 10cm，深 1~2cm，播后覆土 6cm。每 667m^2 播种量 25~30kg。幼苗 3cm 高时间苗、定苗，株距 20~25cm。

（2）田间管理

① 定植。栽植株行距为 4m×5m 或 3m×4m，每公顷栽植 500~840 株。栽植时期从落叶后至萌芽前均可。桃园不可连作，否则幼树长势明显衰弱、叶片失绿、新根变褐且多分权、枝干流胶。这种

忌连作现象在沙质土或肥力低的土壤表现严重。主要原因是前作残根在土中分解产生苯甲醛等有毒物质，抑制、毒害根系，同时还与连作时土壤中的线虫增殖、积累有关。

② 施肥。桃对氮、磷、钾需要量的比例约为 1：0.5：1。幼年树需注意控制氮肥的施用，否则易引起徒长。盛果期后增施氮肥，以增强树势。桃果实中钾的含量为氮的 3.2 倍，增施钾肥，果大产量高。结果树年施肥 3 次：基肥在 10~11 月结合土壤深耕时施用，以有机肥为主，占全年施肥量的 50%；壮果肥在 4 月下旬至 5 月果实硬核期施用，早熟种以施钾肥为主，中晚熟种施氮量占全年的 15%~20%、磷占 20%~30%、钾占 40%；采果肥在采果前后施用，施用量占全年的 15%~20%。此外，桃园需经常中耕除草，保持土壤疏松，及时排水，防止积水烂根。

6. 整形修剪

桃应选择植物休眠时期整形修剪，一般在冬季营养消耗较小的时期进行，同时为了达到造型效果，应当在生长旺盛的季节进行辅助修剪。

（1）自然开心形　嫁接苗生长 2~3 年，夏季进行摘心，促进侧枝快速生长发育，促其分枝，增加分枝级次，使之在短期内形成完美的树体结构。

（2）自然杯状形　树冠开张中空，呈杯状形。定干高 20~50cm。主枝 3 个，均匀分布在主干周围，最好不要轮生，基角 45°~60°，与自然开心形造型方法相同。

（3）悬崖式整形　选留两个主枝延伸方向对称，朝向水平面的或低处的主枝，剪在饱满芽处促长势，主枝基角要尽量大，根据环境选择方向，在主枝的后侧面留枝株，促进快速生长，背上培养一些造型优美的中、小型枝组。对于另一个主枝采用重截法，基角要尽量小或将其培养成一个大枝组，形成水平面或向低处倾斜的树形。

7. 病虫害防治

（1）桃细菌性穿孔病　遍布全国各桃产区，排水不良的果园或多雨年份危害较重。该病由细菌引起，主要为害叶片、果实和新梢。叶片初发病时为水渍状黄白色至白色小斑点，后形成圆形、多角形或不

规则形，紫褐色至黑褐色，直径 2~4mm 的病斑，周围呈黄绿色水渍状晕圈，以后病斑干枯脱落成穿孔。果实发病，病斑以皮孔为中心果面发生暗紫色圆形中央凹陷的病斑，边缘水渍状，后期病斑中心部分表皮龟裂。病原细菌在枝条组织内越冬，翌年随气温回升，潜伏的细菌开始活动，形成病斑。桃树开花前后，病菌从病组织中溢出，借风雨或昆虫传播。叶片一般于 5 月发病，高温多湿有利于病菌侵染，病势加重。树势弱、排水不良或氮肥偏多的果园发病较重，品种间抗病性差异与发病轻重有密切关系。

防治方法如下。

① 加强果园综合管理。切忌在地下水位高或低洼地建立桃园；少施氮肥，防止徒长。合理修剪，改善通风透光条件，适时适度夏剪，剪除病梢，集中烧毁。冬季认真做好清园工作。

② 药剂防治。发芽前喷 4~5°Bé 石硫合剂或 1∶1∶100 倍的波尔多液，花后喷一次波尔·锰锌（科博）800 倍液。5~8 月喷农用链霉素（10000~20000 倍液）或锌灰液（硫酸锌 1 份, 石灰 4 份, 水 240 份）或 65% 代森锌可湿性粉剂 600 倍液等。

（2）桃疮痂病　又叫黑星病，主要为害果实，也侵害新梢和叶片。果实多在果肩处发病。果实上的病斑初为绿色水渍状，扩大后变为黑绿色，近圆形。果实成熟时，病斑变为紫色或暗褐色，病斑只限于果皮，不深入果肉，后期病斑木栓化并龟裂。病菌侵入果实的时间是落花后 6 周，为 5 月中下旬至成熟前 1 个月。枝梢受害后，病斑呈长圆形浅褐色，以后变为灰褐色至褐色，周围暗褐色至紫褐色，有隆起，常发生流胶。

防治方法如下。

① 冬剪彻底剪除病梢，减少病源；栽植密度合理，树形适宜，防止树冠交接，改善果园通风透光条件，降低果园湿度。

② 药剂防治。萌芽前喷 80% 五氯酚钠 200 倍液加 3~5°Bé 石硫合剂；落花后半个月至 7 月，约每隔 15 天喷 50% 多菌灵可湿性粉剂 800 倍液或代森锌可湿性粉剂 500 倍液，或氟硅唑（福星）8000~10000 倍液，均对此病有效，以上药剂不可重复使用。

（3）桃褐腐病　幼果发病初期,呈现黑色小斑点,后来病斑木栓化,表面龟裂, 严重时病果变褐、腐烂, 最后变成僵果。果实生长后期发病较多,染病初期只见褐色、圆形小病斑,而后病斑扩展很快,并露出灰色粉状小球, 形似孢子堆, 呈同心轮纹排列,病果大部或完全腐烂,落地。桃花感染表现萎凋变褐,病花干枯附着于桃枝上, 有花腐的桃枝梢尖枯死。病菌适宜在 25~27℃多雾多雨的天气繁殖生长。

防治方法如下。

① 人工防治　冬季剪除病枝,摘除病僵果,收集烧毁。防治病虫,注意减少其他果面伤口。

② 药剂防治。芽膨大期喷 3~5°Bé 石硫合剂 +80% 五氯酚钠 200 倍液, 花后 10 天至采收前 20 天喷 65% 代森锌可湿性粉剂 500 倍液, 或 70% 甲基硫菌灵 800 倍液或 50% 多菌灵 600~800 倍液或 20% 三唑酮乳油 3000~4000 倍液。每次间隔 10~15 天, 各种药剂交替使用。

（4）桃炭疽病　硬核前幼果染病,果面上发生褐绿色水渍状病斑,以后病斑扩大凹陷,并产生粉红色黏质的孢子团,幼果上的病斑顺果面增大并达到果梗,其后深入果枝,使新梢上的叶片向上卷,这是本病特征之一。被害果大多在 5 月间脱落。果实近成熟期发病,果面症状与前相同,还具有明显的同心环状皱缩,最后果实软腐脱落。早春桃树开花及幼果期低温多雨,有利发病;果实成熟期温暖、多云多雾、高湿环境发病重。

防治方法如下。

① 切忌在低洼、排水不良地段建桃园。

② 加强栽培管理,多施有机肥和磷钾肥, 适时夏剪, 改善树体风光条件, 摘除病果, 冬剪病枝, 集中烧毁。

③ 药剂防治。萌芽前喷石硫合剂加 80% 五氯酚钠 200 倍或 1:1:100 倍波尔多液,铲除病源,开花前、落花后、幼果期每隔 10~15 天,喷炭疽福美可湿性粉剂 800 倍液或 70% 甲基硫菌灵可湿性粉剂 1000 倍液或 50% 多菌灵可湿性粉剂 600~800 倍液或克菌丹可湿性粉剂 400~500 倍液, 药剂交替使用。

（5）桃流胶病　是枝干重要病害，造成树体衰弱，减产或死树，有非侵染性和真菌侵染性两种。春夏季在当年新梢上以皮孔为中心，发生大小不等的某些突起的病斑，以后流出无色半透明的软树胶；在其他枝干的伤口处或 1~2 年生的芽痕附近，也会流出半透明的树胶，以后树胶变成茶褐色的结晶体，吸水后膨胀，呈脓状胶体，严重时树皮开裂，枝干枯死，树体衰弱。

防治方法：加强土壤改良，增施有机肥料，注意果园排水，做好病虫害防治工作，防止病虫伤口和机械伤口，保护好枝干。先行刮除树体上的流胶部位，再涂抹 5°Bé 石硫合剂或生石灰粉，隔 1~2 天后再刷 70% 甲基硫菌灵或 50% 多菌灵 20~30 倍液。

（6）根癌病　瘤发生于桃的根、根颈和茎上，受害部分先形成灰白色的瘤状物，质嫩，瘤不断长大，变成褐色，木质化，质地干枯坚硬，表面不规则，粗糙有裂纹。

防治方法如下。

① 栽种桃树或育苗忌重茬，也不要在原林（杨树、洋槐、泡桐等）果（葡萄、柿、杏等）园地种植。

② 刨出主干附近根系，刮除根瘤，用 0.2% 升汞水消毒，再用 5 倍的石灰水涂伤口保护，更换周围土壤，增施有机肥，增强树势。

③ 桃种了用次氯酸钠（含 5% 有效氯成分）处理 5min，消灭附着在种子上的病菌，再进行播种。

④ 苗木消毒，用 K84 生物农药 30~50 倍液浸根 3~5min，或用次氯酸钠液 3min 或 1% 硫酸铜液浸 5min，再放到 2% 石灰液中浸 2min。

⑤ 用 K84 菌株发酵制成的根癌宁 30 倍液浸根 5min，切瘤灌根能抑制根癌病的发生。对三年生幼树，可扒开根际土壤，每株浇 1~2kg 根癌宁 30 倍液预防发病。

（7）桃蚜　一般 1 年发生 20 多代，以卵在桃树上越冬，也可以无翅胎生雌蚜随十字花科蔬菜在菜窖内越冬。以卵在桃树上越冬的，翌年早春桃芽萌发至开花期，卵开始孵化，群集在嫩芽上吸食汁液。3 月下旬至 4 月间，以孤雌胎生方式繁殖为害。成虫和幼虫群集叶背，被害叶片从叶缘向叶背纵卷，组织变肥厚、褪绿，并排泄黏液污染枝叶，抑制新梢生长，引起落叶。

防治方法如下。

① 冬季清除枯枝落叶，刮除粗老树皮，剪除被害枝梢，集中烧毁。

② 保护好蚜虫天敌，如草蛉、瓢虫等，尽量少喷或不喷广谱性杀虫药剂。

③ 化学防治。早春桃芽萌动为越冬卵孵化盛期，是防治桃蚜的关键时期，此时用菊酯类农药或吡虫啉（3000 倍液）、3% 啶虫脒 2500~3000 倍液喷一次"干枝"，可基本控制危害。危害期，应在虫口数量没有大发生之前喷药，可用 10% 吡虫啉 3000~4000 倍液、48% 氯吡硫磷（乐斯本）乳油 2000 倍液，山地缺水桃园可采用甲胺磷涂干，此法省工、省水，不伤天敌，在芽萌动期和危害期均可使用。首先将树干老粗皮轻轻刮去（勿伤树皮），再将吸水卫生纸折叠 4~6 层，使长宽分别等于周长和干径，然后把折叠好的卫生纸饱蘸 50% 甲胺磷乳油 2~4 倍液，用塑料薄膜包扎到树干上。因药剂浓度高，操作过程中应戴橡皮手套，工作完后用肥皂洗手，以防中毒。桃粉蚜、桃瘤蚜的防治参照桃蚜防治。

（8）山楂红蜘蛛 1 年发生 5~9 代，以雌成虫在树粗皮缝隙和树干附近的土内、枯叶、杂草中越冬。4 月上旬桃花盛开末期出蛰，为害新生的幼嫩组织。在盛花期过后产卵，落花后卵孵化完毕。山楂红蜘蛛出蛰和第 1 代发生比较整齐（第 1 代孵化盛期为 5 月上旬），是药剂防治的有利时期。落花后 1 个月为第二代卵的孵化盛期，到 6 月以后，气温高，繁殖快，世代重叠，危害严重，常引起大量落叶。直至 9 月陆续发生越冬雌虫，潜伏越冬。

防治方法：每年抓住三个关键防治时期，即发芽前、落花后和麦收前后，以发芽前和落花后为主。

① 发芽前：冬季清扫落叶，刮除老皮，翻耕树盘，消灭部分越冬雌虫。发芽前喷一次石硫合剂，在越冬雌虫开始出蛰，而花芽幼叶又未开裂前效果最好。

② 谢花后或麦收前：在螨害不严重的情况下，喷迟效性杀螨剂，如 5% 噻螨酮（尼索朗）乳油 3000 倍液，或四螨嗪（螨死净）水悬

浮剂 2000~3000 倍液。

③ 螨害严重时，可喷哒螨灵 1500 倍液、20% 灭扫利 2000~3000 倍液、20% 速螨酮 2000~3000 倍液，或齐螨素 8000 倍液、1.8% 阿维菌素 3000~4000 倍液。

（9）桃潜叶蛾　在管理粗放的地区已危害成灾，造成早落叶，影响树势和产量。1 年发生 7 代，以蛹在被害叶片上结白色丝茧越冬，翌年 4 月羽化为成虫，多在叶背产卵。5~9 月是危害期，幼虫潜入叶内食取叶肉，在上、下表皮之间吃成弯曲隧道，造成落叶。

防治方法如下。

① 清除杂草，集中深埋或烧毁。

② 蛹期和成虫羽化期是药防关键期，25% 灭幼脲 3 号悬乳剂 1500 倍液有特效，20% 杀灭菊酯 2000 倍液、20% 灭扫利 3000 倍液均有效。

（10）桃小绿叶蝉　又名一点叶蝉、桃浮尘子。1 年发生 4~6 代，以成虫在落叶、杂草或桃园附近的常绿树中越冬，翌年 3~4 月间桃萌芽时，迁飞到桃树嫩叶上刺吸危害，被害叶上最初出现黄白色小点，严重时斑点相连，使整片叶变为苍白色，提早落叶。6 月初为第 1 代，直到 9 月第 4 代，10 月份寻绿色草丛、越冬作物、常绿树中越冬。

防治方法如下。

① 冬季清除落叶、杂草，及时刮除翘皮。

② 化学防治。在以下三个关键时期喷药防治：谢花后新梢展叶期，5 月下旬第 1 代若虫孵化盛期，7 月下旬至 8 月上旬第二代若虫孵化期，可 5% 高效氯氰菊酯 2000 倍液或甲氰菊酯（灭扫利）3000 倍液。

（11）桃蛀螟　桃蛀螟以幼虫蛀食为害桃果，黄河流域每年发生 3~4 代。越冬幼虫在 4 月开始化蛹，5 月上、中旬羽化，5 月下旬为第 1 代成虫盛发期，7 月上旬、8 月上中旬、9 月上中旬，依次为第 2、第 3、第 4 代成虫盛发期，第 1、第 2 代主要为害桃果，以后各代转移到石榴、向日葵等作物上为害，最后一代幼虫于 9~10 月间，在果树翘皮下、堆果场及农作物的残株中越冬。成虫对黑光灯有强烈趋性，对花蜜及糖醋液也有趋性。

防治方法如下。

① 清除越冬场所，冬季清除玉米、高粱、向日葵的残株，刮除老树皮，清灭越冬茧。生长季节，摘除虫果，拾净落果，消灭果肉幼虫。

② 利用黑光灯、糖醋液诱杀成虫。

③ 喷洒农药。在第 1、第 2 代卵高峰期树上喷布 5% 高效氯氰菊酯 2000 倍液、20% 氰戊菊酯（速灭杀丁）2000~3000 倍液、90% 敌百虫 1000 倍液，每个产卵高峰期喷 2 次，间隔期 7~10 天。

（12）茶翅蝽　成虫和若虫吸食嫩果、嫩叶、嫩梢的汁液，果实被害后，呈凸凹不平的畸形果，受害处果肉变空，木栓化。桃果被害后，被刺处流胶，果肉下陷，成僵斑硬化，幼果被害常脱落，对产量和品质影响很大。该虫 1 年发生 1 代，以成虫在村舍屋檐下及石缝中越冬，翌年 4 月下旬开始出蛰活动，飞到桃园为害。6 月产卵于叶背面，卵期 10 天左右，7 月下旬开始孵化，群集于卵块附近危害，而后渐分散，7~8 月向成虫开始羽化，为害至 9 月份，寻找适当场所越冬。

防治方法如下。

① 冬季清除果园及附近的残叶枯草，集中烧毁。

② 危害严重的果园，可进行套袋。成虫出蛰后（5 月上旬）和第 1 代若虫发生期喷 20% 甲氰菊酯乳油 2000 倍液或灭多威（万灵）可湿性粉剂 2000 倍液、敌百虫 1000 倍液、敌敌畏 1000 倍液、氯吡硫磷（乐斯本）1500~2000 倍液。

（13）桑白蚧　以若虫和成虫固着刺吸寄主汁液，虫量特别大，有的完全覆盖住树皮，相互重叠成层，形成凸凹不平的灰白色蜡物质，排泄黏液污染树体呈油渍状，被害枝条发育不良，重者整枝或整株枯死，以 2~3 年生枝条受害最重。华北地区 1 年发生 2 代，以受精雌虫在枝干上越冬，翌年 4 月下旬开始产卵，卵产于介壳下，产卵后干缩死亡。若虫 5 月初开始孵化，比较整齐，若虫从母体介壳下爬出后在枝干上到处乱爬。几天后固定不动，并开始分泌蜡丝，脱皮后形成介壳，把口器刺入树皮下吸食汁液。雌虫 2 次脱皮后变为成虫，在介壳下不动吸食，雄虫 2 次脱皮后变为蛹，在枝干上密集成片。6 月中旬第 1 代成虫开始羽化。6 月下旬开始产卵。第 2 代若虫期在 8 月份，若虫期

30~40 天，第 2 代雌成虫发生在 9 月份，交配受精后，在枝条上越冬。

防治方法如下。

① 人工防治。果树休眠期用硬毛刷或钢丝刷刷掉越冬雌虫；剪除受害严重的枝条。

② 药剂防治。发芽前喷 5~7°Bé 石硫合剂或 5% 柴油乳剂。在各代若虫孵化期（5 月中下旬、8 月上中旬）喷 48% 氯吡硫磷乳油 1500 倍液或 5% 高效氯氰菊酯 2000 倍液，或 90% 敌百虫 800 倍液、杀扑磷（速蚧杀）1500 倍液。在药剂中加入 0.2% 中性洗衣粉，可提高防治效果。

（14）桃球坚蚧　是桃、杏树上普遍发生的一种害虫。雌虫介壳球形，红褐色或黑褐色。在枝条上吸取寄主汁液。密度大时，可见枝条上介壳累累，使树体衰弱，产量受到严重影响。危害严重时造成枝干死亡。每年发生 1 代，以 2 龄若虫在枝条上越冬，翌年 3 月中、下旬由介壳中爬出活动，另寻固着部位，群集为害，3 月底雌虫体背渐肥大，形成介壳。雄虫 4 月上旬分泌蜡丝，形成介壳，在其中化蛹，4 月中、下旬羽化为成虫，交配后死去。5 月上中、旬雌虫产卵于雌成虫壳体下面。5 月下旬至 6 月上旬为若虫卵化盛期，初卵化的若虫从母体介壳中爬出，分散到小枝条上为害，以 2 年生枝条上较多。果树落叶前，虫体分泌白色虫质绒毛变为白色蜡层，包在虫体周围。这时若虫生长很慢，越冬前脱一次皮，10 月中旬以后以 2 龄若虫越冬。

防治方法如下。

① 在成虫产卵前，用抹布或戴上劳动布手套，将枝条上的雌虫介壳抹掉。

② 药剂防治。果树发芽前，防治越冬若虫，常用药剂有 5°Bé 石硫合剂、合成洗衣粉 200 倍液、5% 柴油乳剂。果树生长期、若虫孵化期是防治的关键时期，在 5 月下旬至 6 月中旬，可用 80% 敌敌畏 1000 倍液、48% 毒死蜱 2000 倍液、25% 噻嗪酮可湿性粉剂 1000 倍液、杀扑磷 1000~1500 倍液。

③ 涂白防虫。成虫产卵前，在主干和主枝上刷石灰硫黄混合剂并加入适量的触杀性杀虫剂，硫黄、生石灰和水的比例为 1∶1∶40。

④ 虫道注药。发现枝干上的排粪孔后，将粪便木屑清理干净，塞入 56% 磷化铝片剂 1/4 片或注入 80% 敌敌畏乳油 10~20 倍液，用黄泥将所有排粪孔封闭，熏蒸杀虫效果很好。

十九、七叶树

七叶树（*Aesculus chinensis* Bunge），别名梭椤树。七叶树是七叶树科七叶树属落叶乔木。七叶树树形优美、花大秀丽，果形奇特，是观叶、观花、观果不可多得的树种，为世界著名的观赏树种之一。

1. 形态特征

落叶乔木，高达 25m，树皮深褐色或灰褐色，小枝圆柱形，黄褐色或灰褐色，无毛或嫩时有微柔毛，有圆形或椭圆形淡黄色的皮孔。冬芽大形，有树脂。掌状复叶，由 5~7 小叶组成，叶柄长 10~12cm，有灰色微柔毛；小叶纸质，长圆披针形至长圆倒披针形，稀长椭圆形，先端短锐尖，基部楔形或阔楔形，边缘有钝尖形的细锯齿，长 8~16cm，宽 3~5cm，上面深绿色，无毛，下面除中肋及侧脉的基部嫩时有疏柔毛外，其余部分无毛；中肋在上面显著，在下面凸起，侧脉 13~17 对，上面微显著，下面显著；中央小叶的小叶柄长 1~1.8cm，两侧的小叶柄长 5~10mm，有灰色微柔毛。花序圆筒形，连同长 5~10cm 的总花梗在内共长 21~25cm，花序总轴有微柔毛，小花序常由 5~10 朵花组成，平斜向伸展，有微柔毛，长 2~2.5cm，花梗长 2~4mm。花杂性，雄花与两性花同株，花萼管状钟形，长 3~5mm，外面有微柔毛，不等的 5 裂，裂片钝形，边缘有短纤毛；花瓣 4，白色，长圆倒卵形至长圆倒披针形，长 8~12mm，宽 5~1.5mm，边缘有纤毛，基部爪状；雄蕊 6，长 1.8~3cm，花丝线状，无毛，花药长圆形，淡黄色，长 1~1.5mm；子房在雄花中不发育，在两性花中发育良好，卵圆形，花柱无毛。果实球形或倒卵圆形，顶部短尖或钝圆而中部略凹下，直径 3~4cm，黄褐色，无刺，具很密的斑点，果壳干后厚 5~6mm，种子常 1~2 粒发育，近于球形，直径 2~3.5cm，栗褐色；种脐白色，约占种子体积的 1/2。花期 4~5 月，果期 10 月（图 9-29、图 9-30）。

图 9-29　七叶树植株

图 9-30　七叶树的花和果实

2. 生长习性

喜光，也耐半阴，不耐严寒，喜肥沃深厚的土壤。

3. 分布范围

河北南部、山西南部、河南北部、陕西南部均有栽培，仅秦岭有野生种。自然分布在海拔 700m 以下之山地，在黄河流域该种系优良的行道树和庭园树。

4. 栽培技术

（1）繁殖方式　七叶树以播种繁殖为主。由于其种子不耐贮藏，如干燥极易丧失生命力，故种子成熟后宜及时采下，随采随播。9~10

月间，当果实的外表变成深褐色并开裂时即可采集，收集后摊晾1~2天，脱去果皮后即可用于播种。育苗方法：选择疏松、肥沃、排灌方便的地段，施足基肥后整地做床，然后挖穴点播。七叶树的种粒较大，每千克约40粒，出苗后生长迅速，点播的株行距宜为30cm×40cm，点播穴的深度为8~10cm。点播时应将种脐朝下，覆土不得超过3cm，然后覆草保湿。无论秋播或春播，在种子出苗期间，均要保持床面湿润。当种苗出土后，要及时揭去覆草。为防止日灼伤苗，还需搭棚遮阳，并经常喷水，使幼苗苗壮生长。一般1年生苗高可达80~100cm，经移栽培育，3~4年生苗高250~300cm，即可用于园林绿化。

（2）栽培技术要点

① 种子发芽前要保持土壤湿润，日平均气温11℃左右，即可出苗。

② 早春防冻。七叶树春播后4月下旬出土，秋播后3月下旬即可出土。但北方晚霜、春雪、寒流等灾害性天气频繁发生，因此，要做好春季防冻工作。

③ 松土和除草。在苗高10cm前不松土，只除草，做到"除早、除小、除了"，保证苗地内无杂草当苗高20cm以后，继续松土、除草，并且分期间苗。

④ 灌溉与排水。北方春旱严重，要经常保持地面湿润，从苗木出土到5月下旬是七叶树高生长期，灌溉次数要多，但不宜太大；7~8月为七叶树苗木质化期，应少灌水或不灌水，达到少水少肥，促进苗木地茎生长和木质化。雨季还要注意排水，防止苗床积水。

⑤ 施肥。结合松土除草，在苗木速生期施尿素或根据苗木生长状况、土壤肥力进行根外施肥。苗木生长停止前1个月应施钾肥，促进苗木健康生长。

5. 整形修剪

整形修剪在每年落叶后冬季或翌春发芽前进行。整形修剪的原则为枝条分布均匀，生长健壮。主要对枝条进行短剪，刺激形成完美的树冠；还要将枯枝、内膛枝、纤细枝、病虫枝及生长不良枝剪除，有利于养分集中供应，形成良好树冠。

6. 病虫害防治

目前生产中，七叶病虫害较少。

（1）七叶树病害主要有早期落叶病和根腐病。早期落叶病的防治方法是：加强水肥管理，壮树防病；清扫有病落叶集中烧掉，消灭病源。在发病前10天左右喷撒1次倍量式波尔多液200~240倍，若春雨连绵，以后每半月喷1次。根腐病防治方法：开沟排水，雨季扒土晾根，并进行土壤消毒，即用石灰拌土撒在根周围，然后用土覆盖。

（2）主要害虫为金龟子，此虫用灯光诱杀效果好。此外，金毛虫、枝条天牛、梨眼天牛、桑天牛也有发生，应及早防治。

另外，还要防治鼹鼠等地下害虫咬根茎，根据危害情况以及鼠类活动规律进行防治，主要采用人工防治。

第二节　灌木类

一、牡丹

牡丹（*Paeonia suffruticosa* Andr.）为毛茛科，芍药属植物，为多年生落叶小灌木。花色艳丽，玉笑珠香，风流潇洒，富丽堂皇，素有"花中之王"的美誉。牡丹品种繁多，色泽亦多，以黄、绿、肉红、深红、银红为上品，尤其黄、绿为贵。牡丹花人而香，故又有"国色大香"之称。

1. 形态特征

牡丹是落叶灌木。茎高达2m；分枝短而粗。叶通常为二回三出复叶，偶尔近枝顶的叶为3小叶；顶生小叶宽卵形，长7~8cm，宽5.5~7cm，3裂至中部，裂片不裂或2~3浅裂，表面绿色，无毛，背面淡绿色，有时具白粉，沿叶脉疏生短柔毛或近无毛，小叶柄长1.2~3cm；侧生小叶狭卵形或长圆状卵形，长4.5~6.5cm，宽2.5~4cm，不等2裂至3浅裂或不裂，近无柄；叶柄长5~11cm，和叶轴均无毛。

花单生枝顶，直径10~17cm；花梗长4~6cm；苞片5，长椭圆形，大小不等；萼片5，绿色，宽卵形，大小不等；花瓣5，或为重瓣，玫瑰色、红紫色、粉红色至白色，通常变异很大，倒卵形，长5~8cm，宽 4.2~6cm，顶端呈不规则的波状；雄蕊长 1~1.7cm，花丝紫红色、粉红色，上部白色，长约 1.3cm，花药长圆形，长 4mm；花盘革质，杯状，紫红色，顶端有数个锐齿或裂片，完全包住心皮，在心皮成熟时开裂；心皮 5，稀更多，密生柔毛。蓇葖长圆形，密生黄褐色硬毛。花期 5 月，果期 6 月（图 9–31）。

图 9–31　牡丹的叶和花

2. 生长习性

性喜温暖、凉爽、干燥、阳光充足的环境。喜阳光，也耐半阴，耐寒，耐干旱，耐弱碱，忌积水，怕热，怕烈日直射。适宜在疏松、深厚、肥沃、地势高燥、排水良好的中性砂壤土中生长。酸性或黏重土壤中生长不良。

充足的阳光对其生长较为有利，但不耐夏季烈日暴晒，温度在 25℃以上则会使植株呈休眠状态。开花适温为 17~20℃，但花前必须经过 1~10℃的低温处理 2~3 个月。最低能耐 -30℃的低温，但北方寒冷地带冬季需采取适当的防寒措施，以免受到冻害。南方的高温高湿天气对牡丹生长极为不利，因此，南方栽培牡丹需给其特定的环境条件才可观赏到奇美的牡丹花。

3. 分类

牡丹的分类方法很多，按株形可分为直立形、开展形和半开张形；

按芽型可分为圆芽型、狭芽型、鹰嘴型和露嘴型；按分枝习性可分为单枝型和丛枝型；按花色可分白、黄、粉、红、紫、墨紫（黑）、雪青（粉蓝）、绿和复色；按花期可分为早花型、中花型、晚花型和秋冬型（有些品种有二次开花的习性，春天开花后，秋冬可再次自然开花，即称为秋冬型）；按花型可分为系、类、组型四级，四个系即牡丹系、紫斑牡丹系、黄牡丹系和紫牡丹系；二个类即单花类和台阁花类；二个组即千层组和楼子组；组以下根据花的形状分为若干型，如单瓣型、荷花型、托桂型、皇冠型等。

4. 分布范围

中国牡丹资源特别丰富，根据中国牡丹争评国花办公室专组人员调查，中国滇、黔、川、藏、新、青、甘、宁、陕、桂、湘、粤、晋、豫、鲁、闽、皖、赣、苏、浙、沪、冀、内蒙古、京、津、黑、辽、吉、海、南、港、台等地均有牡丹种植。牡丹栽培面积最大最集中的有菏泽、洛阳、北京、临夏、彭州、铜陵县等。通过中原花农冬季赴粤、闽、浙、深圳、海南进行牡丹催花，促使牡丹在以上几个地区安家落户，使牡丹的栽植遍布中国各地。

5. 栽培技术

（1）繁殖　牡丹有分株、嫁接、播种等繁殖方法，但以分株及嫁接居多，播种方法多用于培育新品种。

① 分株。牡丹的分株繁殖在明代已被广泛采用。具体方法为：将生长繁茂的大株牡丹，整株掘起，从根系纹理交接处分开。每株所分子株多少以原株大小而定，大者多分，小者可少分。一般每3~4枝为一子株，且有较完整的根系。再以硫黄粉少许和泥，将根上的伤口涂抹、擦匀，即可另行栽植。分株繁殖的时间是在每年的秋分到霜降期间，适时进行为好。此时，气温和地温较高，牡丹处于半休眠状态，但还有相当长的一段营养生长时间，进行分株栽培对根部生长影响不甚严重，分株栽植后还能生出一些新根和少量的株芽。若分株栽植过迟，当年根部生长很弱，或不发生新根，次年春植株发育更弱，根弱则不耐旱，容易死亡。如分株过早，气温、地温较高，还能迅速生长，容易引起秋发。

牡丹分株的母株，一般是利用健壮的株丛。进行分株繁殖的母株上应尽量保留根蘖，新苗上的根应全部保留，以备生长5年可以多分生新苗。这样的株苗栽后易成活，生长亦较旺盛。根保留得越多，生长愈旺。

②嫁接。牡丹的嫁接繁殖，依所用砧木的不同分为两种：一种是用野生牡丹；另一种是用芍药根。常用的牡丹嫁接方法主要有嵌接法、腹接法和芽接法三种。

a.嵌接法用芍药根作砧木，因芍药根柔软无硬心，容易嫁接，根粗而短，养分充足，接活后初期生长旺盛。如用牡丹根嫁接，木质部较硬，嫁接时比较困难，但寿命较长。嫁接的时间一般是每年的9月下旬至10月上旬。其砧木是用直径2~3cm、长10~15cm的粗壮而无病虫害的芍药根。

b.腹接法是一种高接换头改良品种的方法，它是利用劣种牡丹或8~10年生的药用牡丹植株上的众多枝条，嫁接成不同色泽的优良品种。嫁接时间为7月上旬至8月中旬。先选择品种优良、植株肥壮、无病虫的牡丹植株，剪取由地面发出的土芽枝，或当年生的短枝长5~7cm，最好是有2~3个壮芽的短枝作接穗。接穗上留一个叶柄。选好接穗后，在接穗下部芽的背面斜削一刀，成马耳形，再在马耳形的另一面斜削成楔形，使嫁接后两面都能接触到木质部和韧皮部之间的形成层组织，才易成活。牡丹腹接前后，除在雨季不加灌溉外，应保持植株正常生长的适宜湿度。

c.芽接法是牡丹繁殖和培养多品种，多花色于一株的有效方法。芽接法在5~7月间进行。嫁接时以晴天为好。其方法有贴皮法和换芽法两种。贴皮法是在砧木的当年生枝条上连同木质部切削去一块长方形或盾形的切口，再将接穗的腋芽连同木质部削下一大小和砧木上大小、形状相同的芽块。然后迅速将芽块贴在砧木的切口上，用塑料绳扎紧。换芽法是将砧木上嫁接部位的腋芽连同形成层一起去掉，保留木质部上完整的芽胚，然后用同样方法将接穗的腋芽同样剥下，迅速套在砧木的芽胚上，注意两者应相吻合，最后用塑料绳扎紧。嫁接后的植株应及时浇、松土、施肥，促其愈合。

③ 扦插。扦插繁殖，是利用牡丹枝条易生不定根而繁殖新株的一种方法，属无性繁殖方法之一。方法是将扦插的枝条先剪下，脱离母株，再插入土壤或其他基质内使之生根，成为新株。牡丹扦插繁殖的枝条，要选择由牡丹根部发出的当年生土芽枝，或在牡丹整形修剪时，选择茎干充实、顶芽饱满而无病虫害的枝条作穗，长10~18cm。牡丹的根为肉质根，喜高燥、忌潮湿、耐干旱。因此，育苗床应选择通风向阳处，筑成高床育苗。扦插时，插完一畦浇灌一畦，一次浇透。

④ 播种。播种繁殖，是以种子繁衍后代或选育新品种，是一种有性繁殖方法。播种前必须对土壤进行较细致地整理消毒，土地要深耕细作，施足底肥。然后筑成70~80cm宽的小畦，穴播、条播均可。播种不可过深，以3~4cm为度，播种后覆土与表面平。再轻轻将土壤踏实，随即浇透水。

⑤ 压条。牡丹压条法，是利用枝条能产生不定根的机制而进行的繁殖方法。方法是将枝条压倒或在植株上用土压埋，不脱离母株，土壤保持湿润，枝条被埋处生根，然后剪掉栽植，成为新株，同样属牡丹的无性繁殖法。主要有套盆培土压条法和双平法。

（2）田间管理

① 栽植。选择向阳、不积水之地，最好是朝阳斜坡，土质肥沃、排水好的砂质壤土。栽植前深翻土地，栽植坑要适当大小，牡丹根部放入其穴内要垂直舒展。栽植不可过深，以刚刚埋住根为好。一般盆栽较少。

② 浇水与施肥。栽植前浇2次透水。入冬前灌1次水，保证其安全越冬。开春后视土壤干湿情况给水，但不要浇水过大。全年一般施3次肥，第1次为花前肥，施速效肥，促其花开大开好。第2次为花后肥，追施1次有机液肥。第3次是秋冬肥，以基肥为主，促翌年春季生长。另外，要注意中耕除草，无杂草可浅耕松土。

③ 整形修剪。花谢后及时摘花、剪枝，根据树形自然长势结合自己希望的树形下剪，同时在修剪口涂抹愈伤防腐膜保护伤口，防治病菌侵入感染。若想植株低矮、花丛密集，则短截重些，以抑制枝条扩

展和根蘖发生，一般每株以保留 5~6 个分枝为宜。

④ 花期控制。盆栽牡丹可通过冬季催花处理而春节开花，方法是春节前 60 天选健壮鳞芽饱满的牡丹品种（如赵粉、洛阳红、盛丹炉、葛金紫、大子胡红、墨魁、乌龙棒盛等）带土起出，尽量少伤根，在阴凉处晾 2~3 天后上盆，并进行整形修剪，每株留 10 个顶芽饱满的枝条，留顶芽，其余芽抹掉。上盆时，盆大小应和植株相配，达到满意株形。浇透水后，正常管理。春节前 50~60 天将其移入 10℃ 左右温室内，每天喷 2~3 次水，盆土保持湿润。当鳞芽膨大后，逐渐加温至 25~30℃，夜温不低于 15℃，如此春节可见花。

6. 整形修剪

"芍药梳头，牡丹洗脚""牡丹先长一尺，退八寸"，其中牡丹洗脚指的是疏除牡丹植株基部的萌蘖枝，属于除萌的一部分，原因是避免萌蘖枝分流营养影响株形和通风条件。在修剪时要注意保留一些有用的脚芽以便实现老枝的更新。而后一句谚语指的是牡丹生长时只有第三个或第四个腋芽才分化，而其上部分都会逐渐枯死。所以在确定牡丹一年中实际的生长量时，最上面的芽部分干枯，是退去的"八寸"，该芽下面到枝条着生处为实际生长量。修剪基本步骤：一观二转三剪四检查。

（1）去除弱枝、病枝、枯枝、残叶。

（2）回缩八寸，指回缩到第一个花芽上面，该花芽下面到枝条着生处为实际生长量。

（3）疏除过密的枝条、侧芽，留壮去弱。

（4）清除基部萌蘖枝。

7. 病虫害防治

（1）叶斑病　也称红斑病，此病为多毛孢属真菌感染。病菌主要侵染叶片，也侵染新枝。发病初期一般在花后 15 天左右，7 月中旬随温度的升高日趋严重。初期叶背面有谷粒大小褐色斑点，边缘色略深，形成外浓中淡、不规则的圆心环纹枯斑，相互融连，以致叶片枯焦凋落。叶柄受害产生墨绿色绒毛层；茎、柄部染病产生隆起的病斑；病菌在病株茎叶和土壤中越冬。

防治方法：

① 11 月上旬（立冬）前后，将地里的干叶扫净，集中烧掉，以消灭病原菌；

② 发病前（5 月份）喷洒 1:1:160 倍的波尔多液，10~15 天喷 1 次，直至 7 月底；

③ 发病初期，喷洒 500~800 倍的甲基硫菌灵、多菌灵，7~10 天喷 1 次，连续 3~4 次。

（2）紫纹羽病　为真菌病害，由土壤传播。发病在根颈处及根部，以根颈处较为多见。受害处有紫色或白色棉絮状菌丝，初呈黄褐色，后为黑褐色，俗称"黑疙瘩头"。轻者形成点片状斑块，不生新根，枝条枯细，叶片发黄，鳞芽瘦小；重者整个根颈和根系腐烂，植株死亡。此病多在 6~8 月高温多雨季节发生，9 月以后，随气温的降低和雨水的减少，病斑停止蔓延。

防治方法：

① 选排水良好的高燥地块栽植；

② 雨季及时中耕，降低土壤湿度；

③ 4~5 年轮作一次；

④ 选育抗病品种；

⑤ 分栽时用 500 倍五氯硝基苯药液涂于患处再栽植，也可用 5% 代森铵 1000 倍液浇其根部；

⑥ 受害病株周围用石灰或硫黄消毒。

（3）菌核病

又名茎腐病。病原为核盘菌。发病时在近地面茎上发生水渍状斑，逐渐扩展腐烂，出现白色棉状物。也可能侵染叶片及花蕾。

防治方法：选择排水良好的高燥地块栽植；发现病株及时挖掉并进行土壤消毒；4~5 年轮作一次。

（4）黄叶病　牡丹缺磷时，植株生长缓慢矮小，瘦弱，叶小易脱落，色泽一般呈暗绿或灰绿色，缺乏光泽。先从茎基部老叶开始，逐渐向上部扩展。

缺镁、锰、硼、铜等微量元素叶片也会出现黄化、坏死、叶尖枯萎等症状，应结合喷药于花期后喷洒磷酸二氢钾及微肥以补充营养。牡丹发生病变，叶片也可呈现色泽深浅不匀、黄绿相间的斑驳，即"花叶"。这是病毒病最常见的症状，需加以区别。

牡丹栽培地多为多年重茬、连茬地，其中病菌很多，尤其是真菌中的镰孢菌，造成牡丹根、茎基部腐烂，因而吸水、吸肥能力减弱，引起下部叶片逐渐向上变黄脱落或枯焦，而牡丹新梢顶心和新叶颜色仍属正常。这是牡丹干旱时根腐烂表现出的黄叶症状。

二、紫荆

紫荆（*Cercis chinensis*），又名裸枝树、紫珠，为豆科紫荆属植物。原产于中国。皮、果、木、花皆可入药，其种子有毒。

1. 形态特征

丛生或单生灌木，高 2~5m；树皮和小枝灰白色。叶纸质，近圆形或三角状圆形，长 5~10cm，宽与长相等或略短于长，先端急尖，基部浅至深心形，两面通常无毛，嫩叶绿色，仅叶柄略带紫色，叶缘膜质透明，新鲜时明显可见。花紫红色或粉红色，2~10 余朵成束，簇生于老枝和主干上，尤以主干上花束较多，越到上部幼嫩枝条则花越少，通常先于叶开放，但嫩枝或幼株上的花则与叶同时开放，花长 1~1.3cm；花梗长 3~9mm；龙骨瓣基部具深紫色斑纹；子房嫩绿色，花蕾时光亮无毛，后期则密被短柔毛，有胚珠 6~7 颗。荚果扁狭长形，绿色，长 4~8cm，宽 1~1.2cm，翅宽约 1.5mm，先端急尖或短渐尖，喙细而弯曲，基部长渐尖，两侧缝线对称或近对称；果颈长 2~4mm；种子 2~6 颗，阔长圆形，长 5~6mm，宽约 4mm，黑褐色，光亮。花期 3~4 月，果期 8~10 月（图 9–32）。

2. 生长习性

暖带树种，较耐寒。喜光，稍耐阴。喜肥沃、排水良好的土壤，不耐湿。萌芽力强，耐修剪。

3. 分布范围

紫荆原产于中国，在湖北西部、辽宁南部、河北、陕西、河南、甘肃、广东、云南、四川等省都有分布。

图 9-32　紫荆的花

中国香港的紫荆与内地其他地区生长的紫荆不同，只能在热带和亚热带生长，目前只有在广东、福建、台湾、广西、海南、云南等地生长。

4. 品种类型

（1）白花紫荆（变型）（*Cercis chinensis* Bunge form. alba S. C. Hsu）　花白色，产于江苏、上海。

（2）短毛紫荆（变型）（*Cercis chinensis* Bunge form. pubescens C. F. Wei）　灌木，高 2~3m。幼枝、叶柄以及叶下面沿脉上均被短柔毛。产于江苏、浙江、安徽、湖北、贵州和云南。

5. 栽培技术

（1）繁殖

① 播种。9~10 月收集成熟荚果，取出种子，埋于干沙中置阴凉处越冬。次年 3 月下旬到 4 月上旬播种，播前进行种子处理，这样才能做到苗齐苗壮。用 60℃温水浸泡种子，水凉后继续泡 3~5 天。每天需要换凉水一次，种子吸水膨胀后，放在 15℃环境中催芽，每天用温水淋浇 1~2 次，待露白后播于苗床，2 周可齐苗，出苗后适当间苗。4 片真叶时可移植苗圃中，畦地以疏松肥沃的壤土为好。为便于管理，

栽植实行宽窄行，宽行 60cm，窄行 40cm，株距 30~40cm。幼苗期不耐寒，冬季需用塑料拱棚保护越冬。

②分株。紫荆根部易产生根蘖。秋季 10 月份或春季发芽前用利刀切断蘖苗和母株连接的侧根另植，容易成活。秋季分株的应假植保护越冬，春季 3 月定植，一般第 2 年可开花。

③压条。生长季节都可进行，以春季 3~4 月较好。空中压条法可选 1~2 年生枝条，用利刀刻伤并环剥树皮 1.5cm 左右，露出木质部，将生根粉液（按说明稀释）涂在刻伤部位上方 3cm 左右，待干后用筒状塑料袋套在刻伤处，装满疏松园土，浇水后两头扎紧即可。1 个月后检查，如土过干可补水保湿，生根后剪下另植。灌丛型树可选外围较细软、1~2 年生枝条将基部刻伤，涂以生根粉液，急弯后埋入土中，上压砖石固定，顶梢可用棍支撑扶正。一般第 2 年 3 月分割另植。有些枝条当年不生根，可继续埋压，第 2 年可生根。继续埋压，第 2 年可生根。

④扦插。在夏季生长季节进行，剪去当年生的嫩枝做插穗，插于沙土中也可成活，但生产中不常用。

⑤嫁接。可用长势强健的普通紫荆、巨紫荆做砧木，但由于巨紫荆的耐寒性不强，故北方地区不宜使用。以加拿大红叶紫荆等优良品种的芽或枝做接穗，接穗要求品种纯正、长势旺盛，选择无病虫害或少病虫害的植株向阳面外围的充实枝条，接穗采集后剪除叶片，及时嫁接。可在 4~5 月和 8~9 月用枝接法，7 月用芽接法。如果天气干旱，嫁接前 1~2 天应灌一次透水，以提高嫁接成活率。

（2）栽培要点

①浇水。紫荆喜潮湿环境，种植后应立刻浇头水，第三天浇二水，第六天后浇三水，三水过后视天色情况浇水，以保持泥土潮湿不积水为宜。夏天及时浇水，并可叶片喷雾，雨后及时排水，防止水大烂根。入秋后如气温不高应控制浇水，防止秋发。入冬前浇足防冻水。翌年 3 月初浇返青水，除 7 月和 8 月视降水量确定是否浇水，4~10 月各浇一次透水，入冬前浇防冻水。第三年使用同样方法灌溉，第四年进入正常治理，但防冻水和返青水要浇足浇透。有人以为紫

荆耐旱，怕淹，其实紫荆是喜潮湿环境的，只是不能在积水状态下生长。

②施肥。紫荆喜肥，肥足则枝繁叶茂，花多色艳，缺肥则枝稀叶疏，花少色淡。应在定植时施足底肥，以腐叶肥、圈肥或烘干鸡粪为好，与种植土充分拌匀再用，否则根系会被烧伤。正常治理后，每年花后施一次氮肥，促长势旺盛，初秋施一次磷钾复合肥，利于花芽分化和新生枝条木质化后安全越冬。初冬结合浇冻水，施用牛马粪。植株生长不良可叶面喷施 0.2% 磷酸二氢钾溶液和 0.5% 尿素溶液。

6. 整形修剪

（1）树形选择　紫荆自然树冠开张，因萌芽力、萌蘖力均强，枝条易杂乱丛生，常作灌木栽培。

（2）整形修剪技术

①灌木状整形。一般选留分布合理的 3~5 个主干，在离地 50~60cm 处截干，促发分枝，春季通过抹芽每个主干保留 3~4 个分枝作第一层侧枝，休眠期修剪时短截，形成基本骨架。如枝条稀少，也可在早春短截，促发分枝，或通过摘心修梢促发二次枝，扩大树冠。

②乔木状整形。一般确定丛生枝条中最粗壮的枝条为主干，在 50~80cm 处短截，培养二级、三级主枝，通过 2~3 年修剪，逐步确定乔木形骨架，形成丰满茂密的树冠。紫荆定干后，每年休眠期修剪时，剪除枯枝、病枝、并列枝、内生枝、交叉枝等，除保留部分粗壮萌蘖枝用于更新、复壮树势外，其余根部萌蘖枝可全部剪除。修剪时特别注意保护健壮开花老枝，回缩部分过长枝条。夏季要及时抹除枝干上生长过密的腋芽和嫩枝，减少营养损失，适当对生长过长的枝条摘心。如果萌蘖枝过多，主枝下部枝条生长上移，会造成树冠下部杂乱。花后剪除荚果，减小营养损耗。

7. 病虫害防治

（1）紫荆角斑病　该病主要为害叶片，病斑呈多角形，黄褐色，病斑扩展后，互相融合成大斑。感病严重时叶片上布满病斑，常连接成片，导致叶片枯死脱落。为真菌性病害，病原菌为尾孢菌、粗尾孢菌两种。一般在 7~9 月发生此病。多先从下部叶片感病，逐渐向上蔓延扩展。植株生长不良，多雨季节发病重，病原在病叶及残体上越冬。

防治方法如下。

① 秋季清除病落叶，集中烧毁，减少侵染源。

② 发病时可喷 50% 多菌灵可湿性粉剂 700~1000 倍液，或 70% 代森锰锌可湿性粉剂 800~1000 倍液，或 80% 代森锌 500 倍液。10 天喷 1 次，连喷 3~4 次，有较好的防治效果。

（2）紫荆枯萎病　叶片多从病枝顶端开始出现发黄、脱落，一般先从个别枝条发病，后逐渐发展至整丛枯死。剥开树皮，可见木质部有黄褐色纵条纹，其横断面可见到黄褐色轮纹状坏死斑；该病由地下伤口侵入植株根部，破坏植株的维管束组织，造成植株枯萎死亡。此病由真菌中的镰刀菌侵染所致。病菌可在土壤中或病株残体上越冬，存活时间较长。主要通过土壤、地下害虫、灌溉水传播。一般 6~7 月发病较重。

防治方法如下。

① 加强养护管理，增强树势，提高植株抗病能力。

② 苗圃地注意轮作，避免连作，或在播种前条施 70% 五氯硝基苯粉剂（1.5~2.5kg/ 亩）。及时剪除枯死的病枝、病株，集中烧毁，并用 70% 五氯硝基苯或 3% 硫酸亚铁消毒处理。

③ 可用 50% 福美双可湿性粉剂 200 倍液或 50% 多菌灵可湿粉 400 倍液，或用 100mg/L 抗霉菌素 120 水剂药液灌根。

（3）紫荆叶枯病　主要为害叶片，初病斑红褐色圆形，多在叶片边缘，连片并扩展成不规则形大斑，致大半或整个叶片呈红褐色枯死。后期病部产生黑色小点。为真菌病害，病菌以菌丝或分生孢子器在病叶上越冬。植株过密，易发此病。一般 6 月开始发病。

防治方法如下。

① 秋季清除落地病叶，集中烧毁。

② 展叶后用 50% 多菌灵 800~1000 倍液，或 50% 甲基硫菌灵 500~1000 倍液喷雾，10~15 天喷 1 次，连喷 2~3 次。

（4）大蓑蛾　鳞翅目蓑蛾科飞蛾。幼虫在护囊中咬食叶片、嫩梢或剥食枝干、果实皮层，造成局部枝条光秃。

防治方法：①秋冬摘除树枝上的越冬虫囊。②6月下旬至7月，在幼虫孵化危害初期喷敌百虫800~1200倍。③保护寄生蜂、寄生蝇等天敌。

（5）褐边绿刺蛾　俗称青刺蛾、褐缘绿刺蛾、四点刺蛾、曲纹绿刺蛾、洋辣子，属鳞翅目、刺蛾科。幼虫取食叶片，低龄幼虫取食叶肉，仅留表皮，老龄时将叶片吃成孔洞或缺刻，有时仅留叶柄，严重影响树势。

防治方法：①秋、冬季结合浇封冻水在植株周围浅土层挖灭越冬茧。②少量发生时及时剪除虫叶。③幼虫发生早期，以敌敌畏、敌百虫、杀螟硫磷、甲胺磷等杀虫剂1000倍液喷杀。

（6）透翅蛾　幼虫是钻蛀性害虫，喜在树木枝干内蛀食木质髓部，引起树液向外溢出。某些种类也蛀食树根或瓜果。树木受害后往往内部被蛀食一空，树势衰退，枯干致死。

防治方法：秋后彻底消除虫卵，消灭其中的幼虫。6~7月份，经常检查，发现新枯萎枝梢，及时剪掉，消灭其中的幼虫。在粗枝上为害时，可注入敌敌畏或乐果50倍液。

三、猬实

猬实（*Kolkwitzia amabilis* Graebn.），中文别名美人木，是国家三级保护植物。猬实是秦岭至大别山区的古老残遗成分，由于形态特殊，在忍冬科中处于孤立地位，它对于研究植物区系、古地理和忍冬科系统发育有一定的科学价值。在园林中可于草坪、角坪、角隅、山石旁、园路交叉口、亭廊附近列植或丛植，也可盆栽观赏或做切花，是一种具有较高观赏价值的花木。

1. 形态特征

多分枝直立灌木，高达3m；幼枝红褐色，被短柔毛及糙毛，老枝光滑，茎皮剥落。叶椭圆形至卵状椭圆形，长3~8cm，宽1.5~2.5cm，顶端尖或渐尖，基部圆或阔楔形，全缘，少有浅齿状，上面深绿色，两面散生短毛，脉上和边缘密被直柔毛和睫毛；叶柄长1~2mm。伞房状聚伞花序具长1~1.5cm的总花梗，花梗几不存在；苞片披针形，紧贴子房基部;萼筒外面密生长刚毛,上部缢缩似颈,裂片钻状披针形,长 0.5cm,有短柔毛;花冠淡红色,长 1.5~2.5cm,直径 1~1.5cm,基部甚狭,中部以上突然扩大,外有短柔毛,裂片不等,其中 2 枚稍宽短,内面具黄色斑纹;花药宽椭圆形;花柱有软毛,柱头圆形,不伸出花冠筒外。果实密被黄色刺刚毛,顶端伸长如角,冠以宿存的萼齿。花期 5~6 月,果熟期 8~9 月(图 9-33)。

图 9-33　猬实的植株和花

2. 生长习性

分布区属冬春干燥寒冷,夏秋炎热多雨的半湿润、半干旱气候。极端最低温度可达 -21℃,年平均温度 12~15℃,年降水量 500~1100mm,多集中于 7~8 月。土壤多为褐色土,呈微酸性至微碱性反应。在土层薄、岩石裸露的阳坡亦能正常生长,湿地则侧根易腐烂而逐渐枯死。猬实具有耐寒、耐旱的特性,在相对湿度过大、雨量多的地方常生长不良,易患病虫害。为喜光树种,在林荫下生长细弱,不能正常开花结实。常与胡枝子、连翘、茅莓等组成稀疏灌丛。

3. 分布范围

为我国特有种。产于山西、陕西、甘肃、河南、湖北及安徽等省,北京、河北、山东多有种植。

4. 栽培技术

(1)繁殖　可采用播种、扦插、分株、压条繁殖。应在 9 月采收成熟果实,取种子用湿沙层积贮藏越冬,春播后发芽整齐。扦插可在春季选取粗壮休眠枝,或在 6~7 月用半木质化嫩枝,露地苗床扦插,容易生根成活。分株于春、秋两季均可，秋季分株后假植到春天栽植，易于成活。

（2）栽培技术要点

① 移栽。播种幼苗高 6~10cm 时进行间苗或移栽；扦插苗从扦插床移入大田时，应给予 1 周左右的遮阳，使其能尽快缓苗。苗木移栽一般在春季 3~4 月进行，选择排水良好、疏松肥沃的土壤。移栽时要带土球，小苗裸根移栽也可，但要保持根系完整，蘸泥浆，并进行重剪，以减少蒸腾量。

② 施肥。定植时最好施入一定量的基肥，生长期施氮肥，秋末改施磷钾肥，秋天施 1 次腐熟的有机肥，以保证花芽生长发育的需要，促使其花繁叶茂。

③ 浇水、排灌、中耕除草。苗期应保持土壤湿润，经常中耕除草。生长季及干旱天气注意及时浇水，并进行中耕除草，增强土壤透气性，防止土壤板结。大苗移栽后连续浇 4~5 次透水，每次间隔 7~10 天。雨季应注意排水，积水易引起烂根。

5. 整形修剪

猬实管理粗放，每年早春应将枯枝、病枝、密枝疏剪。花后酌量修剪，将开过花的枝条留 4~5 个饱满芽短截，促发新枝，备翌年开花用。夏季将当年生新枝进行适当摘心，促进花芽分化。日常管理中，剪去过密枝、多余的萌蘖、重叠枝、病虫害枝和伤残枝，使通风透光。一般每丛留健壮枝条 6~10 个，其余疏除。为保持株形整齐，可视具体情况重剪 1 次，使萌发新枝，控制株丛，使树形保持紧凑，以免因枝条过长，造成花位逐年外移。

6. 病虫害防治

猬实病虫害较少，5~6 月和秋季偶有蚜虫危害，可用 40% 氧乐果乳油 800~1000 倍液喷雾防治。另外，锈病也是常见病害，也要加强防治。

四、锦带花

锦带花 [*Weigela florida*（Bunge）A. DC.] 枝叶茂密，花色艳丽，

花期可长达多月，是华北地区主要的早春花灌木。适宜庭院墙隅、湖畔群植；也可在树丛林缘作花篱、丛植配植，点缀于假山、坡地。

1. 形态特征

锦带花属落叶灌木，高达 1~3m；幼枝稍四方形，有 2 列短柔毛；树皮灰色。芽顶端尖，具 3~4 对鳞片，常光滑。叶矩圆形、椭圆形至倒卵状椭圆形，长 5~10cm，顶端渐尖，基部阔楔形至圆形，边缘有锯齿，上面疏生短柔毛，脉上毛较密，下面密生短柔毛或茸毛，具短柄至无柄。

花单生或成聚伞花序生于侧生短枝的叶腋或枝顶；萼筒长圆柱形，疏被柔毛，萼齿长约 1cm，不等，深达萼檐中部；花冠紫红色或玫瑰红色，长 3~4cm，直径 2cm，外面疏生短柔毛，裂片不整齐，开展，内面浅红色；花丝短于花冠，花药黄色；子房上部的腺体黄绿色，花柱细长，柱头 2 裂。

果实长 1.5~2.5cm，顶有短柄状喙，疏生柔毛；种子无翅（图 9-34）。

2. 生长习性

生于海拔 800~1200m 的湿润沟谷，喜光，耐阴，耐寒；对土壤要求不严，能耐瘠薄土壤，但以深厚、湿润而腐殖质丰富的土壤生长最好，怕水涝。萌芽力强，生长迅速。

图 9-34　锦带花的植株和花

3. 常见品种

（1）美丽锦带花　花浅粉色，叶较小。

（2）白花锦带花　花近白色，有微香。

（3）变色锦带花　初开时白绿色，后变红色。

（4）花叶锦带花　株高 2~3m。株丛紧密，株高 1.5~2m，叶缘乳黄色或白色，叶对生，长卵形，叶端渐尖。聚伞花序生于枝顶，萼筒绿色，花冠喇叭状，花色由白逐渐变为粉红色，由于花开放时间不同，有白、有红，使整个植株呈现 两色花，在花叶衬托下，格外绚丽多彩。

（5）紫叶锦带花　叶带紫晕，花紫粉色等。

（6）毛叶锦带花　与锦带花近似，其重要特点是：叶两面都有柔毛；花萼裂片，基部合生，多毛，花冠狭钟形，中部以下突然变细，外面有毛，红或粉红色，喉部黄色；3~5 朵着生于侧生小短枝上；开花较早（4~5 月）。

（7）斑叶锦带花　叶有白斑。

（8）红王子锦带花　植株较矮，株高 1~2m，冠幅 1.4m。嫩枝淡红色，老枝灰褐色。叶长椭圆形，整个生长季叶片为金黄色。夏初开花，花期自 4 月陆续开到 10 月，枝条开展成拱形。聚伞花序生于叶腋或枝顶，花冠漏斗状钟形，花朵密集，花冠胭脂红色，艳丽悦目。

4. 栽培技术

（1）繁殖

① 种子繁殖

a. 采种。可于 9~10 月采收，采收后将蒴果晾干、搓碎、风选去杂后即可得到纯净种子。千粒重 0.3g，发芽率 50%。

b. 种子处理（催芽）。直播或于播前 1 周，用冷水浸种 2~3h，捞出放室内，用湿布包裹催芽后播种，效果更好。

c. 播种。于无风及近期无暴雨天气进行，床面应整平、整细。可采用床面撒播或条播，播种量 2g/m^2，播后覆土厚度不能超过 0.3cm，播后 30 天内保持床面湿润，20 天左右出苗。

d. 苗期管理。苗木长出 3~4 根须根时可进行第 1 次间苗，并及时松土除草。产苗量 200 株 /m^2，当年苗高 30~50cm。1~2 年生苗可出圃栽植。

② 扦插繁殖。锦带花的变异类型应采用扦插法育苗，种子繁殖难以保持变异后的性状。黑龙江省的做法是在 4 月上旬，剪取 1~2 年生未萌动的枝条，剪成长 10~12cm 的插穗，用 2000mg/kg α - 萘乙酸溶液蘸插穗后插入露地覆膜遮阳沙质插床中，沙床底部最好垫上一层腐熟的马粪增加地温。地温要求在 25~28℃，气温要求在 20~25℃，棚内空气湿度要求在 80%~90%，透光度要求在 30% 左右。50~60 天即可生根，成活率在 80% 左右。

此外，还可用分株法和压条法繁殖。

（2）栽培技术要点 锦带花适应性强，分蘖旺，容易栽培。选择排水良好的砂质壤土作为育苗地，1~2 年生苗木或扦插苗均可上垄栽植培育大苗，株距 50~60cm，栽植后离地面 10~15cm 平茬，定植 3 年后苗高 100cm 以上时，即可用于园林绿化。

① 施肥。盆栽时可用园土 3 份和砻糠灰 1 份混合，另加少量厩肥等做基肥。栽种时施以腐熟的堆肥作基肥，以后每隔 2~3 年于冬季或早春的休眠期在根部开沟施一次肥。在生长季每月要施肥 1~2 次。

② 浇水。生长季节注意浇水，春季萌动后，要逐步增加浇水量，经常保持土壤湿润。夏季高温干旱易使叶片发黄干缩和枝枯，要保持充足水分并喷水降温或移至半阴湿润处养护。每月要浇 1~2 次透水，以满足生长需求。

③ 修剪。由于锦带花的生长期较长，入冬前顶端的小枝往往生长不充实，越冬时很容易干枯。因此，每年的春季萌动前应将植株顶部的干枯枝以及其他老弱枝、病虫枝剪掉，并剪短长枝。若不留种，花后应及时剪去残花枝，以免消耗过多的养分，影响生长。对于生长 3 年的枝条要从基部剪除，以促进新枝的健壮生长。由于着生花序的新枝多在 1~2 年生枝上萌发，所以开春不宜对上一年生的枝作较大的修剪，一般只疏去枯枝。

5. 整形修剪

（1）树形选择 根据绿化应用需求，均以自然丛生灌木形为主。

（2）整形修剪技术

① 培大苗整形。在幼苗期留生长健康、中庸主干 4~5 个，剪除细弱长势不良的枝干与长势过于旺盛的枝干，作适当的短截修剪，掌握强枝少剪、弱枝多剪的原则，次年在各个主干选留 2~3 个分布合理的壮芽，成长后整个骨架即形成，花后作适当短截。经 1~2 年的整形修剪，一个自然圆头形的树冠即形成。

② 移植与出圃修剪。将过密枝与徒长枝剪除，带土球出圃，提高成活率。

6. 病虫害防治

锦带花病虫害不多，偶尔有蚜虫和红蜘蛛危害，可用乐果喷杀。

五、紫丁香

紫丁香（*Syringa oblata* Lindl.）是落叶灌木或小乔木，又称丁香、华北紫丁香、百结、情客、龙梢子。紫丁香原产于中国华北地区，在中国已有 1000 多年的栽培历史，是中国的名贵花卉。适于庭院栽培，春季盛开时硕大而艳丽的花序布满全株，芳香四溢，观赏效果甚佳。是庭园栽种的著名花木。

1. 形态特征

紫丁香属灌木或小乔木，高可达 5m；树皮灰褐色或灰色。小枝、花序轴、花梗、苞片、花萼、幼叶两面以及叶柄均无毛而密被腺毛。小枝较粗，疏生皮孔。

叶片革质或厚纸质，卵圆形至肾形，宽常大于长，长 2~14cm，宽 2~15cm，先端短凸尖至长渐尖或锐尖，基部心形、截形至近圆形，或宽楔形，上面深绿色，下面淡绿色；萌枝上叶片常呈长卵形，先端渐尖，基部截形至宽楔形；叶柄长 1~3cm。

圆锥花序直立，由侧芽抽生，近球形或长圆形，长 4~16（20）cm，宽 3~7（10）cm；花梗长 0.5~3mm；花萼长约 3mm，萼齿渐尖、锐尖或钝；花冠紫色，长 1.1~2cm，花冠管圆柱形，长 0.8~1.7cm，裂片呈直角开展，卵圆形、椭圆形至倒卵圆形，长 3~6mm，宽 3~5mm，先端内弯略呈兜状或不内弯；花药黄色，位于距花冠管喉部 0~4mm 处。

果倒卵状椭圆形、卵形至长椭圆形，长 1~1.5（2）cm，宽 4~8mm，先端长渐尖，光滑（图 9-35）。

图 9-35　紫丁香的植株和花

2. 生长习性

喜光，稍耐阴，阴处或半阴处生长衰弱，开花稀少。喜温暖、湿润，有一定的耐寒性和较强的耐旱力。对土壤的要求不严，耐瘠薄，喜肥沃、排水良好的土壤，忌在低洼地种植，积水会引起病害，直至全株死亡。

3. 分布范围

以秦岭为中心，北到黑龙江、吉林、辽宁、内蒙古、河北、山东、陕西、甘肃、四川，南到云南和西藏。广泛栽培于世界各温带地区。

4. 栽培技术

（1）繁殖方法　可采用播种、扦插、嫁接、分株、压条繁殖。播种苗不易保持原有性状，但常有新的花色出现；种子须经层积，翌春播种。夏季用嫩枝扦插，成活率很高。嫁接为主要繁殖方法，华北以小叶女贞作砧木，靠接、枝接、芽接均可；华东偏南地区，实生苗生长不良，高接于女贞上使其适应。

① 播种。可于春、秋两季在室内盆播或露地畦播。北方以春播为佳，于 3 月下旬进行冷室盆播，温度维持在 10~22℃，14~25 天即可出苗，出苗率 40%~90%，若露地春播，可于 3 月下旬至 4 月初进行。播种前需将种子在 0~7℃的条件下沙藏 1~2 个月，播后半个月即出苗。未经低温沙藏的种子需 2 个月或更长的时间才能出苗。可开沟条播，沟深 3cm 左右，株行距 5cm×10cm。无论室内盆播还是露地条播，当

出苗后长出 4~5 对叶片时，即要进行分盆移栽或间苗。分盆移栽为每盆 1 株。露地可间苗或移栽 1~2 次，株行距为 15cm×30cm。

② 扦插。可于花后 1 个月，选当年生半木质化健壮枝条作插穗，插穗长 15cm 左右，用 50~100mg/L 吲哚丁酸水溶液处理 15~18h，插后用塑料薄膜覆盖，1 个月后即可生根，生根率达 80%~90%。扦插也可在秋、冬季取木质化枝条作插穗，一般于露地埋藏，翌春扦插。嫁接时可用芽接或枝接，砧木多用欧洲丁香或小叶女贞。华北地区芽接一般在 6 月下旬至 7 月中旬进行。接穗选择当年生健壮枝上的饱满休眠芽，以不带木质部的盾状芽接法接到离地面 5~10cm 高的砧木干上。也可秋、冬季采条，经露地埋藏于翌春枝接，接穗当年可长至 50~80cm，第二年萌动前需将枝干离地面 30~40cm 处短截，促其萌发侧枝。

③ 分株。分株繁殖一般在早春萌芽前或秋季落叶后进行。将植株根际的萌蘖苗带根掘出，另行栽植，或将整墩植株掘出分丛栽植。秋季分株需先假植，翌春移栽。栽前对地上枝条进行适当修剪。

④ 嫁接。砧木可用女贞或小叶女贞，在 3 月上、中旬进行，为培养成高干乔木型，常在离地 1.5m 处高接，采用切接或劈接，也可在生长期进行芽接，成活后及时剪除砧木萌条，加强抚育。

（2）栽培技术要点

① 栽植。丁香宜栽于土壤疏松而排水良好的向阳处。一般在春季萌芽前裸根栽植，株距 3m。2~3 年生苗栽植穴径应在 70~80cm，深 50~60cm。每穴施 100g 充分腐熟的有机肥料及 100~150g 骨粉，与土壤充分混合作基肥。

② 浇水。栽植后浇透水，以后每 10 天浇 1 次，每次浇水后要松土保墒。灌溉可依地区不同而有别，华北地区，4~6 月是丁香生长旺盛并开花的季节，每月要浇 2~3 次透水，7 月以后进入雨季，则要注意排水防涝。到 11 月中旬入冬前要灌足水。

③ 修剪。栽植 3~4 年生大苗，应对地上枝干进行强修剪，一般从离地面 30cm 处截干，第 2 年就可以开出繁茂的花。一般在春季萌动前进行修剪，主要剪除细弱枝、过密枝，并合理保留好更新枝。花

后要剪除残留花穗。

④ 施肥。一般不施肥或仅施少量肥，切忌施肥过多，否则会引起徒长，进而影响花芽形成，反而使开花减少。但在花后应施些磷、钾肥及氮肥。

5. 整形修剪

紫丁香的修剪一般在春季萌动前进行，主要是剪除细弱枝、过密枝、枯枝及病枝，并合理保留好更新枝。花谢以后，如不留种，可将残花连同花穗下部 2 个芽剪掉，同时疏除部分内膛过密枝条，以利通风透光和树形美观，促进萌发新枝和形成花芽。落叶后可剪去病虫枝、枯枝、纤细枝，并对交叉枝、徒长枝、重叠枝、过密枝进行适当短截，使枝条分布匀称，保持树冠圆整，以利翌年生长和开花。

6. 病虫害防治

危害丁香的病害有细菌或真菌性病害，如凋萎病、叶枯病、萎蔫病等，另外还有病毒引起的病害。一般病害多发生在夏季高温高湿时期。害虫有毛虫、刺蛾、潜叶蛾及大胡蜂、介壳虫等，应注意防治。丁香在过湿情况下易产生根腐病，轻则停止生长，重则枯萎死之。

六、金银木

金银木 [*Lonicera maackii* (Rupr.) Maxim.]，又叫金银忍冬，为落叶灌木。金银木花果并美，具有较高的观赏价值。春天可赏花闻香，秋天可观红果累累。春末夏初层层开花，金银相映，远望整个植株如同一个美丽的大花球。花朵清雅芳香，引来蜂飞蝶绕，因而金银木又是优良的蜜源树种。金秋时节，对对红果挂满枝条，煞是惹人喜爱，也为鸟儿提供了美食。在园林中，常将金银木丛植于草坪、山坡、林缘、路边或点缀于建筑周围，观花赏果两相宜。金银木树势旺盛，枝叶丰满，初夏开花有芳香，秋季红果缀枝头，是良好的观赏灌木。

1. 形态特征

落叶灌木，高达 6m，茎干直径达 10cm；凡幼枝、叶两面脉上、叶柄、苞片、小苞片及萼檐外面都被短柔毛和微腺毛。冬芽小，卵圆形，有 5~6 对或更多鳞片。

叶纸质，形状变化较大，通常卵状椭圆形至卵状披针形，稀矩圆状披针形或倒卵状矩圆形，更少菱状矩圆形或圆卵形，长5~8cm，顶端渐尖或长渐尖，基部宽楔形至圆形；叶柄长2~5（8）mm。

花芳香，生于幼枝叶腋，总花梗长1~2mm，短于叶柄；苞片条形，有时条状倒披针形而呈叶状，长3~6mm；小苞片多少连合成对，长为萼筒的1/2至几相等，顶端截形；相邻两萼筒分离，长约2mm，无毛或疏生微腺毛，萼檐钟状，为萼筒长的2/3至相等，干膜质，萼齿宽三角形或披针形，不相等，顶尖，裂隙约达萼檐之半；花冠先白色后变黄色，长1~2cm，外被短伏毛或无毛，唇形，筒长约为唇瓣的1/2，内被柔毛；雄蕊与花柱长约达花冠的2/3，花丝中部以下和花柱均有向上的柔毛（图9-36、图9-37）。

图9-36　金银木的植株和果实

图9-37　金银木的花

果实暗红色，圆形，直径 5~6mm；种子具蜂窝状微小浅凹点。

2. 生长习性

性喜强光，每天接受日光直射不宜少于 4h，稍耐旱，但在微潮偏干的环境中生长良好。金银木喜温暖的环境，亦较耐寒，在中国北方绝大多数地区可露地越冬。环境通风良好有助于植株的光合作用顺利进行。

3. 分布范围

分布于中国黑龙江、吉林、辽宁三省的东部，河北、山西南部、陕西、甘肃东南部、山东东部和西南部、江苏、安徽、浙江北部、河南、湖北、湖南西北部和西南部（新宁）、四川东北部、贵州（兴义）、云南东部至西北部及西藏（吉隆）。生于林中或林缘溪流附近的灌木丛中，海拔达 1800m（云南和西藏达 3000m）。朝鲜、日本和俄罗斯远东地区也有分布。

4. 栽培技术

（1）繁殖　金银木有播种和扦插两种繁殖方法。春季可以播种繁殖，夏季可以采用当年生半木质化枝条进行嫩枝扦插。也可以秋季选取 1 年生健壮饱满枝条进行硬枝扦插。

① 播种。每年 10~11 月种子充分成熟后采集，将果实捣碎，用水淘洗，搓去果肉，水选得纯净种子，阴干，干藏至翌年 1 月中、下旬，取出种子催芽。先用温水浸种 3h，捞出后拌入 2~3 倍的湿沙，置于背风向阳处增温催芽，外盖塑料薄膜保湿，经常翻倒，补水保温。3 月中、下旬，种子开始萌动即可播种。苗床开沟条播，行距 20~25cm，沟深 2~3cm，播种量为 50g/10m^2，覆土约 1cm，然后盖农膜保墒增地温。播后 20~30 天可出苗，出苗后揭去农膜并及时间苗。当苗高 4~5cm 时定苗，苗距 10~15cm。5 月、6 月各追施一次尿素，每次每 667m^2 施 15~20kg。及时浇水，中耕除草，当年苗可达 40cm 以上。

② 扦插。一般多用秋末硬枝扦插，用小拱棚或阳畦保湿保温。10~11 月树木已落叶 1/3 以上时取当年生壮枝，剪成长 10cm 左右的插条，插前用 5×10^{-5} 的 ABT1 号生根粉溶液处理 10~12h。扦插密度为 5cm×10cm，200 株/m^2，插深为插条的 3/4，插后浇一次透水。

一般封冻前能生根,翌年 3~4 月萌芽抽枝。成活后每月施一次尿素,每次每 667m² 施 10kg,立秋后施一次氮、磷、钾复合肥,以促苗茎干增粗及木质化,当年苗高达 50cm 以上。也可在 6 月中、下旬进行嫩枝扦插,管理得当,成活率也较高,也可以秋季选取 1 年生健壮饱满枝条进行硬枝扦插。剪取插条长 15~20cm,保留顶部 2~4 片叶。将插条插入干净的细河沙中,深度为其长度的 1/3~1/2。插后适当遮阳保湿,待根系足壮后移植于圃地。

（2）栽培技术要点　金银木生性强健,适应性强,栽培管理简便。定植时每株施 2~3 锹堆肥作底肥,生长期一般不需再追肥,可每年入冬时施一次腐熟有机肥作基肥。从春季萌动至开花可灌水 2~3 次,夏季天旱时酌情浇水,入冬前灌一次封冻水。

5. 整形修剪

栽植成活后进行一次整形修剪。花后短剪开花枝,使其促发新枝及花芽分化,来年开花繁盛。如枝条生长过密,可在秋季落叶后或春季萌发前适当疏剪整形,同时疏去枯枝、徒长枝,使枝条分布均匀,以促进第二年多发芽,多开花结果。经 3~5 年后,可利用徒长枝或萌蘖枝进行重短剪,长出新枝代替衰老枝,将衰老枝、病虫枝、细弱枝疏掉,以更新复壮。

6. 病虫害防治

金银木病虫害较少,初夏主要有蚜虫,可用 6% 吡虫啉乳油 3000~4000 倍液防治;有时也有桑刺尺蛾发生,可喷施 16000IU/mg 的 Bt 可湿性粉剂 500~700 倍液,或 25% 灭幼脲悬浮剂 1500~2000 倍液等无公害农药,既不污染环境,也能取得良好防治效果。

七、紫叶小檗

紫叶小檗（拉丁名:*Berberis thunbergii* var. *atropurpurea* Chenault）,别名红叶小檗,小檗科,小檗属,落叶灌木。

1. 形态特征

紫叶小檗是日本小檗的自然变种,落叶灌木。幼枝淡红带绿色,无毛,老枝暗红色具条棱;节间长 1~1.5cm。叶菱状卵形,长 5~20

（35）mm，宽3~15mm，先端钝，基部下延成短柄，全缘，表面黄绿色，背面带灰白色，具细乳突，两面均无毛。花2~5朵成具短总梗并近簇生的伞形花序，或无总梗而呈簇生状，花梗长5~15mm，花被黄色；小苞片带红色，长约2mm，急尖；外轮萼片卵形，长4~5mm，宽约2.5mm，先端近钝，内轮萼片稍大于外轮萼片；花瓣长圆状倒卵形，长5.5~6mm，宽约3.5mm，先端微缺，基部以上腺体靠近；雄蕊长3~3.5mm，花药先端截形。浆果红色，椭圆体形，长约10mm，稍具光泽，含种子1~2颗（图9-38）。

图9-38　紫叶小檗的植株、花和果实

2. 生长习性

紫叶小檗喜凉爽湿润环境，适应性强，耐寒也耐旱，不耐水涝，喜阳也耐阴，萌蘖性强，耐修剪，对各种土壤都能适应，在肥沃深厚、排水良好的土壤中生长更佳。但在光稍差或密度过大时部分叶片会返绿。园林常用其与常绿树种作块面色彩布置，可用来布置花坛、花境，是园林绿化中色块组合的重要树种。

3. 分布范围

中国各省市广泛栽培。

4. 栽培技术

（1）繁殖

① 播种。紫叶小檗在北方易结实，故常用播种法繁殖。秋季种子采收后，洗尽果肉，阴干，然后选地势高燥处挖坑，将种子与沙按1:3的比例放于坑内贮藏，第二年春季进行播种，这样经过沙藏的种子出

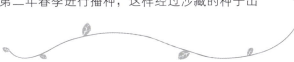

苗率高,播种易成功,也可采收后进行秋播。

②扦插。可用硬枝插和嫩枝插两种方法。6~7月取半木质化枝条,剪成10~12cm长,上端留叶片,插于沙或碎石中,保持湿度在90%左右,温度25℃左右,20天即可生根。也可秋季结合修剪,选发育充实、生长健壮的枝条作插穗,插于沙或碎石中,第二年春天可移植出棚。

③分株。紫叶小檗萌芽力强,生长速度快,植株往往呈丛生状,可进行分株繁殖。分株时间除夏季外,其他季节均可进行。

(2)栽培技术要点 紫叶小檗小苗喜半阴,尤其播种繁殖小苗常采取遮阳措施。雨季注意排水,以免积水造成根系缺氧,发生腐烂。

播种小苗和硬质扦插小苗可于当年雨季进行一次移植。嫩枝扦插苗木,生根后即可分栽定植。当苗高40~60cm时可出圃。如果培育球形,小苗生长1年后,再于秋季移植,在生长过程中进行适当施肥,生长季节进行适当轻剪,休眠季节适度重剪。第三年当冠径达到50~60cm时出圃。

小檗适应性强,长势强健,管理也很粗放,盆栽通常在春季分盆或移植上盆,如能带土球移植,则更有利于恢复。紫叶小檗适应性强,耐寒、耐旱,喜光线充足及凉爽湿润的环境,亦耐半阴。宜栽植在排水良好的砂壤土中,对水分要求不严,苗期土壤过湿会烂根。盛夏季节宜放在半阴处养护,其他季节应让它多接受光照;浇水应掌握间干间湿的原则,不干不浇。此植物虽较耐旱,但经常干旱对其生长不利,高温干燥时,如能喷水降温增湿,对其生长发育大有好处。

移栽可在春季2~4月或秋季10~11月进行,裸根或带土坨均可。生长期间,每月应施一次20%的饼肥水等液肥。

5. 整形修剪

紫叶小檗萌蘖性强,耐修剪,定植时可行强修剪,以促发新枝。入冬前或早春前疏剪过密枝或截短长枝,花后控制生长高度,使株形圆满。

6. 病害防治

小檗最常见的病害是白粉病。此病靠风雨传播,传播速度极快,

且危害大，故一旦发现，应立即进行处置。其方法是用三唑酮 1000
倍液进行叶面喷雾，每周 1 次，连续 2~3 次可基本控制病害。

八、忍冬

　　忍冬（*Lonicera japonica* Thunb.）为忍冬科，忍冬属多年生半常绿缠绕灌木。带叶的茎枝名忍冬藤，供药用。亦作观赏植物。中国大部分地区多有分布，不少地区已栽培生产，其中以河南、山东所产最为闻名。

1. 形态特征

　　半常绿藤本；幼枝红褐色，密被黄褐色、开展的硬直糙毛、腺毛和短柔毛，下部常无毛。叶纸质，卵形至矩圆状卵形，有时卵状披针形，稀圆卵形或倒卵形，长 3~5（9.5）cm，顶端尖或渐尖，基部圆或近心形，有糙缘毛，上面深绿色，下面淡绿色；叶柄长 4~8mm，密被短柔毛。总花梗通常单生于小枝上部叶腋，与叶柄等长或稍较短，下方者则长达 2~4cm，密被短柔毛，并夹杂腺毛；苞片大，叶状，卵形至椭圆形，长达 2~3cm，两面均有短柔毛或有时近无毛；小苞片顶端圆形或截形，长约 1mm，为萼筒的 1/2~4/5，有短糙毛和腺毛；萼筒长约 2mm，无毛，萼齿卵状三角形或长三角形，顶端尖而有长毛，外面和边缘都有密毛；花冠白色，唇形，筒稍长于唇瓣。果实圆形，直径 6~7mm，熟时蓝黑色，有光泽；种子卵圆形或椭圆形，褐色，长约 3mm，中部有 1 凸起的脊，两侧有浅的横沟纹。花期 4~6 月（秋季亦常开花），果熟期 10~11 月（图 9–39）。

图 9–39　忍冬的植株及花

2. 生长习性

忍冬的适应性很强，对土壤和气候的选择并不严格，以土层较厚的砂质壤土为最佳。山坡、梯田、地堰、堤坝、瘠薄的丘陵都可栽培。

3. 分布范围

除黑龙江、内蒙古、宁夏、青海、新疆、海南和西藏无自然生长外，全国各地均有分布。日本和朝鲜也有分布。在北美洲逸生成为难除的杂草。

4. 栽培技术

（1）繁殖

① 种子繁殖。4 月播种，将种子在 35~40℃温水中浸泡 24h，取出放入 2~3 倍湿沙中催芽，等裂口达 30% 左右时播种。在畦上按行距 21~22cm 开沟播种，覆土 1cm，每 2 天喷水 1 次，10 余日即可出苗，秋后或第 2 年春季移栽，每 1hm^2 用种子 15kg 左右。

② 扦插繁殖。一般在雨季进行。在夏秋阴雨天气，选健壮无病虫害的 1~2 年生枝条截成 30~35cm，摘去下部叶子作插条，随剪随用。在选好的土地上，按行距 1.6m、株距 1.5m 挖穴，穴深 16~18cm，每穴 5~6 根插条，分散形斜立着埋土内，地上露出 7~10cm，填土压实。或在 7~8 月间，按行距 23~26cm 开沟，深 16cm 左右，株距 2cm，把插条斜立着放到沟里，填土压实，栽后喷一遍水，以后干旱时，每隔 2 天要浇水 1 次，半月左右即能生根，第 2 年春季或秋季移栽。

（2）栽培技术要点　金银忍冬幼苗移栽成活率达 95% 以上。春季是移栽的最佳时期。一般可在 4 月上中旬叶芽萌动前进行移栽；扦插苗在扦插的第 2 年早春移栽，幼苗须在插床内越冬，结冻前灌透水，用塑料薄膜覆盖，移植前需揭膜炼苗 1 周，以提高幼苗适应性。移栽采用床作或垄作，株距 70~80cm，栽后浇足水，待缓苗后，中耕除草 3 次，移栽当年苗高可达 80cm 左右，经过 2~3 年的培育，播种苗及扦插苗均可用于绿化。早春萌动前，修剪植株时宜采用中短剪方法，这样萌发枝条数量多，花朵更加密集。在生长季节，可根据不同用途进行修剪，以便整理成各种造型。盆栽时，应在每年的春季发芽前上盆，每隔 2~3 年进行修根、换土，有利于生长。

5. 整形修剪

一是冬剪，从 12 月至翌年 2 月下旬均可进行。二是生长期剪，是在每次采花后进行，头茬花后剪夏梢，第 3 次 9 月上旬三茬花后剪秋梢。以轻剪为主。

6. 病虫害防治

病害有褐斑病，除减少病源、加强管理外，在发病初期可用 3% 井冈霉素 5×10^{-5}（50ppm）液连续喷治 2~3 次。虫害有圆尾蚜，可用化学药剂防治。咖啡虎天牛，可在 7~8 月，气温在 25℃以上晴天，在田间释放天牛肿腿蜂防治，效果良好。尺蠖可在幼龄期用化学药剂防治。

九、使君子

使君子（*Quisqualis indica* L.）是使君子科，使君子属攀援灌木，叶对生，椭圆形，两面均被灰白色柔毛。穗状花序，倒挂下垂。

1. 形态特征

攀援状灌木，高 2~8m；小枝被棕黄色短柔毛。叶对生或近对生，叶片膜质，卵形或椭圆形，长 5~11cm，宽 2.5~5.5cm，先端短渐尖，基部钝圆，表面无毛，背面有时疏被棕色柔毛，侧脉 7 或 8 对；叶柄长 5~8mm，无关节，幼时密生锈色柔毛。顶生穗状花序，组成伞房花序式；苞片卵形至线状披针形，被毛；萼管长 5~9cm，被黄色柔毛，先端具广展、外弯、小形的萼齿 5 枚；花瓣 5，长 1.8~2.4cm，宽 4~10mm，先端钝圆，初为白色，后转淡红色；雄蕊 10，不突出冠外，外轮着生于花冠基部，内轮着生于萼管中部，花药长约 1.5mm；子房下位，胚珠 3 颗。果卵形，短尖，长 2.7~4cm，径 1.2~2.3cm，无毛，具明显的锐棱角 5 条，成熟时外果皮脆薄，呈青黑色或栗色;种子 1 颗，白色，长 2.5cm，径约 1cm，圆柱状纺锤形。花期初夏，果期秋末（图 9-40）。

2. 生长习性

使君子性喜温润，深根性，根系分布广而深。宜栽于向阳背风处。对土质要求不严，但以排水良好的肥沃砂质壤土为最佳。

图 9-40　使君子的植株及花

3. 分布范围

使君子分布于印度、缅甸、菲律宾。在中国分布于福建、台湾（栽培）、江西南部、湖南、广东、广西、四川、云南、贵州。长江中下游以北无野生记录。

4. 栽培技术

（1）繁殖

① 播种法。使君子最宜采用播种法。选择成熟饱满而新鲜的果实（产区习惯上采用小颗粒品种，生长较快，产量也较高），春、秋两季都可播种，多采用秋播，将果蒂的一端向上斜插入土中。如能磨伤厚壳尖端并用 45℃左右温水浸种二天后再条播，破口向上插入土中，可加快出苗。若使用浓度为 50% 的赤霉素溶液浸种效果更为理想，可提早出苗且整齐。按 20cm×10cm 的株行距条播。沟深 3~4cm，播后覆稻草、木屑等保持湿润。2 个月左右发芽出土，适时锄草，施薄肥，过 5~6 个月就长成健壮的幼苗，带土移植一次，秋播苗若位于寒冷地区，在冬季应覆薄膜防寒。

② 扦插法。可于春、秋季节剪取 20cm 左右的枝条（成熟枝或半木质化均可）或根条，插于砂壤，月余生根后即可移栽。使君子产区药农多剪取长 2m 左右的枝梢，将其 2/3 枝蔓盘成小圆圈埋入苗床，留 1/3 带顶端的枝梢露出地面，效果颇佳。

③ 压条法。于春季将枝蔓每隔 30~50cm 埋入土中一节，或在棚架上高压，经 2~3 个月生根后剪离母株另栽。挖取根部健壮的萌蘖分

株移栽，一般多在初春。

（2）栽培技术要点　成片栽培的株行距可200~300cm，穴深30cm，宽60~100cm，栽后覆土压紧，浇水，每年除草2~3次，花前施肥一次，苗长200cm以上要有攀附地方，采果后最好能剪枝，使分布均匀便于来年多结果。较冷地方冬季要防寒，可将藤用稻草包好或埋地中过冬，来春取出搭棚。生长适温为20~30℃，全日照或半日照均可，一般的庭院极容易栽培，需肥量中等，每年只要在春天时补充些少许的长效肥即可，冬天11月～次年2月为落叶期，此时可减少浇水次数及停止施肥，若因春、夏生长快速导致枝条杂乱无章，也可利用冬季修剪枝叶，以免影响次年开花。

5. 整形修剪

为了让使君子更好地开花，在花芽形成之前，需要让使君子的枝条生长停顿，适当地减少浇水和施肥，减缓使君子的生长速度，这样才会有利于开花。修剪枝条，是为了整形和更好地开花，在生长的过程中，要经常修剪枝条。如果使君子的枝条生长得比较凌乱或者是太过密集，可以修剪掉多余的枝条，避免遮挡阳光和抢夺养分。在冬季修剪使君子的枝叶，有利于来年再次开花。

6. 病虫害防治

（1）褐斑病　主要为害叶片。病斑初期为圆形或椭圆形紫褐色病斑，后期黑色到暗黑色，病部与健康部位分界明显，后期病斑中心浅灰色，并有黑色小点。高温、高湿季节病害发病严重。

防治方法：集中烧毁或深埋病枝、病叶，减少病源；发病初期选用百菌清、代森锌、代森锰锌等药剂防治。

（2）炭疽病　也是以为害叶片为主的病害。发病初期在叶片上呈现圆形、椭圆形红褐色小斑点，后期扩大呈深褐色病斑，中央灰白色，而边缘则呈紫褐色或暗绿色，有时边缘有黄晕，最后病斑转黑褐色，并产生轮纹状排列的小黑点。

防治方法：剪除病叶及时烧毁；选用50%炭疽福美可湿性粉剂500倍液，或75%百菌清500倍液，或50%多菌灵可湿性粉剂800倍液喷雾。

十、绣球荚蒾

绣球荚蒾（*Viburnum keteleeri* 'Sterile'）别名：木绣球，是忍冬科荚蒾属落叶或半常绿灌木。

1. 形态特征

落叶或半常绿灌木，高达 4m；树皮灰褐色或灰白色；芽、幼枝、叶柄及花序均密被灰白色或黄白色簇状短毛，后渐变无毛。叶临冬至翌年春季逐渐落尽，纸质，卵形至椭圆形或卵状矩圆形，长 5~11cm，顶端钝或稍尖，基部圆或有时微心形，边缘有小齿，上面初时密被簇状短毛，后仅中脉有毛，下面被簇状短毛，侧脉 5~6 对，近缘前互相网结，连同中脉上面略凹陷，下面凸起；叶柄长 10~15mm。聚伞花序直径 8~15cm，全部由大型不孕花组成，总花梗长 1~2cm，第一级辐射枝 5 条，花生于第三级辐射枝上；萼筒筒状，长约 2.5mm，宽约 1mm，无毛，萼齿与萼筒几等长，矩圆形，顶钝；花冠白色，辐状，直径 1.5~4cm，裂片圆状倒卵形，筒部甚短；雄蕊长约 3mm，花药小，近圆形；雌蕊不育。花期 4~5 月（图 9-41）。

图 9-41　绣球荚蒾的植株及花

2. 生长习性

喜光，略耐阴，喜温暖湿润气候，较耐寒，宜在肥沃、湿润、排水良好的土壤中生长。较耐寒，能适应一般土壤，好生于湿润肥沃的地方。长势旺盛，萌芽力、萌蘖力均强，种子有隔年发芽习性。

3. 分布范围

园艺种，江苏、浙江、江西和河北等省均见有栽培。模式标本采自上海凤凰山。

4. 栽培技术

（1）繁殖

① 播种。绣球荚蒾常用种子繁殖，11 月采种，堆放后熟，将种子洗净，用低温层积至翌春播种，覆土需略厚，上面再盖草。当年 6 月有一部分发芽出土，这时可揭草遮阳，留床 2 年可换床分栽，4~5 年可供移栽用于庭园美化。

② 嫁接。绣球荚蒾嫁接在 3 月初（芽萌动前），取能开花的母树枝条，剪下长约 5cm 的一段为接穗，留顶芽者较理想，一般用高接法。嫁接后置遮阳处，待接穗的芽发出叶片后，再直接放在阳光下，成活后第一年就能开花。

（2）栽培技术要点　绣球荚蒾的适应性较强，沙土、黏土、一般土壤等均可栽培，用沙土栽培的苗根系发达。绣球荚蒾移栽容易成活，在早春萌动前进行，以半阴环境为佳，成活后注意肥水管理。绣球荚蒾施肥应薄肥勤施，叶黄可用 1/1000 的硫酸亚铁溶液喷洒叶片，花后应施肥一次。

5. 整形修剪

绣球荚蒾主枝易萌发徒长枝，扰乱树形，花后可适当修枝，夏季剪去徒长枝先端，以整株形。

6. 病虫害防治

绣球荚蒾的叶片皮毛较多，一般不易受到病虫危害，但在梅雨季节通常需喷些波尔多液防治。

十一、蓝雪花

蓝雪花（*Ceratostigma plumbaginoides* Bunge）是白花丹科，蓝雪花属植物。蓝雪花花期长，既可作为园林用地栽培品种，也可以盆栽点缀居室阳台，是可推广的园林、家庭兼用的花卉品种。

1. 形态特征

多年生直立草本，通常高 20~30（60）cm，每年由地下茎上端接近地面的几个节上生出数条更新枝成为地上茎。地下茎分枝多，直

径 2~3mm，节上有一红褐至褐色鳞片，鳞片卵形而基部抱茎。地上茎细弱（常较地下茎为细），不分枝或分枝，茎枝基部无芽鳞，沿节多少呈"之"字形曲折，略有棱或在上部节间兼有较为明显的沟，枝上部的棱上有稀少硬毛，被细小钙质颗粒。叶宽卵形或倒卵形，长（2）4~6（10）cm，宽（0.8）2~3（5.3）cm，枝两端者较小，先端渐尖或偶而钝圆，基部骤窄而后渐狭或仅为渐狭，除边缘外两面无毛或近无毛，常有细小钙质颗粒。花序生于枝端和上部 1~3 节叶腋的短柄上，基部紧托有 1 片披针形至长圆形的叶，含（1~5）15~30 枚或更多的花，花期中经常有 1~5 花开放；花冠长 25~28mm，筒部紫红色，裂片蓝色，倒三角形，长 8mm，先端宽达 8mm，顶缘浅凹而沿中脉伸出一窄三角形的短尖。蒴果椭圆状卵形，淡黄褐色，长约 6mm；种子红褐色，粗糙，有棱，先端约 1/3 渐细成喙。花期 7~9 月，果期 8~10 月（图9-42）。

图 9-42　蓝雪花的植株及花

2. 生长习性

生于浅山山麓和平地上。喜温暖，耐热，生长适温 25℃，喜光照，耐阴，忌烈日暴晒，较耐高温高湿，干燥不利其生长，喜富含腐殖质、pH 值偏酸性的砂壤土。

3. 分布范围

蓝雪花主要分布于中国河南境内（鸡公山、伏牛山、太行山），北沿太行山（山西）至北京，东至江苏（徐州）、上海与浙江舟山群岛（衢山）。

4. 栽培技术

（1）繁殖 蓝雪花一年四季皆可扦插，除冬季有 2 个月低温期扦插生长缓慢外，其他时期均可进行扦插繁殖。扦插基质用本地产普通草炭土，其理化指标皆能满足蓝雪花的生长需求。蓝雪花扦插水分以基质表面稍润湿即可，并且保持空气温度为 75%。采用当年生木质化绿枝扦插，选取当年生新芽或嫩枝 4~5cm 作插穗，每一插穗保留 1 个生长点，枝条下端斜剪呈 45° 角，对生叶片保留 1 组，避免插穗水分过多损失。扦插时，用 20% 萘乙酸 1500 倍液浸泡插穗约 30min，以提高扦插成活率，此种方法的成活率在 90% 以上。将浸泡后的插穗扦插于 128 穴盘中，每穴 1 条插穗，喷雾至基质表面湿润，半遮阳养护 15 天生根，45~60 天出 2 叶 1 心后移栽上盆。

（2）栽培技术要点 蓝雪花喜肥，需肥量大，使用氮、磷、钾比例为 15：15：30。采用花卉专用水溶肥料施肥，施肥周期为夏秋季 5~7 天、冬春季 10 天，若高温或偏低温，植株呈半休眠状态，则暂停施肥。蓝雪花浇水应坚持见湿见干的原则，以促进根系生长、萌芽、抽枝、开花旺盛期要充分供应水分，每日使用加压喷雾装置冲洗叶片与茎杆，既保持叶面清洁，又能满足水分供应。

5. 病虫害防治

（1）白粉病 白粉病是园林植物极为普通的一类病害，发生于蓝雪花生长中后期，侵蚀叶片、嫩枝、新梢，发病初期表现为叶片出现褪绿斑，后长出白色粉末状霉层，生长季节进行再侵染，造成叶片不平整，萎蔫苍白，生长受抑，观赏价值降低。白粉病病原菌在病叶及其他病残体休眠越冬后，气温回升，随着气流和施肥、浇水传播扩散，高湿度、通风不良易引起该病大发生。

药剂防治：发病初期喷施 25% 三唑酮 2000 倍液，或 45% 敌唑酮 2500~3000 倍液，或 70% 甲基硫菌灵 1000 倍液，每月 3~4 次，严重时喷药次数增至 4~5 天喷 1 次，药剂要交替使用，并且加强栽培管理，注意通风透光，及时清除病叶、病梢，防止扩大侵染。

（2）霜霉病（疫病） 霜霉病大多数发生在园林草木植物上，蓝雪花染病后叶片正面产生褐色多角形不规则坏死斑，叶背产生灰白色

或其他颜色疏松的霜霉状物质，病原物为低等鞭毛菌，西昌地区常发生于风雨之后，低温高湿（10~25℃）的情况下病情尤其严重，多发于春、秋2季。

药剂防治：可用75%百菌清可湿性粉剂800倍液，或50%克菌丹可湿性粉剂500倍液，或代森铵20000倍液，从大棚内零星出现病斑时开始喷施，每月1次，控制空气湿度，多开棚通风换气，降低叶面保湿时间。

（3）红蜘蛛（叶螨）　红蜘蛛作为大棚种植的主要虫害，多是通风性差、干燥高温导致，其繁殖能力强、抗性强，对观赏性绿植危害极大。因红蜘蛛一般不会在蓝黄板上发现，管理中需特别注意其危害情况，平时巡棚时发现5个点发生，就需对整个大棚进行防治。红蜘蛛主要栖息于叶背或叶腋基部，滋生速度极快，小苗嫩叶更易受损，干旱季节及大棚湿度过低发生更为严重，受损处呈黄色失绿点，后变色为棕褐色斑块，引起嫩枝叶萎蔫死亡。

药剂防治：红蜘蛛的防治，除甲胺硫磷、氧乐果等传统有机农药外，还有专用灭杀叶螨类的杀螨剂，可根据实际需要按药剂使用说明施用，并且交替使用，以防产生抗药性。在发生初期至若螨始盛期防治效果最佳，每5~7天用药1次，连续施用2~3次，重点对植株上部嫩叶的背面、嫩梢、嫩茎生长点进行喷洒，使用时可用超高压喷雾器充分雾化，滞空时间长，以充分发挥药效。

（4）斜纹夜蛾　蓝雪花还有一种虫害是斜纹夜蛾，以幼虫期损害蓝雪花的嫩叶及花瓣，白天隐藏于花盆底部阴暗处，黄昏取食，啃食叶片，影响植株生长及观赏性。

药剂防治：根据斜纹夜蛾的活动规律，利用成虫的趋光性设置黑光灯诱杀，巡棚时随手摘除卵块和群集为害的初孵幼虫，以减少虫口基数；在幼虫期，也可以使用农药防治，每隔5~7天喷洒1次，连续喷洒2~3次，为防止其产生抗药性，应交替喷施50%氰戊菊酯乳油4000~6000倍液，或虫酰肼（米螨）800~1000倍液，或20%甲氰菊酯（灭扫利）乳油3000倍液，或5%氟苯脲（农梦特）2000~3000倍液，选择在早晨或傍晚幼虫取食时喷雾灭杀夜蛾幼虫。

（5）**螨虫类**　螨虫类为害，使叶片内卷，施用杀螨剂即可防治。幼苗期间，出现真叶后，用 0.01% 肽能氮喷施叶面，长势较快；成苗后，每周喷施 1 次 0.1% 的肽能氮。日常水分管理浇则浇透，保持土壤湿润或稍干燥，不可太湿。根部易受根结线虫为害，应注意土壤使用前先行消毒，发病期可用 80% 二溴氯丙烷乳油稀释液喷洒土面。

（6）**介壳虫**　介壳虫为害，用 25% 亚胺硫磷乳油 1000 倍液喷雾防治。

第三节　藤木类

一、凌霄

凌霄 [*Campsis grandiflora*（Thunb.）Schum.]，别名紫葳、五爪龙、红花倒水莲、倒挂金钟、上树龙、上树蜈蚣、白狗肠、吊墙花、堕胎花、芰华、藤罗花。落叶攀援藤本，茎木质，表皮脱落，枯褐色，以气生根攀附于他物之上，常与长亭廊架配置。

1. 形态特征

凌霄为攀援藤本，茎木质，表皮脱落，枯褐色，以气生根攀附于他物之上。叶对生，为奇数羽状复叶；小叶 7~9 枚，卵形至卵状披针形，顶端尾状渐尖，基部阔楔形，两侧不等大，长 3~6（~9）cm，宽 1.5~3（~5）cm，侧脉 6~7 对，两面无毛，边缘有粗锯齿；叶轴长 4~13cm；小叶柄长 5（10）mm。顶生疏散的短圆锥花序，花序轴长 15~20cm。花萼钟状，长 3cm，分裂至中部，裂片披针形，长约 1.5cm。花冠内面鲜红色，外面橙黄色，长约 5cm，裂片半圆形。雄蕊着生于花冠筒近基部，花丝线形，细长，长 2~2.5cm，花药黄色，个字形着生。花柱线形，长约 3cm，柱头扁平，2 裂。蒴果顶端钝。花期 5~8 月（图 9-43）。

2. 生长习性

凌霄喜充足阳光，也耐半阴。适应性较强，耐寒、耐旱、耐瘠薄，病虫害较少，但不适宜在暴晒或无阳光环境下。以排水良好、疏松的中性土壤为宜，忌酸性土。忌积涝、湿热，一般不需要多浇水。凌霄

要求土壤肥沃、排水好的沙土。凌霄不喜欢大肥，不要施肥过多，否则影响开花。较耐水湿，并有一定的耐盐碱性能力。

图9-43　凌霄的植株及花

3. 分布范围

产于长江流域各地以及河北、山东，在台湾有栽培；日本也有分布，越南、印度、西巴基斯坦均有栽培。

4. 栽培技术

（1）繁殖

① 扦插繁殖。扦插多选带气生根的硬枝春插，夏季压条。截取较坚实粗壮的枝条，每段长10~16cm，扦插于砂床，上面用玻璃覆盖，以保持足够的温度和湿度。一般温度在23~28℃，插后20天即可生根，到翌年春即可移入大田，行距60cm、株距30~40cm。南方温暖地区，可在春天将头年的新枝剪下，直接插入地边，即可生根成活。

② 压条繁殖。在7月间将粗壮的藤蔓拉到地表，分段用土堆埋，露出芽头，保持土湿润，50天左右即可生根，生根后剪下移栽。南方亦可在春天压条。

③ 分根繁殖。宜在早春进行，即将母株附近由根芽生出的小苗挖出栽种。

（2）栽培技术要点　早期管理要注意浇水，后期管理可粗放些。植株长到一定程度，要设立支杆。每年发芽前可进行适当疏剪，去掉枯枝和过密枝，使树形合理，利于生长。开花之前施一些复合肥、堆肥，并进行适当灌溉，使植株生长旺盛、开花茂密。

盆栽宜选择 5 年以上植株，将主干保留 30~40cm 短截，同时修根，保留主要根系，上盆后使其重发新枝。萌出的新枝只保留上部 3~5 个，下部的全部剪去，使其成伞形，控制水肥，经一年即可成型。搭好支架任其攀附，次年夏季现蕾后及时疏花，并施一次液肥，则花大而鲜丽。冬季置不结冰的室内越冬，严格控制浇水，早春萌芽之前进行修剪。

5. 病虫害防治

凌霄的病虫害主要有凌霄灰斑病、白粉病、根结线虫病、霜天蛾、大蓑蛾、蚜虫等。

叶斑病和白粉病防治方法：可用 50% 多菌灵可湿性粉剂 1500 倍液喷洒。

粉虱和介壳虫防治方法：常在生长期发生，可用 40% 氧乐果乳油 1200 倍液喷杀。

蚜虫防治方法：在春秋干旱和高温高湿期间，易遭危害，发现后应及时喷施 40% 氧乐果 500~800 倍液进行防治。

二、紫藤

紫藤 [*Wisteria sinensis*（Sims）DC.]，为暖带及温带植物，别名藤萝、朱藤、黄环。属豆科、紫藤属，一种落叶攀援缠绕性大藤本植物。干皮深灰色，不裂；春季开花，青紫色蝶形花冠，花紫色或深紫色，十分美丽，是最受欢迎的花架植物。

1. 形态特征

落叶藤本。茎右旋，枝较粗壮，嫩枝被白色柔毛，后秃净；冬芽卵形。奇数羽状复叶长 15~25cm；托叶线形，早落；小叶 3~6 对，纸质，卵状椭圆形至卵状披针形，上部小叶较大，基部 1 对最小，长 5~8cm，宽 2~4cm，先端渐尖至尾尖，基部钝圆或楔形，或歪斜，嫩叶两面被平伏毛，后秃净；小叶柄长 3~4mm，被柔毛；小托叶刺毛状，长 4~5mm，宿存。总状花序发自种植一年短枝的腋芽或顶芽，长 15~30cm，径 8~10cm，花序轴被白色柔毛；苞片披针形，早落；花长 2~2.5cm，芳香；花梗细，长 2~3cm；花萼杯状，长 5~6mm，宽 7~8mm，密被细绢毛，上方 2 齿甚钝，下方 3 齿卵状三角形；花

冠细绢毛，上方2齿甚钝，下方3齿卵状三角形；花冠紫色，旗瓣圆形，先端略凹陷，花开后反折，基部有2胼胝体，翼瓣长圆形，基部圆，龙骨瓣较翼瓣短，阔镰形，子房线形，密被茸毛，花柱无毛，上弯，胚珠6~8粒。荚果倒披针形，长10~15cm，宽1.5~2cm，密被茸毛，悬垂枝上不脱落，有种子1~3粒；种子褐色，具光泽，圆形，宽1.5cm，扁平。花期4月中旬至5月上旬，果期5~8月（图9-44）。

图9-44 紫藤花

2. 生长习性

紫藤为暖带及温带植物，对气候和土壤的适应性强，较耐寒，能耐水湿及瘠薄土壤，喜光，较耐阴。以土层深厚，排水良好，向阳避风的地方栽培最适宜。主根深，侧根浅，不耐移栽。生长较快，寿命很长。缠绕能力强，对其他植物有绞杀作用。紫藤的适应能力强，耐热、耐寒，在中国从南到北都有栽培。所以在广东，一年四季的温度都适合紫藤生长。越冬时应置于0℃左右低温处，保持盆土微湿，使植株充分休眠。

3. 分布范围

原产于中国，朝鲜、日本亦有分布。华北地区多有分布，华东、华中、华南、西北和西南地区均有栽培。普遍栽培于庭园，以供观赏。常见的品种有多花紫藤、银藤、红玉藤、白玉藤、南京藤等。

4. 栽培技术

（1）繁殖　紫藤繁殖容易，可用播种、扦插、压条、分株、嫁接等方法，主要用播种、扦插，但因实生苗培养所需时间长，所以应用最多的是扦插。

扦插繁殖一般采用硬枝插条。3月中下旬枝条萌芽前，选取 1~2 年生的粗壮枝条，剪成 15cm 左右长的插穗，插入事先准备好的苗床，扦插深度为插穗长度的 2/3。插后喷水，加强养护，保持苗床湿润，成活率很高，当年株高可达 20~50cm，两年后可出圃。

插根是利用紫藤根上容易产生不定芽。3月中下旬挖取 0.5~2.0cm 粗的根系，剪成 10~12cm 长的插穗，插入苗床，扦插深度保持插穗的上切口与地面相平。其他管理措施同枝插。

（2）栽培技术要点　多于早春定植，定植前须先搭架，并将粗枝分别系在架上，使其沿架攀援，由于紫藤寿命长，枝粗叶茂，制架材料必须坚实耐久。幼树初定植时，枝条不能形成花芽，以后才会着花生蕾。如栽种数年仍不开花，一是因树势过旺，枝叶过多；二是树势衰弱，难以积累养分。前者采取部分切根和疏剪枝叶，后者增施肥料即能开花。肥料应适当多施钾肥。生长期一般追肥 2~3 次，开花后可将中部枝条留 5~6 个芽短截，并剪除弱枝，以促进花芽形成。

修剪时间宜在休眠期，修剪时可通过去密留稀和人工牵引使枝条分布均匀。为了促使花繁叶茂，还应根据其生长习性进行合理修剪，因紫藤发枝能力强，花芽着生在一年生枝的基部叶腋，生长枝顶端易干枯，因此要对当年生的新枝进行回缩，剪去 1/3~1/2，并将细弱枝、枯枝齐分枝基部剪除。

5. 病虫害防治

（1）虫害防治　有蜗牛、介壳虫、白粉虱等，春夏多雨季节，蜗牛经常活动，此时应定期撒石灰粉于园四周及栽培架支脚处，当通风不良时常引起介壳虫，可用 800~1000 倍液杀扑磷喷杀。白粉虱可用 3000 倍液烯啶虫胺或啶虫脒喷杀。病害发生后，可于早晨或傍晚喷施农用链霉素防治，一年内喷施次数以不超过 3 次为宜。紫藤的虫害主要有介壳虫。介壳虫寄生于植株叶片边缘或叶面吸取汁液引起植株枯

萎，严重时整株植株会枯黄死亡。可用 40% 的氧乐果乳剂 1000 倍液喷雾灭杀或 50% 马拉硫磷乳油 2000 倍液喷杀。

（2）病害防治

① 软腐病：发生时会使植株整株死亡，可采用 50% 的多菌灵 1000 倍液、50% 的甲基硫菌灵可溶性湿剂 800 倍防治。

② 叶斑病：也叫黑斑病或褐斑病。叶斑病发生时危害紫藤的叶片，先在叶片中出现黑斑点，之后逐渐变黄脱落。此病发生由于高热潮湿的环境而致。防治方法是，应尽快改变其环境条件，在初发病时及时摘去病叶。喷洒 1% 的波尔多液 4~5 次，可隔 7 天 1 次，以控制危害。也可采用 50% 的多菌灵 1000 倍液防治。

③ 紫藤脉花叶病：紫藤及多花紫藤的叶片侧脉变黄或明脉，渐扩大成放射型病斑或斑驳。有时主脉黄化，后出现星状斑纹或环纹。严重时叶片畸形。初次侵染源是带病紫藤。由桃蚜和豆蚜作非持久性传毒。

三、油麻藤

油麻藤（*Mucuna sempervirens* Hemsl.）又名常春油麻藤、常绿黎豆、黎豆。

1. 形态特征

常绿油麻藤又名常春油麻藤、常绿黎豆、黎豆。大攀援灌木，长 5~10m，稀有达 20m。茎直径可达 30cm，棕色或棕黄色，粗糙。小枝具明显的皮孔。三出复叶，革质；叶柄长 9~15cm；叶片卵形或长卵形，长 7~12cm，宽 5~7cm，先端渐尖，基部楔形，侧生小叶基部斜楔形。总状花序着生于老茎上，萼宽钟形，萼齿 5，上面 2 齿连合，外面疏被锈色长硬毛，内面密生绢质茸毛；蝶形花冠，深紫色，长约 6.5cm；雄蕊 10，二体，花药异型；子房无柄，有锈色长硬毛。荚果条形，木质，长约 60cm，种子间缢缩，外被金黄色粗毛。种子 10 余颗，肾形，黑色，直径约 2cm。花期 6~7 月，果期 7~9 月（图 9-45）。

2. 生长习性

生于林边，常缠绕于树上。暖地树种，喜温暖、湿润环境。喜光、稍耐阴。性强健，抗性强，寿命长，耐干旱，宜生长于排水良好的腐殖质土中。

3. 分布范围

生于山地林边，常缠绕于其他树上或附于岩石上。分布于西南及安徽、浙江、江西、福建、湖北、湖南、广东、广西等地。

图 9-45　油麻藤的植株

4. 栽培技术

（1）繁殖　播种于开春前进行，采用营养杯或营养袋播种育苗，这样便于移栽或定植。将种子点播于装有营养土的杯子和袋子中，用草覆盖，经常喷水保湿；长至30cm左右时，进行移栽，同时用2m长的木棒交叉搭架，便于苗木出苗、起苗。

（2）栽培技术要点　常春油麻藤耐阴、耐旱、耐湿，对土壤要求不严格，适应性强。对它的管理主要在定植初期，为保证植株成活，应注意根系周围土壤保水，随时除草，注意保护好刚发出的嫩芽，避免和杂草混合，以免受到伤害。定植不久的植株，不宜追肥，待新根长出后，再用0.3%尿素水追施2次，促进新枝叶生长，植株长大后，由于根系很发达，一般不再追肥。该植物抗逆性强，病害较少，虫类危害主要是蚜虫，要注意及时打药防治。

5. 整形修剪

定植成活后，植株从茎上发出很多芽，然后抽生小枝，这时可选留一至多根健壮枝条，一般老蔸移栽可留多枝，扦插苗只留1~2枝，

其余枝条分次及时抹除。随着枝条的生长，应及时用结实的线引蔓上架。在枝条到达架顶以前，不保留二级侧枝。

6. 病虫害防治

5 月中下旬用 95％ 敌磺钠（敌克松）可湿性粉剂 0.2％ 溶液或 50％ 甲基立枯磷可湿性粉剂 0.05％ 溶液防治苗木立枯病，每隔 7 天喷洒 1 次，连续 2~3 次。

第十章　我国南方地区常见园林苗木栽培技术

主要是指我国秦岭淮河以南的亚热带、热带地区，园林树木种类丰富。

第一节　常绿针叶树种

一、马尾松

马尾松（*Pinus massoniana* Lamb.），乔木，是重要的绿化造林树种和景观树种；树干富含油脂，是生产松脂的主要树种；木材耐腐，可供建筑、水下工程、家具、造纸等；枝干可供培养茯苓、松蕈等真菌；花粉可入药，供婴儿褓褓中防湿疹保护皮肤用。

1. 形态特征

常绿乔木。1 年生枝条淡黄褐色，无毛；冬芽褐色。针叶每束 2 根，细长而柔韧，边缘有细锯齿，长 12~20cm，先端尖锐；树脂管 4~7 个，边生；叶鞘膜质。花单性，雌雄同株；雄花序无柄，柔荑状，腋生在新枝的基部，雄蕊螺旋状排列；雌花序球形，1 至数个生于新枝的顶端或上部。球果长圆状卵形，长 4~8cm，直径 2.5~5cm，成熟后栗褐色；种鳞的鳞片盾平或微肥厚，微有横脊；鳞脐微凹，无刺尖，很少有短刺尖。种子长卵圆形，有翅。花期 4~5 月，果期 9~10 月（图 10-1）。

2. 生长习性

马尾松是阳性树种，不耐庇荫，喜光、喜温。适生于年均温 13~22℃，年降水量 800~1800mm，绝对最低温度不到 -10℃ 的地区。根系发达，主根明显，有根菌。对土壤要求不严格，喜微酸性土壤，但怕水涝，不耐盐碱，在石砾土、沙质土、黏土、山脊和阳坡的冲刷薄地上，以及陡峭的石山岩缝里都能生长。幼年稍耐荫蔽，能在杂草丛中生长，3~4 年后穿出杂草逐渐郁闭成林，林区群众形容马尾松的生长特性："三年见草不见树，五年见树不见人。"为中国长江流域各省重要的荒山造林树种，也是江南及华南自然风景区和普遍绿化及造林的重要树种。

图 10-1　马尾松的植株、叶和花

3. 分布范围

马尾松分布极广，产于江苏（六合、仪征）、安徽（淮河流域、大别山以南）、河南西部峡口、陕西汉水流域以南、长江中下游各省区，南达福建、广东、台湾北部低山及西海岸，西至四川中部大相岭东坡，西南至贵州贵阳、毕节及云南富宁。在长江下游地其垂直分布于海拔700m 以下，长江中游地分布于海拔 1100~1200m 以下，在西部地分布于海拔 1500m 以下。

4. 栽培技术

（1）繁殖

① 切根育苗。马尾松系直根性树种，主根粗长，侧须根细少，造林成活率低，缓苗期长，幼林前期生长慢。采用塑料袋或根型培育器育苗，虽能提高马尾松苗质量及造林成活率，但因育苗成本较高，运苗费用增加，推广难度很大。在马尾松大田育苗生长期中，用铁制切根铲适时适量切去苗木部分原主根，促进苗木根系生长，增加侧须根数量，提高菌根感染率，降低高径比，控制冠根比，可显著提高马尾

松大田裸根苗质量与造林成活率。

②切根育苗地。马尾松切根育苗地宜选地势开阔、向阳、坡度平缓、靠近水源、质地疏松、没有或极少有石块、石砾的酸性壤土或砂壤土。

③整地做床。提前3~6个月翻挖苗圃地，整地深度20~25cm。结合整地撒施磨碎的硫酸亚铁粉（每亩15~20kg）或生石灰（每亩30~40kg）进行土壤消毒，并施入磷肥（每亩60~100kg）作底肥。然后做高床，床宽1m，高20cm，步道宽30cm。如圃地前作非马尾松林或松苗，则床面还需均匀撒一层松林菌根土。

为确保切根时松苗能达到要求，播种时间要适当提早，最好在2月下旬至3月上旬，最迟不超过3月底。播种方式为条播，播距15~20cm，播沟方向最好与苗床方向平行。经精选、消毒的马尾松良种播种量，每亩3~4kg。早播苗床可覆盖薄膜或稻草，用于保温、保湿，促进种子提早发芽，出土整齐。

④前期管理。一是出苗期注意薄膜管理，防止"烧"苗；二是苗木出齐后，每隔10~15天喷洒一次1:1:120的波尔多液，连续2~3次，以预防猝倒病发生；三是结合除草松土勤施，淡施追肥3~5次，6月中旬后水施尿素1~2次，浓度以0.3%~0.5%为宜，促进苗木生长；四是低山丘陵区遇连晴高温，要抗旱保苗，在伏旱结束后，及时间苗、定苗。

⑤切根时间。为保证切根育苗效果，切根时的苗木高度需达12cm，主根长15cm以上。因此，凡伏旱前调查苗木根茎生长量已达要求的，可于7月中旬前切根，否则需待伏旱结束，秋雨到来后的8月下旬至9月上旬再行切根；海拔800m以上无伏旱或伏旱影响不大的山区，切根时间完全视苗木生长量决定，但最迟不得晚于9月中旬，不然切根后苗木生长时间太短，切根效果不佳。

a.切根深度。保留苗床上苗木原主根长度，称为切根深度。根据试验研究结果，切根深度以8cm左右为好，即切掉苗木原主根长度1/2左右。具体掌握时，苗高根长的稍深点，苗小根短的稍浅点，以不大于10cm或不小于6cm为宜。

b.切根方法。切根方法有斜切、平切两种。斜切较平切省力、

工效高，适宜于山区坡度较大的条播苗床，或土壤较黏、石砾较多，平切推铲困难的条播苗床。操作时，先从苗床最里边的苗行开始，用铲刀在苗行一侧从离苗木地径 5cm 左右处，斜向苗木方向呈 60°插入，顺势推进，即可切掉苗木主根 6~10cm 以下部分。若苗床平坦、疏松、无石砾，或撒播苗床，则可进行平切。平切时，手握切根铲分别从苗床两边确定的切根深度入土，向苗床中央均衡用力，水平推进50cm，防止向上或向下偏斜。每铲切完后，切根铲原方向退出时，铲面向下稍加用力，使切缝稍宽，易于退出，切忌铲刀向上抬升，拖倒苗木。

⑥ 水肥管理。为防止切根后苗木萎蔫和利于须根生长与菌根形成，切根后要立即进行一次水肥管理。凡 8 月底前切根的，可水施氮肥和过磷酸钙，浓度均分别不超过 0.5%；若在 9 月上、中旬切根的，则不再施氮肥，只水施磷肥即可。水肥施用量以灌透苗床土壤为度。

（2）播种繁殖　采种时应选 15~40 年生树冠匀称、干形通直、无病虫害的健壮母树。可在 11 月下旬至 12 月上旬球果由青绿色转为栗褐色，鳞片尚未开裂时采集。用人工加热法使种子脱粒（出籽率 3%），将采集到的种子经筛选、风选、晾干，装入袋中，置通风干燥处贮藏。种子纯度为 80%~95%，千粒重 10.4g，每千克纯种子 76000~90000 粒，室内发芽率 85%。马尾松种子一般贮藏期为 1 年，若将干燥种子用塑料袋密封，放在 0~5℃低温下可贮藏 1~2 年。

育苗时选择土壤肥沃、排水好、湿润、疏松的砂壤土、壤土作圃地。施足基肥后整地筑床，要精耕细作，打碎泥块，平整床面。播种季节在 2 月上旬至 3 月上旬。播种前用 30℃温水浸种 12~24h。条播育苗，条距 10cm，播种沟内要铺上一层细土。每亩用种子 5kg。种子播后要薄土覆盖，可用焦泥灰盖种，以仍能见到部分种子为宜，然后盖草。播种后 20~30 天幼苗出土。待幼苗大部分出土后，揭除盖草。幼苗出土后 40 天内应特别注意保持苗床湿润。5~7 月可每月施化肥 1~2 次，每亩每次施硫酸铵 2~5kg。马尾松苗太密时，可以进行间苗移栽，通常分 2 次，第 1 次移栽在 5 月中、下旬，第 2 次移栽在 7 月上、中旬。在雨后阴天或阴雨天，略带宿土，不仅可以全部成活，幼苗生长也好。

5. 整形修剪

马尾松树形为中心干明显的自然式狭圆锥形。在修剪中主要以疏剪、短截和剥芽为主。先确立主干延长枝，对顶芽优势强、属于明显的主轴分枝，修剪时需抑制侧枝促进主枝；对顶芽优势不强，顶芽枯死或发育不充实者，修剪时需对顶端摘心，选其下侧枝代替主枝，剪口下留第一靠近主轴的壮芽，剥除另一对生芽，剪口与芽平行。确立主干延长枝后，再对其余侧枝进行短截或疏剪，两种方法可用一种，亦可结合使用。对主干延长枝靠下的竞争侧枝要尽早铲除，对 1.3m 主干以上延长枝以下的中间部分可采用短截或疏剪的方法，疏剪时需使各方向的枝条分布均匀，树体上下平衡；短截时剪口要留弱芽，以达到抑侧促主的目的。1.3m 以下的枝条要一概抹去。待养干工作完成后，接着就是定干培养树干。

6. 病虫害防治

（1）马尾松松毛虫　属鳞翅目枯叶蛾科，是危害马尾松、湿地松、火炬松等松类树种的常见害虫。成虫有趋光性，喜飞向生长良好的松林产卵，卵产于树冠中下部针叶上，每次 360~400 粒。初孵幼虫取食卵壳，半天后取食针叶，受害针叶枯黄卷曲。1 龄虫散食针叶一侧，并有受惊吐丝下坠，随风飘移扩散他树的习性。2~3 龄幼虫取食整个针叶，且受惊时弹跳坠地。4 龄幼虫趋于稳定，幼虫 5~6 龄的取食量最大。

防治方法如下。

① 营林技术措施防治。一是封山育林；二是营造混交林，增加松树林下植被，增加林中天敌和阻隔害虫迁徙。

② 生物防治。对虫害面积较大、虫口密度较低的情况，以生物防治为主。目前有白僵菌、Bt、仿生农药灭幼脲等。

③ 化学防治。对小面积高虫口的松毛虫发生区进行化学防治，目前较好的农药有拟除虫菊酯等。

④ 遵循自然规律防治。在没有人为干扰的情况下，松毛虫 4~5 年大发生一次。在无灾区、偶灾区发生松毛虫灾害一般不进行化学剂防治。在高虫口密度下，虫口处下降趋势，可以不进行化学药剂防治，任其自然消亡。

（2）马尾松赤枯病　病害主要为害当年新叶，病叶初现淡黄褐色或灰绿色斑，逐渐向上下方扩展，随后转为赤褐色，最后变为灰白色并出现黑色小点，即病菌的子实体，针叶自病斑部分弯曲或折断。病菌主要以菌丝体在树上有病针叶中越冬，4月下旬产生孢子进行侵染活动，侵染盛期在6~7月。

防治方法：据贵州和四川的经验，用"621"烟剂或含30%硫黄粉的"621"烟剂，每亩0.75~1kg，在6月上、中旬放烟一次，效果良好。

（3）松瘤病　除马尾松外，尚可为害多种其他松树，已发现的有黄山松、云南松、油松、黑松、华山松等，其中以马尾松在海拔400m以上地区，云南松在海拔2500m以上地区，黄山松在海拔800m以上地区感病较重。树木枝干受病处形成木瘤，通常圆形，直径5~60cm，表面密生龟裂纹。每年4~5月间，瘤的表面产生许多黄色疱状突起，随即破裂散出黄色粉末状的锈孢子。轮换寄主有栗属（Castanea）和栎属（Quercus）的多种树木。

防治方法：在病害严重地区避免营造松栎混交林，清除林下栎类杂灌木；结合松林抚育砍除重病树或病枝。

（4）松材线虫病　松材线虫病又称松树萎蔫病，是松树的一种毁灭性流行病。在中国松褐天牛是它的主要传媒昆虫，致病力强，寄主死亡速度快；传播快，且常常猝不及防；一旦发生，治理难度大。

（5）大袋蛾　大袋蛾的幼虫蚕食叶片，7~9月危害最严重，可用90%的敌百虫0.1%溶液喷杀。亦可在冬季或早春人工剪摘虫囊。

（6）斑点病　是真菌引起的。初期叶片出现褐色小斑，周围有紫红色晕圈，斑上可见黑色霉状物。随着气温的上升，有时数个病斑相连，最后叶片焦枯脱落。该病原菌生长最适宜的温度范围为25~30℃，孢子萌发适温18~27℃，在温度合适且湿度大的情况下，孢子几小时即可萌发。植株栽植密、通风透光差，株间形成了一个相对稳定的高湿、温度适宜的环境，对病菌孢子的萌发和侵入非常有利，且病菌可反复侵染，不加以重视，可能会使病害大发生。防治方法：用可杀得可湿性粉剂1000倍液或50%多菌灵1000倍液、代森锰锌1000倍液喷雾。

二、湿地松

湿地松（*pinus elliottii*）为速生常绿乔木，原产于北美东南沿海、古巴、中美洲等地，喜生于海拔 150~500m 的潮湿土壤。湿地松树姿挺秀，叶荫浓，宜配植山间坡地、溪边池畔，可成丛成片栽植，亦适于庭园、草地孤植、丛植作庇荫树及背景树。湿地松是一种良好的广谱性园林绿化树种，它既抗旱又耐劳、耐瘠，有良好的适应性和抗逆力，因此在世界上的分布极其广泛，中国山东以南的大片国土皆适宜栽植；它还是很好的经济树种，松脂和木材的收益率都很高。作风景林和水土保持林亦甚相宜。

1. 形态特征

乔木，在原产地高达 30m，胸径 90cm；树皮灰褐色或暗红褐色，纵裂成鳞状块片剥落；枝条每年生长 3~4 轮，春季生长的节间较长，夏秋生长的节间较短，小枝粗壮，橙褐色，后变为褐色至灰褐色，鳞叶上部披针形，淡褐色，边缘有睫毛，干枯后宿存数年不落，故小枝粗糙；冬芽圆柱形，上部渐窄，无树脂，芽鳞淡灰色。针叶 2~3 针一束并存，长 18~25cm，稀达 30cm，径约 2mm，刚硬，深绿色，有气孔线，边缘有锯齿；树脂道 2~9（11）个，多内生；叶鞘长约 1.2cm。球果圆锥形或窄卵圆形，长 6.5~13cm，径 3~5cm，有梗，种鳞张开后径 5~7cm，成熟后至第二年夏季脱落；种鳞的鳞盾近斜方形，肥厚，有锐横脊，鳞脐瘤状，宽 5~6mm，先端急尖，长不及 1mm，直伸或微向上弯；种子卵圆形，微具 3 棱，长 6mm，黑色，有灰色斑点，种翅长 0.8~3.3cm，易脱落（图 10-2）。

2. 生长习性

适生于低山丘陵地带，耐水湿，生长势常比同地区的马尾松或黑松为好，很少受松毛虫危害。适生于夏雨冬旱的亚热带气候地区。对气温适应性较强，能忍耐 40℃的绝对高温和 -20℃的绝对低温。在中性以至强酸性红壤丘陵地以及表土 50~60cm 以下铁结核层和沙黏土地均生长良好，而在低洼沼泽地边缘尤佳，但也较耐旱，在干旱贫瘠低山丘陵能旺盛生长。抗风力强，在 11~12 级台风袭击下很少受害。

其根系可耐海水灌溉，但针叶不能抗盐分侵染。为最喜光树种，极不耐阴。在中国北纬32°以南的平原，向阳低山均可栽培。

图 10-2　湿地松的植株和果球

3. 分布范围

原产于美国东南部暖带潮湿的低海拔地区。中国湖北武汉，江西吉安，浙江安吉、余杭，江苏南京、江浦，安徽泾县，福建闽侯，广东广州、台山，广西柳州、桂林，台湾等地引种栽培。

4. 栽培技术

（1）繁殖　可采用苗圃撒播方式。播种季节，南方在1~4月；5月后播种要采取遮阳措施。江浙、苏杭一带，播种时间相对推迟。

① 种子处理。先将种子倒入清水内，加入适量家用洗洁精，用手搓洗，去除种子表面的蜡质，再用清水冲洗干净，然后倒入50℃温水里，浸泡24h，捞起滤干，装入布袋，每天早晚各冲水一次，冲水后挂起袋子,防止种子泡水。这样反复5~7天，发现有少数种子将近露芽，将种子倒出袋子,晾干表面的水分,开始播种。如果用撒播，覆土0.3cm，浇水保湿，5~6天发苗。长苗后，要用多菌灵、硫菌灵等杀菌的药品喷雾，以防止"立枯病"。有时也要用"波尔多液"喷雾。

② 注意：出苗后的1个月内，保持1周1次的用药；每遇一次下雨，雨后要及时喷药。

③小苗管理：及时除草，保持土壤湿润，用稀薄液体肥料。小苗经4~5个月生长后，有条件的要及时截根（地下主根），以便以后移植

时有更好的成活率 (没有截根也可以)。湿地松极不耐阴，除移芽苗时短期遮阳外，整个苗期不用遮阳。1 年生苗的平均高度约为 30cm，地径 0.4~0.7cm，年底到次年 2 月 (即春节前后)，上山造林为最好的季节。

（2）抚育管理　为提高成活率，湿地松应及时进行幼林抚育，一般当年松土除草 3 次，第二年 2 次，第三年 1 次。松土除草要做到"三不伤、二净、一培土"。即：不伤根、不伤皮、不伤梢；杂草除净、石块拣净；把锄松的土壤培至根部并覆盖杂草，以减少表面水分蒸发和增加有机质以及抑制杂草生长；松土深度要适当，做到里浅外深，坡地浅平地深，第一年松土浅，以后逐年加深。由于湿地松是强阳性树种，还应根据造林地上杂草杂灌的生长情况而增加砍灌次数，以提高幼树保存率，确保幼树生长。

（3）栽培密度　湿地松的栽植密度视经营目的的不同而异，一般培育中短周期工业原料用材林，株行距 1.33m×1.67m，即每亩 300 株；培育大径材用材林，株行距 2m×2.5m，即每亩 133 株。

（4）肥水　湿地松林地施肥可以改善土壤养分状况，提高林木生长量，缩短成材年限，尤其是幼林期间施肥可提早郁闭，通常结合整地在回填土时进行，每穴施复合肥 0.1~0.15kg。春夏两季根据干旱情况，施用 2~4 次肥水：先在根颈部以外 30~100cm 开一圈小沟 (植株越大，则离根颈部越远)，沟宽、深都为 20cm。沟内撒进 12~25kg 有机肥，或者 50~250g 两颗粒复合肥 (化肥)，然后浇透水。入冬以后开春以前，照上述方法再施肥一次，但不用浇水。

5. 整形修剪

在冬季植株进入休眠或半休眠期，要把瘦弱枝、病虫枝、枯死枝、过密枝等枝条剪掉。也可结合扦插对枝条进行整理。

6. 病虫害防治

湿地松的病虫害发生率比较低，危害程度比较小，一般只是小面积发生，不用防治。

（1）主要虫害　主要有马尾松毛虫、松梢螟、湿地松粉蚧等。马尾松毛虫的防治方法：在每年春节前后，喷杀越冬虫代，减少虫源；或虫害出现时，用敌杀死、10% 氯氰菊酯、灭幼脲 3 号、敌百虫等

粉剂或水剂喷杀。2~5 年生湿地松幼林要防治松梢螟的危害，在亚热带地区松梢螟 1 年可发生 3~5 代，主要为害幼林新梢，蛀入枝梢，使主梢弯曲死亡，严重影响其高生长和材质。由于松梢螟属蛀干性害虫，生活史又不整齐，苗圃地只有以防为主，每年 4 月初每隔 10 天喷25%辛硫磷 800 倍液或 50%敌敌畏 1000 倍液喷射主干和新梢，待新梢完全木质化；当松林出现松梢螟危害时，及时剪去发病梢，收集后埋入土中或用火焚烧。湿地松粉蚧对湿地松生长影响比较少，可不用防治。

（2）主要病害　主要有松梢枯病、松针褐斑病。松梢枯病多发生在幼林期，以预防为主原则。发现梢枯病后，应将感病的针叶、枝条清除烧毁，必要时采取化学药物防治。防治药物：甲基硫菌灵、百菌清等。松针褐斑病是一种可致毁灭性病害，可在 4~6 月、8 月中旬至9 月中旬，每隔 15 天喷 1%等量式波尔多液、75%百菌清 500~600倍液或 25%多菌灵可湿性粉剂 500 倍液。

第二节　落叶树种

一、鹅掌楸

鹅掌楸 [Liriodendron chinense (Hemsl.) Sarg.]，木兰科鹅掌楸属中国特有的珍稀植物。为落叶大乔木，叶形如马褂——叶片的顶部平截，犹如马褂的下摆；叶片的两侧平滑或略微弯曲，好像马褂的两腰；叶片的两侧端向外突出，仿佛是马褂伸出的两只袖子，故鹅掌楸又叫马褂木。生长快，耐旱，对病虫害抗性极强。花大而美丽，秋季叶色金黄，似一个个黄马褂，是珍贵的行道树和庭园观赏树种，栽种后能很快成荫，也是建筑及制作家具的上好木材。

1.形态特征

乔木，高达 40m，胸径 1m 以上，小枝灰色或灰褐色。叶马褂状，长 4~12（18）cm，近基部每边具 1 侧裂片，先端具 2 浅裂，下面苍白色，叶柄长 4~8（16）cm。花杯状，花被片 9，外轮 3 片绿色，萼片状，向外弯垂，内两轮 6 片、直立，花瓣状、倒卵形，长 3~4cm，绿色，具黄色纵条纹，花药长 10~16mm，花丝长 5~6mm，花期时雌蕊群超出花被之上，心皮黄绿色。聚合果长 7~9cm，具翅的小坚果长约 6mm，顶端钝或钝尖，具种子 1~2 颗。花期 5 月，果期 9~10 月（图 10-3）。

图 10-3 鹅掌楸的植株、叶和花

2. 生长习性

喜光及温和湿润气候，有一定的耐寒性，喜深厚肥沃、适湿而排水良好的酸性或微酸性土壤（pH4.5~6.5），在干旱土地上生长不良，也忌低湿水涝。

3. 分布范围

产于陕西、安徽以南，西至四川、云南，南至南岭山地，台湾有栽培。越南北部也有分布。

4. 栽培技术

（1）繁殖 鹅掌楸育苗地应选择避风向阳、土层深厚、肥沃湿润、排水良好的砂质壤土。秋末冬初深翻，翌春施基肥整平土壤，并且挖好排水沟，修筑高床，苗床方向为东西向。育苗有播种和扦插两种方式。播种育苗采用条播，条距 20~25cm，每 667m^2 播种量 10~15kg。3 月上旬播种，播后覆盖细土并覆以稻草。一般经 20~30 天出苗，之后揭草，注意及时中耕除草，适度遮阳，适时灌水施肥。1 年生苗高可达 40cm。

① 种子育苗。选择 20~30 年生健壮、成群状分布的母树，10 月

聚合果呈褐色时采收，不采单株、孤立木的种子。采回的种子放在室内阴凉、通风处，摊放 1 周左右，再放在户外摊晒 2~3 天，待翅状小坚果自动分离后进行净种处理，可布袋干藏或沙藏。育苗圃地选取土层深厚、疏松肥沃、排灌方便的砂质壤土，不宜选择蔬菜、瓜类用地。为促进早期苗木生长、发育，必须细致整地和施肥。播种前 1 个月，深翻圃地，施腐熟厩肥和饼肥 3~3.75t/hm²，并用 50% 甲基硫菌灵可湿性粉剂 0.2% 溶液消毒土壤。土地整平后，按宽 100~120cm、高 25cm、步道宽 30cm 做好苗床。播种前 30~40 天，对种子进行催芽，催芽后播种，发芽率高，出苗整齐。

将种子用一定湿度的中沙（手捏成团，松开即散）分层混藏，底面铺 1 层 35~40cm 湿沙，上面加盖麻袋、草帘等覆盖物，有利于透气和减少水分蒸发，隔 10~15 天适量洒水和翻动 1 次，保持湿度。一般在雨水至惊蛰期间播种比较好。采用条播，条距 25~30cm，播种沟深 2~3cm，可将沙与种子拌匀，然后均匀地撒播在播种沟里，播种量 150~225kg/hm²。播种后，覆盖焦泥灰或黄心土，盖土厚 1.5~2cm，以看不见种子为易，然后用稻草或其他草类覆盖。当幼苗开始出土时，要分 2~3 次将草揭完，揭草通常选在阴天或傍晚进行。揭草后，注意中耕除草和病虫害防治，雨后用波尔多液或 0.5% 高锰酸钾喷洒，酌施追肥，以叶面追肥为主，少量多次。为提高苗木产量和质量，应在 4 月底 5 月初的阴天或小雨天进行间苗、补苗，使苗木分布均匀，定植密度为 10~15 株 /m²。

② 扦插育苗。选择插条时要考虑位置效应和采穗母树条件，可采用硬枝扦插和嫩枝扦插。

a. 硬枝扦插。选择 1 年生健壮 0.5cm 粗以上的穗条，剪成长 15~20cm 的插条，下口斜剪，每段应具有 2~3 个芽，插入土中 2/3，扦插前用 50mg/L ABT2 号生根粉加 500mg/L 多菌灵浸扦插枝条基部 30min 左右。插条应随采随插，插好后要有遮阳设施，勤喷水，成活率可达 75% 左右。

b. 嫩枝扦插。剪取当年生半木质化嫩枝，可保留 1~2 个叶片或半叶，6~9 月采用全光喷雾法扦插，扦插基质采用珍珠岩或比较适中的干净河沙，要保持叶面湿润，成活率一般在50%~60%。扦插后50天，对插条进行根外施肥，以提高成活率和促进插条生长。

一般3月上、中旬进行栽植。应选在比较背阴的山谷和山坡中下部。庭园绿化和行道树栽培应选择土壤深厚、肥沃、湿润的地段。栽植地在秋末冬初进行全面清理，定点挖穴，穴径60~80cm，深50~60cm，翌年3月上、中旬施肥回土后栽植，用苗一般为2年生，起苗后注意防止苗木水分散失，保护根系，尽量随起苗随栽植，株行距以2m×（2~3）m为宜。

（2）栽培技术要点　在落叶后早春萌芽前移植，应选择土壤深厚、湿润、肥沃的地段和半庇萌的环境栽植。氮肥对鹅掌楸极为重要，缺氮则生长迟缓。因此，除在移栽时施足基肥外，还需每年在生长期增施氮肥。鹅掌楸移栽比较困难，尤其是大树移栽难度更大，苗木移栽时，无论是小苗还是大苗，都需带土团，大树移栽，必须分年进行，逐步实施，先切根，后移栽，否则即使移栽成活，恢复比较困难，长期生长不良。生长期施肥2~3次。幼树抗寒力差，冬季设风障等御寒保护。

5. 整形修剪

鹅掌楸为主干性极强的树种，因此树体采用主干疏层结构。每年在主轴上形成一层枝条，新植苗木修剪时第一年留3个主枝，3年全株可留9个主枝，其余疏剪掉。然后短截所留枝，一般下层留30~35cm，中层留20~25cm，上层留10~15cm，所留主枝与主干的夹角为40°~80°，以后每年冬季，对主枝延长枝重截去1/3，促使腋芽萌发，其余过密枝条要疏剪掉。日常注意疏剪树干内密生枝、交叉枝、细弱枝、干枯枝、病虫枝等。如果各主枝生长不平衡，夏季对强枝条进行摘心，以抑制生长，达到平衡，对于过长、过远的主枝要进行回缩，以降低顶端优势高度，刺激下部萌发新枝。通过几年修剪可形成圆锥形树冠。

6. 病虫害防治

马褂木病害不是很多，马褂木的主要病害有炭疽病、白绢病。

（1）炭疽病　马褂木主要发生在叶片上，病斑多在主侧脉两侧，初为褐色小斑，圆形或不规则形，中央黑褐色，边缘为深褐

色，病斑周围常有褐绿色晕圈，后期病斑上出现黑色小粒点。病原为 *Gloeosporium* sp.，属半知菌腔孢纲黑盘孢目黑盘孢科盘圆孢属。分生孢子盘无刚毛，分生孢子长椭圆形，无色，单胞，内含 1~2 个油球。病菌以菌丝和分生孢子盘在病残株及落叶上越冬。分生孢子随风雨、气流传播，从寄主的伤口或气孔侵入，在潮湿的气候条件下发病严重。

药物防治：发病期喷施 50% 炭疽福美可湿性粉剂 1000~1500 倍液，每 10~18 天 1 次，连续 2~3 次。

（2）白绢病 先是受害苗木的根部皮层腐烂，而后地上部分萎蔫死亡。发病期为 6~9 月，7~8 月为发病旺季，高温高湿、土壤沙性、酸性土及连作易引起发病。

防治措施：以预防为主，药物只能起控制作用。在发病期，用 5% 石灰水或 1% 硫酸铜浇苗根，也可每亩 50kg 石灰撒于圃地上。增施有机肥，提高苗木生长，增强植株抗性。

鹅掌楸虫害较少，常见害虫为马褂木卷蛾，该虫严重发生时单株叶片被害面积达 40% 以上。每年发生 2 代，成虫有趋光性，可于 7~8 月用黑光灯诱杀。可用 90% 的敌百虫晶体 1000 倍液或 10% 吡虫啉 2000 倍液进行喷杀。刺蛾、大蓑蛾和钻心虫危害，用 50% 杀螟硫磷乳油 1000 倍液喷杀。

二、梧桐

梧桐 [*Firmiana platanifolia*（L. f.）Marsili]，又名青桐、桐麻，是梧桐科梧桐属的一种落叶乔木。梧桐是一种优美的观赏植物，点缀于庭园、宅前，也种植作行道树。

1. 形态特征

梧桐，高达 15~20m，胸径 50cm；树干挺直，光洁，分枝高；树皮绿色或灰绿色，平滑，常不裂。小枝粗壮，绿色，芽鳞被锈色柔毛，株高 10~20m，树皮片状剥落；嫩枝有黄褐色茸毛；老枝光滑，红褐色。

叶大，阔卵形，宽 10~22cm，长 10~21cm，3~5 裂至中部，长比宽略短，基部截形、阔心形或稍呈楔形，裂片宽三角形，边缘有数个粗大锯齿，上下两面幼时被灰黄色茸毛，后变无毛；叶柄长

3~10cm，密被黄褐色茸毛；托叶长 1~1.5cm，基部鞘状，上部开裂。

　　圆锥花序长约 20cm，被短茸毛；花单性，无花瓣；萼管长约 2mm，裂片 5，条状披针形，长约 10mm，外面密生淡黄色短茸毛；雄花的雄蕊柱约与萼裂片等长，花药约 15，生于雄蕊柱顶端；雌花的雌蕊具柄 5，心皮的子房部分离生，子房基部有退化雄蕊。蓇葖，在成熟前即裂开，纸质，长 7~9.5cm；蓇葖果，种子球形，分为 5 个分果，分果成熟前裂开呈小艇状，种子生在边缘。

　　果枝有球形果实，通长 2 个，常下垂，直径 2.5~3.5cm。小坚果长约 0.9cm，基部有长毛。花期 5 月，果期 9~10 月。种子 4~5，球形。种子在未成熟期时成球，青色，成熟后橙红色（图 10-4）。

图 10-4　梧桐植株

2. 生长习性

　　梧桐树喜光，喜温暖湿润气候，耐寒性不强；喜肥沃、湿润、深厚而排水良好的土壤，在酸性、中性及钙质土上均能生长，但不宜在积水洼地或盐碱地栽种，又不耐草荒。积水易烂根，受涝 5 天即可致死。通常在平原、丘陵及山沟生长较好。深根性，植根粗壮；萌芽力弱，一般不宜修剪。生长尚快，寿命较长，能活百年以上。发叶较晚，而秋天落叶早。对多种有毒气体都有较强抗性。宜植于村边、宅旁、山坡、石灰岩山坡等处。

3. 分布范围

梧桐产于我国南北各省，从广东、海南、福建、浙江、江西到山东、江苏、北京、天津、河北、河南等地均有分布。在国外也均有分布，主要分布在日本、韩国、朝鲜。梧桐多为人工栽培，树形较好，常用于绿化城市道路。

4. 栽培技术

（1）繁殖　常用播种繁殖，扦插、分根也可。秋季果熟时采收，晒干脱粒后当年秋播，也可干藏或沙藏至翌年春播。条播行距25cm，覆土厚约15cm，每亩播种量约15kg。沙藏种子发芽较整齐；干藏种子常发芽不齐，故在播前最好先用温水浸种催芽处理。1年生苗高可达50cm以上，第二年春季分栽培养，3年生苗木即可出圃定植。

（2）栽培技术要点

① 除草。播种后独行菜、葶草、苋菜等双子叶杂草将大量滋生，可人工清除，也可喷洒1/1000的2，4-D。除草时要以"除小、除早、除了"为原则，松土厚度2~3cm。

② 施肥。当苗高3~5cm时施肥，复合肥每亩施8~10kg，结合灌溉施用，以后根据土壤墒情浇水。

③ 移植。当苗高5cm、植株基部半木质化时进行移栽。移栽前，做长宽为（15~20）m×（2~3）m的畦。移栽时去掉容器，连同培养基一起移植到畦中，株行距为20cm×40cm，每亩8300余株。然后灌透水一次，7月份施尿素一次，用量每亩8~10kg，以后依土壤墒情灌溉。

5. 整形修剪

梧桐树萌枝力弱，一般不用修剪。

6. 病虫害防治

主要害虫有木虱、霜天蛾、刺蛾、疖螨蛾等。其中梧桐裂头木虱只为害梧桐树，分布在山东、河南等地。若虫危害时分泌白色棉絮状蜡质物，将叶面气孔堵塞，影响叶部正常的光合作用和呼吸作用，使得叶面呈现苍白萎缩症状，会出现树叶早落、枝梢干枯、表皮粗糙脆弱、易受风折的现象。预防方法：可在危害期喷清水冲掉絮状物，可消灭许多若虫和成虫，在早春季节喷65%肥皂石油乳剂8倍液防其越冬卵。

　　疖蝙蛾为害梧桐、木兰等树，可用兽用注射器将 40% 杀螟硫磷乳油 400 倍液注入被害处的坑道内毒杀幼虫。还可以用石油乳剂、敌敌畏、乐果、甲胺磷等防治。

三、紫薇

　　紫薇（*Lagerstroemia indica* L.），又称痒痒花、痒痒树、紫金花、紫兰花、蚊子花、西洋水杨梅、百日红、无皮树等，千屈菜科，落叶灌木或小乔木，产于亚洲南部及澳洲北部。紫薇树姿优美，树干光滑洁净，花色艳丽；开花时正当夏秋少花季节，花期长，由 6 月可开至 9 月，故有"百日红"之称，又有"盛夏绿遮眼，此花红满堂"的赞语，是观花、观干、观根的盆景良材。

1. 形态特征

　　落叶灌木或小乔木，高可达 7m；树皮平滑，灰色或灰褐色；枝干多扭曲，小枝纤细，具 4 棱，略成翅状。

　　叶互生或有时对生，纸质，椭圆形、阔矩圆形或倒卵形，长 2.5~7cm，宽 1.5~4cm，顶端短尖或钝形，有时微凹，基部阔楔形或近圆形，无毛或下面沿中脉有微柔毛，侧脉 3~7 对，小脉不明显；无柄或叶柄很短。

　　花淡红色或紫色、白色，直径 3~4cm，常组成 7~20cm 的顶生圆锥花序；花梗长 3~15mm，中轴及花梗均被柔毛；花萼长 7~10mm，外面平滑无棱，但鲜时萼筒有微突起的短棱，两面无毛，裂片 6，三角形，直立，无附属体；花瓣 6，皱缩，长 12~20mm，具长爪；雄蕊 36~42，外面 6 枚着生于花萼上，比其余的长得多；子房 3~6 室，无毛。蒴果椭圆状球形或阔椭圆形，长 1~1.3cm，幼时绿色至黄色，成熟时或干燥时呈紫黑色，室背开裂；种子有翅，长约 8mm。花期 6~9 月，果期 9~12 月（图 10-5）。

2. 生长习性

　　紫薇喜暖湿气候，喜光，略耐阴，喜肥，尤喜深厚肥沃的砂质壤土，好生于略有湿气之地，亦耐干旱，忌涝，忌种在地下水位高的低湿地方，能抗寒，萌蘖性强。紫薇还具有较强的抗污染能力，对二氧化硫、氟化氢及氯气的抗性较强。

图 10-5　紫薇的植株、叶和花

3. 分布范围

广东、广西、湖南、福建、江西、浙江、江苏、湖北、河南、河北、山东、安徽、陕西、四川、云南、贵州及吉林均有生长或栽培。原产于亚洲，广植于热带地区。

4. 栽培技术

（1）繁殖　紫薇常用播种和扦插两种繁殖方法，其中扦插方法更好，扦插与播种相比成活率更高，植株开花更早，成株快，而且苗木的生产量也较高。

① 播种繁殖。紫薇播种繁殖可一次得到大量健壮整齐的苗木。播种繁殖过程包括种子采集、整地做床、种子催芽处理、播种时间和播种方法。

a. 整地做床。紫薇对环境的适应性较强，耐干旱和寒冷，对土壤要求不严，但栽植在深厚肥沃疏松、土质呈微酸性、酸性的沙质土壤中生长最好。首先将苗床泥土锄松，播种沟按照宽 20~25cm、深 2~3cm 的规格进行处理。

b. 种子催芽处理。为了使种子发芽整齐，出芽时间快，播种前要对种子进行催芽处理。首先要对种子进行消毒处理，常用方法是用 0.2%

高锰酸钾浸泡 1~2 天，然后用清水多次冲洗以去除残留的高锰酸钾。冲洗干净后将种子放入温度为 45~50℃的温水中浸泡 2~3 天，浸泡后捞出种子稍微晾干。

c. 播种时间和方法。紫薇一般在 3~4 月播种，于室外露地将种子均匀撒入已平整好的苗床。每隔 3~4cm 撒 2~3 粒。播种后覆盖约 2cm 厚的细土，10~14 天后种子大部分发芽出土，出土后要保证土壤的湿润度，在幼苗长出 2 对真叶后，为保证幼苗有足够的生长空间和营养面积，可选择雨后对圃地进行间苗处理，使苗间空气流通、日照充足。生长期要加强管理，6~7 月追施薄肥 2~3 次，夏天防止干旱，要常浇水，保持圃地湿润，但切记不可过多。当年冬季苗高可达到 50~70cm。长势良好的植株可当年开花，冬季落叶后及时修剪侧枝和开花枝，在次年早春时节移植。

② 扦插繁殖。紫薇扦插繁殖可分为嫩枝扦插和硬枝扦插。

a. 嫩枝扦插。嫩枝扦插一般在 7~8 月进行，此时新枝生长旺盛，最具活力，成活率高。选择半木质化的枝条，剪成 10cm 左右长的插穗，枝条上端保留 2~3 片叶子。扦插深度约为 8cm，插后灌透水，为保湿保温可在苗床覆盖一层塑料薄膜，搭建遮阳网进行遮阳，一般 15~20 天便可生根，将薄膜去掉，保留遮阳网，在生长期适当浇水，当年枝条可达到 70cm，成活率高。

b. 硬枝扦插。硬枝扦插一般在 3 月下旬至 4 月初枝条发芽前进行。在长势良好的母株上选择粗壮的 1 年生枝条，剪成 10~15cm 长的枝条，扦插深度为 8~13cm。插后灌透水，为保湿保温可在苗床覆盖一层塑料薄膜。当苗木生长 15~20cm 的时候可将薄膜掀开，搭建遮阳网。在生长期适当浇水，当年生枝条可长至 80cm 左右。

③ 压条繁殖。压条繁殖在紫薇的整个生长季节都可进行，以春季 3~4 月较好。

④ 分株繁殖。早春 3 月将紫薇根际萌发的萌蘖与母株分离，另行栽植，浇足水即可成活。

⑤ 嫁接繁殖。在每年春季紫薇枝条萌芽前，选择粗壮的实生苗作砧木，先在砧木顶端靠外围部分纵劈一刀（深 3~4cm），劈缝须从

树心切下；再取长 5~8cm 带 2~3 个芽的接穗，在其基部两侧削成 3~4cm 的楔形。接穗外侧比内侧稍厚。将接穗稍厚的一面放外面插入砧木劈口对准形成层，然后用塑料薄膜将整个穗条枝全部包扎好，露出芽头。此法可在同一砧木上分层嫁接不同颜色的枝条，形成一树多色。嫁接 2~3 个月后揭膜，此时穗头长可达 50~80cm，应及时将枝头剪短，以免遭风折断，并可培养粗壮枝，此培育法成活率达 98% 以上。

（2）栽培技术要点　紫薇栽培管理粗放，但要及时剪除枯枝、病虫枝，并烧毁。为了延长花期，应适时剪去已开过花的枝条，使之重新萌芽，长出下一轮花枝。为了树干粗枝，可以大量剪去花枝，集中营养培养树干。实践证明，管理适当，紫薇一年中经多次修剪可使其开花多次，长达 100~120 天。

① 适时浇水。春、冬两季应保持盆土湿润，夏秋季节每天早晚要浇水一次，干旱高温时每天可适当增加浇水次数，以河水、井水、雨水、自来水浇施。

② 定期施肥。紫薇施肥过多，容易引起枝叶徒长，若缺肥反而导致枝条细弱，叶色发黄，整个植株生长势变弱，开花少或不开花。因此，要定期施肥，春夏生长旺季需多施肥，入秋后少施，冬季进入休眠期可不施。雨天和夏季高温的中午不要施肥，以"薄肥勤施"为原则，在立春至立秋每隔 10 天施一次，立秋后每半月追施一次，立冬后停肥。

5. 整形修剪

紫薇耐修剪，发枝力强，新梢生长量大。因此，花后要将残花剪去，可延长花期，对徒长枝、重叠枝、交叉枝、辐射枝以及病枝随时剪除，以免消耗养分。

6. 病虫害防治

（1）白粉病

① 表现症状。白粉病主要为害叶片，并且嫩叶比老叶容易被侵染；该病也为害枝条、嫩梢、花芽及花蕾。发病初期，叶片上出现白色小粉斑，扩大后呈圆形或不规则形褪色斑块，花受侵染后，表面被覆白

粉层，花穗畸形，失去观赏价值。受白粉病侵害的植株会变得矮小，嫩叶扭曲、畸形、枯萎，叶片不开展、变小，枝条畸形等，严重时整个植株都会死亡。

② 防治方法

a. 加强施肥，注意排水以免湿度过大。

b. 减少侵染源，结合秋、冬季修剪，剪除病枯枝并集中烧毁，生长季节注意及时摘除病芽、病叶和病梢。

c. 植株发病时可喷洒 25% 三唑酮可湿性粉剂 3000 倍液，或 70% 甲基硫菌灵可湿性粉剂 1000 倍液，或 80% 代森锌可湿性粉剂 500 倍液，几种药剂交替使用效果更好。

（2）煤污病

① 表现症状。植株发病时，在叶片、枝梢上形成黑色小黑斑，后扩大连成片，严重时叶片上覆盖一层薄纸状黑色物，影响叶片的光合作用，抑制新梢的正常生长。随着时间的推移，叶片变黄，提早落叶，花芽形成困难。

② 防治方法

a. 加强栽培管理，合理安排种植密度，及时修剪病枝和多余枝条，以利于通风、透光，从而增强树势，减少发病。

b. 盆栽紫薇用药前可先采取摘除病叶或用清水冲洗叶面霉层的方法。

c. 生长期遭受煤污病侵害的植株，可喷洒 70% 甲基硫菌灵可湿性粉剂 1000 倍液，或 50% 多菌灵可湿性粉剂 1000 倍液等进行防治。

d. 喷药防治蚜虫、介壳虫等是减少发病的主要措施。适期喷洒 40% 氧乐果 1000 倍液或 80% 敌敌畏 1500 倍液。防治介壳虫还可用 10~20 倍松脂合剂、石油乳剂等。

（3）紫薇褐斑病

① 表现症状。紫薇褐斑病主要为害叶片。叶上病斑呈圆形或近圆形，个别呈不规则形，紫褐色至灰褐色，边缘颜色较浅，不清晰，两面生有灰黑色小霉点，当叶面上出现数个病斑后。全叶很快变黄且提前落叶。气温高、湿度大及降雨频繁利于该病发生。

② 防治方法

a. 对紫薇园或行道紫薇进行秋耕,将表层落叶翻入深层土中,以减少下年初侵染源。适时修剪,使其通风透光。

b. 发病初期及时喷洒 50% 苯菌灵可湿性粉剂 1000 倍液,或 75% 百菌清可湿性粉剂 800 倍液。

(4)紫薇长斑蚜 又名紫薇棘尾蚜,属同翅目,蚜总科,斑蚜科。

① 发生危害特点。紫薇长斑蚜以卵在芽腋、芽缝及枝杈等处越冬。翌年春天当紫薇萌发的新梢抽长时,开始出现无翅胎生蚜,至 6 月以后虫口不断上升,并随着气温的增高而不断产生有翅蚜,有翅蚜会迁飞扩散危害。该虫对紫薇的危害年年都会发生,常常是嫩叶的背面布满害虫,危害后新梢扭曲,嫩叶卷缩,凹凸不平,影响花芽形成,并使花序缩短,甚至无花,同时还会诱发煤污病,传播病毒病。

② 防治方法

a. 冬季结合修剪,清除病虫枝、瘦弱枝以及过密枝,可以起到消灭部分越冬卵的作用。家庭盆栽的还要尽可能做到枝干光洁,注意清除枝丫处翘裂的皮层,并集中烧毁,以减少越冬蚜卵。

b. 药剂防治。可以喷洒 10% 蚜虱净可湿性粉剂 1500 倍液,或 50% 杀螟硫磷乳油 1000 倍液、40% 氧乐果乳油 1000 倍液以及 80% 敌敌畏乳油 1000 倍液等,同时可以起到兼治紫薇绒蚧等害虫的功效。

(5)紫薇绒蚧 属同翅目绒蚧科,危害紫薇、石榴等花木。

① 发生危害特点。以雌成虫和若虫在芽腋、叶片和枝条上吮吸汁液为害,常造成树势衰弱,生长不良;而且其分泌的大量蜜露会诱发严重的煤污病,会导致叶片、小枝呈黑色,失去观赏价值,是危害紫薇的主要虫害之一。该虫发生代数因地区而异,1 年发生 2~4 代,以卵或若虫越冬,绒蚧越冬虫态有受精雌虫、2 龄若虫或卵等,各地不尽相同;通常是在枝干的裂缝内越冬。每年的 6 月上旬至 7 月中旬以及 8 月中、下旬至 9 月为若虫孵化盛期,绒蚧在温暖高湿环境下繁殖快,干热对它的发育不利。

② 防治方法

a. 加强检疫,防止病原流入,合理施肥,增强植株抗虫能力,保持通风、透光，避免植株密度过大，结合冬季、早春修剪将虫枝集中烧毁。虫口数量小时，可进行人工刮除。

b. 药剂防治。冬季喷施 10~15 倍的松脂合剂或 40~50 倍的机油乳剂 1~3 次，消灭越冬代雌虫；发芽前，喷施 3~5°Bé 石硫合剂或 3%~5% 柴油乳剂消灭越冬代若虫；若虫是防治关键，首先防治出土的初孵若虫，早春在树根周围土面喷撒 50% 西维因可湿性粉剂 500 倍液或 5% 辛硫磷乳油 1000 倍液。抓住孵化盛期介壳尚未增厚，药剂容易渗透的关键时期，每隔 7~10 天喷 1 次，连续 2~3 次，可选用 40% 氧乐果乳剂、80% 敌敌畏乳剂、50% 辛硫磷乳油、25% 亚胺硫磷乳剂 1000~1500 倍液均匀喷撒。

（6）叶蜂　属膜翅目叶蜂总科

① 发生危害特点。以幼虫群集为害，取食叶片，啃食叶肉，将植株的嫩叶吃光，仅剩下几条主叶脉，影响植株的光合作用，影响紫薇花期，降低其观赏价值，甚至导致死亡。叶蜂每年发生 2~8 代，世代重叠，以蛹在土中结茧越冬。4~5 月羽化成虫，成虫白天羽化，次日交配。雌虫一生仅交尾 1 次，雄虫可交尾多次。雌蜂交尾后将卵产在枝条皮层内，通常产卵可深至木质部，卵期 7~19 天。近孵化时，产卵处的裂缝开裂，孵出的幼虫自裂缝爬出，并向嫩梢爬行。

② 防治方法

a. 冬春季结合土壤翻耕消灭越冬茧。

b. 寻找产卵枝梢、叶片，人工摘除卵梢、卵叶或孵化后尚群集的幼虫。

c. 幼虫危害期喷洒 Bt 乳剂 500 倍液、2.5% 溴氰菊酯乳油 3000 倍液、20% 杀灭菊酯 2000 倍液、25% 灭幼脲 3 号胶悬剂 1500 倍液。

（7）黄刺蛾　体形中等，幼虫为刺毛虫，俗称洋辣子，是紫薇主要食叶害虫之一。

① 发生危害特点。黄刺蛾主要是以幼虫啃食造成危害。

② 防治方法。冬季结合修剪，清除树枝上的越冬茧，从而消灭或减少虫源；药剂防治，最好能在幼虫扩散前用药，可喷施 80% 敌敌畏乳油 1000 倍液、2.5% 溴氰菊酯乳油 2000 倍液。

第三节 常绿阔叶树种

一、香樟树

香樟树 [*Cinnamomum camphora* (L.) Presl.]，为樟科樟属常绿乔木。别名：樟树、香樟、樟木、乌樟、瑶人柴、栳樟、臭樟、乌樟。

1. 形态特征

常绿大乔木，高可达 30m，直径可达 3m，树冠广卵形；树皮黄褐色，有不规则的纵裂。顶芽广卵形或圆球形，鳞片宽卵形或近圆形，外面略被绢状毛。枝条圆柱形，淡褐色，无毛。叶互生，卵状椭圆形，长 6~12cm，宽 2.5~5.5cm，先端急尖，基部宽楔形至近圆形，边缘全缘，软骨质，有时呈微波状，上面绿色或黄绿色，有光泽，下面黄绿色或灰绿色，晦暗，两面无毛或下面幼时略被微柔毛，具离基三出脉，有时过渡到基部具不显的 5 脉，中脉两面明显，上部每边有侧脉 1~3 或 1~5(7) 条，基生侧脉向叶缘一侧有少数支脉，侧脉及支脉脉腋上面明显隆起，下面有明显腺窝，窝内常被柔毛；叶柄纤细，长 2~3cm，腹凹背凸，无毛。圆锥花序腋生，长 3.5~7cm，具梗，总梗长 2.5~4.5cm，与各级序轴均无毛或被灰白至黄褐色微柔毛，被毛时往往在节上尤为明显。花绿白或带黄色，长约 3mm；花梗长 1~2mm，无毛。花被外面无毛或被微柔毛，内面密被短柔毛，花被筒倒锥形，长约 1mm，花被裂片椭圆形，长约 2mm。能育雄蕊 9，长约 2mm，花丝被短柔毛。退化雄蕊 3，位于最内轮，箭头形，长约 1mm，被短柔毛。子房球形，长约 1mm，无毛，花柱长约 1mm。果卵球形或近球形，直径 6~8mm，紫黑色；果托杯状，长约 5mm，顶端截平，宽达 4mm，基部宽约 1mm，具纵向沟纹。花期 4~5 月，果期 8~11 月（图 10-6）。

2. 生长习性

樟树多喜光，稍耐阴；喜温暖湿润气候，耐寒性不强，对土壤要求不严，较耐水湿，但移植时要注意保持土壤湿度，水涝容易导致烂根缺氧而死，但不耐干旱、瘠薄和盐碱土。主根发达，深根性，能抗风。

萌芽力强，耐修剪。生长速度中等，树形巨大如伞，能遮阳避凉。存活期长，可以生长为成百上千年的参天古木，有很强的吸烟滞尘、涵养水源、固土防沙和美化环境的能力。

图 10-6　香樟树的植株和果实

3. 分布范围

产于我国南方及西南各省区。越南、韩国、日本也有分布，其他各国常有引种栽培。主要生长于亚热带土壤肥沃的向阳山坡、谷地及河岸平地。主要培育繁殖基地有江苏沭阳、浙江、安徽等地。

4. 栽培技术

（1）繁殖　香樟秋播、春播均可，以春播为好。秋播可随时播种，在秋末土壤封冻前进行，春播宜在早春土壤解冻后进行。播种前需用 0.1% 苯扎溴铵（新洁尔灭）溶液浸泡种子 3~4h 以杀菌、消毒。并用 50℃的温水浸种催芽，保持水温，重复浸种 3~4 次，可使种子提前发芽 10~15 天。香樟可采用条播，条距为 25~30cm，条沟深 2cm 左右，宽 5~6cm，每米播种沟撒种子 40~50 粒，每亩播种 15kg 左右。

（2）栽培技术要点

① 栽植时间。一般在 3 月中旬至 4 月中旬，在春季春芽苞将要萌动之前定植，在梅雨季节可以补植。秋季以 9 月为宜。冬季少霜冻或雨量较多的地方也可冬植。栽植要及时，经过修剪的香樟树苗应马上

栽植。如果运输距离较远的话，则根蔸处要用湿草、塑料薄膜等加以包扎以便保湿。栽植时间最好在上午 11 时之前或下午 4 时之后，而在冬季则只要避开最严寒的日子即可。

② 栽植。种植穴要按一般的技术规程挖掘，坑穴深度、长度及宽度都要达到 50~60cm，穴底要施基肥并铺设细土垫层，种植土应疏松肥沃。把香樟树苗的包扎物除去，栽植深度以地面与香樟苗的根径处相平为宜，栽植时，护根土要与穴土紧密相连，回土不紧或不实会形成吊空。在种植穴内将树苗立正栽好，填土后再插实土壤并继续填土至穴顶。最后，在树苗周围做出拦水的围堰。

③ 灌水。香樟树苗栽好后要立即灌水，对于带土球的樟树苗边灌水，还要边用铁棒或木棒对树穴周边土壤进行搅动，以便通过水的作用使树穴周边能填满土壤。灌水时要注意不要损坏土围堰，土围堰中要灌满水，让水慢慢浸下到种植穴内。为进一步提高定植成活率，可在所浇灌的水中加入生长素，以便刺激新根生长。生长素一般采用萘乙酸，先用少量酒精将粉状的萘乙酸溶解，然后掺进清水，配成浓度为 200mg/L 的浇灌液，作为第一次定根水进行浇灌。不论是阴天或晴天种植香樟树，都应及时浇透一次定根水。遇到干燥、暴晒的天气要每 7 天左右灌一次透水，连续 3~4 次即可。

④ 特殊技术处理。移栽过程中，为了保持人香樟树十湿度，减少从树皮蒸腾水分，要对树干进行浸湿草绳缠绕包裹直至到主干顶部，如果分枝较大也要进行缠绕。接着，再将调制的黏土泥浆厚厚地糊满草绳缠绕着的树干。以后，可经常用喷雾器为树干喷水保湿。在大香樟掘起后，还要对断根、破根和枯根进行修剪，剪后再用黏土泥浆浸裹树根；如果泥浆中加入 0.03% 的萘乙酸，可以促进大香樟移植后新根的生长。

5. 整形修剪

（1）裸根香樟树苗整形修剪　栽植前应对其根部进行整理，剪掉断根、枯根、烂根、短截无细根的主根，还应对树冠进行修剪，一般要剪掉全部枝叶的 1/3~1/2，使树冠的蒸腾面积大大减少。

（2）带土球香樟树苗的修剪　带土球的苗木不用进行根部修剪，

只对树冠进行修剪即可。修剪时，可连枝带叶剪掉树冠的 1/3~1/2，以大大减少叶面积的办法来降低全树的水分损耗，但应保持基本的树形，以加快成景速度，尽快达到绿化效果。

6.病虫害防治

（1）白粉病　此病多发生在圃地幼苗上。在气温高、湿度大、苗木过密和通气不良的条件下最易发生。嫩叶背面主脉附近出现灰褐色斑点，以后蔓延整个叶背，并出现一层白粉，严重的嫩枝和干上也有白粉。

防治方法：苗圃要经常注意环境卫生，适当疏苗；或发现少数病株应立即拔除或烧毁。发生时用 0.3~0.5°Bé 的石硫合剂，每 10 天喷 1 次，连续 3~4 次。

（2）黑斑病

樟树种子发芽出苗后长出 1~4 片叶时，容易发生此病。发病时从苗尖向根部变成黑褐色而死亡。

防治方法：播种时做好种子、土壤及覆盖物等的消毒工作。在发病时，先拔除并烧毁病苗，并用 0.5% 高锰酸钾或福尔马林喷 2~3 次，即可防止蔓延。

（3）樟叶蜂　1 年发生代数多，危害期长，1 年生苗受害严重可导致苗木枯死；造林后树木树冠上部嫩叶常被吃光，严重时影响树木生长。

防治方法：可用 0.5kg 闹羊花或雷公藤粉加清水 75~100kg 制成药液喷洒苗木，或用 90% 敌百虫或 50% 马拉硫磷乳剂各 2000 倍液喷杀。

（4）樟梢卷叶蛾　1 年发生数代，幼虫蛀食枝梢，影响樟树高生长，致使干形弯曲。3 月樟树新梢抽出后，第 1 代幼虫孵化时用 90% 敌百虫、50% 二溴磷乳剂、50% 马拉硫磷乳剂 10000 倍液进行喷雾，每隔 5 天 1 次，连续 2~3 次，能杀死幼虫。如果幼虫已蛀入新梢，也可喷洒 40% 乐果乳剂 200~300 倍液。苗圃或小面积林地，可在冬季收集枯枝落叶并烧毁，以消灭越冬蛹。

（5）樟果螟　一般为害樟树幼苗和 20 年生以下幼树。1 年发生 2 代。第 1 代幼虫在 5 月底到 7 月中旬为害，第二代幼虫在 8~9 月为害，幼虫成群集结于新梢上取食叶芽，并吐丝把残叶卷成球状，包扎顶芽，

以致新梢枯死，甚至全株死亡。

防治方法：幼虫刚开始活动尚未结成网巢时，可用90%敌百虫4000~50000倍液进行喷雾。如果幼虫已结成网巢，最好将其剪掉烧毁。

（6）樟天牛　成虫产卵期（5月上旬至6月上旬）用铅丝刷刷除产卵疤痕、刺卵或初孵幼虫。人工剪除被害枝，后由排泄孔注入敌敌畏等药剂，将其中的幼虫杀死。

二、羊蹄甲

羊蹄甲（*Bauhinia purpurea* L.），别名玲甲花，为豆科，羊蹄甲属乔木或直立灌木植物，是很好的园林绿化树种，常作行道树栽植路边。

1. 形态特征

半常绿乔木或直立灌木，枝初时略被毛，毛渐脱落，叶硬纸质，近圆形，长10~15cm，宽9~14cm，基部浅心形，先端分裂达叶长的1/3~1/2，裂片先端圆钝或近急尖，两面无毛或下面薄被微柔毛；基出脉9~11条；叶柄长3~4cm。

总状花序侧生或顶生，少花，长6~12cm，有时2~4个生于枝顶而成复总状花序，被褐色绢毛；花蕾多少纺锤形，具4~5棱或狭翅，顶钝；花梗长7~12mm；萼佛焰状，一侧开裂达基部成外反的2裂片，裂片长2~2.5cm，先端微裂，其中一片具2齿，另一片具3齿；花瓣桃红色，倒披针形，长4~5cm，具脉纹和长的瓣柄；能育雄蕊3，花丝与花瓣等长；退化雄蕊5~6，长6~10mm；子房具长柄，被黄褐色绢毛，柱头稍大，斜盾形。

荚果带状，扁平，长12~25cm，宽2~2.5cm，略呈弯镰状，成熟时开裂，木质的果瓣扭曲将种子弹出；种子近圆形，扁平，直径12~15mm，种皮深褐色。花期9~11月，果期2~3月（图10-7）。

2. 生长习性

喜阳光和温暖、潮湿环境，不耐寒。我国华南各地可露地栽培，其他地区均作盆栽，冬季移入室内。喜湿润、肥沃、排水良好的酸性土壤，栽植地应选阳光充足的地方。

图 10-7　羊蹄甲的植株和花

3.分布范围

产于我国南部。中南半岛、印度、斯里兰卡亦有分布。

4.栽培技术

（1）繁殖

① 播种。9~10 月收集成熟荚果，取出种子，埋于干沙中置阴凉处越冬。3 月下旬到 4 月上旬播种，播前进行种子处理，这样才能做到苗齐苗壮。用 60℃温水浸泡种子，水凉后继续泡 3~5 天；每天需要换凉水一次，种子吸水膨胀后，放在 15℃环境中催芽，每天用温水淋浇 1~2 次，待露白后播于苗床，2 周可齐苗，出苗后适当间苗。4 片真叶时可移植苗圃中，畦地以疏松肥沃的壤土为好；为便于管理，栽植实行宽窄行，宽行 60cm，窄行 40cm，株距 30~40cm。幼苗期不耐寒，冬季需用塑料拱棚保护越冬。

② 压条。生长季节都可进行，以春季 3~4 月较好。空中压条法可选 1~2 年生枝条，用利刀刻伤并环剥树皮 1.5cm 左右，露出木质部，将生根粉液（按说明稀释）涂在刻伤部位上方 3cm 左右。待干后用筒状塑料袋套在刻伤处，装满疏松园土，浇水后两头扎紧即可。1 个月后检查，如土过干可补水保湿，生根后剪下另植。灌丛型树可选外围较细软、1~2 年生枝条将基部刻伤，涂以生根粉液，急弯后埋入土中，上压砖石固定，顶梢可用棍支撑扶正。一般第二年 3 月分割另植。有些枝条当年不生根，可继续埋压，第二年可生根。

（2）栽培技术要点　移植宜在早春 2~3 月进行。我国中北部温室

宜盆栽，春夏宜水分充足，湿度宜大；夏季高温时要避免阳光直晒；秋冬应稍干燥。生长期需施液肥 1~2 次。冬季最低温需保持 5℃以上。

5. 整形修剪

羊蹄甲幼树期要略加修剪整形，树形臻于整齐时便可任其自然生长。

6. 病虫害防治

（1）羊蹄甲枯萎病

① 症状。叶片多从病枝顶端开始出现发黄、脱落，一般先从个别枝条发病，后逐渐发展至整丛枯死。剥开树皮，可见木质部有黄褐色纵条纹，其横断面可见到黄褐色轮纹状坏死斑。

② 发病规律。病菌由地下伤口侵入植株根部，破坏植株的维管束组织，造成植株枯萎死亡。此病由真菌中的镰刀菌侵染所致。病菌可在土壤中或病株残体上越冬，存活时间较长。主要通过土壤、地下害虫、灌溉水传播。一般 6~7 月发病较重。

③ 防治。加强养护管理，增强树势，提高植株抗病能力。苗圃地注意轮作，避免连作，或在播种前条施 70% 五氯硝基苯粉剂，1.5~2.5kg/ 亩。及时剪除枯死的病枝、病株，集中烧毁，并用 70% 五氯硝基苯或 3% 硫酸亚铁消毒处理。可用 50% 福美双可湿性粉剂 200 倍液或 50% 多菌灵可湿粉 400 倍液，或抗霉菌素 120 水剂 100mg/L 药液灌根。

（2）羊蹄甲角斑病

① 症状。主要发生在叶片上，病斑呈多角形，黄褐色至深红褐色，后期着生黑褐色小霉点。严重时叶片上布满病斑，常连接成片，导致叶片枯死脱落。

② 发病规律。本病为真菌性病害，病原菌为尾孢菌、粗尾孢菌两种。一般在 7~9 月发生此病。多从下部叶片先感病，逐渐向上蔓延扩展。植株生长不良、多雨季节发病重，病原在病叶及残体上越冬。

③ 防治。秋季清除病落叶，集中烧毁，减少侵染源。发病时可喷 50% 多菌灵可湿性粉剂 700~1000 倍液，或 70% 代森锰锌可湿性粉剂 800~1000 倍液，或 80% 代森锌 500 倍液。10 天喷 1 次，连喷

3~4 次有较好的防治效果。

常见害虫有白蛾蜡蝉、蜡彩袋蛾、茶蓑蛾、棉蚜等，要注意防治。

三、广玉兰

广玉兰（*Magnolia grandiflora* L.），又名洋玉兰、荷花玉兰，为木兰科木兰属的常绿乔木，花含芳香油。

1. 形态特征

广玉兰是常绿大乔木，高 20~30m。树皮淡褐色或灰色，呈薄鳞片状开裂。枝与芽有铁锈色细毛。叶长椭圆形，互生；叶柄长 1.5~4cm，背面有褐色短柔毛；托叶与叶柄分离；叶革质，叶片椭圆形或倒卵状长圆形，长 10~20cm，宽 4~10cm，先端钝或渐尖，基部楔形，上面深绿色，有光泽，下面淡绿色，有锈色细毛，侧脉 8~9 对。花芳香，白色，呈杯状，直径 15~20cm，开时形如荷花；花梗粗壮具茸毛；花被 9~12，萼片花瓣状，3 枚；花丝紫色，雄蕊多数，长约 2cm，花丝扁平，紫色，花药向内，药隔伸出成短尖头；雌蕊群椭圆形，密被长茸毛，心皮卵形，长 1~1.5cm，花柱呈卷曲状。聚合果圆柱状长圆形或卵形，密被褐色或灰黄色茸毛，果先端具长喙。种子椭圆形或卵形，侧扁，长约 1.4cm，宽约 6mm（图 10-8）。

图 10-8 广玉兰的植株和花

2. 生长习性

广玉兰喜光，幼时稍耐阴。喜温暖湿润气候，有一定的抗寒能力。

适生于高燥、肥沃、湿润与排水良好的微酸性或中性土壤，在碱性土种植时易发生黄化，忌积水和排水不良。对烟尘及二氧化硫气体有较强的抗性，病虫害少。根系深广，抗风力强。特别是播种苗树干挺拔，树势雄伟，适应性强。

3. 产地分布

广玉兰原产于南美洲，分布在北美洲以及中国长江流域及以南，北方如北京、兰州等地，已由人工引种栽培。广玉兰还是江苏省常州市、南通市、连云港市，安徽省合肥市，浙江省余姚市的市树。

4. 栽培技术

（1）繁殖

① 播种繁殖

a. 播种期。有随采随播（秋播）及春播两种。苗床地要选择肥沃疏松的沙质土壤，深翻并灭草灭虫，施足基肥。床面平整后，开播种沟，沟深5cm，宽5cm，沟距20cm左右，进行条播，将种子均匀播于沟内，覆土后稍压实。

b. 播种苗管理。在幼苗具2~3片真叶时可带土移植。由于苗期生长缓慢，要经常除草松土。5~7月间，施追肥3次，可用充分腐熟的稀薄粪水。

② 嫁接育苗。广玉兰嫁接常用木兰（木笔、辛夷）作砧木。木兰砧木用扦插或播种法育苗，在其干径达0.5cm左右即可作砧木用。3~4月采取广玉兰带有顶芽的健壮枝条作接穗，接穗长5~7cm，具有1~2个腋芽，剪去叶片，用切接法在砧木距地面3~5cm处嫁接。接后培土，微露接穗顶端，促使伤口愈合。也可用腹接法进行，接口距地面5~10cm。有些地区用天目木兰、凸头木兰等作砧木，嫁接苗木生长较快，效果更为理想。

（2）栽培技术要点　广玉兰为木兰科常绿乔木，叶厚革质，花白色，芳香，喜湿润肥沃土壤。它以其挺拔的干形、光亮浓绿的叶片、硕大洁白的花朵备受人们的青睐。在园林绿化施工中经常需移植一些大树，但目前广玉兰大树移栽有一定难度，且成活率往往不理想。

① 季节。广玉兰大树移栽以早春为宜，但以梅雨季节最佳。春节

过后半个月左右，广玉兰尚处于休眠期，树液流动慢，新陈代谢缓慢，此时即可移栽。移栽后，当晚春气温回升时，根系首先萌动生长修复，加上精心管理，基本不会影响广玉兰当年生长，加上梅雨季节降雨量大，空气湿度高，此时移栽的广玉兰成活率非常高。但移植时要注意最好选在阴天或多云天气，尽量避免暴雨或高温天气。

② 土球。土球大小是广玉兰移栽成败的关键。在华东地区一般土球直径为树木胸径的 8~10 倍，这样可以保证根系少受损伤，易于树势恢复。土球过小则根系损伤严重，造成吸水困难而影响树木成活。土球应挖成陀螺形，而非盘子形和圆锥形，土球应用草绳扎紧，以免运输途中土球松散。

③ 水分。广玉兰根为肉质根，极易失水，因此在挖运广玉兰大树时应用草绳裹干 1.5~2m 以减少水分蒸发，干旱时可向草绳喷洒水以保持湿润的环境，栽植时要求迅速、及时，以免失水过多而影响成活。广玉兰移栽后，第一次定根水要及时，并且要浇足、浇透，这样可使根系与土壤充分接触而有利于大树成活。

④ 高效生根剂"速生根"在广玉兰大树移栽中的应用。"速生根"是郑州市坪安园林植保技术研究所专家从英国引进的一种新型、无毒、高效、广谱型植物生根剂，每袋 20g，可以兑水 2t，对移栽苗木进行灌根，兑水 200kg 的情况下对移栽苗木进行叶面喷雾，同样可以取得卓越的促根效果。具体作用是补充植物生根所需外源生长素与促进内源生长素合成，能使不定根原基分生组织细胞分化，呈簇状爆发性生根。在苗木移栽过程中，促进受伤根系的恢复，是提高干旱地区育苗移栽成效的首选植物生长调节剂。"速生根"目前已推出 5 个品种，即通用型速生根、兰桂专用速生根、松柏衫专用速生根、花灌木专用速生根、核桃专用速生根。这五个类型均可直接溶于水，不需酒精或助浸剂溶解，能在常温下保存，更具广谱性。

5. 整形修剪

通过修枝摘叶，可减少水分蒸发，缓解受伤根系供水压力。修枝时应修掉内膛枝、重叠枝和病虫枝，并力求保持树形的完整；摘叶以摘光枝条叶片量的 1/3 为宜，否则会降低蒸腾拉力，造成根系吸水困难。

6. 病虫害防治

（1）炭疽病　该病多从叶尖或叶缘开始发生，初期呈水浸状不规则形病斑，淡咖啡色，上生黑色小粒点。后期病斑逐渐蔓延，大的可达叶片面积的 1/4 左右。主要为害成叶或老叶，病叶易脱落。

防治方法：可用 50% 多菌灵可湿性粉剂 500 倍液喷洒。

（2）山茶白藻病　发病初期叶面上出现灰白色至黄褐色小圆斑点，后逐渐扩大成放射状或纤维状纹理，表面呈褐色天鹅绒毛状而稍隆起，后期变成灰白色平滑病斑。

防治方法：应注意通风透光，雨后及时排水；染病后可喷洒 50% 硫菌灵 500 倍液防治。

（3）干腐病　该病多发生在 1~2 年生枝干上。发病初期皮层发软易脱落，皮下组织呈红褐色，易发生开裂。随病程发展表皮逐渐干枯呈灰色，皮下组织变成黑褐色，并长出黑色小点。

防治方法：应注意修剪枝条的伤口保护，及时涂抹保护剂；发病后可涂抹 70% 硫菌灵 800 倍液进行防治。

（4）介壳虫　广玉兰易遭介壳虫危害，其中盾壶介壳虫危害比较严重，有时枝干上面形成密密麻麻的一层。介壳虫除了吸取树液外，还会造成煤污病，使树势生长不良。

防治方法：在介壳虫孵化期，若虫尚未分泌蜡质时，可用菊酯类杀虫剂喷杀。

（5）广玉兰叶斑病　发生在广玉兰叶片上，初期病斑为褐色圆斑，扩展后圆形，内灰白色，外缘红褐色，斑块周边褪绿；后期病斑干枯，着生黑色颗粒状物。病菌在寄主病残体上越冬，雨季发病严重，高温干燥条件下容易发病。

防治方法：①及时清除病残体；②定期喷洒多菌灵、甲基硫菌灵等杀菌剂。

（6）草履蚧　1 年发生 2 代，寄生在芽腋、嫩梢、叶片和枝干。7 月和 9 月为盛发期。可以用花保、吡虫啉等防治。

（7）台湾乳白蚁　属土、木两栖性，群体较大且比较集中，蚁巢建在隐蔽处；工蚁通过蚁路到各处摄食，通过长翅繁殖蚁完成群体的扩散繁殖，繁殖蚁分飞对温度、湿度、气压、降雨等条件要求比较严格。5 月、6 月下旬到 8 月为为害高峰期。

防治方法：①在蚁道放置"蚁克"等诱杀剂；②避免树木的机械损伤；③加强养护管理，及时给树木补洞。

四、女贞

女贞（*Ligustrum lucidum* Ait.），别称冬青等，为木樨科女贞属常绿灌木或乔木，为亚热带树种，枝叶茂密，树形整齐，是常用观赏树种，可于庭院孤植或丛植，作行道树、绿篱等。

1. 形态特征

叶片常绿，革质，卵形、长卵形或椭圆形至宽椭圆形，长 6~17cm，宽 3~8cm，先端锐尖至渐尖或钝，基部圆形或近圆形，有时宽楔形或渐狭，叶缘平坦，上面光亮，两面无毛，中脉在上面凹入，下面凸起，侧脉 4~9 对，两面稍凸起或有时不明显；叶柄长 1~3cm，上面具沟，无毛。圆锥花序顶生，长 8~20cm，宽 8~25cm；花序梗长 0~3cm；花序轴及分枝轴无毛，紫色或黄棕色，果实具棱；花序基部苞片常与叶同形，小苞片披针形或线形，长 0.5~6cm，宽 0.2~1.5cm，凋落；花无梗或近无梗，长不超过 1mm；花萼无毛，长 1.5~2mm，齿不明显或近截形；花冠长 4~5mm，花冠管长 1.5~3mm，裂片长 2~2.5mm，反折；花丝长 1.5~3mm，花药长圆形，长 1~1.5mm；花柱长 1.5~2mm，柱头棒状。果肾形或近肾形，长 7~10mm，径 4~6mm，深蓝黑色，成熟时呈红黑色，被白粉；果梗长 0~5mm。花期 5~7 月，果期 7 月至翌年 5 月（图 10-9）。

2. 生长习性

女贞耐寒性好，耐水湿，喜温暖湿润气候，喜光耐阴。为深根性树种，须根发达，生长快，萌芽力强，耐修剪，但不耐瘠薄。对大气污染的抗性较强，对二氧化硫、氯气、氟化氢及铅蒸气均有较强抗性，也能忍受较高的粉尘、烟尘污染。对土壤要求不严，以砂质壤土或黏质壤土栽培为宜，在红、黄壤土中也能生长。生于海拔 2900m 以下疏、密林中。

图 10-9 女贞的叶和花

对气候要求不严，能耐 -12℃ 的低温，但适宜在湿润、背风、向阳的地方栽种，尤以深厚、肥沃、腐殖质含量高的土壤中生长良好。女贞对剧毒的汞蒸气反应相当敏感，一旦受熏，叶、茎、花冠、花梗和幼蕾便会变成棕色或黑色，严重时会掉叶、掉蕾。

3. 产地分布

产于长江以南至华南、西南各省区，向西北分布至陕西、甘肃。朝鲜也有分布，印度、尼泊尔有栽培。

4. 栽培技术

（1）繁殖　选择背风向阳、土壤肥沃、排灌方便、耕作层深厚的壤土、砂壤土、轻黏土为播种地。施底肥后，精耕细耙，做到上虚下实、土地平整。底肥以粪肥为主，多施底肥有利于提高地温，保持土壤墒情，促使种子吸水发芽。用 50% 辛硫磷乳油 6.0~7.5L/hm² 加细土 45kg 拌匀，翻地前均匀撒于地表，整地时埋入土中消灭地下害虫，床面要整平。

女贞 11~12 月种子成熟，种子成熟后，常被蜡质白粉，要适时采收，选择树势壮、树姿好、抗性强的树作为采种母树。可用高枝剪剪取果穗，捋下果实，将其浸入水中 5~7 天，搓去果皮，洗净、阴干。可用 2 份湿沙和 1 份种子进行湿藏，翌春 3 月底至 4 月初用热水浸种，捞出后湿放 4~5 天后即可播种。

冬播在封冻之前进行，一般不需催芽。春播在解冻之后进行，催芽则效果显著。为打破女贞种子休眠，播前先用550mg/kg赤霉素溶液浸种48h，每天换1次水，然后取出晾干。放置3~5天后，再置于25~30℃的条件下水浸催芽，注意每天换水。播种育苗于3月上、中旬至4月播种。播种前将去皮的种子用温水浸泡1天，条播行距为20cm，覆土厚1.5~2.0cm。播种量为105kg/hm² 左右。女贞出苗时间较长，约需1个月，播后最好在畦面盖草保墒。

（2）栽培技术要点 小苗出土后要及时松土除草，进行间苗，按常规管理1年生的苗高可达50cm。女贞是偏于喜湿性的植物，但是水分过多又容易引发疾病，一定要严格控制好水分，应每天进行喷水，以符合女贞对生长环境的需求。喷水可以利用喷灌设施进行，既能保证水分散发的面积，很好地维持地面湿度，又能合理地控制水分。喷水时间最好选择在每天8：00~10：00，或者16：00~18：00，小苗怕涝，要注意排水。女贞在苗期生长无需太多的肥料，只要适当地追施叶面肥即可，可以选用水溶性化肥，以每5g对水2kg调配好进行喷洒。时间最好选择在16：00~18：00，以将叶片完全喷洒一遍为标准。每15天进行1次即可。

在光照特别强时，要用遮阳网，以避免强光带来高温，影响到小苗的生长速度。一般每月除草1次，除草时要多加小心，以避免伤害到植株的根须。苗期植株容易受到蚜虫的侵害，对于蚜虫，主要以预防为主，可以用氧乐果800倍液进行喷洒，时间可以选择在8：00~10：00或者16：00以后，药量以将叶片完全喷洒1遍为标准。

5. 整形修剪

（1）苗圃移植 在苗圃移植时，要短截主干1/3。在剪口下只能选留1个壮芽，使其发育成主干延长枝；而与其对生的另一个芽必须除去。为了防止顶端竞争枝的产生，同时要破坏剪口下第1、第2对芽。

（2）定植修剪 定植前，对大苗中心主干的1年生延长枝短截1/3，剪口芽留强壮芽，同时要除去剪口下面第1对芽中的1个芽以保证选留芽端优势。为防止顶端产生竞争枝，对剪口下面第2~3对腋芽要进行破坏。位于中心主干下部、中部的其他枝条，要选留3~4个（以

干高定）有一定间隔且相互错落分布的枝条主枝。每个主枝要短截，留下芽，剥去上芽，以扩大树冠，保持冠内通风透光。其余细弱枝可缓放不剪，以辅养主干生长。夏季修剪主要是短截中心主干上的竞争枝，不断削弱其生长势，同时剪除主干上和根部的萌蘖枝。第 2 年冬剪，仍要短截中心主干延长枝，但留芽方向与第 1 年相反。如遇中心主干上部发生竞争枝，要及时回缩或短截，以削弱生长势。

6. 病虫害防治

（1）病害　危害女贞的病害主要有锈病、褐斑病等。

① 锈病。该病主要为害叶片。初期叶面出现橘红色斑点，后期叶背出现褐色孢子。

防治方法：应事先对栽培介质进行消毒处理，加强环境管理，保持通风透光，必要时摘除病叶；在花木发病初期喷 0.2~0.3°Bé 石硫合剂，或 70% 代森锰锌可湿性粉剂 500 倍液，或 70% 甲基硫菌灵 1000 倍液，或 25% 三唑酮 1500 倍液。

② 褐斑病。病原菌是一种真菌，主要侵害叶片，并且通常是下部叶片开始发病，后逐渐向上部蔓延。发病初期病斑为大小不一的圆形或近圆形，少许呈不规则形；病斑为紫黑色至黑色，边缘颜色较淡，随后病斑颜色加深，呈现黑色或暗黑色，与健康部分分界明显。后期病斑中心颜色转淡，并着生灰黑色小霉点。发病严重时，病斑连接成片，整个叶片迅速变黄，并提前脱落。褐斑病一般初夏开始发生，秋季危害严重。在高温多雨，尤其是暴风雨频繁的年份或季节易暴发；通常下层叶片比上层叶片易感染。

防治方法：及早发现，及时清除病枝、病叶，并集中烧毁，以减少病菌来源；加强栽培管理、整形修剪，使植株通风透光；发病初期，可喷洒 50% 多菌灵可湿性粉剂 500 倍液，或 65% 代森锌可湿性粉剂 1000 倍液，或 75% 百菌清可湿性粉剂 800 倍液。

（2）虫害　危害女贞的害虫主要有蚜虫、女贞尺蛾、白蜡虫、云斑天牛等。

① 蚜虫：是一种体小而柔软的常见昆虫，常为害植株的顶梢、嫩叶，使植株生长不良。

防治方法：可用水或肥皂水冲洗叶片，或摘除受害部分；消灭越冬虫源，清除附近杂草，进行彻底清田；用 50% 抗蚜威超微可湿性粉剂 2000 倍液或 20% 灭多威乳油 1500 倍液、50% 蚜松乳油 1000~1500 倍液、50% 辛硫磷乳油 2000 倍液喷洒。

② 女贞尺蛾：幼虫吐丝结网，在网内取食，可将树叶食尽而影响生长。

防治方法：在幼虫发生期喷 90% 敌百虫 1000~1500 倍液。

③白蜡虫：危害后，树势衰弱，枝条枯死。

防治方法：可用敌敌畏乳油 1000 倍液喷雾。

④云斑天牛：幼虫蛀食韧皮部和木质部，成虫还啃食新枝嫩皮。

防治方法：可用 50% 杀螟硫磷乳油 40 倍液喷于虫孔。

五、榕树

榕树（*Ficus microcarpa* L. f.），为桑科榕属乔木。榕树以树形奇特、枝叶繁茂、树冠巨大而著称。枝条上生长的气生根，向下伸入土壤形成新的树干称之为"支柱根"。榕树高达 15~25m，可向四面无限伸展。其支柱根和枝干交织在一起，形似稠密的丛林，因此被称之为"独木成林"。榕树可制作成盆景，装饰庭院、卧室，亦可作为孤植树供观赏之用。

1. 形态特征

大乔木，高达 15~25m，胸径达 50cm，冠幅广展；老树常有锈褐色气根。树皮深灰色。叶薄革质，狭椭圆形，长 4~8cm，宽 3~4cm，先端钝尖，基部楔形，表面深绿色，干后深褐色，有光泽，全缘，基生叶脉延长，侧脉 3~10 对；叶柄长 5~10mm，无毛；托叶小，披针形，长约 8mm。榕果成对腋生或生于已落叶枝叶腋，成熟时黄色或微红色，扁球形，直径 6~8mm，无总梗，基生苞片 3，广卵形，宿存；雄花、雌花、瘿花同生于一榕果内，花间有少许短刚毛；雄花无柄或具柄，散生内壁，花丝与花药等长；雌花与瘿花相似，花被片 3，广卵形，花柱近侧生，柱头短，棒形。瘦果卵圆形。花期 5~6 月（图 10-10）。

图 10-10　榕树的植株

2. 生长习性

喜阳光充足、温暖湿润气候，不耐寒，除华南地区外多作盆栽。对土壤要求不严，在微酸和微碱性土中均能生长，不耐旱，怕烈日暴晒。

3. 分布范围

产于台湾、浙江（南部）、福建、广东、广西、湖北、贵州、云南。斯里兰卡、印度、缅甸、泰国、越南、马来西亚、菲律宾、日本、巴布亚新几内亚和澳大利亚也有分布。

4. 栽培技术

（1）繁殖　榕树可用播种或扦插法繁殖。播种于 2~3 月间进行，及时采取成熟的榕树果实，摊开晒干，捣碎后取出里面的细粒种子，将其放在水里，去掉漂浮在水面的种子，取沉在水底的饱满种子。苗圃地以土质疏松、富含腐殖质的中性或微酸性土为好。结合整地，施以基肥，并进行土壤消毒。播前种子须用 0.5% 高锰酸钾溶液或波尔多液消毒，将种子掺拌在细沙中撒播，上面覆少量细土，以不见种子为度。喷透水，及时搭荫棚，保持土壤阴湿，一般 1~2 个月后即可发芽出土。幼苗期要加强喷水、庇荫、追施稀薄饼肥水等培育管理工作，以促进幼苗生长良好。冬季要防止冻伤，次年春季 4 月即可分栽移植。

扦插繁殖可在春季 4 月进行，插穗选取 1~2 年生粗壮枝条，长 15~25cm，上端留叶 2~4 片，其余摘除。插穗基部用 500mg/L 萘乙酸快浸 3~5s，取出随即插入土质疏松、排水良好的砂质壤土中，插深约 1/2~2/3，用指把土揿实，浇足水。插后要遮阳并经常喷水，保持土壤潮湿，约经 1 个月后即可生根发芽。发芽后，精心养护至第二年春季 4 月移植培育大苗。

榕树的根蘖性较强，还可进行分根繁殖，也较易成活。

（2）栽培技术要点

① 湿度与水分。水分不当对榕树伤害很大。不要经常浇水，浇必浇透。浇水过多，会引起根系腐烂，使其落叶。

② 温度。榕树的适宜生长温度昼夜温差不宜过大，相差 10℃极易落叶死亡。平时要注意放置在通光透光的地方，夏季时要注意适当遮阳。

③ 肥。榕树喜肥，但施肥次数多对榕树的生长会造成伤害。根据季节的不同施肥量也要有所不同。

5. 整形修剪

生长旺季要给植株进行摘心和抹芽，秋季进行一次大的修剪，此后不进行修剪，因为植株冬季生长较慢，不宜在冬季修剪。榕树的修枝应由专人来做，剪去徒长枝、并生枝、病弱枝、交叉枝等让其整体产生层次美。榕树盆景，一般应放置在通风透光处，要有一定的空间湿度，阳光不充足，通风不畅，无一定空间湿度，容易使植株发黄、发干，导致病虫害发生，直至死亡。

6. 病虫害防治

（1）虫害 榕树的虫害主要有蚜虫、红蜘蛛、蚧等，可用 500mg/L 氧乐果喷洒叶片或 50% 亚胺硫磷可湿性粉剂 1000 倍溶液喷杀，亦可用洗衣粉水或风油精水 0.1%，也很有效。

（2）病害 榕树病害主要是榕树黑斑病。

① 症状。主要发生在榕树的叶片上。初生褐色不规则形至近椭圆形病斑，灰褐色，边缘紫褐色较宽，其上生有密密麻麻的褐色至褐黑色特小霉点，湿度大时叶被的霉点更明显。受害重时，叶片易卷曲。

② 防治方法

a. 发现病叶及时摘除，集中烧毁，以减少菌源。

b. 新叶抽生后及时喷洒 50% 异菌脲（扑海因）可湿性粉剂 1000 倍液或 75% 百菌清（达克宁）可湿性粉剂 500~600 倍液、70% 代森锰锌可湿性粉剂 400~500 倍液，隔 10 天左右 1 次，连续防治 3~4 次。上述杀菌剂对该病确有实效，关键在于用药时间的迟早。发病前进行预防性防治的，防效可达 70% 以上，发病后再用药，虽可控制病情发展，但防效不佳。

c. 盆栽榕树少数叶发病时可在病斑上涂抹医用达克宁软膏。

六、凤凰木

凤凰木 [*Delonix regia*（Boj.）Raf.]，豆科凤凰木属，落叶乔木。取名于"叶如飞凰之羽，花若丹凤之冠"，别名金凤花、红花楹树、火树、洋楹等。凤凰木因鲜红或橙色的花朵配合鲜绿色的羽状复叶，被誉为世上色彩最鲜艳的树木之一。

1. 形态特征

落叶大乔木，高 10~20m，胸径可达 1m。树形为广阔伞形，分枝多而开展。树皮粗糙，灰褐色。小枝常被短茸毛并有明显的皮孔。二回羽状复叶互生，长 20~60cm，有羽片 15~20 对，对生；羽片长 5~10cm，有小叶 20~40 对；小叶密生，细小，长椭圆形，全缘，顶端钝圆，基部歪斜，长 4~8mm，宽 2.5~3mm，薄纸质，叶面平滑且薄，青绿色，叶脉则仅中脉明显，两面被绢毛。冬天落叶时，数不胜数的小叶如雪花飘落。总状花序伞房状，顶生或腋生，长 20~40cm。花大，直径 7~15cm。花萼和花瓣皆 5 片。花瓣红色，下部四瓣平展，长约 8cm，第 5 瓣直立，稍大，且有黄及白的斑点，雄蕊红色。花萼内侧深红色，外侧绿色。花期 5~8 月。荚果带状或微弯曲呈镰刀形，扁平，下垂，成熟后木质化，呈深褐色，长 30~60cm，内含种子 40~50 粒。种子千粒重 400g，种皮有斑纹。秋季（11 月）果熟。和许多豆科植物一样，凤凰木的根部也有根瘤菌共生。为了适应多雨的气候，树干基部有板状根出现（图 10-11）。

图 10-11　凤凰木

2. 生长习性

凤凰木为热带树种，种植 6~8 年开始开花，喜高温多湿和阳光充足的环境，生长适温 20~30℃，不耐寒，冬季温度不低于 5℃。以深厚肥沃、富含有机质的砂质壤土为宜；怕积水，排水须良好，较耐干旱；耐瘠薄土壤。浅根性，但根系发达，抗风能力强。抗空气污染。萌发力强，生长迅速，一般 1 年生高可达 1.5~2m，2 年生高可达 3~4m，种植 6~8 年始花。在华南地区，每年 2 月初冬芽萌发，4~7 月为生长高峰，7 月下旬因气温过高，生长量下降，8 月中、下旬以后气温下降，生长加快，10 月后生长减慢，12 月至翌年 1 月落叶。应选土壤肥沃、深厚、排水良好且向阳处栽植。春季萌芽前与开花前应各施肥一次。台风季节应及时清理被吹断的枝叶。

3. 分布范围

原产于非洲马达加斯加。世界各热带、暖亚热带地区广泛引种，中国台湾、海南、福建、广东、广西、云南等省区有引种栽培。

4. 栽培技术

（1）繁殖　常用种子播种育苗。种子千粒重约 400g。种皮吸水困难，需用 80℃温水烫种催芽，自然冷却后，继续浸泡 24h，沥干备用。用条点播法播种，幼苗对霜冻较敏感，早期可施综合性肥料，少施氮肥，入秋以后应停止施肥，促其早日木质化。进入冬季，如叶片尚未脱落，可人工剪去，并用薄膜覆盖或单株包裹防霜。1年生苗可出圃定植。

（2）栽培技术要点　应选土壤肥沃、深厚、排水良好且向阳处栽植。幼苗生长1~2年后需移植1次，移植宜在早春进行。株行距在60cm左右，3年生苗就可用于定植。栽植地点应选空旷向阳处，天气干旱时应充分浇水。凤凰木对土壤要求不高，在土质较瘠薄的地段也能生长良好，因其根部具有根瘤菌，能固氮而增加土壤肥力，但积水会使根瘤菌死亡，影响植株生长。凤凰木树干随时会长出枝叶，若任其自然生长，株形变化较大，因此，需经常进行修剪。凤凰木不耐寒，北方地区只能在温室栽培养护。

移栽以春季发芽前成活率高，也可雨季栽植，但要剪去部分枝叶，保其成活。植株萌芽力强，可以采取截干法培养大苗，定植后每年松土除草2~3次，适时浇水，春、秋各施一次追肥，及时除去根部萌蘖条，以保证树体生长良好。

5. 整形修剪

采用混合式整形中的疏散分层形，视苗高确定留枝层数，通常2~3层为宜。这样不仅外观美，而且因枝叶多，有利于树体营养生长及根系发育。对于成形树，主要是注意主干顶端一层轮生枝的修剪，要确保中心主干顶端延长枝的绝对优势，削弱并疏除与其同时生出的一轮分枝。如果因枝势过旺，与主干形成竞争状态的枝条时，必须及时进行修剪控制，决不能放任不管，以免造成分权树形。

6. 病虫害防治

凤凰木害虫主要是"夜蛾"类昆虫。该虫以幼虫取食植物叶子为害，常常把寄主叶子吃光，严重影响树木的生长及观赏。凤凰树虫害以7~9月最严重，凤凰木夜蛾对人体没有危害，但部分人会因此出现过敏症状。

防治方法：抓住幼虫群集危害时期，于清晨露水未干前喷粉，可用2.5%敌百虫粉剂或1.5%对硫磷(1605)粉剂、1.5%乐果粉剂，每亩1.5~2kg。

参考文献

[1] 柳振亮，等. 园林苗圃学. 北京：气象出版社，2001.

[2] 苏金乐. 园林苗木标准化生产技术. 郑州：中原农民出版社，2006.

[3] 吴少华. 园林花卉苗木繁育技术. 北京：科学技术文献出版社，2001.

[4] 田如男，等. 园林树木栽培学. 北京：东南大学出版社，2001.

[5] 祝遵凌. 园林植物栽培养护. 北京：中国林业出版社，2008.

[6] 王瑞灿. 园林植物病虫害. 北京：中国林业出版社，1984.

[7] 张秀英. 观赏花木整形修剪. 北京：中国农业出版社，1999.

[8] 张康健. 园林苗木生产与营销. 咸阳：西北农林科技大学出版社，2006.

[9] 张连生. 北方园林植物常见病虫害防治手册. 北京：中国林业出版社，2007.